21世纪高等院校计算机网络工程专业规划教材

计算机组网技术与配置

(第2版)

卢加元　编著

清华大学出版社
北京

内容简介

本书在第1版基础上对内容和结构方面都做了适当修改。全书共19章，主要包括网络基础知识、网络的组建与应用、网络安全技术应用、网络管理与维护等，既兼顾知识的系统性，又考虑读者的可接受性，同时注重介绍网络工程实践的原理、具体步骤和方法，全书在每章后附有思考题，供读者复习、消化与本章相关的知识所用。通过本书的学习，使读者能理解网络的基础知识，熟练掌握网络的基本应用技能。

本书既可作为财经类高校计算机、电子商务、信息管理与信息系统、管理工程等专业计算机网络课程的教学用书，也可作为高等院校非计算机专业、高职高专等相关专业计算机网络应用的实验与实训教材。

图书在版编目(CIP)数据

计算机组网技术与配置/卢加元编著. —2版. —北京：清华大学出版社，2013.8(2017.8重印)
(21世纪高等院校计算机网络工程专业规划教材)
ISBN 978-7-302-32299-3

Ⅰ. ①计…　Ⅱ. ①卢…　Ⅲ. ①计算机网络—高等学校—教材　Ⅳ. ①TP393

中国版本图书馆CIP数据核字(2013)第091916号

责任编辑：魏江江　赵晓宁
封面设计：何凤霞
责任校对：梁　毅
责任印制：王静怡

出版发行：清华大学出版社
　　网　　址：http://www.tup.com.cn，http://www.wqbook.com
　　地　　址：北京清华大学学研大厦A座　　**邮　　编**：100084
　　社 总 机：010-62770175　　**邮　　购**：010-62786544
　　投稿与读者服务：010-62776969，c-service@tup.tsinghua.edu.cn
　　质量反馈：010-62772015，zhiliang@tup.tsinghua.edu.cn
　　课件下载：http://www.tup.com.cn，010-62795954
印 装 者：北京中献拓方科技发展有限公司
经　　销：全国新华书店
开　　本：185mm×260mm　　**印　　张**：19.5　　**字　　数**：486千字
版　　次：2008年12月第1版　2013年8月第2版　　**印　　次**：2017年8月第4次印刷
印　　数：4001～4400
定　　价：34.00元

产品编号：052617-01

前　言

随着信息化进程的不断深入，计算机网络在信息化应用高度发达的今天其地位和作用毋庸置疑。培养一大批谙熟计算机网络原理与技术，具有一定综合应用和设计创新能力的计算机网络技术人才是现代社会发展的迫切需要，也是高校相关专业的重要职责。

《计算机组网技术与配置(第 2 版)》与第 1 版相比，在保持原有风格的基础上增加了许多新内容，更加适应计算机网络教学的要求。下面是一些主要的变化。

第 1 章计算机网络基础知识，在第 1 版基础上增加了广域网技术部分。取消了第 1 版第 4 章网络命令的应用、第 10 章 Windows Server 2003 的安装与基本操作、第 18 章 Windows Server 2003 的权限等内容。增加了 IPV6 配置与应用、路由器配置及基本应用，以及无线路由器应用等相关内容。第 2 版教材整个章节按照物理层(第 2 章)、数据链路层(第 3～第 6 章)、网络层(第 7～第 11 章)、应用层(第 12～第 19 章)的逻辑进行编写，显得更加科学。

本书的第 9～第 11 章由顾瑞编写，其余章节由卢加元编写，全书由卢加元统稿。参加本教材修订资料收集、整理、排版、录入、调试等工作的还有吴鑫、季华等，江苏天技公司的高毅对本教材中第 9～第 11 章的细节给予了技术支持和帮助，在此一并表示感谢。

在本教材修订过程中，得到了南京审计学院领导的关心和支持，也得到了南京审计学院“十二五”规划教材立项资助，许多一线老师提出了许多宝贵的意见和建议。本教材的编写得到清华大学出版社的大力支持，在此一并表示诚挚的谢意。

由于作者水平有限，书中疏漏与错误在所难免，恳请各位专家和读者批评指正。作者的 E-mail 为 ljy_nj@nau. edu. cn。

编者于南京

2013 年 1 月

前言

目　录

第1章 计算机网络基础知识

1.1 计算机网络的基本概念

1.1.1 计算机网络的发展

计算机网络的发展过程是计算机技术与通信技术相互渗透、不断融合、彼此促进的过程。在计算机网络的形成和发展过程中，大致经历了以下几个阶段。

1. 面向终端的联机系统(20世纪60年代)

早期的计算机是为批处理信息而设计的，所以当计算机在与远程终端相连时，必须在计算机上增加一个接口才行。显然，这个接口应当对计算机原来的硬件和软件系统的影响尽可能地小些，这样就出现了所谓的"线路控制器(Line Controller)"。此外，在通信线路的两端还必须各加上一个调制解调器。这是因为早期的通信线路采用电话线，而电话线路是为传送模拟的话音信号而设计的，它不适合于传送计算机的数字信号。调制解调器的主要作用是将计算机或终端使用的数字信号与电话线路上传送的模拟信号进行模数或数模转换。

由于在通信线路上是串行传输，而在计算机内采用的是并行传输，因此线路控制器的主要功能是进行串行和并行传输的转换以及执行简单的差错控制。计算机主要仍用于对信息的批处理。随着远程终端数量的增多，为了避免一台计算机使用多个线路控制器，在20世纪60年代初期出现了多重线路控制器(Multiline Controller)。多重线路控制器可使计算机与多个远程终端相连接，如图1.1所示。这种最简单的联机系统也称为面向终端的计算机通信网。面向终端的联机系统是最原始的计算机网络。

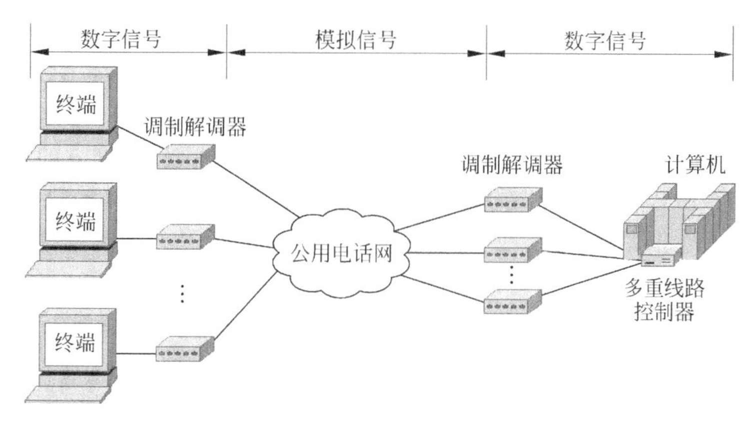

图1.1 面向终端的联机系统

2. 分组交换数据网(20世纪70年代)

为了提高通信线路的传输效率,20世纪70年代出现了基于分组交换技术的通信网。

分组交换网由若干个结点交换机(Node Switch)和连接这些交换机的链路组成,如图1.2所示。图1.2中圆圈表示结点交换机是网络的核心部件。从概念上讲,一个结点交换机就是一个小型计算机。H1～H5都是一些可进行通信的计算机,即所谓的主机(Host)。在ARPANET建网初期,分组交换网中的结点交换机曾被称为接口报文处理机(Interface Message Processor,IMP),现在此概念已不再使用。

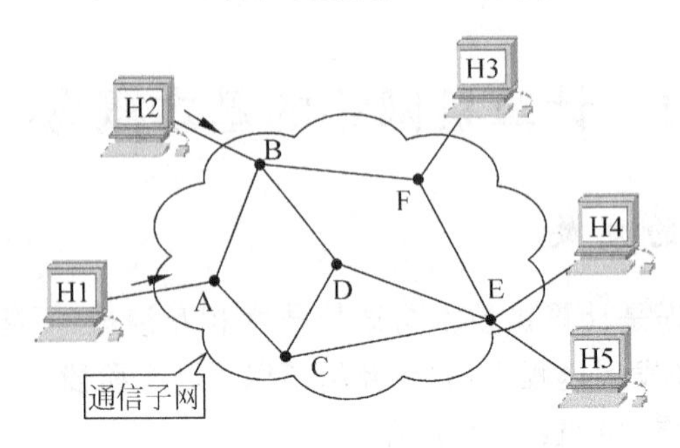

图1.2　分组交换数据网

图1.2中,假定主机H1向主机H5发送数据。主机H1先将分组一个个地发往与它直接相连的结点交换机A。此时,除链路H1-A外,网内其他通信链路并不被目前通信的双方所占用。需要注意的是,即使是链路H1-A,也只是当分组正在此链路上传送时才被占用。在各分组传送之间的空闲时间,链路H1-A仍可被其他主机发送的分组使用。

分组交换可实现在数据通信的过程中对传输带宽的动态分配,从而大幅度地提高了通信线路的利用率。

3. 计算机网络体系结构的形成和局域网(20世纪80年代)

1974年,美国的IBM公司宣布了它研制的系统网络体系结构(System Network Architecture,SNA)。这个著名的网络标准是按照分层的方法制订的,以后SNA又不断得到改进,更新了几个版本,目前SNA是世界上使用得较为广泛的一种网络体系结构。

为了使不同体系结构的计算机网络都能互连,国际标准化组织(International Organization for Standardization,ISO)于1977年成立了专门机构研究该问题。不久,他们就提出一个试图使各种计算机在世界范围内互连成网的标准框架,即著名的开放系统互连参考模型(Open Systems Interconnection Reference Model,OSI/RM),简称为OSI。"开放"的意思是:只要遵循OSI标准,一个系统就可以和位于世界上任何地方的、也遵循这同一标准的其他任何系统进行通信。"系统"是指在现实的系统中与互连有关的各部分。开放系统互连参考模型是个抽象的概念,在1983年形成了开放系统互连参考模型的正式文件,即著名的ISO 7498国际标准。此后,网络互连成为计算机网络领域中的一个重要研究内容,有关OSI的各种活动引起了全世界计算机网络的设计者和使用者的极大关注。

在计算机网络的发展过程中,另一个重要事件就是在20世纪70年代末出现了局域网技术。局域网可使许多个单位的微型计算机互连在一起以交换信息。局域网联网简单,只要在微型计算机中插入一个接口板就能接上电缆实现联网。由于局域网价格便宜,传输速率高,使用方便,因此局域网技术在20世纪80年代得到了很大的发展。微型计算机的大量普及对局域网的发展也起到了很大的推动作用。

4. 国际互联网(20 世纪 90 年代)

自 1969 年美国的 ARPANET 问世后,国际互联网的规模一直增长很快。到 1983 年 ARPANET 网上就已连接了三百多台计算机,供美国各研究机构和政府部门使用。1984 年,ARPANET 分解成两个网络,一个仍称为 ARPANET,是民用科研网;另一个是军用计算机网络 MILNET。

美国国家科学基金会(NSF)认识到计算机网络对科学研究的重要性,因此从 1985 年起就围绕其 6 个大型计算机中心建设计算机网络。1986 年,NSF 建立了国家科学基金网 NSFNET,它是一个三级计算机网络,分为主干网、地区网和校园网,覆盖了全美国主要的大学和研究所。NSFNET 后来接管了 ARPANET,并将网络改名为 Internet。最初,NSFNET 的主干网的速率不高,仅为 56kb/s。1989～1990 年,NSFNET 主干网的速率提高到 1.544Mb/s,即 T1 的速率,并且成为 Internet 中的主要部分。到了 1990 年,鉴于 ARPANET 的实验任务已经完成,在历史上起过重要作用的 ARPANET 就正式宣布关闭。

1991 年,NSF 和美国的其他政府机构开始认识到,Internet 必将扩大其使用范围,不会仅限于大学和研究机构。世界上的许多公司纷纷接入到 Internet,使网络上的通信量急剧增大,每日传送的分组数达 10 亿个之多。Internet 的容量又满足不了需要。于是美国政府决定将 Internet 的主干网转交给私人公司来经营,并开始对接入 Internet 的单位收费。随后,Internet 得到长足的发展,已经成为世界上规模最大和增长速率最快的计算机网络。

1.1.2 计算机网络的概念与组成

计算机网络的概念目前还没有统一的精确定义。通常情况下,计算机网络是指在网络协议控制下,利用某种传输介质和通信手段,把地理上分散的计算机、通信设备及终端等相互联接在一起,以达到相互通信和资源共享(如硬盘、打印机等)目的的计算机系统。

计算机网络系统通常由通信子网和资源子网两个部分组成。通信子网包含传输介质、通信设备等,主要承担网络数据的传输、转接以及变换等工作;而资源子网则负责数据处理业务,向网络用户提供各种资源和网络服务。资源子网通常包括用户端设备,如主机、服务器、工作站等;网络操作系统和网络协议软件等。

1.1.3 计算机网络的分类

计算机网络的类型可根据不同的划分标准来分类。

(1) 按网络的覆盖范围分为局域网(Local Area Network,LAN)、城域网(Metropolitan Area Network,MAN)和广域网(Wide Area Network,WAN)。

① 局域网。

局域计算机网通常简称为局域网,联网的计算机分布在一个较小的地域范围(约 10m 至十几公里)内,它能进行高速的数据通信。局域网在企业办公自动化、企业管理、工业自动化和计算机辅助教学等方面得到广泛的使用。

② 城域网。

城域网指联网的计算机之间最远通信距离约几十公里内的网络,例如在一个城市范围内建立起来的计算机网络。

③ 广域网。

广域计算机网简称广域网。广域网在地理上可以跨越很大的距离,连网的计算机之间的距离一般在几十公里以上,跨省、跨国甚至跨洲,网络之间也可通过特定方式进行互联,实现了局域资源共享与广域资源的共享相结合,形成了地域广大的远程处理和局域处理相结合的网际网系统。

(2) 按照网络的使用者分为公用网和专用网。

- 公用网:由国家出资建设的大型公用网络。如中国公用计算机互联网CHINANET等。
- 专用网:由某个部门为本单位的业务需要而建设的网络,这种网络不向本单位以外的人提供服务。如铁路分组数据网CRPAC。

(3) 按信息交换方式分为电路交换、报文交换、分组交换、混合交换和信元交换。

- 电路交换网:如电话网。
- 报文交换网:如电报网。
- 分组交换网:如X.25网。
- 混合交换网:是指同时采用电路和分组交换的网络,如帧中继网。
- 信元交换网:如ATM网。

(4) 按传输技术分为广播型网络和点对点网络。

- 广播型网络:如传统以太网(广播、组播)。
- 点到点网络:如分组交换网。

(5) 按拓扑结构分为总线型、星型、环型和网状等。

1.1.4 计算机网络的拓扑结构

计算机网络中,常从网络拓扑的观点来讨论和研究网络的特性。通常情况下,人们将网络中各站点相互连接所构成的各种几何构形称为网络拓扑。而网络拓扑图是对计算机网络中服务器、工作站等网络节点的配置和相互间连接情况的描述,常用“点”和“线”来表示。网络拓扑结构反映出网络的结构关系,它对于网络的性能、可靠性以及建设管理成本等都有着重要的影响,因此网络拓扑结构在整个网络设计中占有十分重要的地位,在网络构建时,网络拓扑结构往往是首先要考虑的因素之一。

常见的网络拓扑结构主要有星型结构、环型结构、总线结构和网状结构等。

1. 星型结构

星型结构为目前使用最普遍的以太网结构,这种结构便于集中控制,因为终端用户之间的通信必须经过中心站,如图1.3所示。

由于星型结构的这一特点,也带来了易于维护和安全等优点。端用户设备因为故障而停机时也不会影响其他端用户间的通信,但缺点也是明显的:中心系统必须具有极高的可靠性,因为中心系统一旦损坏,整个系统便趋于瘫痪。对此,中心系统通常采用双机热备份,以提高系统的可靠性。

2. 总线结构

总线结构是指各工作站和服务器均挂在一条总线上,各工作站地位平等,无中心节点控制,其传递方向总是从发送信息的节点开始向两端扩散,如同广播电台发射的信息一样,因此该结构又称为广播式计算机网络，如图 1.4 所示。

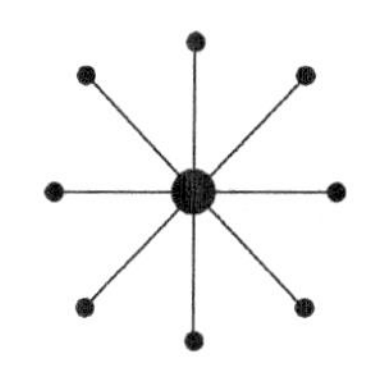

图 1.3 星型拓扑结构

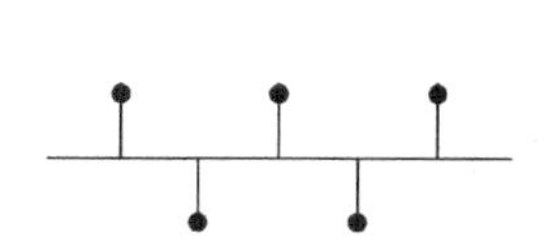

图 1.4 总线拓扑结构图

优点：费用低，易扩展，线路利用率高。缺点：可靠性较低，管理维护困难，传输效率低。

3. 环型结构

环型结构由网络中若干节点通过点到点的链路首尾相连形成一个闭合的环。这种结构使公共传输电缆组成环型连接，数据在环路中沿着一个方向在各个节点间传输，信息从一个节点传到另一个节点，如图 1.5 所示。

环型结构具有如下特点：

(1) 信息流在网中是沿着固定方向流动，两个节点仅有一条通道，故简化了路径选择的控制。

(2) 由于信息源在环路中是串行地穿过各个节点，当环中节点过多时，势必影响信息传输速率，使网络的响应时间延长。

(3) 环路是封闭的，不便于扩充。

(4) 可靠性低，当一个节点故障，将会造成全网瘫痪。

(5) 维护难，对分支节点故障定位较难。

4. 网状结构

在网状拓扑结构中，网络中的每台设备之间均有点到点的链路连接，如图 1.6 所示。

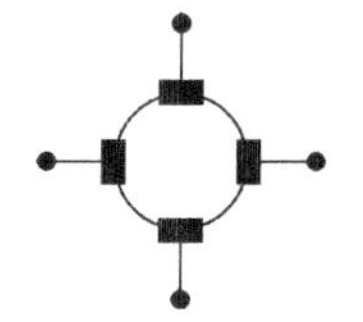

图 1.5 环型拓扑结构图

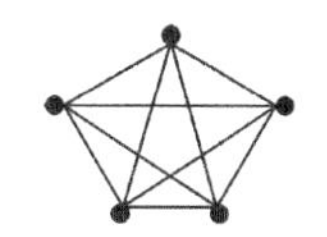

图 1.6 网状拓扑结构图

网状拓扑结构的优点：可靠性高，易扩充，组网方式灵活。其缺点：费用高，结构复杂，管理维护困难。

1.1.5 计算机网络的工作模式

目前，常见的计算机网络工作模式主要有以下三种结构：对等式网络、主从式结构、专用服务器结构应用。

1. 对等式网络应用(Peer-to-Peer)

在对等网络中，所有的计算机地位平等，没有从属关系，也没有专用的服务器和客户端。网络中的资源是分散在每台计算机上，因此每台计算机既作为客户端又可作为服务器来工作，每个用户都可管理自己机器上的资源。它可满足一般数据传输的需要，一些小单位在计算机数量较少时可选用“对等网”结构。对等式网络的结构如图 1.7 所示。

2. 客户端/服务器结构(Client/Server)

基于客户端/服务器的结构,对资源等的管理集中在运行网络操作系统(NOS)服务器软件的计算机(服务器)上,服务器还可以认证用户名和密码信息,确保只有授权的用户才能登录并访问网络资源。此外,服务器可为客户端提供各种应用服务,如多媒体教学系统、ERP和CRM等。客户端/服务器网络的结构如图1.8所示。

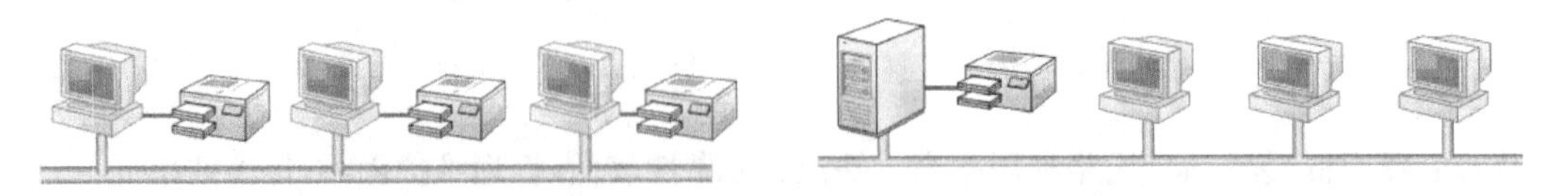

图1.7　对等式网络的结构　　　　图1.8　客户端/服务器网络的结构

3. 专用服务器结构(Server-Based)

专用服务器结构由若干台计算机工作站与一台或多台专门的服务器通过一定的通信线路连接起来,共享存储设备。

在专用服务器网络结构中,其特点和基于客户端/服务器模式的功能差不多,只不过服务器在分工上更加明确。例如,在大型网络中,服务器可能要为用户提供不同的服务和功能,如文件打印服务、Web、邮件和DNS等。那么,使用一台服务器可能承受不了这么大的压力,这样网络中就需要有多台服务器为其用户提供服务,并且每台服务器提供专一的网络服务。

1.2　数据通信基础

1.2.1　通信系统的基本模型及构成

在数据通信中,通常将消息称为信息或数据。实现信息传递所需的一切技术设备和传输媒质的总和称为通信系统。无论是哪种类型的通信,都可以归纳成由5个基本系统元件构成的通信模型,如图1.9所示。

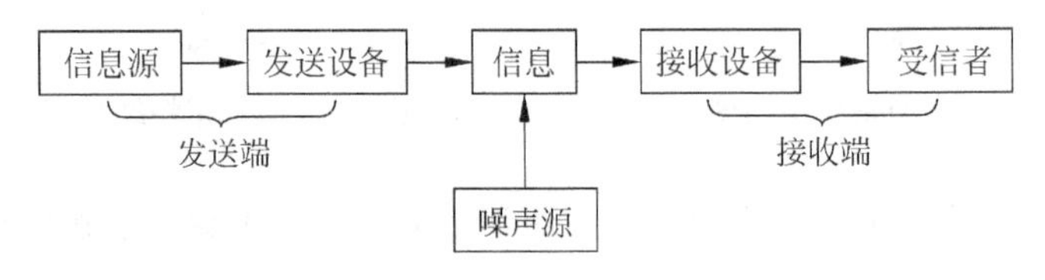

图1.9　简单的通信模型

1. 信源

信源是消息的产生地,其作用是把各种消息转换成原始电信号。电话机、电视摄像机、计算机等各种数字终端设备都是信源。

模拟信源,输出的是模拟信号;数字信源,输出离散的数字信号。

2. 发送设备

发送设备的基本功能是将信源和信道匹配起来,即将信源产生的消息信号变换成适合在信道中传输的信号。

变换方式是多种多样的,在需要频谱搬移的场合,调制是最常见的变换方式。对数字通信系统来说，发送设备常常又可分为信源编码与信道编码。

3. 信道

信道是指传输信号的物理媒质，分为有线信道和无线信道两种。一条传输媒介上可以有多条信道(多路复用)。

在无线信道中，信道可以是大气(自由空间)；而在有线信道中，信道可以是双绞线、铜缆或光纤。媒质的固有特性及引入的干扰与噪声直接关系到通信的质量。根据研究对象的不同，需要对实际的物理媒质建立不同的数学模型，以反映传输媒质对信号的影响。

4. 噪声源

噪声源不是人为加入的设备，而是通信系统中各种设备以及信道中所固有的，并且是人们所不希望的。

噪声的来源是多样的，它可分为内部噪声和外部噪声，而且外部噪声往往是从信道引入的，因此为了分析方便，把噪声源视为各处噪声的集中表现而抽象加入到信道。

5. 接收设备

接收设备的基本功能是完成发送设备的反变换，即进行解调、译码和解码等。其任务是从带有干扰的接收信号中正确恢复出相应的原始基带信号，对于多路复用信号，还包括解除多路复用，以实现正确分路。

1.2.2 网络通信的基本模式

在通信系统中，传输的信号既可以是模拟信号，也可以是数字信号。模拟信号是指信号的幅度随着时间而连续变化的信号，例如电话线上传递的话音就是一种模拟信号。而数字信号则是指信号在每一时段时间内的幅值只能是离散的有限值，例如计算机系统内传递的数据等。

计算机网络通信常见的两种基本模式如下所示。

1. 模拟传输方式

传统的电话通信系统是典型的模拟信号传输系统。在电话通信系统中，数以亿计的电话机互相连成网络，通过分级交换技术组成层次结构的通信网络。而这种采用了模拟传输技术的电话网，其使用已持续了近一个世纪，在世界各地几乎都普遍使用。

2. 数字传输方式

数字传输只传输两个值 0 和 1。数字传输能够把数据、话音、图像或视频等信号复合到同一通信线路上传输，并能通过已有的通信线路获得更高难的数据传输速率，在数字传输过程中信号产生的误码率很低。

尽管模拟传输落后于数字传输，但采用模拟传输技术的电话通信网络仍然在全世界广泛使用。

1.2.3 网络通信的主要性能指标

1. 传输带宽

带宽(Bandwidth)本来是指某个信号具有的频带宽度，其单位是赫兹(或千赫兹、兆赫兹)。过去的通信主干线路都是用来传送模拟信号(即连续变化的信号)，带宽表示线路允许通过的信号频带范围。但是，当通信线路用来传送数字信号时，传送数字信号的速率即数据率就应当成为数字信道的最重要指标，不过习惯上仍延续使用“带宽”来作为“数据率”的同义语。

带宽的单位为“位/秒(b/s)”,是一个信道的最大数据传输速率,表示信道传输数据能力的极限。信道的带宽高则意味着该通信系统的处理能力强。

2. 时延

时延就是信息从网络的一端传送到另一端所需的时间。时延=“传播时延”+“发送时延”+“处理时延”。

“发送时延”是节点在发送数据时使数据块从节点进入到传输所需要的时间,也就是从数据块的第一位开始发送算起,到最后一位发送完毕所需的时间,又称为“传输时延”。发送时延(s)=数据块长度(b)/信道带宽(b/s)。

“传播时延”是电磁波在信道中需要传播一定距离所需的时间。传播时延(s)=信道长度(km)/电磁波在信道上的传播速率(b/s)。

“处理时延”是数据在交换节点为存储转发而进行一些必要的数据处理所需的时间。在节点缓存队列中,分组队列所经历的时延是“处理时延”中的重要组成部分。“处理时延”的长短取决于当时的通信量,但当网络的通信量很大时,还会产生队列溢出,这相当于处理时延为无穷大。有时可用“排队时延”作为“处理时延”。

在网络通信的总时延中,究竟哪种时延占主导地位,必须具体分析。

3. 误码率

误码率(Pe)是指二进制数据位传输时出错的概率。它是衡量数据通信系统在正常工作情况下的传输可靠性的指标。

在计算机网络通信中,一般要求误码率低于 10^{-6},若误码率达不到这个指标,需要通过差错控制等方法检错和纠错。

1.3 计算机网络的体系结构

1.3.1 网络通信协议

设计和开发计算机网络必须遵循相同的网络体系结构,这样才能保证在网络的有效连接和通信。所谓网络体系结构,指的是计算机网络的各层及其协议的集合。目前,计算机网络的体系结构都采用了分层的技术。既然网络体系结构是分层的,各层之间要有相应的通信协议。那么通信协议指的是什么?

为了能在网络中正确进行数据传输而建立的一系列的规则(标准、约定)称为协议。网络协议包括以下三个要素。

- 语法:数据与控制信息的结构或格式——“怎么说”。
- 语义:发出何种控制信息、完成何种动作、如何应答——“说什么”。
- 同步:发、收双方的顺序一致,保证发出、接收的位数相同——“顺序协调”。

1.3.2 几个重要的网络模型

下面介绍几个重要的网络参考模型,它们是OSI/RM参考模型、TCP/IP参考模型和IEEE参考模型。

1. OSI/RM参考模型

开放系统互连基本参考模型(Open System Interconnection Reference Model,OSI)是一

种全新的网络体系结构，是20世纪80年代初期由ISO组织制定的，作为开放系统互连的国际标准。开放系统互连模型也称为OSI/RM参考模型，能把基于不同网络体系结构的系统互连起来，从而实现不同种类的计算机以及网络系统之间的数据通信。

OSI/RM模型共有7层，如图1.10所示，每层实现一个特定的功能。

7	应用层(Application)
6	表示层(Presentation)
5	会话层(Session)
4	传输层(Transport)
3	网络层(Network)
2	数据链路层(Data Link)
1	物理层(Physical)

图1.10 OSI/RM参考模型

1) 物理层(Physical Layer)

物理层定义了为建立、维护和拆除物理链路所需的机械的、电气的、功能的和规程的特性，其作用是使原始的数据位流能在物理媒体上传输。物理层的网络设备有集线器、中继器等。

2) 数据链路层(Data Link Layer)

数据链路层将物理层位流数据封装成数据；采用MAC地址对介质访问层进行控制；发现并改正错误或通知上层进行更改。数据链路层的网络设备有交换机和网桥等。

3) 网络层(Network Layer)

网络层确定数据包从源端到目的端的传输路径，检查网络拓扑，以决定传输报文的最佳路由。网络层的网络设备有路由器和三层交换机等。

4) 传输层(Transport Layer)

传输层也称为运输层，负责从会话层接收数据，并且在必要的时候把它分成较小的单元传输给网络层，并确保到达对方各段的信息准确无误。

5) 会话层(Session Layer)

会话层的主要功能是对话管理、数据流同步和重新同步。

6) 表示层(Presentation Layer)

表示层的主要功能是将数据转换成计算机应用程序相互理解的格式，如数据压缩、加密、表示等。

7) 应用层(Application Layer)

应用层包含大量实用的协议，其任务是显示接收到的信息，把用户的新数据发送到低层。如发送电子邮件、网络管理都是在应用层进行。

由于OSI/RM模型的制定者们工程实践经验不足，而且OSI的协议实现过分复杂等，因此，OSI/RM参考模型在实践中难以实现，应用并不广泛。

2. TCP/IP参考模型

TCP/IP是提供可靠数据传输和无连接数据报服务的一组协议。传输控制协议(Transmission Control Protocol, TCP)提供可靠数据传输的一个协议，网际互联协议(Internet Protocol, IP)则是提供无连接数据报服务的协议。

Internet应用的网络体系结构称为TCP/IP参考模型。TCP/IP参考模型也是一种层级式(Layering)的结构，如图1.11所示。

4	应用层(Application Layer)
3	运输层(Transport Layer)
2	网际层(Internet Layer)
1	网络接口(Network Access Layer)

图1.11 TCP/IP参考模型的分层结构

TCP/IP参考模型分为4层：网络接口层、网际层、运输层和应用层。各层次的功能如下：

(1) 网络接口层。

TCP/IP中的网络接口层对应OSI模型中的物理层和数据链路层，是TCP/IP的最底层，负责数据帧(帧是独立的网络信息传输单元)的发送和接收。网络接口层将帧放在网上，或从网上将帧取下来。

(2) 网际层(IP层)。

TCP/IP的网际层提供寻址和路由选择协议，路由器主要工作在此层。TCP/IP的网际层对应于OSI/RM参考模型的网络层，该层主要运行以下几个协议。

- IP(网际网协议)：负责在主机和网络之间寻址和路由数据包。
- ARP(地址解析协议)：获得同一物理网络中的硬件主机地址。
- ICMP(网际控制消息协议)：发送消息，并报告有关数据包的传送错误。
- IGMP(互联组管理协议)：被IP主机拿来向本地多路广播路由器报告主机组成员。

(3) 传输层。

传输层位于应用层和网络层之间，为终端主机提供端到端的连接以及流量控制(由窗口机制实现)、可靠性(由序列号和确认技术实现)、支持全双工传输等。

传输层有两个传输协议。

- TCP(传输控制协议)：为应用程序提供可靠的通信连接。适合于一次传输大批数据的情况，适用于要求得到响应的应用程序。
- UDP(用户数据报协议)：提供了无连接通信，且不对传送包进行可靠的保证。适合于一次传输小量数据，可靠性则由应用层来负责。

(4) 应用层。

应用程序间进行沟通的层，如简单电子邮件传输(SMTP)、文件传输协议(FTP)、网络远程访问协议(Telnet)等。

TCP/IP参考模型已经成为当前网络互联事实上的国际标准。

3. IEEE802参考模型

20世纪80年代初期，IEEE802委员会制定了针对局域网应用的体系结构，即IEEE802局域网的参考模型，如图1.12所示。

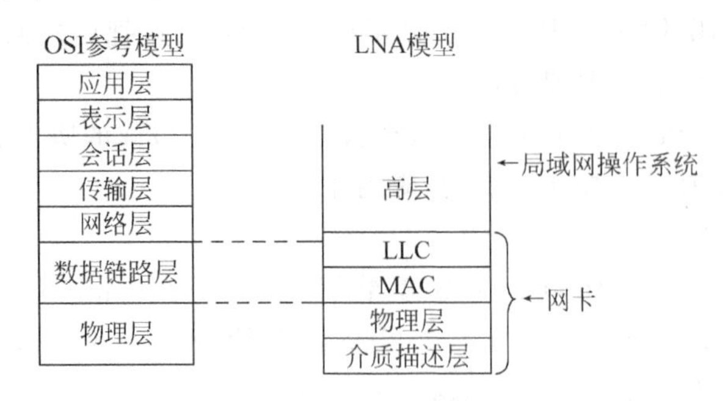

图1.12 IEEE802局域网参考模型

IEEE802局域网的参考模型相当于OSI模型的最低两层：物理层和数据链路层。

在局域网中，物理层负责物理连接和在媒体上传输比特流，其主要任务是描述传输媒体接口的一些特性，这一点与OSI/RM参考模型的物理层功能相同。

数据链路层的主要作用是通过一些数据链路层协议，在不太可靠的传输信道上实现可靠的数据传输，负责帧的传送与控制。这一点与 OSI/RM 参考模型的数据链路层功能相同。但局域网中，由于各站共享网络公共信道，由此必须解决信道如何分配，如何避免或解决信道争用，即数据链路层必须具有媒体访问控制功能。又由于局域网采用的拓扑结构与传输媒体多种多样，相应的媒体访问控制方法也有多种，因此在数据链路功能中应该将与传输媒体有关的部分和无关的部分分开。这样，IEEE802 局域网参考模型中的数据链路层就被划分为两个子层：媒体访问控制子层(MAC)和逻辑链路控制子层(LLC)。

- LLC：主要功能是保证帧传送的准确和无误等。
- MAC：负责进行帧的组装和拆卸、帧的发送和接收。

在 IEEE802 局域网参考模型中没有网络层。这是因为局域网的拓扑结构非常简单，且各个站点共享传输信道，在任意两个结点之间只有唯一的一条链路，不需要进行路由选择和流量控制，所以在局域网中不单独设置网络层，这一点与 OSI/RM 参考模型是不相同的。

1.3.3 数据封装

在计算机网络通信过程中，一台计算机(源主机)要发送数据到另一台计算机(目的主机)，则数据首先必须"打包"，这个过程叫"封装"。数据封装的过程如图 1.13 所示。

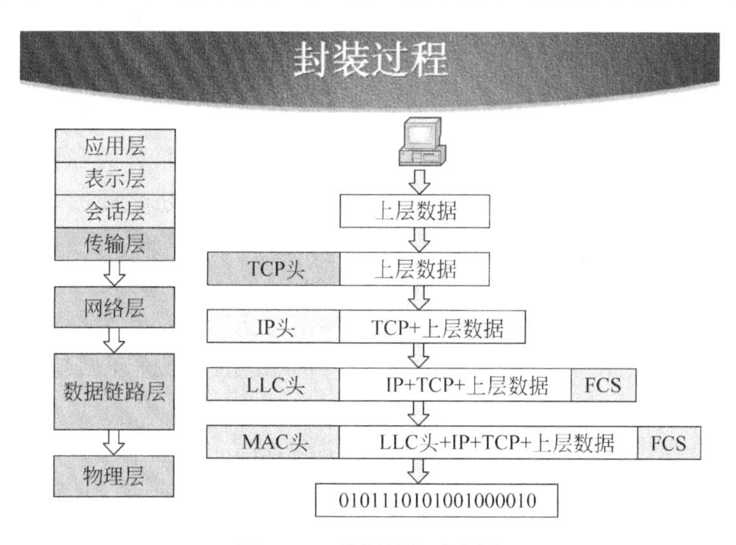

图 1.13　数据封装示意图

数据封装的实现过程如下：

(1) 生成数据。当用户发送信息时，信息中的字符和数字转化成能在因特网中传播的数据，如用户发送电子邮件。

(2) 打包生成端到端传输的数据。为了在因特网中传输数据，必须给数据打包。由于使用分段，传输层保证在 E-mail 端的主机能可靠地传输数据。

(3) 在头部加入网络地址。数据打包成数据报，数据报头部含有网络的源地址和目的地址。这些地址帮助网络设备和数据包按选定的路径传输数据。

(4) 把物理地址加入到数据链路层的数据头部。每一个网络设备必须把数据报打包成数据帧。

(5) 把信息转换成为位。为了在物理介质上传输,帧必须转换成0、1格式。

例如,校园E-mail应用中,信息从某局域网发出,穿过校园骨干网,并经过广域网最后到达目的地网络,如图1.14所示。

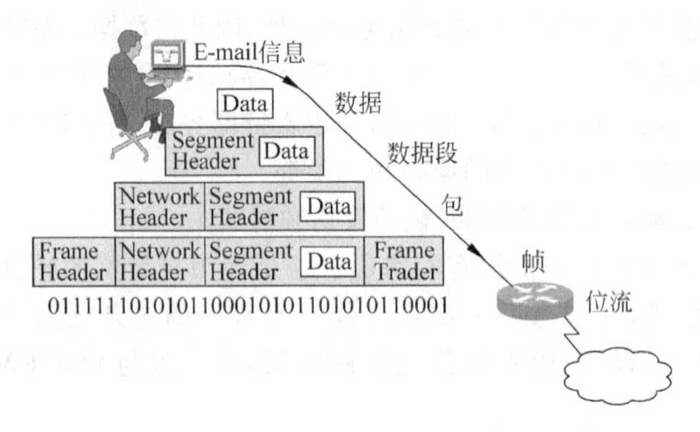

图1.14　数据封装过程的示意图

1.4　局域网技术

1.4.1　局域网的发展及特点

局域网是计算机网络的重要组成部分,是当今计算机网络技术应用与发展非常活跃的一个领域。局域网将分散在有限地理范围内(如一栋大楼、一个部门)的多台计算机通过传输媒体连接起来的通信网络,通过功能完善的网络软件实现计算机之间的相互通信和共享资源。

1. 局域网的发展过程

在20世纪70年代,短距离高速度计算机通信网络应运而生。其中美国Xerox公司于1975年推出的实验性以太网和英国剑桥大学1974年研制的剑桥环网就是这种网络的实例。

到了20世纪80年代,IEEE(电气电子工程师协会)成立802委员会,负责制定和促进工业LAN标准,并陆续制定了一系列LAN规范。

进入20世纪90年代,10Mb/s传输速率的10BASE-T以太网问世。1995年,应用FDDI技术使光缆LAN传输速率达到100Mb/s。以铜质五类双绞线为传输介质能达到100Mb/s传输速率的快速以太网100BASE-T以太网也已问世,从而局域网的发展进入快速以太网时代。

目前,千兆传输速率全速运行的交换式以太网和万兆(10Gb/s)以太网已经问世,传输速率能达到几十个Gb/s,适合传送多媒体信息的ATM网络已进入应用阶段。

2. 局域网的特点

(1) 局域网覆盖有限的地理范围,适用于有限范围(一间办公室、一幢办公楼等)内计算机的连网需求。

(2) 局域网具有高的数据传输速率、低的误码率。其误码率一般为10^{-8}～10^{-11}。

(3) 局域网的所有权和经营权一般属于一个单位所有。

(4) 便于安装、维护和扩充，建网成本低、周期短。

1.4.2 局域网的组成

一个简单的局域网通常由以下部分组成。

1. 计算机设备

网络中常用的计算机设备有工作站、服务器等；

1) 服务器

LAN 中至少有一台服务器，允许有多台服务器。对服务器的要求是速度快、硬盘和内存容量大、处理能力强。服务器是 LAN 的核心，网络中共享的资源大多都集中在服务器上。

由于服务器中安装有网络操作系统，因此服务器具有了网络管理、共享资源、管理网络通信和为用户体提供网络服务的功能。服务器中的文件系统具有容量大和支持多用户访问等特点。

根据服务器在网络中所起的作用，又可分为文件服务器、打印服务器、通信服务器和数据库服务器等。

2) 工作站

除服务器以外的连网计算机统称为网络工作站，简称工作站。一方面，工作站可以当作一台普通计算机使用，处理用户的本地事务；另一方面，工作站能够通过网络进行彼此通信，以及使用服务器管理的各种共享资源。

2. 传输介质

网络中常用的传输介质有双绞线、光纤和无线传输介质(无线、卫星通信等)。

1) 双绞线

(1) 物理特性。

每一对双绞线由绞合在一起的相互绝缘的两根铜线组成，每根铜线的直径大约 1mm。

(2) 传输特性。

在局域网中常用的双绞线可以分为 5 类。常用的是 3 类线和 5 类线，5 类线既可支持 100Mb/s 的快速以太网连接，又可支持到 150Mb/s 的 ATM 数据传输，是连接桌面设备的首选传输介质。

(3) 连通性。

双绞线既可用于点-点连接，也可用于多点连接。在没有中继线时最大距离为 100m。

2) 光纤

(1) 物理特性。

光纤传输系统主要由三部分组成：光源(又称为光发送机)、传输介质和检测器(又称为光接收机)。光源是发光二极管或半导体激光器；传输介质是极细的玻璃纤维或石英玻璃纤维；检测器是一种光电二极管。

(2) 传输特性。

光线由光密介质进入光疏介质时，在入射角足够大的情况下会发生全反射，即光波能量几乎全部反射，这样才可以达到长距离高速传输的目的，如图 1.15 所示。

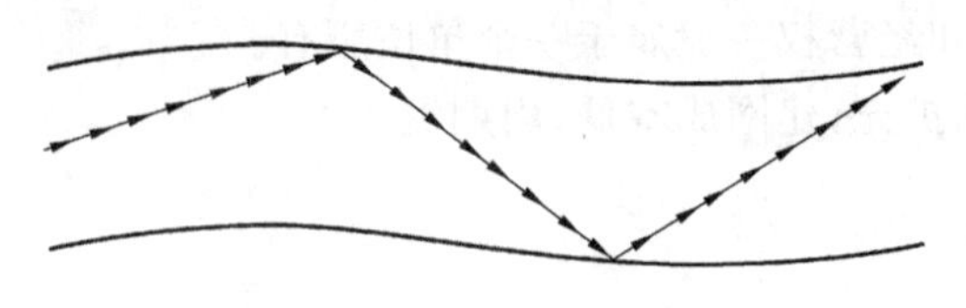

图 1.15　光的传输特性原理

(3) 光传输的特点如下：

- 传输损耗小、中继距离长，远距离传输特别经济；
- 抗雷电和电磁干扰性好；
- 无串音干扰，保密性好；体积小，重量轻。
- 通信容量大，每波段都具有 25 000～30 000GHz 的带宽。

3) 无线传输介质

无线传输介质包括无线电、微波、卫星和移动通信等，各种无线传输介质对应的电磁波谱范围如图 1.16 所示。

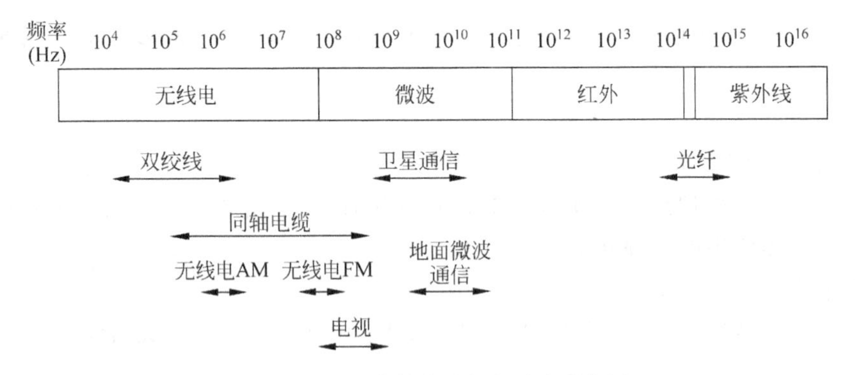

图 1.16　无线传输介质的电磁波谱范围

3. 网络适配器

网络适配器又称为网卡，是 LAN 的通信接口，实现 LAN 通信中物理层和介质访问控制层的功能。一方面，网卡要完成计算机与电缆系统的物理连接；另一方面，它要根据所采用 MAC 介质访问控制协议实现数据帧的封装和拆封，还有差错校验和相应的数据通信管理。如在总线 LAN 中，要进行载波侦听和冲突监测及处理。

4. 网络连接设备

网络连接设备，如集线器、交换机、网桥和路由器等将在后面专门介绍。

5. 网络操作系统

网络操作系统(Network Operation System，NOS)是指能使网络上的计算机方便而有效地共享网络资源，为用户提供所需的各种服务的操作系统软件。网络操作系统除了具备单机操作系统所有的功能外，如内存管理、CPU 管理、输入输出管理、文件管理等，还应提供高效可靠的网络通信能力和多种网络服务功能，如远程管理、文件传输、电子邮件和远程打印等。

目前，常见的网络操作系统有 Windows 家族类、UNIX 以及 Linux 等。

1) Windows 家族类

Windows 系统是由 Microsoft(微软)公司开发的一种面向分布式图形应用程序的完整

平台系统，易于安装和管理，且集成了 Internet 管理工具。Microsoft 公司在 1993 年推出第一代网络操作系统产品 Windows NT 3.1，随着 Windows NT3.1 的问世，Microsoft 正式加入网络操作系统的市场角逐。时至今日，微软公司先后对其 Windows 网络操作系统不断进行了改进，陆续推出 Windows NT 3.5、Windows NT 4.0、Windows Server 2000 家族以及现在的 Windows Server 2003。Windows 系列网络操作系统的主要特点有以下几个方面：

(1) 可靠性。

衡量一个网络操作系统的可靠性不是一朝一夕的事，无论 Microsoft 在软件界的地位多高，它新推出的 Windows NT(2000/2003)在未经历相当时间的检验之前，系统的可靠性、稳定性还是未知数，慎重的客户也不会盲目地一下子拥向 Windows NT，所以现在比较慎重的用户还是在坚持应用 UNIX。

(2) 新概念和新技术。

首先，因为 Windows NT 是最新设计的网络操作系统，它自然而然就会采用最新的概念和最新的技术。以前的网络操作系统在设计时根本不会考虑到的因素，Windows NT 的设计者都考虑到了，这绝不是说别的系统不够先进或没有远见，只是受历史条件和当时的技术发展因素所限，不可能预见。

(3) 友好的界面。

Windows NT 具有友好的界面。统一的界面风格是 Windows 系列开拓市场的强有力的武器。简单的操作使用户免于记诵繁杂的命令而一上手就可以使用，并且更重要的是，Windows NT 提供的功能以及开发工具绝不逊色于任何别的优秀系统。

(4) 丰富的配套应用。

Microsoft 公司在软件界有着特殊的地位，一方面它是平台提供商，另一方面它也是应用提供商。这样的双重身份使得 Microsoft 的产品具有一些特别之处。对于网络操作系统产品而言，因为 Microsoft 本身就是应用提供商，所以在其上的应用服务就不会匮乏。而且，因为是出自同一公司之手，因而应用和平台的结合应当是优秀的。应用可以充分利用 Microsoft 的平台优势，平台也能充分支持其开发的应用。此外，新出的 Windows 2000/2003 的 VLM 将提供大内存寻址能力和动态目录服务，弥补了 Microsoft 在这方面的一个不足。此外，Microsoft 的“零管理”将大大降低系统的管理成本。

正是上述优越的性能，使得 Microsoft 的 Windows 网络操作系统系列产品后来居上，在当今的网络操作系统市场占有举足轻重的地位。

2) UNIX

UNIX 最早是指由美国贝尔实验室发明的一种多用户、多任务的通用操作系统。经过长期的发展和完善，目前已成长为一种主流的操作系统技术和基于这种技术的产品大家族。其中最为著名的有 SCO、XENIX、SNOS、Berkeley BSD、AT&T 系统 V。由于 UNIX 具有技术成熟、可靠性高、网络和数据库功能强、伸缩性突出和开放性好等特色，可满足各行各业的实际需要，特别能满足企业重要业务的需要，已经成为主要的工作站平台和重要的企业操作平台。目前每年仍以两位数字以上的速度稳步增长。早期 UNIX 的主要特色是结构简练、便于移植和功能相对强大。经过多年的发展和进化，又形成了一些极为重要的特色，其中主要包括以下几点。

(1) 技术成熟，可靠性高。经过 30 年开放式道路的发展，UNIX 的一些基本技术已变得十分成熟,有的已成为各类操作系统的常用技术。实践表明,UNIX是能达到主机(Mainframe)可靠性要求的少数操作系统之一。目前许多UNIX主机和服务器在国内外的大型企业中每天24小时、每年365天不间断地运行。

(2) 极强的伸缩性(Scalability)。UNIX系统是世界上唯一能在笔记本式计算机、PC、工作站直至巨型机上运行的操作系统,而且能在所有主要体系结构上运行。至今为止,世界上没有第二个操作系统能做到这一点。此外,由于UNIX系统能很好地支持SMP、MPP和Cluster等技术,使其可伸缩性又有了很大的增强。

(3) 强大的网络功能。网络功能强是UNIX系统的又一重要特色,作为Internet技术基础和异种机连接重要手段的TCP/IP协议就是在UNIX上开发和发展起来的。TCP/IP是所有UNIX系统不可分割的组成部分。因此,UNIX服务器在Internet服务器中占70%以上,占绝对优势。此外,UNIX还支持所有常用的网络通信协议,包括NFS、DCE、IPX/SPX、SLIP和PPP等,使得UNIX系统能方便地与已有的主机系统,以及各种广域网和局域网相连接,这也是UNIX具有出色的互操作性(Interoperability)的根本原因。

(4) 强大的数据库支持能力。由于UNIX具有强大的支持数据库的能力和良好的开发环境,多年来,所有主要数据库厂商,包括Oracle、Informix、Sybase和Progress等都把UNIX作为主要的数据库开发和运行平台,并创造出一个又一个性能价格比的新记录。

(5) 功能强大的开发平台。UNIX系统从一开始就为软件开发人员提供了丰富的开发工具,成为工程工作站的首选和主要的操作系统和开发环境。可以说,工程工作站的出现和成长与UNIX是分不开的。迄今为止,UNIX工作站仍是软件开发厂商和工程研究设计部门的主要工作平台。有重大意义的软件新技术几乎都出现在UNIX上,如TCP/IP、WWW等。

(6) 开放性好。开放性是UNIX最重要的本质特征。开放系统概念的形成与UNIX是密不可分的。UNIX是开放系统的先驱和代表。由于开放系统深入人心,几乎所有厂商都宣称自己的产品是开放系统,确实每一种系统都能满足某种开放的特性,如可移植性、兼容性、伸缩性和互操作性等。但所有这些系统与开放系统的本质特征——不受某些厂商的垄断和控制相去甚远,只有UNIX完全符合这一条件。

3) Linux

Linux是一套免费使用和自由传播的类UNIX操作系统,主要用于基于Intel x86系列CPU的计算机上。Linux的出现最早开始于一位名叫Linus Torvalds的计算机业余爱好者,当时他是芬兰赫尔辛基大学的学生。他的目的是想设计一个代替Minix(是由一位名叫Andrew Tannebaum的计算机教授编写的一个操作系统示教程序)的操作系统,这个操作系统可用于386、486或奔腾处理器的个人计算机上,并且具有UNIX操作系统的全部功能,因而开始了Linux雏形的设计。

Linux以它的高效性和灵活性著称。它能够在PC上实现全部的UNIX特性,具有多任务、多用户的能力。Linux是在GNU公共许可权限下免费获得的,是一个符合POSIX标准的操作系统。Linux操作系统软件包不仅包括完整的Linux操作系统,而且还包括了文本编辑器、高级语言编译器等应用软件。它还包括带有多个窗口管理器的X-Windows图形用户界面,如同现在大家所使用的Windows NT一样,允许使用窗口、图标和菜单对系统进行操作。

现在，Linux 的版本很多而且应用也相当普及。最主要的几个发行版本为 Red Hat Linux、Slackware、Debian Linux 和 S. u. S. e Linux 等。最近国内也有人搞了自己的发行版本，如联想公司的幸福 Linux 以及冲浪平台的 XteamLinux 等。

1.4.3 局域网标准

电气和电子工程师协会(Institute of Electrical and Electronics Engineers，IEEE)于 1980 年 2 月成立了 IEEE 802 委员会，IEEE802 委员会专门研究和制定有关局域网的各种标准。目前，IEEE802 委员会已经制定出 12 个标准，如图 1.17 所示。

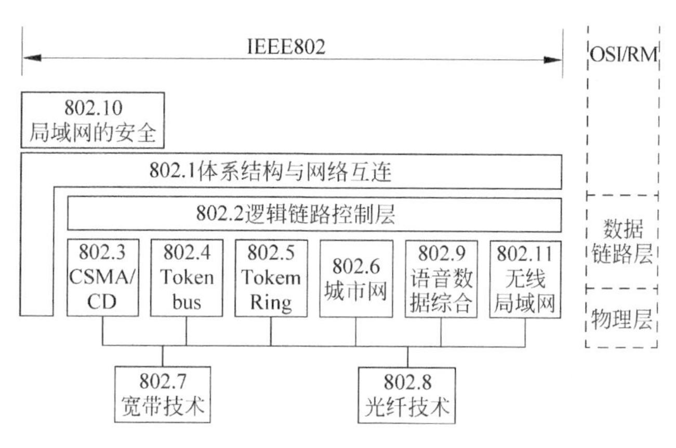

图 1.17　局域网的标准

(1) IEEE802.1 标准，包括局域网体系结构、网络互联以及网络管理。

(2) IEEE802.2 标准，逻辑链路控制 LLC。

(3) IEEE802.3 标准，定义 CSMA/CD 总线介质访问控制方法与物理层规范。

(4) IEEE802.4 标准，定义令牌总线(Token Bus)介质访问控制方法与物理层规范。

(5) IEEE802.5 标准，定义令牌环(Token Ring)介质访问控制方法与物理层规范。

(6) IEEE802.6 标准，定义城市网介质访问控制方法与物理层规范。

(7) IEEE802.7 标准，定义了宽带技术。

(8) IEEE802.8 标准，定义了光纤技术。

(9) IEEE802.9 标准，定义了语音与数据综合局域网技术。

(10) IEEE802.10 标准，定义了局域网的安全机制。

(11) IEEE802.11 标准，定义了无线局域网技术。

(12) IEEE802.12 标准，定义了按需优先的介质访问方法，用于快速以太网。

1.4.4 决定局域网特性的主要技术

决定局域网特性的主要技术有以下三方面：用以传输数据的传输介质；用以连接各种设备的拓扑结构；用以共享资源的介质访问控制方法。这三种技术在很大程度上决定了传输数据的类型、网络的响应时间、吞吐量和利用率，以及网络应用等各种网络特性。其中最重要的是介质访问控制方法，它对局域网特性具有十分重要的影响。

目前，被普遍采用并形成国际标准的介质访问控制方法主要有带有冲突检测的载波侦听多路访问(CSMA/CD)、令牌总线(Token Bus)和令牌环(Token Ring)三种。CSMA/CD是一种基于竞争和冲突的协议,而令牌协议是一种按固定顺序分配传输介质的无冲突协议,相比较而言,基于CSMA/CD机理的LAN应用要普及的多。下面做简单介绍。

CSMA/CD介质访问控制协议就是IEEE802.3,它适合于总线型拓扑结构的LAN。CSMA/CD有效地解决了总线LAN中介质共享、信道分配和信道冲突等问题。

1. CSMA/CD信息发送规则

CSMA/CD规定,每个站都可以独立地决定信息帧的发送,即任何站点在准备好要传送的信息后,就可以向外发送。

发送信息时遵循下列规则:

(1) 发送之前必须先侦听总线,若总线空闲,就立即发送。

(2) 若总线忙,则继续侦听,一旦发现总线空闲,就立即发送。

(3) 若在发送过程中检测到信号"冲突",就立即停止信息发送,并发出一个短的干扰信号,使所有站点都知道出现了"冲突"。

(4) 干扰信号发出后,等待一个随机时间,再重新尝试发送。

总之,CSMA/CD采用的是一种"有空就发"的竞争型访问策略,因而不可避免地会出现信道空闲时多个站点同时争发的现象,无法完全消除冲突,只能是采取一些措施减少冲突,并对产生的冲突进行处理。因此,采用这种协议的局域网环境不适合对实时性要求较强的网络应用。

2. 信息的接收过程

当信息帧经总线传输时,网上各站都可以接收到,但只有站址和数据帧的目的地址相符合时,才会将信息帧接收下来。若地址不符合,则不予保存。

3. CSMA/CD的主要优、缺点

CSMA/CD的主要优点:算法简单,应用广泛,提供了公平的访问前,具有相当好的延时和吞吐能力,长帧传递和负载轻时效率较高。

CSMA/CD的主要缺点:需要有冲突检测,存在错误判断和最小帧长度限制,在重载情况下性能变差。

1.4.5 几种常见的局域网

1. 双绞线以太网(10BASE-T)

双绞线以太网是20世纪80年代后期出现的以非屏蔽双绞线为传输介质,以有源集线器(HUB)为中心节点,采用星型拓扑结构的一种以太网。10Base-T是以太网中最常用的一种标准,10表示信号的传输速率为10Mb/s,Base表示信道上传输的是基带信号,T是英文Twisted-pair(双绞线电缆)的缩写,说明是使用双绞线电缆作为传输介质,编码也采用曼彻斯特编码方式。但其在网络拓扑结构上采用了以10Mb/s集线器或10Mb/s交换机为中心的星型拓扑结构。

图1.18展示了一个由两个Hub组成的双绞线以太网。

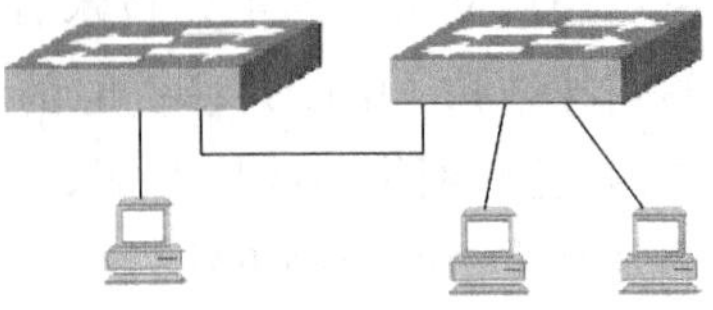

图1.18 双绞线以太网结构图

双绞线以太网的主要技术特性如下:

(1) 中央节点:有源集线器。

(2) 站点数：由 Hub 的端口数而定。

(3) 网络拓扑结构：星型。

(4) 传输介质：非屏蔽双绞线，线直径为 4～6mm，阻抗为 100Ω。

(5) 传输速率：10Mb/s。

(6) 介质访问控制协议：CSMA/CD。

(7) 最大网段长度：100m。

(8) 最大网络数：5 段，即用 4 个中继器连接 5 段电缆，将网络扩大到 500m。

(9) 遵循的标准：10BASE-T，其中 T 代表双绞线。

应该说明的是，10Base-T 的出现对于以太网技术发展具有里程碑式的意义。其一体现在首次将星型拓扑引入到以太网中；其二是突破了双绞线不能进行 10Mb/s 以上速度传输的传统技术限制；第三，在后期发展中引入了第 2 层交换机取代第 1 层集线器作为星型拓扑的核心，从而使以太网从共享以太网时代进入了交换以太网阶段。

2. 快速以太网(Fast Ethernet)

快速以太网技术 100Base-T 是由 10Base-T 标准以太网发展而来的，主要解决网络带宽在局域网络应用中的瓶颈问题。

快速以太网是一类新型的局域网，1993 年一经开发成功便引起了网络界的重视并迅速流行开来，目前快速以太网已成为应用最广泛的以太网技术。

快速以太网中的"快速"是指数据速率可以达到 100Mb/s，是双绞线以太网数据速率的 10 倍。IEEE802 委员会为快速以太网制定了 IEEE802.3u 标准。

快速以太网的特点如下：

(1) 应用继承性很好，使用了与双绞线以太网 10BASE-T 相同的 CSMA/CD 技术。

(2) 定义了三种物理层规范以支持不同的物理介质：

- 100BASE-TX：使用两对 5 类 UTP(无屏蔽双绞线)或两对 1 类 STP(屏蔽双绞线)。其中一对用于发送，另一对用于接收，实现全双工通信。
- 100BASE-T4：使用 4 对 3 类、4 类或 5 类 UTP，最大距离可达 100m。100BASE-T4 规定被传送的数据流应分解成三个单独的数据流，每一个有 33.33Mb/s 的有效数据率。发送数据要使用三对双绞线，接收数据也要使用三对双绞线。因此，在 4 对双绞线中，必须有两对被设置成可以支持双向传输，并且它只能采用半双工通信。
- 100BASE-FT：使用两对光缆。一对用于发送，另一对用于接收。传输距离可达 450m。

图 1.19 所示是一个由 100M 交换机组成的 100Base-T 快速以太网。

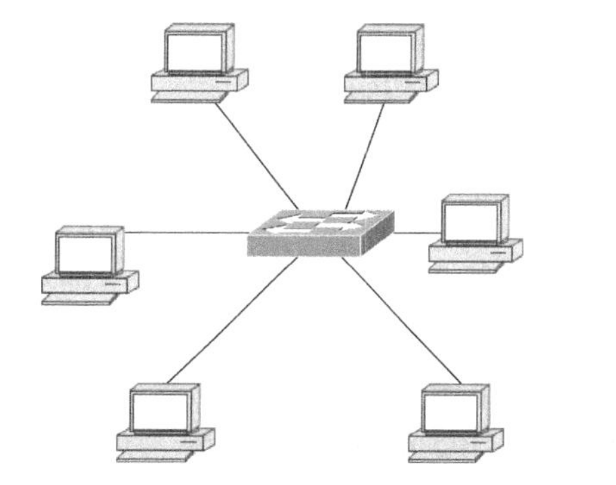

图 1.19　100Base-T 快速以太网的应用

快速以太网的最大优点是结构简单、实用、成本低并易于普及。目前主要用于快速桌面系统，也有少量被用于小型园区网络的主干。

3. 千兆以太网

随着多媒体技术、高性能分布计算和视频应用等的不断发展，用户对局域网的带宽提出了越来越高的要求；同时，100Mb/s 快速以太网也要求主干网、服务器一级的设备要有更高的带宽。在这种需求背景下,人们开始酝酿速度更高的以太网技术。1996年3月,IEEE 802委员会成立了IEEE 802.3z工作组,专门负责千兆位以太网及其标准,并于1998年6月正式公布关于千兆位以太网的标准。

千兆位以太网标准是对以太网技术的再次扩展,其数据传输率为1000Mb/s,即1Gb/s,因此也称为吉比特以太网。采用千兆以太网的好处在于:千兆位以太网将提供10倍于快速以太网的性能,并与现有的10/100以太网标准兼容。

目前,千兆以太网技术有两个标准:IEEE802.3z和IEEE802.3ab。千兆以太网的电缆标准为:

- 1000BASE-SX:面向低成本的多模光纤,用于水平或短距离主干应用。
- 1000BASE-LX:面向更长距离的多模建筑物光纤主干以及单模校园主干。
- 1000BASE-CX:基于铜缆的标准。适用于交换机之间的短距离连接,尤其适合千兆主干交换机和主服务器之间的短距离连接。

目前,千兆位以太网主要被用于园区或大楼网络的主干中,但也有的被用于有非常高带宽要求的高性能桌面环境中。图1.20给出了一个将千兆以太网用于网络主干,将快速以太网或10Mb/s以太网用于桌面环境的网络示意图。该网络采用了典型的层次化网络设计方法。

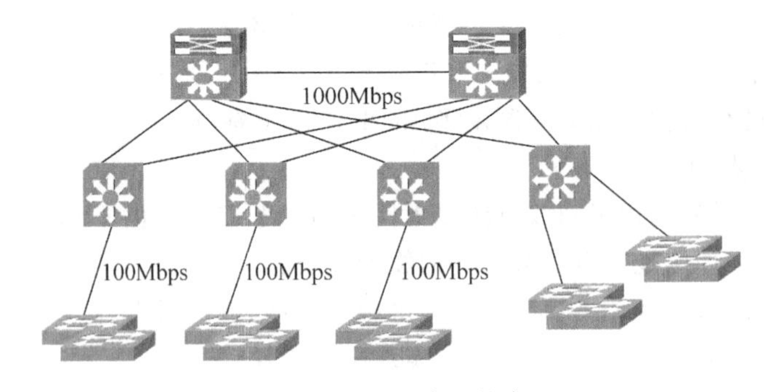

图1.20 千兆以太网的应用

图1.20中,最下面一层由10Mb/s以太网交换机加上100Mb/s上行链路组成;第二层由100Mb/s以太网交换机加1000Mb/s上行链路组成;最高层由千兆以太网交换机组成。通常将面向用户连接或访问网络的层称为接入层(Access Layer),而将网络主干层称为核心层(Core Layer),将连接接入部分和核心部分的层称为分布层或汇聚层(Distribution Layer)。

4. 无线局域网

所谓无线局域网(Wireless Local Area Network,WLAN)就是指采用无线传输介质的局域网。

前几节介绍的各类局域网技术都是基于有线传输介质实现的。但是有线网络在某些环境中,例如在具有空旷场地的建筑物内,在具有复杂周围环境的制造业工厂、货物仓库内,在机场、车站、码头、股票交易场所等一些用户频繁移动的公共场所,在缺少网络电缆而又不能打洞布线的历史建筑物内,在一些受自然条件影响而无法实施布线的环境,在一些需要临时增设网络结点的场合如体育比赛场地、展示会等,使用有线网络都存在明显的限制。而无线局域网则恰恰能在这些场合解决有线局域网所存在的困难。有线联网的系统，要求工作站保持静止，只能提供介质和办公范围内的移动，而无线连网将真正的可移动性引入了计算机世界。

1）无线局域网的协议

目前，支持无线局域网的技术标准主要有蓝牙技术、Home RF 技术以及 IEEE 802.11 系列。IEEE 802.11 标准在 MAC 子层采用带冲突避免的载波监听多路访问（Carrier Sense Multiple Access/Collision Avoidation，CSMA/CA）协议。该协议与在 IEEE 802.3 标准中所讨论的 CSMA/CD 协议类似，为了减小无线设备之间在同一时刻同时发送数据导致冲突的风险，IEEE 802.11 引入了称为请求发送/清除发送（RTS/CTS）的机制。即如果发送目的地是无线结点，数据到达基站，该基站将会向无线结点发送一个 RTS 帧，请求一段用来发送数据的专用时间。接收到 RTS 请求帧的无线结点将回应一个 CTS 帧，表示它将中断其他所有的通信直到该基站传输数据结束。其他设备可监听到传输事件的发生，同时将在此时间段的传输任务向后推迟。这样，结点间传输数据时发生冲突的概率就会大大减少。

2）无线局域网的物理层实现方式

在 IEEE 802.11 标准中定义了三个可选的物理层实现方式，分别为红外线（IR）基带物理层和两种无线频率（RF）物理层。两种无线频率物理层指工作在 2.4GHz 频段上的跳频扩展频谱（FHSS）方式以及直接序列式扩频（DSSS）方式。目前 IEEE 802.11 规范的实际应用以使用 DSSS 方式为主流。下面分别介绍这三种方式。

（1）红外线方式。

红外线局域网采用波长小于 1μm 的红外线作为传输媒介，有较强的方向性，受阳光干扰大。它支持 1～2Mb/s 数据速率，适于近距离通信。

（2）直接序列式扩频。

直接序列式扩频就是使用具有高码率的扩频序列，在发射端扩展信号的频谱，而在接收端用相同的扩频码序列进行解扩，把展开的扩频信号还原成原来的信号。DSSS 局域网可在很宽的频率范围内进行通信，支持 1～2Mb/s 数据速率，在发送和接收端都以窄带方式进行，而以宽带方式传输。

（3）跳频扩展频谱。

跳频技术是另外一种扩频技术。跳频的载频受一个伪随机码的控制，在其工作带宽范围内，其频率按随机规律不断改变频率。接收端的频率也按随机规律变化，并保持与发射端的变化规律一致。跳频的高低直接反映跳频系统的性能，跳频越高，抗干扰的性能越好，军用的跳频系统可以达到上万跳每秒。实际上移动通信 GSM 系统也是跳频系统。出于成本的考虑，商用跳频系统跳速都较慢，一般在 50 跳/秒以下。由于慢跳跳频系统实现简单，因此低速无线局域网常常采用这种技术。FHSS 局域网支持 1Mb/s 数据速率，共有 22 组跳频图案，包括 79 个信道，输出的同步载波经解调后可获得发送端送来的信息。

与红外线方式比较，使用无线电波作为媒体的 DSSS 和 FHSS 方式，具有覆盖范围大，抗干扰、抗噪声、抗衰减和保密性好的优点。

无线局域网的其他相关知识将在后面中专门介绍。

1.4.6 以太网分段

随着技术的更新,网络需求的不断变化,出现了更多的智能型台式机和工作站,音频信号和视频信号也被在数据网中进行传输,网络不再仅仅用于发送电子邮件、声音、图像,此时对网络带宽的需求也越来越高,对网络分段便是获得高带宽的一种有效途径。通过网络分段,可以使每个用户获得更多的带宽,同时使在同一网段中的节点拥有更多的网络流量。

目前,以太网分段技术主要通过路由器、交换机和网桥来实现,如图1.21所示。

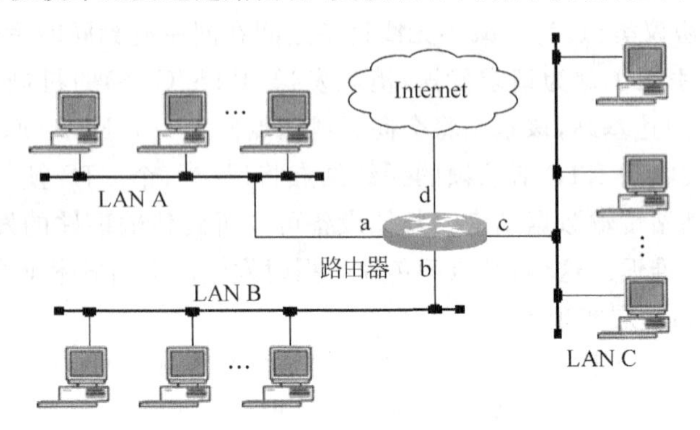

图1.21 以太网分段技术应用示意图

在图1.21中,三个网段区域被创建,在每个区域内部是一个冲突域,这样在本网段内部发生的信息交换不会传到其他网段上,即将流量只限定在本区域内。只要用户的通信只在本网段内进行,每个用户就会比在同一个大的共享局域网下拥有较多的带宽,从而达到提供网络带宽的目的。

1. 采用网桥进行分段

网桥曾被广泛地应用于局域网的分段,以便为用户提供更多的带宽,如图1.22所示。

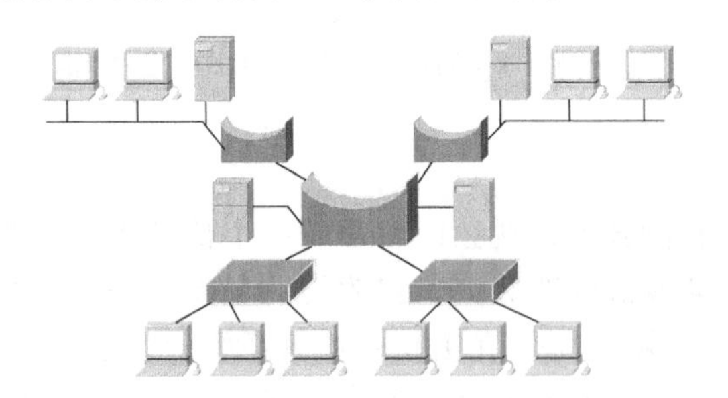

图1.22 网桥分段应用示意图

采用网桥进行分段的技术特点如下:

(1) 分段可以使在同一个网段中拥有相对较少数量的用户。

(2) 网桥存储、转发所有的帧。

(3) 独立于协议,即插即用。

由于网桥的市场已逐渐被交换机所取代,因此这种方法已不多见。

2. 采用路由器进行分段

路由器作用在OSI协议的网络层。路由器可以扩展网络,在互连的网络中寻找从源站点到目的站点间的路径，如图 1.23 所示。

采用路由器进行分段的技术特点如下：

(1) 具有更好的管理性。

(2) 同时存在多条可用的路径。

3. 采用交换机进行分段

交换机是局域网应用最多的网络设备，如图 1.24 所示。

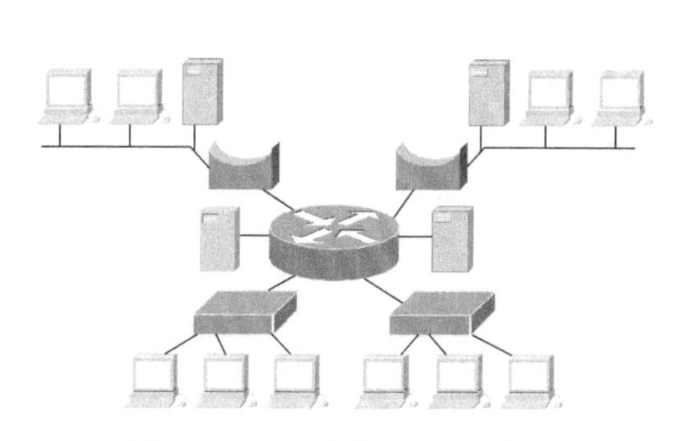

图 1.23 路由器分段应用示意图

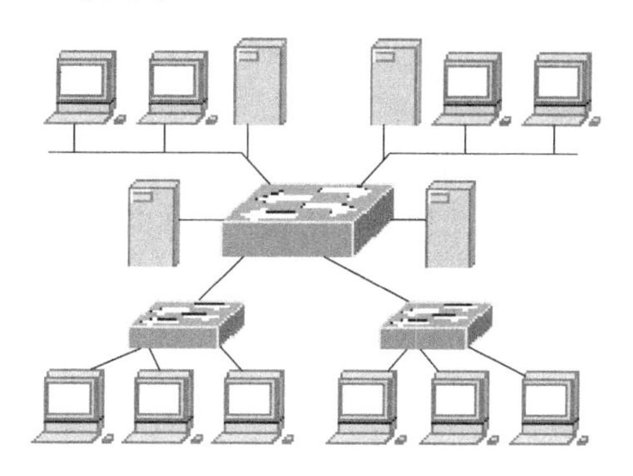

图 1.24 采用交换机进行分段

利用交换机进行分段的技术特点如下：

(1) 可以建立多条高速数据交换通道。

(2) 具有较低的延迟和较高的帧转发率。

(3) 增加了可用的网络带宽。

1.4.7 网络交换技术

1. 共享式以太网

早期的局域网一般工作在共享方式下。共享式以太网(即使用集线器或共用一条总线的以太网)采用了载波检测多路侦听(Carries Sense Multiple Access with Collision Detection, CSMA/CD)机制来进行传输控制，如图 1.25 所示。

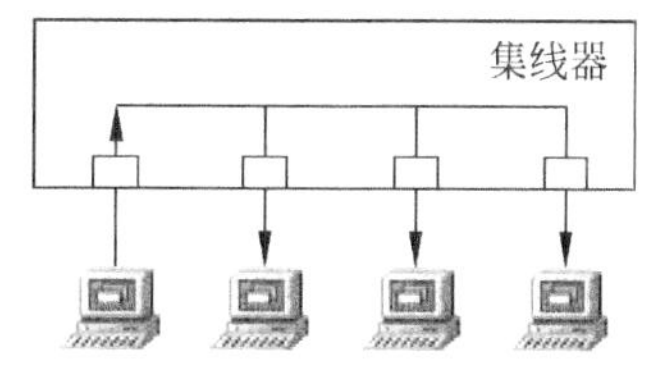

图 1.25 共享式以太网

在局域网中，数据都是以“帧”的形式传输的。共享式以太网是基于广播的方式来发送数据的，这样网络上所有的主机都可以收到这些帧，即只要网络上有一台主机在发送帧，网络上所有其他的主机都只能处于接收状态，无法发送数据，此时所有的网络带宽只分配给正在传送数据的那台主机，其他主机只能处于等待状态。

共享式以太网在网络应用和组网过程中暴露出以下主要缺点：

(1) 覆盖的地理范围有限。

按照 CSMA/CD 的有关规定，以太网覆盖的地理范围是固定的，只要两个结点处于同一个以太网中，它们之间的最大距离就不能超过这个固定值，不管它们之间的连接跨越一个集线器还是多个集线器。如果超过这个值，网络通信就会出现问题。

(2) 网络总带宽容量固定。

共享式以太局域网上的所有结点共享同一传输介质。在一个结点使用传输介质的过程中,另一个结点必须等待。因此,共享式以太网的固定带宽被网络上的所有结点共同拥有,随机占用。网络中的结点越多,每个结点平均使用的带宽越窄,网络的响应速度也会越慢。另外,在发送结点竞争共享介质的过程中,冲突和碰撞是不可避免的。冲突和碰撞会造成发送结点延迟和重发,进而浪费网络带宽。随着网络结点数的增加,冲突和碰撞必然加大,相应的带宽浪费也会越大。

(3) 不能支持多种速率。

在共享式以太局域网中的网络设备必须保持相同的传输速率,否则一个设备发送的信息,另一个设备不可能收到。单一的共享式以太网不可能提供多种速率的设备支持。

2. 交换式以太网

交换式以太网技术是对共享式以太网提供有效网段划分的解决方案而出现的,它可以使每个用户尽可能地分享到最大带宽。

1) 交换式以太网工作原理

交换式以太网技术在传统以太网技术的基础上,用交换技术替代原来的 CSMA/CD 技术,从而避免了由于多个站点共享并竞争信道导致发生的碰撞,减少了信道带宽的浪费,同时还可以实现全双工通信,从而极大地提高了信道的利用率,如图 1.26 所示。因此,交换式以太网已成为当今局域网的主要实现技术而被广泛应用。

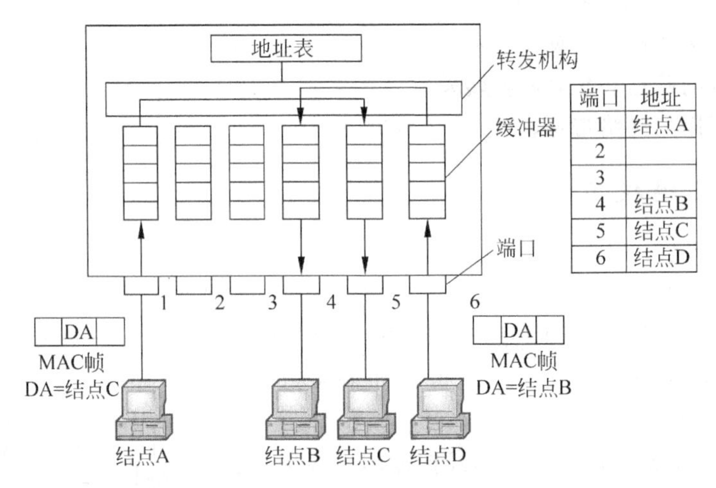

图 1.26 交换式以太网

以太网交换机的原理很简单,它检测从以太端口来的数据包的源和目的地的 MAC(介质访问层)地址,然后与系统内部的动态查找表进行比较,若数据包的 MAC 层地址不在查找列表中,则将该地址加入查找表中,并将数据包发送给相应的目的端口。这就是以太网交换机的帧转发和学习机制,如图 1.27 所示。

在图 1.27 中,终端 A 向 C 发出一组数据帧,交换机通过从 E0 端口进来的数据帧学到了终端 A 的 MAC 地址,并将其地址与交换机端口的对应关系存入其 MAC 地址表中。交换机检测从端口 E0 进来的数据帧的目的地址,然后将数据包转发到相应的目的端口。

2) 交换式以太网技术的优点

(1) 交换式以太网不需要改变网络其他硬件,包括电缆和用户的网卡,仅需要用交换式

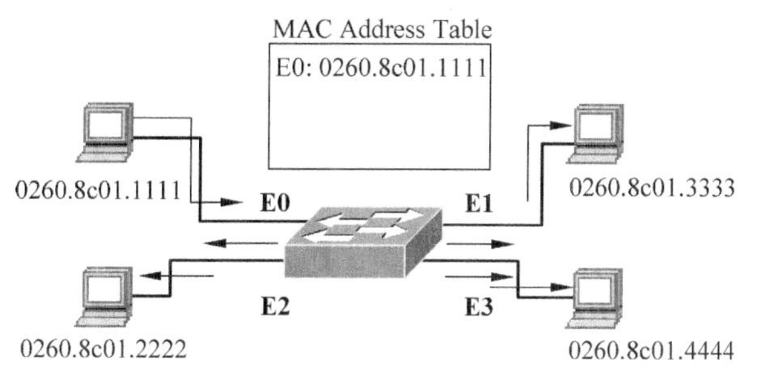

图 1.27　交换机的学习机制

交换机改变共享式 Hub,节省用户网络升级的费用。

(2) 同时提供多个通道,比传统的共享式集线器提供更多的带宽。传统的共享式以太网采用广播式通信方式,每次只能在一对用户间进行通信,如果发生碰撞还得重试,而交换式以太网允许不同用户间进行传送。

1.5　局域网扩展

1.5.1　物理层扩展

1. 中继器(Repeater)

中继器是一种解决信号传输过程中放大信号的设备,它是网络物理层的一种介质连接设备。由于信号在网络传输介质中有衰减和噪声,使有用的数据信号变得越来越弱,为了保证有用数据的完整性,并在一定范围内传送,要用中继器把接收到的弱信号放大以保持与原数据相同。

使用中继器就可以使信号传送到更远的距离,如图 1.28 所示。中继器可用来连接远距离的工作站,但不能把它作为一种增加工作站数量的必要手段。因为随着中继器数量的增多,可能导致网络阻塞比较严重,响应速度慢,效率低,此时可以考虑用网桥把局域网分成两个或多个网段。

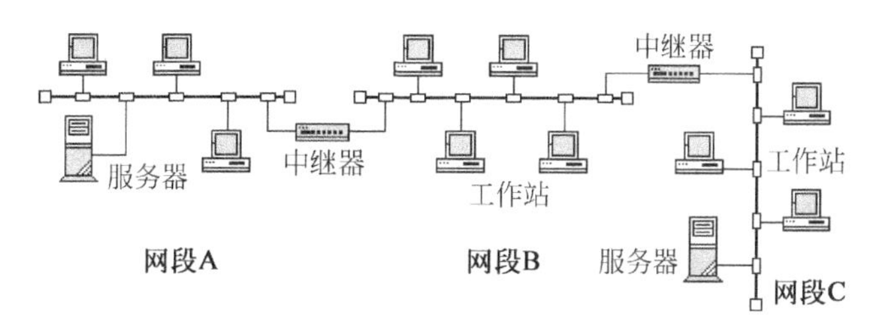

图 1.28　利用中继器扩展网段的连接

中继器连接的网络在逻辑上应该是同一个网络。其主要优点是安装简单、使用方便、价格相对低廉。

2. 集线器(Hub)

集线器是一种信号再生转发器,工作在物理层,相当于一个多口的中继器,能实现简单的加密和地址保护。

· 集线器通过接口与网络工作站相连,如图1.29所示。集线器接口的多少决定网络中所连计算机的数目,常见的集线器接口有8口、12口、16口、48口等几种。如果希望连接的计算机数目超过Hub的端口数时,可以采用Hub堆叠或级连的方式来扩展。随着网络交换技术的发展,交换机的价格逐渐降低,集线器正逐步被交换机取代。

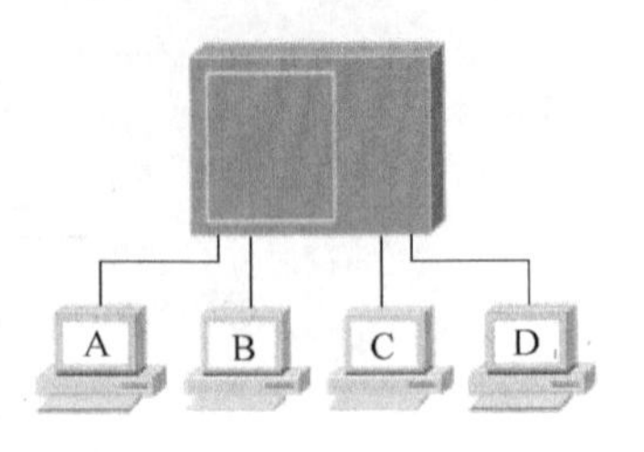

图1.29 利用集线器连接工作站

1.5.2 数据链路层扩展

1. 网桥(Bridge)

网桥工作在数据链路层,在LAN之间存储和转发帧(Frame),如图1.30所示。

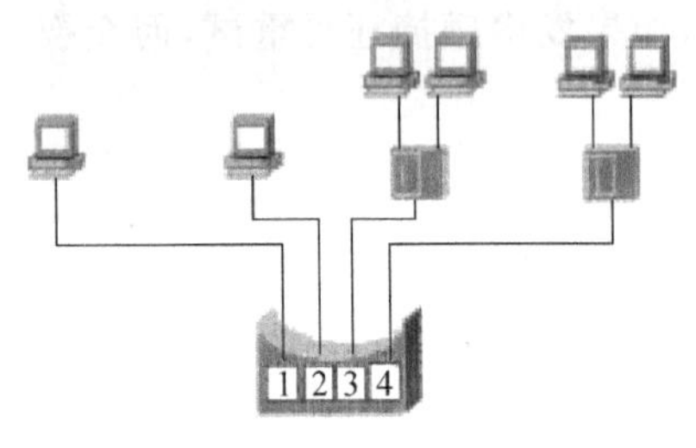

图1.30 利用网桥连接LAN

网桥的特点如下:

(1) 每一条链路都属于一个单独的碰撞域,如图1.30所示。

(2) 所有连接的设备属于同一广播域。

2. 交换机(Switch)

交换机工作在数据链路层,在LAN之间存储和转发帧。

交换机是一种可以根据要传输的网络信息构造自己的"转发表",做出转发决策的设备。交换机是20世纪90年代出现的新设备,它的出现解决了局域网中网段划分之后,网段中子网必须依赖路由器进行管理的局面,还解决了传统路由器低速、复杂、昂贵所造成的网络瓶颈问题。

交换机的特点如下:

(1) 每一条链路都属于一个单独的碰撞域。

(2) 所有连接的设备属于同一广播域。

交换机与Hub的不同之处在于交换机的每个端口都可以获得同样的带宽。交换机的外观结构如图1.31所示。

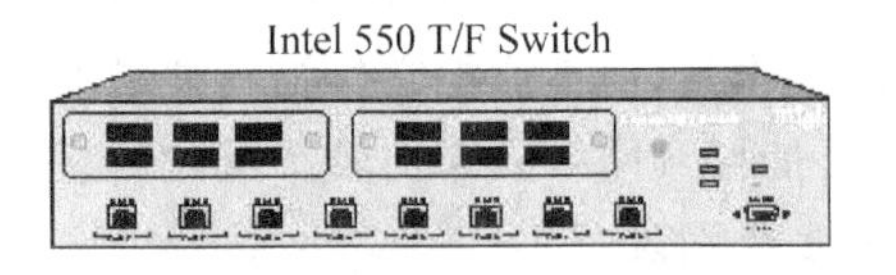

图1.31 交换机的外观

1.5.3 三层交换技术

传统的交换技术是在OSI网络标准模型中的第二层——数据链路层进行操作的,而三层交换技术是在网络模型中的第三层实现对数据包的高速转发。

1. 三层交换技术原理

第三层交换技术也称为IP交换技术。它将第二层交换机和第三层路由器两者的优势结合成为一个有机的整体,是一种利用第三层协议中的信息来加强第二层交换功能的机制,是新一代局域网路由和交换技术。第三层交换机能够代替路由器执行传统路由器的大多数功能,它应该具有路由的基本特征。

我们知道,路由的核心功能主要包括数据报文转发和路由处理两方面。数据报文转发是路由器和第三层交换机最基本的功能,用来在子网间传送数据报文;路由处理子功能包括创建和维护路由表，完成这一功能需要启用路由协议，如 RIP 或 OSPF 来发现和建立网络拓扑结构视图，形成路由表。路由处理一旦完成，将数据报文发送至目的地就是报文转发子功能的任务了。报文转发子功能的工作包括检查 IP 报文头、IP 数据包的分片和重组、修改存活时间(TTL)参数、重新计算 IP 头校验和、MAC 地址解析、IP 包的数据链路封装以及 IP 包的差错与控制处理(ICMP)等。第三层交换也包括一系列特别的服务功能，如数据包的格式转换、信息流优先级别划分、用户身份验证及报文过滤等安全服务、IP 地址管理、局域网协议和广域网协议之间的转换。当第三层交换机仅用于局域网中子网间或 VLAN 间转发业务流时可以不执行路由处理，只作第三层业务流转发，这种情况下设备可以不需要路由功能。由于传统路由器是一种软件驱动型设备，所有的数据包交换、路由和特殊服务功能，包括处理多种底层技术和多种第三层协议几乎都由软件来实现，并可通过软件升级增强设备功能，因而具有良好的扩展性和灵活性。但它也具有配置复杂、价格高、相对较低的吞吐量和相对较高的吞吐量变化等缺点。而第三层交换技术在很大程度上弥补了传统路由器的这些缺点，因而在局域网的应用中更加广泛。

三层交换技术的原理如图 1.32 所示。

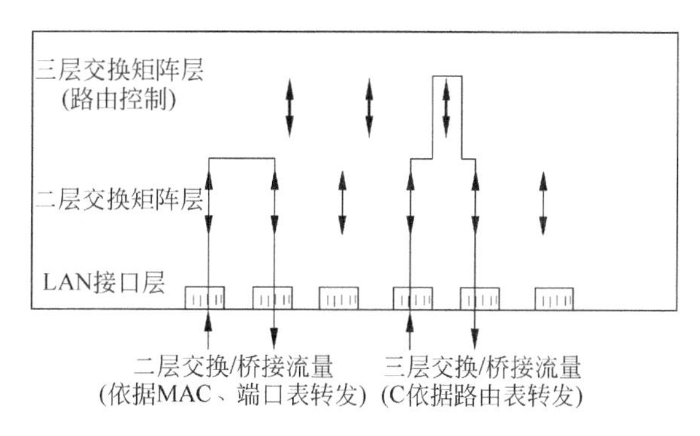

图 1.32　三层交换技术原理

2. 三层交换机的特点

三层交换机产品使用专用集成电路(ASIC)技术，可以提供如下一些丰富的特性：(不同厂家甚至同一厂家的不同系列产品，只能满足或部分满足其中的一部分特性)在所有端口，针对所有网络接口及协议的无阻塞线速交换和路由；极高的吞吐量，通常比中高端路由器还要快 10～100 倍；多协议路由选择；支持安全用户认证，配合用户计费，增强用户管理特性；ASIC 的可编程性，支持诸如 Ipv6 的技术和其他未来技术，保护用户投资等。

第三层交换产品采用结构化、模块化的设计方法，体系结构具有很好的层次感。软件模块和硬件模块分工明确、配合协调，信息可为整个设备集中保存、完全分布或高速缓存。例如，IP 报文的第三层目的地址在帧中的位置是确定的，MAC 地址就可被硬件提取，并由硬件完成路由计算或地址查找；另一方面，路由表构造和维护则可继续由 RSIC 芯片中的软件完成。总之，第三层交换技术及产品的实现归功于现代芯片技术特别是 ASIC 技术的迅速发展。

基于此技术发展起来的三层交换机具有以下突出特点：有机的硬件组合使得数据交换加速；优化的路由软件使得路由效率提高；除了必要的路由决定过程以外，大部分数据转发过程由第二层交换处理，避免了路由选择时造成的网络延迟，解决了网间传输信息时路由产生的速率瓶颈。多个子网互联时,只是与第三层交换模块的逻辑连接,不像传统路由器那样需要增加端口。

由上面叙述可见,二层交换机主要用于小型的局域网络。在小型局域网中,广播包的影响不大,二层交换机的快速交换功能、多个接入端口和低廉的价格为小型网络用户提供了比较完善的解决方案。在网络数据流量大,要求快速转发响应的局域网应用中,三层交换机是一个比较理想的选择。

3. 三层交换机的应用

三层交换机的出现极大地改变了局域网的性能。随着企业网、校园网以及小区宽带建设的迅速发展,三层交换机的应用也从最初的骨干层、汇聚层一直渗透到边缘的接入层。

在校园网中,从骨干网尤其是核心骨干网几乎都采用了三层交换机,否则整个网络成千上万台的计算机都在一个子网中,不仅毫无安全可言,也会因为无法分割广播域而无法隔离广播风暴。如果采用传统的路由器,虽然可以隔离广播,但是性能又得不到保障。而三层交换机的性能非常高,既有三层路由的功能,又具有二层交换的网络速度。二层交换是基于MAC寻址,三层交换则是转发基于第三层地址的业务流。除了必要的路由决定过程外,大部分数据转发过程由二层交换处理,提高了数据包转发的效率。三层交换机通过使用硬件交换机构实现了IP的路由功能,其优化的路由软件使得路由过程效率提高,从而解决了传统路由器软件路由的速度问题。

三层交换机的典型应用如图1.33所示。

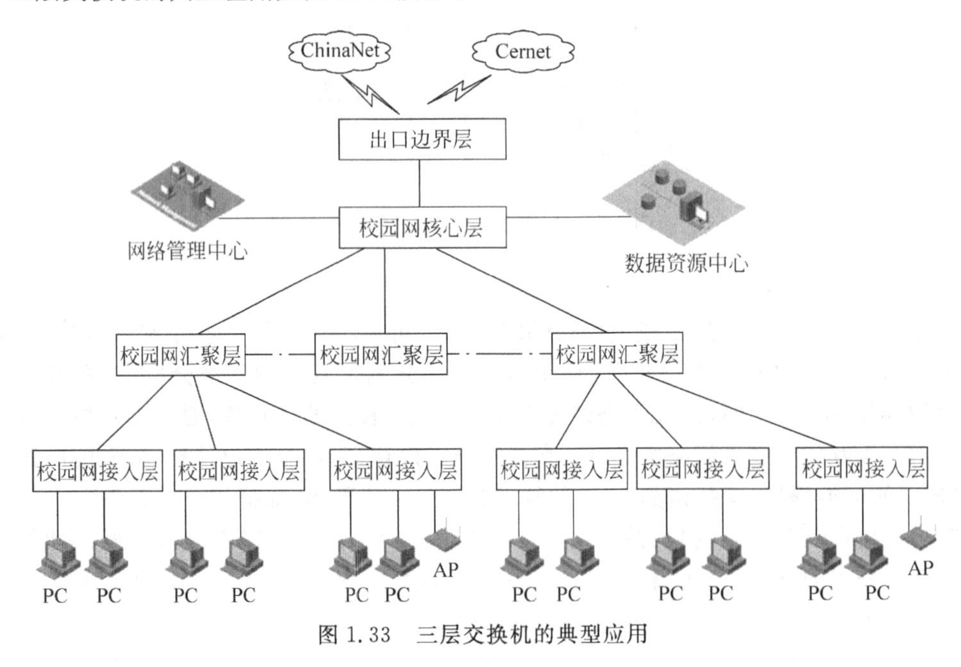

图1.33 三层交换机的典型应用

1.6 广域网技术

在网络应用中,资源共享成为计算机网络的最根本应用,但是对于相隔距离较远的两个或多个局域网,需要将其连接在一起,构成范围更广的“广域网”。那么广域网是如何把分散的局域网连接在一起？接入广域网的方式、方法、技术又有哪些呢？这些内容将在本节专门介绍。

1.6.1 广域网概念

局域网覆盖的地域范围相对较小，通常约在数十米至十几公里内，当主机之间的距离较远时，例如相隔几十或几百公里，甚至几千公里，局域网显然就无法完成主机之间的通信任务，这时就需要另一种网络为之提供服务。广域网（Wide Area Networks，WAN）的地理覆盖范围可以从数公里到数千公里，可以连接若干个城市、地区甚至跨越国界而成为遍及全球的一种计算机网络。广域网将地理上相隔很远的局域网互连起来，以达到资源共享的目的。

通常情况下，广域网主要提供面向通信的服务，支持用户使用计算机进行远距离的信息交换。与覆盖范围较小的局域网相比，广域网的特点在于：

(1) 覆盖范围广，可达数千公里甚至全球。

(2) 广域网主干带宽大，但提供给单个终端用户的带宽小。

(3) 数据传输距离远，但经过多个广域网设备转发后，延时较长。

(4) 广域网管理、维护比较困难。

1.6.2 广域网类型

广域网按照网络的产权属性可分为公共传输网络和专用传输网络；按照信道传输方式又可分为有线传输网络和无线传输网络。

1. 公共传输网络

一般是由政府电信部门组建、管理和控制，网络内的传输和交换装置可以提供（或租用）给任何部门和单位使用。

公共传输网络大体可以分为两类：

(1) 电路交换网络。主要包括公共交换电话网（PSTN）和综合业务数字网（ISDN）。

(2) 分组交换网络。主要包括 X. 25 分组交换网、帧中继和交换式多兆位数据服务（SMDS）。

2. 专用传输网络

由一个组织或团体自己建立、使用、控制和维护的私有通信网络。一个专用网络起码要拥有自己的通信和交换设备，它可以建立自己的线路服务，也可以向公用网络或其他专用网络进行租用。

专用传输网络主要是数字数据网（Digital Data Network，DDN），是一种利用光纤、微波、卫星等数字传输通道和数字交叉复用节点组成的数据传输网，具有传输质量好、速率高、网络时延小等特点。DDN 可以在两个端点之间建立一条永久的、专用的数字通道。它的特点是在租用该专用线路期间，用户独占该线路的带宽。

传统的公共交换电话网（Public Switched Telephone Network，PSTN）、综合业务数字网（Integrated Services Digital Network，ISDN）以及 DDN 等都是常见的有线广域网，而无线传输网络则主要是移动无线网，典型的有全球移动通信系统（Global System of Mobile Communication，GSM）和通用分组无线服务（General Packet Radio Service，GPRS）技术等。

以我国为例，广域网主要包括以下几种类型通信网：

(1) 公用电话网。用电话网传输数据,用户终端从连接到切断要占用一条线路,所以又称为电路交换方式,其收费按照用户占用线路的时间而决定。在数据网普及以前,电路交换方式是最主要的数据传输手段。

(2) 公用分组交换数据网。分组交换数据网将信息分“组”,按规定路径由发送者将分组的信息传送给接收者,数据分组的工作可在发送终端进行,也可在交换机进行。每一组信息都含有信息目的地的“地址”。分组交换网可对信息的不同部分采取不同的路径传输,以便最有效地使用通信网络。在接收点上,必须对各类数据组进行分类、监测以及重新组装。

(3) 数字数据网。它是利用光纤(或数字微波和卫星)数字电路和数字交叉连接设备组成的数字数据业务网,主要为用户提供永久、半永久型出租业务。数字数据网可根据需要定时租用或定时专用,一条专线既可通话与发传真,也可以传送数据,且传输质量高。

1.6.3 广域网连接方式

这里将单个计算机称为点,局域网称为面,这样可以粗略地将广域网连接归纳为三种连接方式:

1. 点对点(Point-Point)连接方式

单个计算机与远端主机相连就是一种典型的点对点连接方式。此时,单个计算机作为远处主机的仿真终端,可通过主机访问 Internet,单个计算机与远处主机之间可进行文件传输和仿真终端的对话。这是远处单个计算机以终端方式访问远端 Internet 所采用的主要连接形式。

2. 点-面(Point-LAN) 连接方式

一台或多台单个远端计算机与局域网(LAN)连接。让单个远端计算机成为局域网上的一个网络节点,使其与本地网络工作站具有相同的网络功能。如果该局域网已经与 Internet 互联,那么这些与局域网连接的单个远处计算机的用户也可以直接访问 Internet。

3. 面-面(LAN-LAN)连接方式

这种方式就是局域网间的互联。它可以是 LAN-LAN 连接,也可以是 LAN-WAN-LAN 连接。这种连接方式可以通过网间互联设备(如路由器等)及相应的互联技术,将两个以上的局域网互联起来形成一个大的因特网以扩大网络覆盖的范围,使本地局域网和远程局域网上的计算机相互通信,以实现共享资源。这是以当前局域网连接 Internet 的最佳常见方式,如图 1.34 所示。

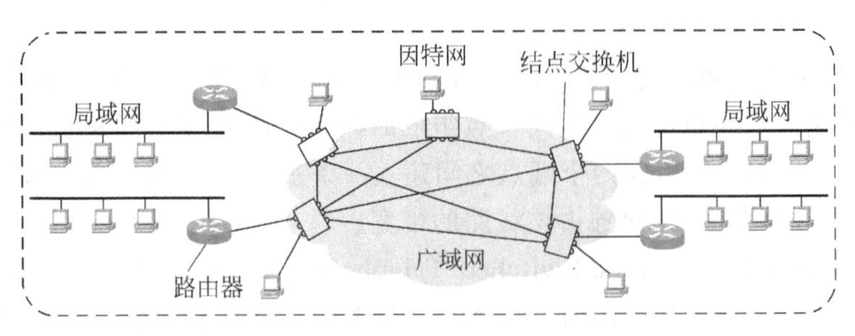

图 1.34 局域网间的互联

1.6.4 广域网设备

在广域网环境中可以使用多种不同的网络设备，下面着重介绍常见的广域网互联设备——路由器。

路由器用于连接多个逻辑上分开的网络，所谓逻辑网络是代表一个单独的网络或者一个子网。当数据从一个子网传输到另一个子网时，可通过路由器来完成。因此，路由器具有判断网络地址和选择路径的功能，它能在多网络互联环境中建立灵活的连接，可用完全不同的数据分组和介质访问方法连接各种子网。

路由器工作在OSI体系结构的网络层，从本质上说是一种有多个输入端口和多个输出端口的专用计算机，其任务是转发组，可以在多个网络之间交换和路由数据包。也就是说，路由器的某个输入端口收到分组后，按照分组要去的目的地（即目的网络）把该分组从某个合适的输出端口转发给下一跳路由器。下一跳路由器也按照这种方法处理分组，直到该分组到达目的地为止。路由器框架如图1.35所示。

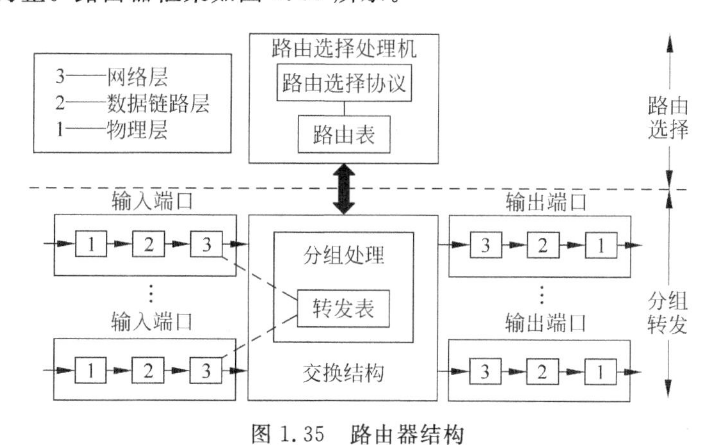

图1.35 路由器结构

整个路由器结构划分为两大部分，即路由选择部分和分组转发部分。路由选择部分也叫做控制部分，其核心构件是路由选择处理机。路由选择处理机的任务是根据所选定的路由选择协议构建出路由表，同时经常地或定期地和相邻路由器交换路由信息，从而不断地更新和维护路由表。分组转发部分的作用就是根据转发表对分组进行处理，将某个输入端口进入的分组从一个合适的输出端口转发出去。

路由器的主要工作是为经过路由器的每个数据帧寻找一条最佳传输路径，并将该数据有效地传送到目的站点。比起网桥，路由器不但能过滤和分隔网络信息流、连接广域网或广域网与局域网的互连，还能将不同网络结构、不同传输介质、不同协议的异型网互联起来，适合于大型复杂的网间互联。

1.7 计算机网络的管理与安全维护

1.7.1 网络管理的基本概念

随着网络应用的不断深入，一方面，硬件平台、操作系统平台和应用软件等IT系统已变得越来越复杂和难以统一管理；另一方面，现代社会生活对计算机网络技术的高度依赖，使得如何保障网络的通畅、可靠运行就显得尤其重要。这些都使得计算机网络管理技术成为当今网络技术中公认的关键技术。

计算机网络管理技术就是监督、组织和控制网络通信服务以及信息处理所必需的各种技术手段和措施的总称。其目标是确保计算机网络的持续正常运行,并在计算机网络运行出现异常时能及时响应和排除故障。

计算机网络的应用规模日益扩大,应用水平的不断提高,一方面使得网络的维护成为网络管理的重要问题之一,例如排除网络故障更加困难、维护成本上升等;另一方面,如何提高网络性能也成为网络管理的主要研究课题。

1.7.2 网络管理的功能

一般来说,网络管理就是通过某种方式对网络状态进行调整,使网络能正常、高效地运行。其目的很明确,就是使网络中的各种资源得到更加高效的利用;当网络出现故障时,能及时提供事件日志和故障报告,从而使故障能够及时解决,保持网络的稳定运行等。

图1.36给出了网络管理的架构。

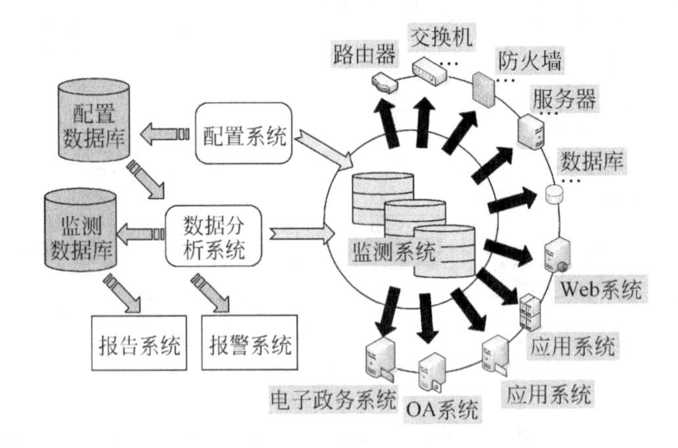

图1.36 网络管理的架构

网络管理功能主要包括以下几个方面。

1. 配置管理

配置管理的作用是:自动发现网络拓扑结构,构造和维护网络系统的配置;监测网络被管对象的状态,完成网络关键设备配置的语法检查,配置自动生成和自动配置备份系统,对于配置的一致性进行严格的检验。配置管理的具体内容如下所示。

1)配置信息的自动获取

一个先进的网络管理系统应该具有配置信息自动获取功能,即使在管理人员不是很熟悉网络结构和配置状况的情况下,也能通过有关的技术手段来完成对网络的配置和管理。

2)自动配置、自动备份

配置信息自动获取功能相当于从网络设备中"读"信息。相应的,在网络管理应用中还有大量"写"信息的需求。

3)配置的一致性检查

在一个大型网络中,由于网络设备众多,这些设备很可能不是由同一个管理人员进行配置的。实际上，即使是同一个管理员对设备进行的配置，也会由于各种原因导致配置一致性问题。因此，对整个网络的配置情况进行一致性检查是必要的。

4）用户操作记录功能

在配置管理中，需要对用户操作进行记录，并保存下来。管理人员可以随时查看特定用户在特定时间内进行的特定配置操作。

2. 故障管理

故障管理的作用是：过滤、归并网络事件，有效地发现、定位网络故障，给出排错建议与排错工具，形成整套的故障发现、告警与处理机制。故障管理的具体内容如下所示。

1）故障监测

主动探测或被动接收网络上的各种事件信息，并识别出其中与网络和系统故障相关的内容，对其中的关键部分保持跟踪，生成网络故障事件记录。

2）故障报警

接收故障监测模块传来的报警信息，以报警窗口/振铃（通知一线网络管理人员）或电子邮件（通知决策管理人员）发出网络严重故障警报。

3）故障信息管理

依靠对事件记录的分析，定义网络故障并生成故障卡片，记录排除故障的步骤和与故障相关的值班员日志，构造排错行动记录。

4）排错支持工具

向管理人员提供一系列的实时检测工具，对被管设备的状况进行测试并记录下测试结果以供技术人员分析和排错。

3. 性能管理

性能管理即采集、分析网络对象的性能数据，监测网络对象的性能，对网络线路质量进行分析；同时，统计网络运行状态信息，对网络的使用发展作出评测、估计，为网络进一步规划与调整提供依据。性能管理的具体内容如下所示。

1）性能监控

由用户定义被管对象及其属性。被管对象类型包括线路和路由器；被管对象属性包括流量、延迟、丢包率、CPU 利用率、温度、内存余量。对于每个被管对象，定时采集性能数据，自动生成性能报告。

2）阈值控制

可对每一个被管对象的每一条属性设置阈值，对于特定被管对象的特定属性，可以针对不同的时间段和性能指标进行阈值设置。可通过设置阈值检查开关控制阈值检查和告警，提供相应的阈值管理和溢出告警机制。

3）性能分析

对历史数据进行分析、统计和整理，对性能状况作出判断，为网络规划提供参考。

4）可视化的性能报告

对数据进行扫描和处理，生成性能趋势曲线，以直观的图形反映性能分析的结果。

5）实时性能监控

提供了一系列实时数据采集；分析和可视化工具，用以对流量、负载、丢包、温度、内存、延迟等网络设备和线路的性能指标进行实时检测；可任意设置数据采集间隔。

6）网络对象性能查询

可通过列表或按关键字检索被管网络对象及其属性的性能记录。

4. 安全管理

安全管理即结合使用用户认证、访问控制、数据传输、存储的保密与完整性机制，以保障网络管理系统本身的安全；维护系统日志，使系统的使用和网络对象的修改有据可查。控制对网络资源的访问。

安全管理的功能分为两部分，首先是网络管理本身的安全，其次是被管网络对象的安全。

网络管理本身的安全由以下机制来保证。

1）管理员身份认证

为提高系统效率，对于信任域内（如局域网）的用户，可以使用简单口令认证。

2）管理信息存储和传输的加密与完整性

对管理信息必须加密传输并保证其完整性。内部存储的机密信息，如登录口令等也是经过加密的。

3）网络管理用户分组管理与访问控制

网络管理系统的用户（即管理员）按任务的不同分成若干用户组，不同的用户组中有不同的权限范围，保证用户不能越权使用网络管理系统。

4）系统日志分析

记录用户所有的操作，使系统的操作和对网络对象的修改有据可查，同时也有助于故障的跟踪与恢复。

5. 计费管理

对网际互联设备按IP地址的双向流量统计，产生多种信息统计报告及流量对比，并提供网络计费工具，以便用户根据自定义的要求实施网络计费。

1）计费数据采集

计费数据采集是整个计费系统的基础，但计费数据采集往往受到采集设备硬件与软件的制约，而且也与进行计费的网络资源有关。

2）数据管理与数据维护

计费管理人工交互性很强，虽然有很多数据维护系统自动完成，但仍然需要人为管理，包括交纳费用的输入、联网单位信息维护，以及账单样式决定等。

3）计费政策制定

由于计费政策经常灵活变化，因此实现用户自由制定输入计费政策尤其重要。这样需要一个制定计费政策的友好人机界面和完善的实现计费政策的数据模型。

4）数据分析与费用计算

利用采集的网络资源使用数据，可以产生联网用户的详细信息以及计费政策计算网络用户资源的使用情况，并计算出应交纳的费用。

5）数据查询

提供给每个网络用户关于自身使用网络资源情况的详细信息，使得网络用户根据这些信息可以计算、核对自己的收费情况。

1.7.3 网络管理系统的组成及管理协议

1. 网络管理系统组成

现代计算机网络管理系统主要由以下 4 个要素组成，如图 1.37 所示。

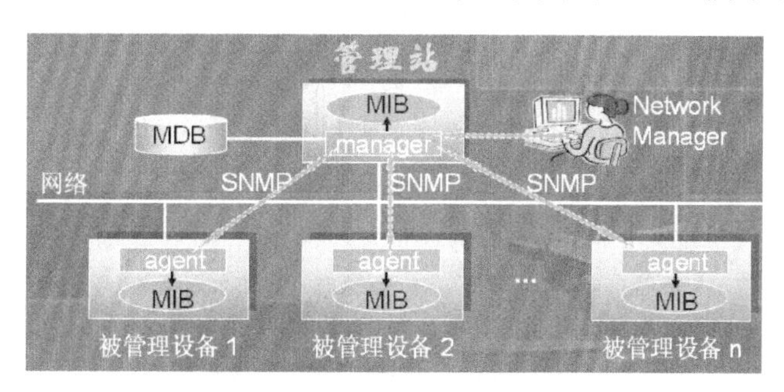

图 1.37 网络管理系统的组成

(1) 若干被管的代理(Managed Agents)。

(2) 至少一个网络管理器(Network Manager)。

(3) 一种公共网络管理协议(Network Management Protocol)，如图 1.37 中的 SNMP。

(4) 一种或多种管理信息库(Management Information Base，MIB)。

其中，网络管理协议是最重要的要素，它定义了网络管理器与被管代理间的通信方法。目前有影响的网络管理协议是简单网络管理协议(Simple Network Management Protocol，SNMP)，SNMP 已经成为网络管理中事实上的工业标准。

2. 简单网络管理协议

1) SNMP 概述

SNMP 是由因特网工程任务组(Internet Engineering Task Force，IETF)定义的一套网络管理协议，也是最早提出的网络管理协议之一。它一经推出就得到了数百家厂商的大力支持，其中包括 IBM、HP 和 SUN 等大公司和厂商。目前，绝大多数网络管理系统和平台都是基于 SNMP 的。

SNMP 的特点如下：

(1) 简单性。容易实现且成本低。

(2) 可伸缩性。SNMP 可管理绝大部分符合 Internet 标准的设备。

(3) 扩展性。通过定义新的“被管理对象”，可以非常方便地扩展管理能力。

(4) 健壮性。即使在被管理设备发生严重错误时，也不会影响管理者的正常工作。

SNMP 的体系结构是围绕着以下 4 个概念和目标进行设计的：保持管理代理(Agent)的软件成本尽可能低；最大限度地保持远程管理的功能，以便充分利用 Internet 的网络资源；体系结构必须有扩充的余地；保持 SNMP 的独立性，不依赖于具体的计算机、网关和网络传输协议。在最近的改进中，又加入了保证 SNMP 体系本身安全性的目标。

2) SNMP 管理控制框架

SNMP 定义了管理进程(Manager)和管理代理(Agent)之间的关系，这个关系称为共同体(Community)，如图 1.38 所示。

在图 1.38 中，SNMP Agent 的功能为接收 Management System 的请求，并作出回应；

网络发现异常时向 Management System 发警报信息 trap。只有同处于同一共同体下的 Agent 和 Management System 才能互相通信;一个 Agent 可成为多个共同体的成员。

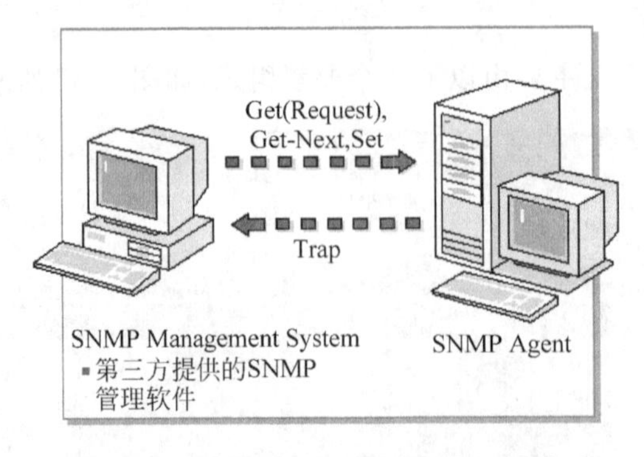

图 1.38　管理进程与管理代理之间的关系

描述共同体的语义是非常复杂的,但其句法却很简单。位于网络管理工作站(运行管理进程)上和各网络元素上利用 SNMP 相互通信对网络进行管理的软件统称为 SNMP 应用实体。若干个应用实体和 SNMP 组合起来形成一个共同体,不同的共同体之间用名字来区分,共同体的名字则必须符合 Internet 的层次结构命名规则,由无保留意义的字符串组成。此外,一个 SNMP 应用实体可以加入多个共同体。

SNMP 的应用实体对 Internet 管理信息库中的管理对象进行操作。一个 SNMP 应用实体可操作的管理对象子集称为 SNMP MIB 授权范围。SNMP 应用实体对授权范围内管理对象的访问仍然还有进一步的访问控制限制,比如只读、可读写等。SNMP 体系结构中要求对每个共同体都规定其授权范围及其对每个对象的访问方式。记录这些定义的文件称为"共同体定义文件"。

SNMP 的报文总是源自每个应用实体,报文中包括该应用实体所在的共同体的名字。这种报文在 SNMP 中称为"有身份标志的报文",共同体名字是在管理进程和管理代理之间交换管理信息报文时使用的。

SNMP 管理信息报文中包括以下两部分内容:

(1) 共同体名,加上发送方的一些标识信息(附加信息),用以验证发送方确实是共同体中的成员。共同体实际上就是用来实现管理应用实体之间身份鉴别的。

(2) 数据,这是两个管理应用实体之间真正需要交换的信息。

在第三版本以前的 SNMP 协议中只是实现了简单的身份鉴别,接收方仅凭共同体名来判定收发双方是否在同一个共同体中,而前面提到的附加信息尚未应用。接收方在验明发送报文的管理代理或管理进程的身份后,要对其访问权限进行检查。

SNMP 的访问权限检查涉及到以下因素:

(1) 一个共同体内各成员可以对哪些对象进行读写等管理操作,这些可读写对象称为该共同体的"授权对象"(在授权范围内)。

(2) 共同体成员对授权范围内每个对象定义了访问模式:只读或可读写。

(3) 规定授权范围内每个管理对象(类)可进行的操作(包括 get、get-next、set 和 trap)。

(4) 管理信息库(MIB)对每个对象的访问方式限制(如 MIB 中可以规定哪些对象只能读而不能写等)。

管理代理通过上述预先定义的访问模式和权限来决定共同体中其他成员要求的管理对象访问(操作)是否允许。共同体概念同样适用于转换代理(Proxy Agent),只不过转换代理中包含的对象主要是其他设备的内容。

1.7.4 网络管理新技术

在过去的十几年中,随着通信技术的快速发展,计算机网络也正向智能化、综合化、标准化的方向发展。先进的计算机技术、ATM交换技术、神经网络技术正在不断应用到网络中来,给网络管理提出了新的挑战。与之相适应,网络管理技术也在逐渐成熟并日臻完善。下面对网络管理技术的一些新趋势做简单的介绍。

1. 基于命令行管理技术

通过终端和Telnet、SSH对单个设备进行管理,它和基于SNMP的网络管理不同,命令行着重于对设备的管理,如图1.39所示。

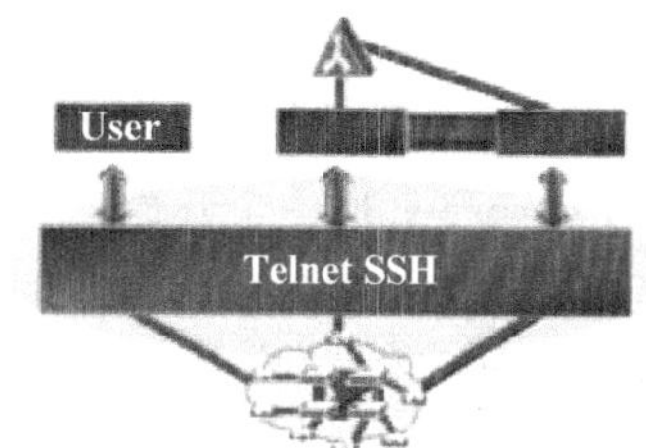

图1.39 命令行的网络管理

2. 基于Web的网络管理技术

随着Web的流行和技术的发展,可考虑将网络管理和Web结合起来。基于Web的网络管理系统的根本点就是允许通过Web浏览器进行网络管理。

基于Web的网络管理模式(Web-Based Management,WBM)的实现有两种方式。

第一种方式是代理方式,即在一个内部工作站上运行Web服务器(代理)。这个工作站轮流与端点设备通信,浏览器用户与代理通信,同时代理与端点设备之间通信。在这种方式下,网络管理软件成为操作系统上的一个应用。它介于浏览器和网络设备之间。在管理过程中,网络管理软件负责将收集到的网络信息传送到浏览器(Web服务器代理),并将传统管理协议(如SNMP)转换成Web协议(如HTTP)。

第二种实现方式是嵌入式。它将Web功能嵌入到网络设备中,每个设备有自己的Web地址,管理员可通过浏览器直接访问并管理该设备。在这种方式下,网络管理软件与网络设备集成在一起。网络管理软件无须完成协议转换,所有的管理信息都是通过HTTP协议传送。

3. 远程网络监控(RMON)技术

网络管理技术的一个新趋势是使用远程网络监控技术。RMON的目标是为了扩展SNMP的MIB-II(管理信息库),使SNMP更为有效、更为积极主动地监控远程设备。

RMON MIB由一组统计数据、分析数据和诊断数据构成,利用许多供应商生产的标准工具都可以显示出这些数据,因而它具有独立于供应商的远程网络分析功能。RMON探测器和RMON客户端软件结合在一起在网络环境中实施RMON。RMON的监控功能是否有效,关键在于其探测器要具有存储统计数据历史的能力,这样就不需要不停地轮询才能生成一个有关网络运行状况趋势的视图。当一个探测器发现一个网段处于一种不正常状态时,它会主动与网络管理控制台的RMON客户应用程序联系,并将描述不正常状况的捕获信息转发。

1.7.5 网络安全维护

21世纪全世界的计算机都将通过Internet联到一起。随着Internet呈爆炸式的发展，网络上丰富的信息资源给用户带来了极大的方便，同时也给上网用户带来了安全问题。由于Internet的开放性等特点，使得基于Internet的应用在安全性方面存在诸多隐患。因此，针对计算机网络的安全防范显得相当重要。

1. 网络安全概念

国际标准化组织对计算机系统安全的定义是：为数据处理系统建立和采用的技术和管理的安全保护，保护计算机硬件、软件和数据不因偶然和恶意的原因遭到破坏、更改和泄露。由此可以将计算机网络的安全理解为：通过采用各种技术和管理措施，使网络系统正常运行，从而确保网络数据的可用性、完整性和保密性。所以，建立网络安全保护措施的目的是确保经过网络传输和交换的数据不会发生增加、修改、丢失和泄露等。

2. Internet所面临的安全威胁

(1) Internet是一个开放的、无控制机构的网络，黑客(Hacker)经常会侵入网络中的计算机系统，或窃取机密数据和盗用特权，或破坏重要数据，或使系统功能得不到充分发挥直至瘫痪。

(2) Internet的数据传输是基于TCP/IP通信协议进行的，这些协议缺乏使传输过程中的信息不被窃取的安全措施。

(3) Internet上的通信业务多数使用UNIX操作系统来支持，UNIX操作系统中明显存在的安全脆弱性问题会直接影响安全服务。

(4) 在计算机上存储、传输和处理的电子信息，还没有像传统的邮件通信那样进行信封保护和签字盖章。

(5) 电子邮件存在着被拆看、误投和伪造的可能性。使用电子邮件来传输重要机密信息存在着很大的危险。

(6) 计算机病毒通过Internet的传播给上网用户带来极大的危害。病毒可以使计算机和计算机网络系统瘫痪、数据和文件丢失。在网络上传播病毒可以通过公共匿名FTP文件传送，也可以通过邮件和邮件的附加文件传播。

3. 网络安全防范的内容

一个安全的计算机网络应该具有可靠性、可用性、完整性、保密性和真实性等特点。计算机网络不仅要保护计算机网络设备安全和计算机网络系统安全，还要保护数据安全等。因此，针对计算机网络本身可能存在的安全问题，实施网络安全保护方案以确保计算机网络自身的安全性是每一个计算机网络都要认真对待的一个重要问题。网络安全防范的重点主要有两个方面：一是计算机病毒，二是防范黑客的威胁。

计算机病毒是大家都比较熟悉的一种危害计算机系统和网络安全的破坏性程序。黑客是指个别人利用计算机高科技手段，盗取密码侵入他人计算机网络，非法获得信息、盗用特权等，如非法转移银行资金、盗用他人银行账号购物等。随着网络经济以及电子商务的展开，严防黑客入侵、切实保障网络交易的安全，不仅关系到个人的资金安全、商家的货物安全，还关系到国家的经济安全、经济秩序的稳定问题，因此必须给予高度重视。

4. 访问控制技术

访问控制是网络安全防范和保护的主要策略，它的主要任务是保证网络资源不被非法使用和访问，是保证网络安全最重要的策略之一。访问控制涉及的技术也比较广，包括入网访问控制、网络权限控制、目录级控制以及属性控制等多种手段。

1) 入网访问控制

入网访问控制为网络访问提供了第一层访问控制。它控制哪些用户能够登录到服务器并获取网络资源，控制准许用户入网的时间和准许他们在哪台工作站入网。用户的入网访问控制可分为三个步骤：用户名的识别与验证、用户口令的识别与验证、用户账号的缺省限制检查。三道关卡中只要任何一关未过，该用户便不能进入该网络。

对网络用户的用户名和口令进行验证是防止非法访问的第一道防线。为保证口令的安全性，用户口令不能显示在显示屏上，口令长度应不少于 6 个字符，口令字符最好是数字、字母和其他字符的混合，用户口令必须经过加密。用户还可以采用一次性用户口令，也可用便携式验证器(如智能卡)来验证用户的身份。

2) 权限控制

网络的权限控制是针对网络非法操作所提出的一种安全保护措施。用户和用户组被赋予一定的权限，从而控制用户和用户组访问哪些目录、子目录、文件和其他资源。可以指定用户对哪些文件、目录、设备能够执行何种权限的操作。

常见的权限有以下几类：

(1) 特殊用户(如系统管理员)。

(2) 一般用户，系统管理员根据他们的实际需要为他们分配操作权限。

(3) 审计用户，负责网络的安全控制与资源使用情况的审计。

3) 目录级安全控制

网络应允许控制用户对目录、文件、设备的访问。用户在目录一级指定的权限对所有文件和子目录有效，还可进一步指定对目录下的子目录和文件的权限。

对目录和文件的访问权限一般有 8 种：系统管理员权限、读权限、写权限、创建权限、删除权限、修改权限、文件查找权限、访问控制权限，这些访问权限控制着用户对服务器资源的访问。8 种访问权限的有效组合可以让用户有效地完成工作，同时又能有效地控制用户对服务器资源的访问，从而加强了网络和服务器的安全性。

4) 属性安全控制

当用文件、目录和网络设备时，网络系统管理员应给文件、目录等指定访问属性。属性安全在权限安全的基础上提供更进一步的安全性。属性往往能控制以下几个方面的权限：向某个文件写数据、复制一个文件、删除目录或文件、查看目录和文件、执行文件、隐含文件、共享、系统属性等。

5) 服务器安全控制

网络允许在服务器控制台上执行一系列操作。用户使用控制台可以装载和卸载模块，可以安装和删除软件等操作。网络服务器的安全控制包括可以设置口令锁定服务器控制台，以防止非法用户修改、删除重要信息或破坏数据。此外，还可以设定服务器登录时间限制、非法访问者检测和关闭的时间间隔。

1.8 思考题

1. 计算机网络的发展可划分为几个阶段？每个阶段各有何特点？
2. 计算机网络可从哪些方面进行分类？常见的分类是什么？
3. 计算机网络的概念及组成部分是什么？
4. 什么是计算机网络的拓扑结构？常见的网络拓扑结构有哪些？
5. 常见的计算机网络工作模式有哪些？每种模式各有何特点？
6. 网络协议的三个要素是什么？各有什么含义？
7. 简述通信系统的基本模型及构成元素。
8. 什么是数据的发送时延、传播时延、处理时延？
9. 试将TCP/IP和OSI/RM的体系结构进行比较，并讨论其差异性。
10. 以E-mail应用为例，讨论网络中数据封装的过程。
11. 局域网的主要特点有哪些？
12. 简述CSMA/CD信息发送的规则以及主要优、缺点。
13. 以快速以太网技术为例，画出典型的拓扑结构图并了解其应用的特点。
14. 简述无线局域网CSMA/CA协议的工作过程。
15. 简述以太网分段的意义，并讨论常用的以太网分段实现方法的技术特点。
16. 比较共享式以太网与交换式以太网的工作原理以及各自的特点。
17. 简述三层交换机的工作原理以及相关应用。
18. 简述几种网络设备的大致功能：中继器、集线器、网桥、交换机、路由器。
19. 简述广域网连接方式。
20. 简述计算机网络管理的基本概念以及大致功能。
21. 网络管理系统的组成有哪些？
22. 简述网络安全的基本概念以及目前Internet面临的主要威胁。
23. 简述访问控制技术在网络安全应用的意义。

第2章 网线的制作

2.1 应用目的

(1) 熟悉双绞线和水晶头的结构。

(2) 掌握剥线钳、压线钳和网线测试仪的使用方法。

(3) 掌握5类双绞线的制作和测试方法。

(4) 熟悉直通线和交叉线的排线特点与应用场合。

2.2 要求与环境

1. 应用要求

(1) 制作5类直通双绞线和5类交叉双绞线各一根。

(2) 对所制作的网线进行测试。

2. 环境要求

剥线钳、压线钳、5类双绞线、RJ-45水晶头、网线测试仪等。

2.3 网络传输介质的相关知识

2.3.1 网络传输介质

网络传输介质也称为传输媒体,它是数据在网络传输过程中发送方和接收方之间的物理通路。网络传输介质通常分为有线传输介质和无线传输介质。常见的有线传输介质有双绞线、光纤和同轴电缆。在现代网络环境下,同轴电缆已经很少应用于计算机网络的通信,而双绞线和光纤则应用的很普遍。下面将具体介绍双绞线和光纤的特性,无线传输介质的特性将在后面章节进行讨论。

1. 双绞线电缆

双绞线(Twisted-Pair)电缆是计算机网络特别是在局域网应用中最常见的一种传输介质。它是由两根具有绝缘保护层的铜导线对组成,每根铜线的线径约为0.4～0.8mm。两根铜导线相互缠绕在一起,如图2.1所示,目的是减少相邻电缆的电磁信号对另外一根电缆的信号进行干扰。在一对电缆中,每英寸缠绕的越多,电缆的抗噪性就越好。在一条双绞线电缆中,由2对、4对或多对铜导线组成。目前2对铜导线的双绞线已很少见,常用的是4对8芯铜导线的电缆,如图2.1所示。

多对铜导线的线缆,如25对、50对双绞线通常用于智能大楼的结构化布线系统中,如图2.2所示。

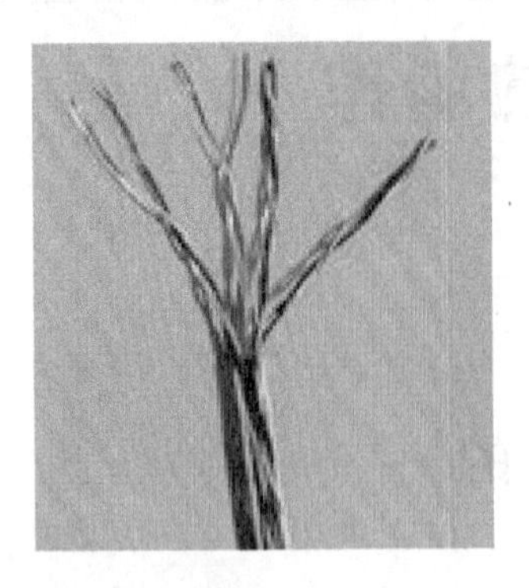

图2.1 4对8芯双绞线电缆

图2.2 多对双绞线电缆

双绞线分为屏蔽双绞线(STP)与非屏蔽双绞线(UTP)两大类。STP和UTP之间的唯一区别是:STP的外层有一层由金属线编织的屏蔽层,加屏蔽层的原因是为了防止信号的干扰。显然,屏蔽双绞线的抗干扰性要优于非屏蔽双绞线。但由于屏蔽层对双绞线的驱动电路增加了容性阻抗,因此会影响网段的最大长度。

非屏蔽双绞线是应用最普及的一种线缆,分为3类、4类、5类、超5类以及6类等几种。UTP没有金属屏蔽层,它的价格比STP电缆低。采用UTP并且传输速率为10Mb/s的计算机网络通常被称为10BaseT网,其中10代表最大的数据传输速率为10Mb/s,Base代表采用信号传输的方式是基带传输,T是英文Twisted-pair(双绞线电缆)的缩写,表示使用双绞线电缆作为传输介质。

UTP各类双绞线的速率及用途归纳如下:

- 3类:速率最高可达10Mb/s,主要用于10BaseT及4Mb/s Token Ring的网络。
- 4类:速率最高可达20Mb/s,主要用于10BaseT及16Mb/s Token Ring的网络。
- 5类:速率支持100Mb/s,常用于100BaseTX以太网的传输。
- 超5类:是5类UTP双绞线的增强版,并比5类UTP双绞线具有更好的性能。超5类UTP双绞线的速率最高可支持200Mb/s,已成为当前局域网应用的最主要通信介质。
- 6类:6类UTP双绞线传输频率可达200~250MHz,是超5类线带宽的2倍,最大速度可达到1000Mb/s,已成为当前千兆局域网的主要通信介质之一。该类线缆的传输频率在200MHz时综合衰减串扰比(PS-ACR)有较大的余量。6类线缆与超5类线缆的一个显著不同点在于,6类线缆明显改善了在串扰以及回波损耗方面的性能,因而最适合于传输速率高于1Gb/s的网络应用。

目前,在企业办公环境普遍采用的是以太网,用户采用超5类线作为传输介质是最佳选择。随着企业网络规模不断扩大,网络传输介质也已部分应用6类双绞线。无论是STP还是UTP,其线缆的长度都不应超过100m。此外,所有双绞线都必须通过采用特殊设计的插头(座),如RJ45插头等才能与网络设备进行连接。

2. 光纤

光纤(Fiber Optic Cable)又称为光缆,是以光脉冲的形式完成信号的传输,材质以玻璃和有机玻璃为主。它由纤维芯、包层和保护套组成，如图 2.3 所示。光纤的纤芯很细，其直径通常只有 8～100μm，光波正是利用纤芯进行传导。

光纤的结构和同轴电缆类似，也是中心为一根由玻璃制成的光导纤维，周围包裹着饱和材料，根据需要还可以多根光纤合并在一起，称为光缆。根据光在光纤中传播方式的不同，光纤可分为单模光纤和多模光纤。光纤表面的光线入射角只要大于临界角便会产生全反射。如果由多条入射角不同的光线同时在一条光纤中传播，则这种光纤就称为多模光纤。也就是说，多模光纤可以在一根光芯中同时传输几种光波。如果光纤的纤芯细到只能让一种光的波长通过，光在纤维芯中没有反射而沿直线传播，则这种光纤就称为单模光纤。

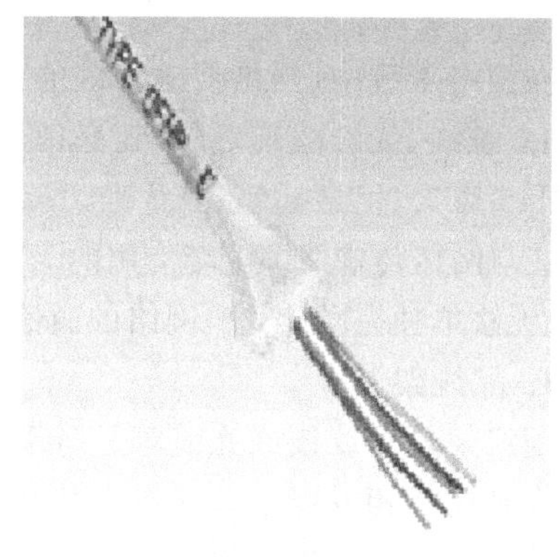

图 2.3　光纤

光纤需要使用 SC、ST、FC 等多种类型的接头才能实现与其他设备的连接。图 2.4 给出了光纤跳线的实物图。

另外，光纤在接头上除了使用 FC 等多种类型的接头外，还需要专用的光纤转发器等设备。图 2.5 给出了光纤转发器的实物图。

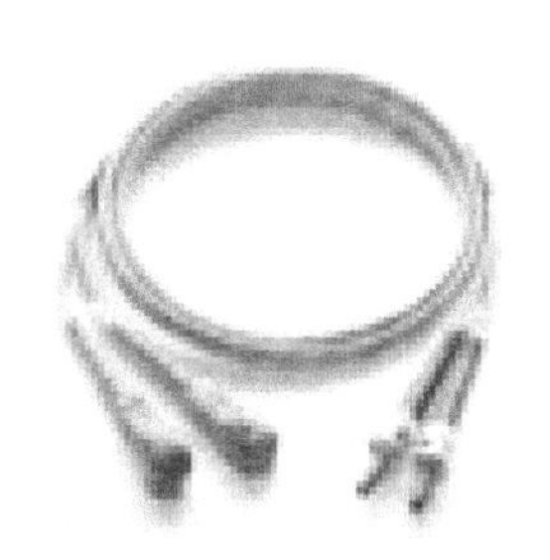

图 2.4　光纤跳线实物图

图 2.5　光纤转发器实物图

在光纤通信中最常用的三个波段的中心分别位于 0.85μm，1.30μm 和 1.55μm。0.85μm 波段的衰减最大，但在此波段的其他性能都比较好。所有这三个波段都具有 25 000～300 00GHz 的带宽，因此光纤的通信容量特别大，并且不受外界电磁信号的干扰，信号的衰减速度很慢，所以信号的传输距离比双绞线要远许多，并且特别适用于电磁信号环境恶劣的地方。

光纤不仅是目前传输最为快速的传输介质之一，而且还具有其他一些特点：

(1) 传输损耗小，中继距离长，对长距离通信特别经济，因此目前常作为主干线路被用在大型的通信网中。

(2) 抗雷电和电磁信号的干扰能力强。

(3) 无串音干扰，保密性能好，不容易被窃听或截取数据。

(4) 体积小、重量轻。

当然，光纤也有一定的缺点，如光纤介质及其配套通信设备的价格较贵等。

2.3.2 网络传输线缆的辅助设备

在网络工程中,网络传输线缆的制作是最基本的一个环节。通常,除选择好网络传输线缆,如双绞线、光纤线缆等外,还必须用到一些辅助的设备,比如剥线钳、打线钳、网线钳、模块、RJ45插头、信息插座、配线架、光纤连接器等。这些辅助设备通常是用于网络传输线缆的制作或与网络传输线缆配套使用的。离开这些辅助设备,纯粹的网络传输线缆既没有实际意义,也无法单独完成计算机网络的通信。下面介绍一些较常见的网络传输线缆辅助设备。

1. 配线架

配线架是双绞线或光缆等进行端接和连接的装置,在结构化布线中比较常用。配线架一般安装在机柜或墙上。通过安装配线架,可以实现对UTP、STP、同轴电缆、光纤、音视频线缆等传输介质的集中管理,以达到维护方便的目的。

结构化布线中常用的配线架有双绞线配线架和光纤配线架两种,如图2.6和图2.7所示。

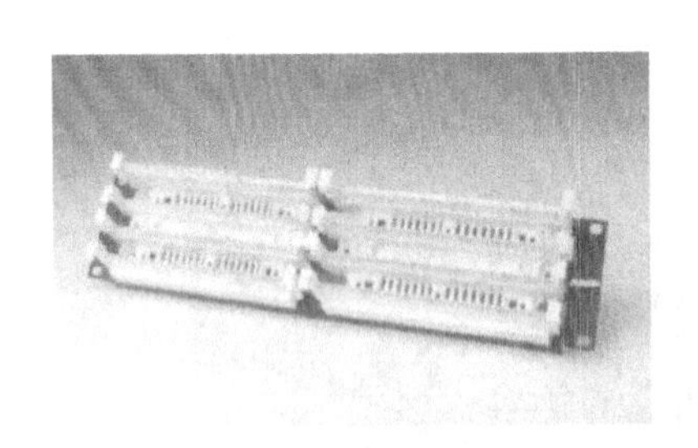

图2.6 双绞线配线架

图2.7 光纤配线架

2. 信息插座

信息插座用于安装信息插座模块,一般安装在墙面和地面上,主要用于计算机等设备接入,并保持整个布线美观。常用的信息插座有墙面型和地面型之分,如图2.8和图2.9所示。显然,墙面型信息插座一般安装在墙面上,而地面型信息插座一般安装在地面上。

图2.8 墙面型信息插座实物图

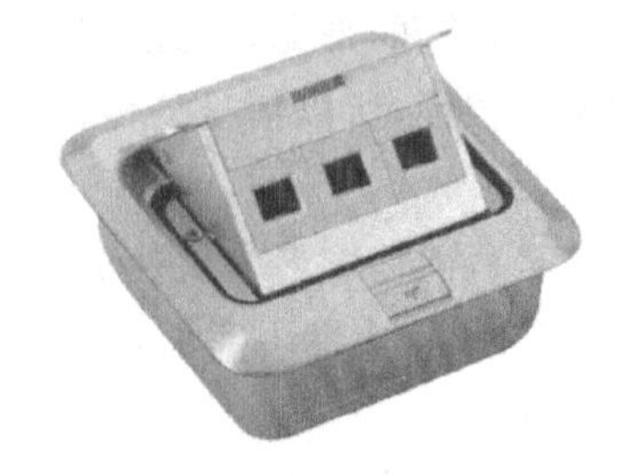

图2.9 地面型信息插座实物图

3. 信息插座模块

与信息插座配套使用的设备是信息插座模块,此类设备通常安装在信息插座中,一般是通过卡位来实现固定。在计算机网络通信中，通过信息插座内的信息插座模块可以将从交换机(或集线器)引出来的网线与工作站相连。

目前市面上比较常见的信息插座模块式样如图 2.10 所示。

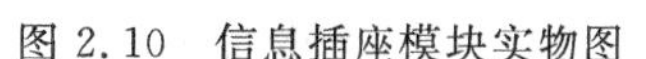

图 2.10　信息插座模块实物图

4. 常用通信线缆的制作工具

常用的双绞线通信电缆制作工具有剥线钳、打线钳、网线钳以及夹线钳等。这几种制作工具的外观结构及用途介绍如下：

- 剥线钳。剥线钳是类似于老虎钳子的工具，在钳口上配有锋利的刀片，并且可以调节钳口之间的空隙。剥线钳主要用来剥离通信电缆的外层绝缘胶皮。剥线钳的外观如图 2.11 所示。
- 打线钳。打线钳属于一种卡线工具，主要用于将信息插座内部信息模块与通信线缆的固定。打线钳的外观如图 2.12 所示。

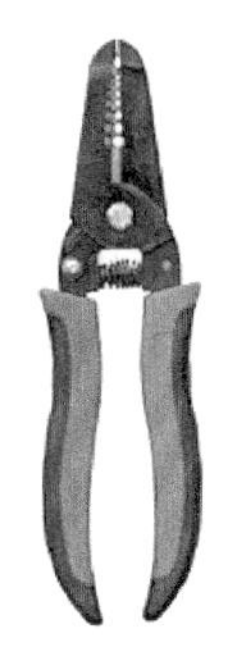

图 2.11　剥线钳实物图

图 2.12　打线钳实物图

- 网线钳。网线钳主要用于卡住同轴电缆 BNC 连接器外套与基座，有一个用于压线的六角缺口。一般这种工具也同时具有剥线、剪线等功能。网线钳的外观如图 2.13 所示。
- 夹线钳。夹线钳主要用于将双绞线线缆的网线头进行压接，也同时具有剥线、剪线等功能。夹线钳的外观如图 2.14 所示。

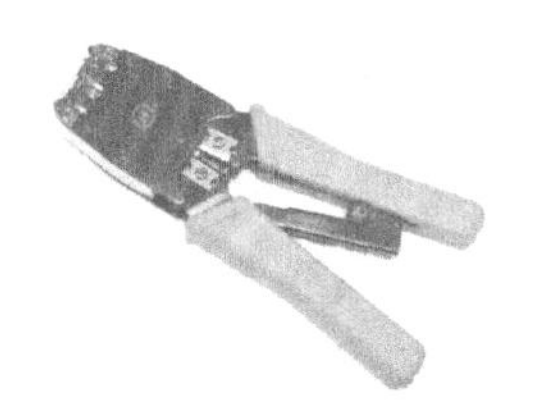

图 2.13　网线钳实物示意图

图 2.14　夹线钳实物示意图

其他要用到的传输介质、辅助设备还有很多，如双绞线测试仪、万用表等，在此不再一一介绍。

2.3.3　网络传输线缆的制作标准

为了规范网络传输介质的制作以及施工过程，1991 年 7 月，由美国电子工业协会(EIA)

和电信工业协会(TIA)联合发布了一个标准 ANSI/EIA/TIA-568(简称为 EIA/TIA 568 标准),即"商务大厦电信布线标准"。在这个标准中正式定义发布了综合布线系统中的线缆与相关组成部件的物理和电气等一系列指标。该标准还详细规定了 100ΩUTP(非屏蔽双绞线)、150ΩSTP(屏蔽双绞线)、50Ω 同轴线缆和 62.5/125μm 光纤的参数指标以及制作的规范。随着局域网上数据传输速率的不断提高,EIA/TIA 568 标准又不断被细分,其中在网络传输线缆的制作方面比较常用的有 EIA/TIA-568-A 标准和 EIA/TIA-568-B 标准。下面将对 EIA/TIA 568 标准以及双绞线连接器——RJ-45 头的引脚做简单介绍。

1. EIA/TIA 568 标准

EIA/TIA-568-A 标准简称 T568A。在网络传输线缆制作时,该标准要求其线缆(双绞线)的排列顺序为绿白、绿、橙白、蓝、蓝白、橙、棕白、棕,并将 8 芯双绞线依次插入双绞线连接器——RJ-45 头的 1～8 号线槽中,如图 2.15 所示。

而 EIA/TIA-568-B 标准简称 T568B。该标准要求其介质(双绞线)的排列顺序为橙白、橙、绿白、蓝、蓝白、绿、棕白、棕,并将 8 芯双绞线依次插入双绞线连接器——RJ-45 头的 1～8 号线槽中,如图 2.16 所示。

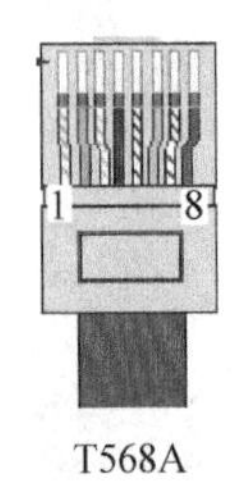

T568A

图 2.15　T568A 标准接线的线序

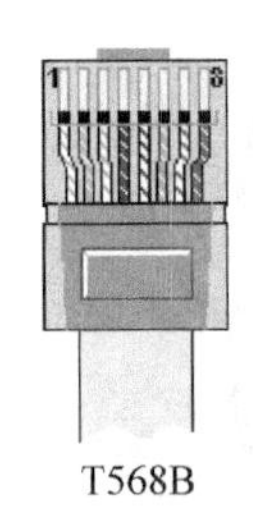

T568B

图 2.16　T568B 标准接线的线序

双绞线制作时必须按照一定的标准进行,目的是保证线缆之间以及线缆接头与线缆之间的干扰相互抵消。

如果双绞线的两端均采用同一标准(如 T568B)制作,则称这类双绞线为平接线或直通线。通常直通线用于异种网络设备间的连接,如计算机与交换机之间,交换机与路由器之间等。

如果双绞线的两端采用不同的标准(如一端用 T568A,另一端用 T568B)制作,则称这类双绞线为交叉线或反接线。通常交叉线用于同种类型设备的连接,如计算机与计算机之间、集线器与集线器之间的连接等。需要注意的是,有些集线器或交换机设备本身带有供串接设备用的"级联端口",当用某一集线器的"普通端口"与另一集线器的"级联端口"相连时,因集线器的"级联端口"内部已经做了"跳接"处理,这时可不必用交叉线来完成连接。

2. 双绞线连接器——RJ-45 的引脚

在网线制作时,双绞线的两端通常需要使用 RJ-45 连接器,该种连接器俗称水晶头。图 2.17 说明了 RJ-45 水晶头的外观和引脚排列顺序。

表 2.1 说明了 RJ-45 水晶头各引脚的功能含义。

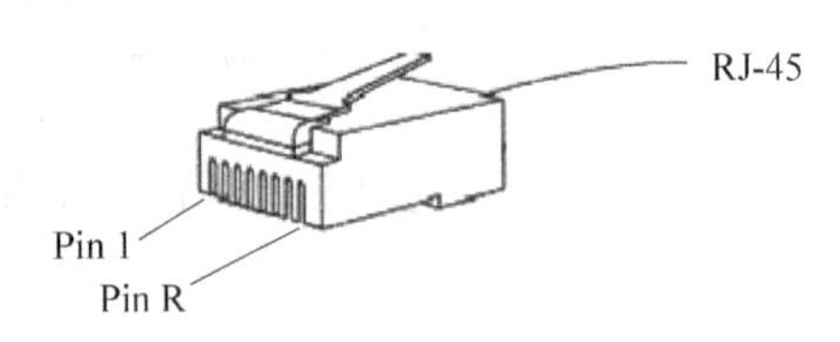

图 2.17　RJ-45 连接器的外观以及引脚排列顺序

表 2.1　RJ-45 水晶头引脚的功能

引脚号	信　号	功　能
1	$TxData^+$	发送数据
2	$TxData^-$	发送数据
3	$RxData^+$	接收数据
4	—	保留
5	—	保留
6	$RxData^-$	接收数据
7	—	保留
8	—	保留

2.4　方法和主要步骤

1. 直通 5 类线的制作

操作步骤如下：

(1) 用剥线/压线钳将双绞线从头部开始将外部套层去掉 20mm 左右，并将 8 根导线理直，如图 2.18 所示。

(2) 将双绞线中的每个线对按照图 2.19 的线序一一排列好。

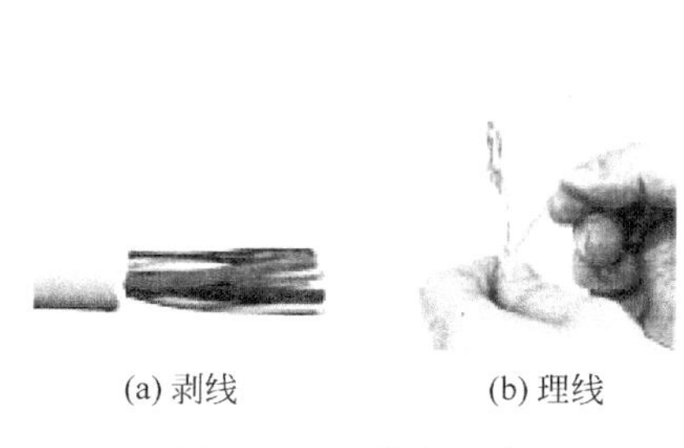

图 2.18　网线的理线

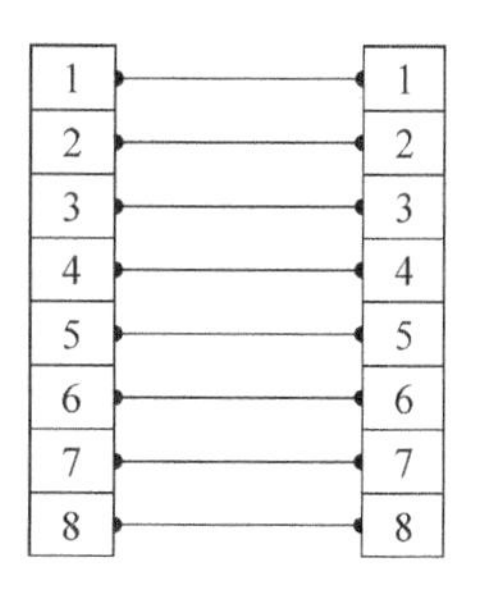

图 2.19　直通线的线序排列

(3) 将双绞线拨开的一端切齐，并且使裸露部分保持在 12mm 左右。

(4) 将双绞线小心平整地插入到 RJ-45 接头中，注意每一根铜线都要塞到 RJ-45 连接器的引脚位置，如图 2.20 所示。

(5) 将 RJ-45 接头小心地塞入压线钳的压线孔中，并用力将水晶头压实，如图 2.21 所示。

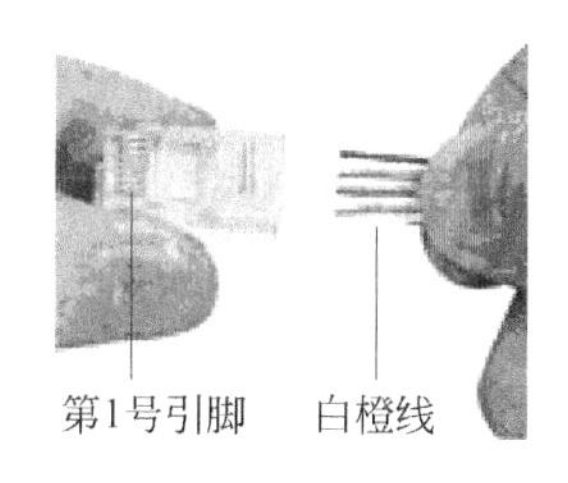

图 2.20　网线操作示意图

图 2.21　压线钳压实水晶头

(6) 将双绞线的另一端按照步骤(1)～(5)将水晶头做好。

(7) 水晶头的两端都做好后即可用网线测试仪进行测试。将做好的双绞线两端分别插入网线测试仪两端，打开网线测试仪的电源开关，对网线的通断性进行测试，如图2.22所示。

如果测试仪上8个绿色指示灯都依次闪过，说明网线的制作成功。如果出现任何一个灯为红灯或黄灯，说明网线存在断路或者接触不良等现象。此时最好先对两端水晶头用网线钳再压一次，再进行测量。如果故障依旧，再检查一下两端芯线的排列顺序是否一样，如果芯线的排列顺序不一样，则需要先剪掉一端水晶头，按另一端水晶头的芯线顺序重复上述过程，直至测试仪上指示灯全为绿色并依次闪过为止。

2. 交叉5类线的制作

交叉5类线的制作步骤和线缆测试方法与直通5类线几乎相同，只是交叉6类线两端的线序排列与直通5类线的线序排列不一样。

交叉5类线两端的线序排列如图2.23所示。

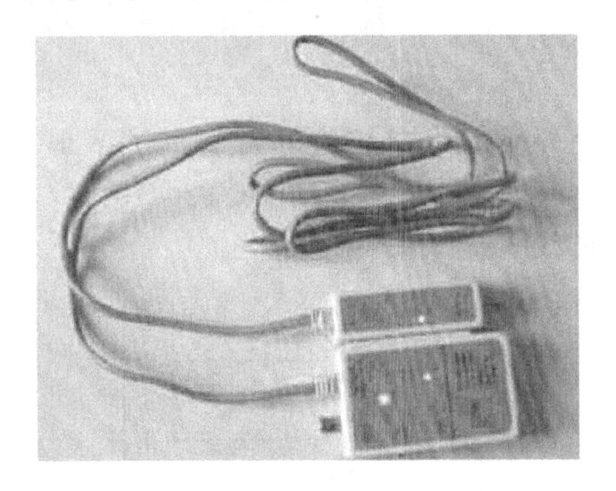

图2.22 对网线的通断性进行测试

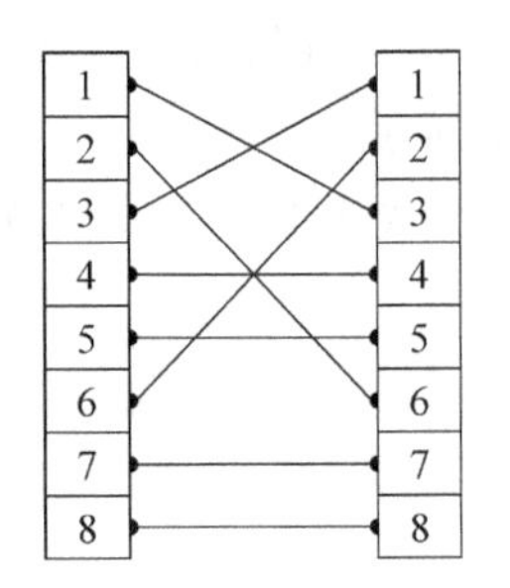

图2.23 交叉线的线序排列图

交叉5类线两端的线缆色标排列如表2.2所示。

表2.2 交叉5类线两端的线缆色标排列

	1	2	3	4	5	6	7	8
一端	白橙	橙	白绿	蓝	白蓝	绿	白棕	棕
另一端	白绿	绿	白橙	蓝	白蓝	橙	白棕	棕

2.5 注意事项

无论是直通线还是交叉线的制作，在压接双绞线时不能拧、撕，防止有断线的可能。直通线与交叉线在连接网络设备时有区别。下面列出了直通线和交叉线在连接各种网络设备时的可能情况，供参考。其中PC代表计算机，Hub代表集线器，Switch代表交换机，Router代表路由器。

PC-PC：交叉线。

PC-Hub：直通线。

Hub-Hub 普通口：交叉线。

Hub-Hub 级连口-级连口：交叉线。

Hub-Hub 普通口-级连口：直通线。

Hub-Switch：交叉线。

Hub(级联口)-Switch：直通线。

Switch-Switch：交叉线。

Switch-Router：直通线。

Router-Router：交叉线。

说明：现在很多交换机等设备在实际应用时，有自动识别直通线和交叉线的能力，因此在交换机等设备串接时，无论是交叉线还是直通线都可以用。

2.6 思 考 题

1. 详细记录网线制作过程中每个步骤的内容及出现的现象。

2. 直通线与交叉线的应用场合有什么区别？

3. 有直通线与交叉线各一条，线上没有做任何标记，通过哪些方法能将它们很方便地区分开来？

4. 通过观察，了解6类双绞线与5类双绞线的结构有什么区别。

5. 查找有关文献，了解6类双绞线与5类双绞线的制作过程有什么不同。

6. 制作双绞线时，若按自己规定两头一样的线序进行制作，该双绞线制作成功后能使用吗？会产生什么后果？

7. 写出有关网线制作方面的心得体会。

第3章 对等网的组建

3.1 应用目的

(1) 理解对等网的含义与特点。
(2) 熟悉交换机和集线器的结构特点。
(3) 掌握两台、三台及三台以上计算机之间组建对等网的方法。
(4) 掌握对等网中计算机之间能否通信的测试方法。

3.2 要求与环境

1. 应用要求

(1) 观察交换机或集线器工作时指示灯的状态。
(2) 两台计算机对等网的组建,并验证网络的连通性。
(3) 三台及三台以上计算机对等网的组建:
① 采用单个集线器(交换机)组建对等网并验证网络的连通性。
② 采用级联方式组建对等网并验证网络的连通性。

2. 环境要求

计算机若干台,交换机(或集线器)若干台,直通线若干,反接线若干。

3.3 对等网相关知识

3.3.1 对等网概念

所谓“对等网”也称为“工作组网”,是一种典型的非结构化访问计算机网络资源的形式,如图3.1所示。该网络用一个交换机或集线器连接6台计算机设备,没有专门的服务器。在对等网中,各台计算机的地位是相等的,无主从之分,网上每台计算机既可以作为资源服务器,为其他计算机提供资源服务;也可以作为工作站,访问其他计算机中的资源。任一台计算机均可同时兼作服务器和工作站,也可只作其中之一的角色在网络中运行。Windows操作系统、UNIX/Linux操作系统的计算机都支持这种工作方式。本章主要介绍Windows环境下对等网的组建。

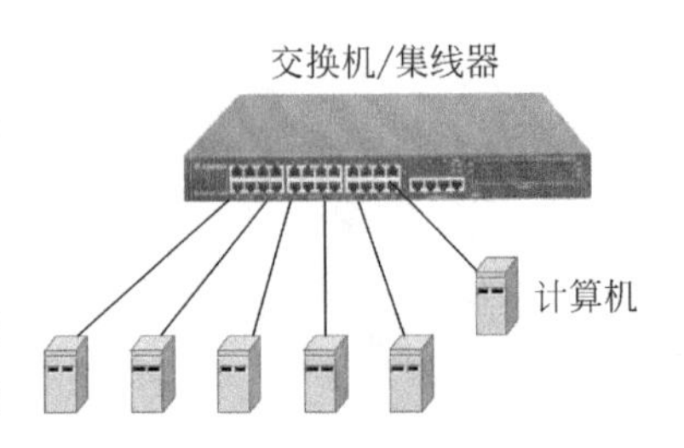

图3.1 一个典型的“对等网”结构

在对等网中，包含的计算机数量比较少，通常不会超过 20 台，所以对等网的结构相对简单并具有以下的特点：

(1) 网络用户较少，适合人员少、应用网络较多的中小企业或大型企事业单位中的部门员工共享信息。

(2) 网络用户往往位于同一物理区域中，不具有分散性。

(3) 对于网络应用而言，安全不是最关心的问题。

(4) 在不久的将来，用户对网络规模增长的需求不迫切。

对等网的主要优点有组网的成本低、网络配置和维护简单等。此外，对等网的结构不具备层次化，因此对等网比基于服务器架构的网络更具有容错性，任意一台计算机设备的故障只影响到它自身或周围很小的范围，而不会影响整个网络的应用。

对等网的缺点也相当明显，如网络性能较低、数据保密性差、文件管理分散、计算机资源占用大等。由于缺少集中的共享资源管理中心，这会增加用户查找共享信息的负担，同时浪费许多计算机资源。此外，对等网的安全性取决于网络中安全性最薄弱的计算机设备。

3.3.2 集线器

集线器也称为 Hub，是计算机网络中进行集中管理的最小单元。

Hub 是一个共享设备，其实质是一个中继器。而中继器的主要功能是对接收到的信号进行再生放大，以扩大网络的传输距离。因此，Hub 只是一个将信号放大和中转的设备，不具备自动寻址的能力，因而也有人将集线器称为"傻 Hub"。

Hub 主要用于共享网络的组建，可以从不同的方面对 Hub 进行分类。

1. 按带宽分类

依据总线带宽的不同，Hub 可分为 10M 和 10/100M 自适应两种。图 3.2、图 3.3 分别给出了 3COM 公司的 3Com 3C16440A 10M 以太网 Hub、3Com 3C16593B 10/100M 自适应两种以太网 Hub 产品的外观图。对 10M 的以太网集线器而言，其端口类型、网络标准以及协议与 10/100M 自适应以太网集线器的相同，主要的区别就是端口传输速率不一样，10M 以太网集线器端口传输速率仅能支持 10Mb/s。

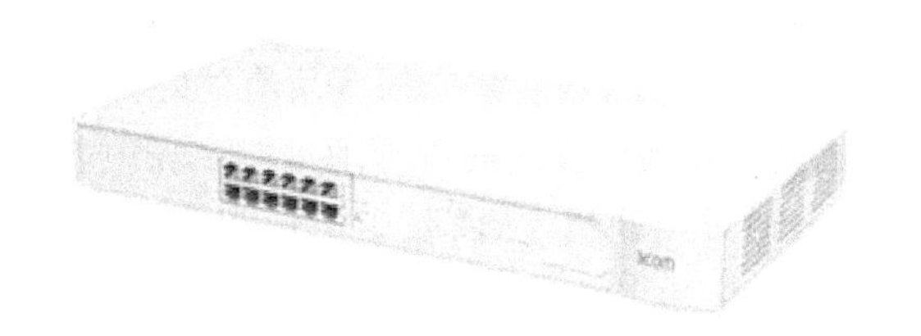

图 3.2 3Com 3C16440A 10M 以太网 Hub 的外观

图 3.3 3Com 3C16593B 10/100M 自适应 Hub 的外观

2. 按配置形式的不同分类

若按配置形式的不同，Hub 又可分为独立型 Hub、模块化 Hub 和堆叠式 Hub 三种。图 3.2 和图 3.3 所示的集线器就是一种独立型 Hub。这种 Hub 的端口数量在产品出厂时就固化而不能进行扩展。而模块化的 Hub 一般带有机架和多个卡槽，每个卡槽中可安装一块卡，每块卡的功能相当于一个独立型的 Hub，多块卡通过安装在机架上的通信底板进行互连并进行相互间的通信,因而模块化的Hub可有效扩展Hub的端口数。

堆叠式Hub的工作原理与独立型Hub相似,不同的是,可堆叠的Hub需要通过专门的连接线缆经专用的端口才能将几个独立的Hub堆叠(连接)在一起。一旦连接成功,堆叠在一起的Hub就可以被当作一个整体进行管理。这样,既有效扩展了Hub的端口数,同时也方便了对网络的管理。

图3.4给出了3Com公司3Com SuperStack II Dual Speed 500可堆叠式Hub的产品外观。该产品最多可堆叠8台设备。

图3.4 3com堆叠式Hub的产品外观

3. 按管理方式分类

根据管理方式可分为智能型Hub和非智能型Hub两种。所谓智能型Hub,是指能够通过SNMP(Simple Network Management Protocol,简单网络管理协议)对集线器进行简单管理的集线器,如启用和关闭某些端口等,这种对Hub的管理大多是通过增加网管模块来实现的。而非智能型Hub是指不可被管理的集线器。

3.3.3 交换机

所谓"交换(Switching)"是按照通信两端传输信息的需要,用人工或由设备自动完成的方法将信息传送到符合要求的相应路由上的技术的统称。能完成上述功能的设备被称为交换机。广义的交换机就是对能在通信系统中完成信息交换功能的设备总称。

本章3.3.2节所提及的Hub是一种共享设备,Hub本身不能识别目的地址。当同一局域网内的A主机向B主机传输数据时,数据包在以Hub构建的网络中以广播方式传输,由位于网络中的每一台终端通过验证数据包头的地址信息来确定是否接收。在这种工作方式下,同一时刻网络上只能传输一组数据帧,如果发生数据碰撞还得重新尝试,因而,共享网络带宽的方式其效率低下。

而交换机内部拥有一条很高带宽的背部总线和内部交换矩阵,交换机的所有端口都挂接在这条背部总线上。当通信端口收到数据包后,会查找内存中的地址对照表以确定目的站的MAC(网卡的硬件地址)地址挂接在哪个端口上,并通过内部交换矩阵迅速将数据包传送到目的端口。如果目的MAC地址在地址对照表中不存在,然后才广播到所有的端口,接收端口回应后交换机会自动"学习"新的地址,并把它添加到交换机的内部地址对照表中。这样,通过对照地址表,交换机只允许必要的网络流量通过交换机,从而减少误包和错包的出现,提高了传输效率。

交换机在同一时刻可进行多个端口之间的数据传输。每一端口都可视为独立的网段,每个网段构成一个冲突域。连接在交换机端口上的网络设备独自享有全部的带宽,无须同其他设备竞争使用。

交换机已成为当前计算机网络建设应用最普及的网络设备之一。交换机的分类标准多种多样,常见的有以下几种:

1. 根据网络覆盖范围分类

1) 广域网交换机

广域网交换机主要是应用于电信城域网互联、互联网接入等领域的广域网中,提供通信用的基础平台。

2）局域网交换机

局域网交换机主要应用于局域网络中连接终端设备，如服务器、工作站、集线器、路由器、网络打印机等网络设备，提供高速独立的通信通道。

2. 根据传输介质和传输速度分类

1）以太网交换机

以太网交换机通常是指带宽在100Mb/s以下的以太网交换机。以太网交换机是应用最普遍的交换机，它的价格便宜、种类比较齐全，应用范围也非常广泛，在大大小小的局域网常可以见到它们的踪影。

以太网交换机包括三种常用的网络接口：RJ-45、BNC和AUI，所用的传输介质分别为双绞线、细同轴电缆和粗同轴电缆。由于目前细同轴电缆和粗同轴电缆已很少使用，因此现在的以太网交换机绝大多数配备RJ-45接口。

2）快速以太网交换机

这种交换机是用于带宽为100Mb/s的快速以太网。快速以太网是一种在普通双绞线或者光纤上实现100Mb/s传输带宽的网络技术。一般来说，快速以太网交换机通常所采用的网络传输介质是双绞线，有的快速以太网交换机为了兼顾与其他光传输介质的网络互联，会留有少数的光纤接口SC。目前的快速以太网交换机以10/100Mb/s自适应型的应用为主。

3）千兆以太网交换机

千兆以太网交换机目前主要用于千兆以太网中，也有人将这种网络称为“吉比特(GB)以太网”，其通信带宽可达到1000Mb/s。千兆以太网交换机一般用于一个大型网络的骨干网段，所采用的传输介质有光纤、双绞线两种，对应的网络接口为光纤和双绞线两种。

4）10千兆以太网交换机

10千兆以太网交换机主要是为了适应当今10千兆以太网络的接入，它一般用于骨干网段上，采用的传输介质为光纤，其接口方式也就相应地为光纤接口。同样，这种交换机也称为“10G以太网交换机”。

5）ATM交换机

ATM交换机是用于ATM网络的交换机产品。ATM网络由于其独特的技术特性，目前主要用于电信、邮政网等的主干网段，在市场上很少看到。它的传输介质一般采用光纤，接口类型同样一般有两种：以太网RJ-45接口和光纤接口，这两种接口适合与不同类型的网络互联。相对于物美价廉的以太网交换机而言，ATM交换机的价格比较高，在普通局域网中应用很少。

6）FDDI交换机

FDDI技术是在快速以太网技术还没有开发出来之前开发的，主要是为了解决当时10Mb/s以太网和16Mb/s令牌网速度的局限，它的传输速度可达到100Mb/s。但它当时是采用光纤作为传输介质的，比以双绞线为传输介质的网络成本高许多，所以随着快速以太网技术的成功开发，FDDI技术也失去了它应有的市场，正因如此，FDDI交换机也就比较少见。FDDI交换机主要用于一些老式的中、小型企业快速数据交换网络中，它的接口形式为光纤接口。

7) 令牌环交换机

令牌环网是由IBM在20世纪70年代开发的。在老式的令牌环网中,数据传输率为4Mb/s或16Mb/s,新型的快速令牌环网速度可达100Mb/s。令牌环网的传输方法在物理上采用星型拓扑结构,在逻辑上采用环型拓扑结构。由于令牌环网逐渐失去了市场,相应的令牌环交换机产品也非常少见。

3. 根据交换机应用网络层次分类

1) 企业级交换机

企业级交换机属于高端交换机,一般采用模块化的结构,它通常用于企业网络应用的最顶层。

企业级交换机可以提供用户化定制、优先级队列服务和网络安全控制,并能很快适应数据增长和改变的需要,从而满足用户的网络应用需求。对于有更多需求的网络,企业级交换机不仅能传送海量数据和控制信息,更具有硬件冗余和软件可伸缩性特点,保证网络的可靠运行。

2) 部门级交换机

部门级交换机是面向部门级网络使用的交换机。这类交换机可以是固定配置,也可以是模块化配置,一般除了常用的RJ-45双绞线接口外,还带有光纤接口。部门级交换机一般具有较为突出的智能型特点,支持基于端口的VLAN(虚拟局域网),可实现端口管理,可任意采用全双工或半双工传输模式,可对流量进行控制,有网络管理的功能,可通过PC的串口或经过网络对交换机进行配置、监控和测试。如果作为骨干交换机,则一般认为支持300个信息点以下中型企业的交换机为部门级交换机。

3) 工作组交换机

工作组交换机是传统集线器的理想替代产品,一般为固定配置,配有一定数目的10Base-T或100Base-TX以太网口。交换机按每一个包中的MAC地址相对简单地决策信息转发,这种转发决策一般不考虑包中隐藏的更深的其他信息。与集线器不同的是,交换机转发延迟很小,操作接近单个局域网性能,远远超过了普通桥接互联网络之间的转发性能。

工作组交换机一般没有网络管理的功能,如果是作为骨干交换机,则一般认为支持100个信息点以内的交换机为工作组级交换机。

4) 桌面型交换机

桌面型交换机是最常见的一种最低档交换机,它区别于其他交换机的一个特点是支持的每个端口MAC地址很少,通常端口数也较少(12口以内,但不是绝对),只具备最基本的交换机特性,当然价格也是最便宜的。

这类交换机虽然在整个交换机中属最低档的,但是相比集线器来说,它还是具有交换机的通用优越性,况且有许多应用环境也只需这些基本的性能,所以它的应用还是相当广泛的。它主要应用于小型企业或中型以上企业办公桌面。在传输速度上,目前桌面型交换机大都提供多个具有10/100Mb/s自适应能力的端口。

4. 根据交换机端口结构分类

1) 固定端口交换机

固定端口,顾名思义就是交换机所带有的端口是固定的,如果交换机是8端口的,就只能有8个端口,再不能添加。16端口也就只能有16个端口,不能再扩展。目前这种固定端口的交换机比较常见，常见的有 8 端口、16 端口、24 端口和 48 端口交换机。

固定端口交换机虽然相对来说价格便宜一些，但由于它只能提供有限的端口和固定类型的接口，因此无论从可连接的用户数量上，还是从可使用的传输介质上来讲都具有一定的局限性。但这种交换机在工作组中应用较多，一般适用于小型网络、桌面交换环境。

图 3.5 给出了 ECOM 公司的一款固定端口交换机 EN-2716SV 的产品配置外观。

2) 模块化交换机

所谓模块化交换机就是配备了多个空闲的插槽，用户可任意选择不同数量、不同速率和不同接口类型的模块，以适应千变万化的网络需求的交换机。

模块化交换机虽然在价格上要贵很多，但拥有更大的灵活性和可扩充性，用户可任意选择不同数量、不同速率和不同接口类型的模块，以适应千变万化的网络需求。而且，模块化交换机大都有很强的容错能力，支持交换模块的冗余备份，并且往往拥有可热插拔的双电源，以保证交换机的电力供应。一般来说，企业级交换机应考虑其扩充性、兼容性和排错性，因此应当选用模块化交换机；而骨干交换机和工作组交换机则由于任务较为单一，故可采用简单明了的固定式交换机。

图 3.6 给出了 D-Link 公司的一款模块化交换机产品的配置外观。

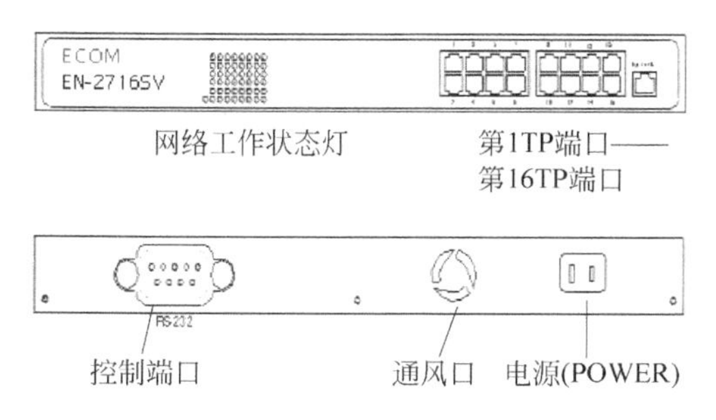

图 3.5　EN-2716SV 产品正、背面的外形结构

图 3.6　模块化交换机产品的配置外观

5. 根据工作协议层分类

1) 第二层交换机

第二层交换机工作在 OSI/RM 的第二层——数据链路层。第二层交换机依赖于数据链路层中的信息(如 MAC 地址)完成不同端口数据间的线速交换，主要功能包括物理编址、错误校验、帧序列以及数据流控制。这是最原始的交换技术产品，目前桌面型交换机一般是属于这一类型，因为桌面型的交换机一般来说所承担的工作复杂性不是很强，又处于网络的最基层，所以也就只需要提供最基本的数据链接功能即可。由于价格便宜，功能符合中、小企业实际应用需求，目前第二层交换机应用最为普遍。

2) 第三层交换机

第三层交换机工作在 OSI/RM 的第三层——网络层，比第二层交换机更加高档，功能更加强。第三层交换机因为工作于 OSI/RM 模型的网络层，所以具有路由功能，它将 IP 地址信息提供给网络路径选择，并实现不同网段间数据的线速交换。当网络规模较大时，可以根据特殊应用需求划分为小面独立的 VLAN 网段，以减小广播所造成的影响。通常这类交换机是采用模块化结构，以适应灵活配置的需要。在大中型网络中，第三层交换机已经成为基本网络配置的基本设备。

6. 根据是否支持网管功能分类

1) 非网管型交换机

所谓非网管型交换机是指不可被管理的交换机。目前绝大多数部门级以下的交换机都是非网管型的,这类交换机价格便宜。

2) 网管型交换机

所谓网管型交换机是指能够通过 SNMP 协议实施网络管理的交换机。

网管型交换机的任务就是使所有的网络资源处于良好的状态。网管型交换机产品提供了基于终端控制口(Console)、基于 Web 页面以及支持 Telnet 远程登录网络等多种网络管理方式。因此网络管理人员可以对该交换机的工作状态、网络运行状况进行本地或远程的实时监控,纵观全局地管理所有交换端口的工作状态和工作模式。

网管型交换机采用嵌入式远程监视(RMON)标准用于跟踪流量和会话,对决定网络中的瓶颈和阻塞点是很有效的。软件代理支持 4 个 RMON 组(历史、统计数字、警报和事件),从而增强了流量管理、监视和分析。

3.3.4 交换机与终端设备的物理连接

下面以 ECOM 公司的 EN-2716SV 交换机产品,终端设备以计算机为例,介绍交换机与终端设备的物理连接方法。集线器和终端设备的物理连接方法与交换机相仿,不再赘述。

1. 通过单台交换机与终端设备的物理连接

单台交换机与计算机的物理连接如图 3.7 所示。

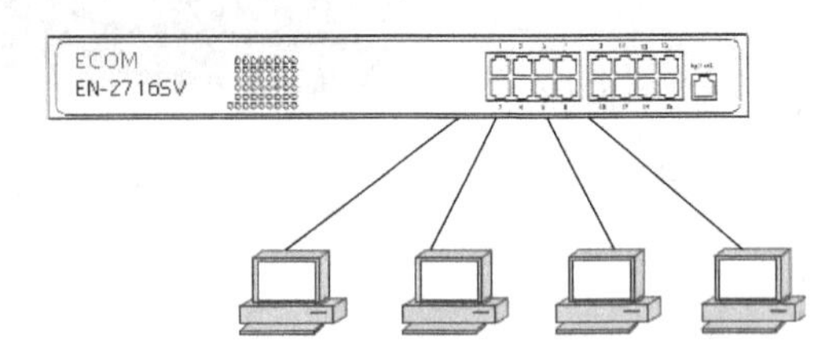

图 3.7 交换机与计算机的连接示意图

连接步骤如下:

(1) 将随机配置的电源线/电源适配器插在 EN-2716SV 交换机产品的电源输入插座上,通电,电源指示灯亮,同时交换机将进行自检,端口指示灯依次闪烁一次或同时闪一遍,自检通过后进入工作状态。

(2) 将网线(直通线)的一端插入交换机的任意一个 RJ45 端口,网线的另一端连接到计算机的网卡上,此时交换机对应端口的指示灯亮。

(3) 如果有第 2、3 台计算机需要与交换机相连接,则按照上述步骤(2)类推。

此时,单台交换机与计算机的物理连接步骤完成。

2. 通过交换机的级联实现与终端设备的物理连接

所谓交换机的级联是指将两台或多台交换机通过网线互相串接起来。级联除了能够扩充交换机的端口数量外,还可以快速延伸局域网的作用距离。交换机的级联在小范围、短距离的计算机局域网应用中很普及。

交换机间一般是通过普通用户端口进行级联，有些交换机则提供了专门的级联端口（Uplink Port），如图3.8所示。这两种端口的区别仅仅在于普通端口符合MDI标准，而级联端口（或称为上行口）符合MDIX标准。由此导致了两种方式下接线方式的不同：当两台交换机都通过普通端口级联时，端口间电缆采用直通电缆（Straight Through Cable）；当且仅当其中一台通过级联端口时，采用交叉电缆（Crossover Cable）。

需要说明的是，为了方便交换机的级联，某些厂家的交换机上提供了一个两用端口，可以通过开关或管理软件将其设置为MDI或MDIX方式。而有些交换机上全部或部分端口具有MDI/MDIX自校准功能，可以自动区分网线类型，进行级联时更加方便。

通过交换机的级联实现与终端设备的物理连接方法和单台交换机与终端设备的物理连接方法类似，不过计算机被分散连接在多台交换机上，如图3.9所示。

图3.8　交换机的Uplink端口

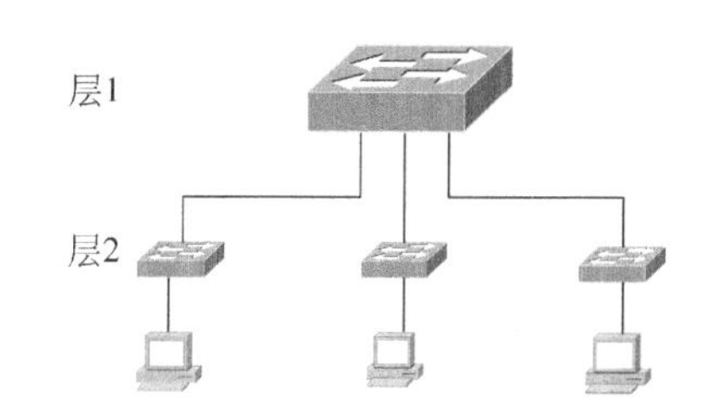

图3.9　通过交换机的级联实现与终端设备的物理连接

集线器也能够通过上述与交换机级联类似的方法扩展集线器的端口数量，延伸局域网的作用距离。考虑到网络性能的关系，一般情况下，无论是交换机还是集线器，其级联的数量不宜多。

3. 通过交换机的堆叠实现与终端设备的物理连接

所谓交换机的堆叠是通过厂家提供的一条专用连接电缆，从一台交换机的UP堆叠端口直接连接到另一台交换机的DOWN堆叠端口，以实现网络交换机端口数的扩充，如图3.10所示。通过交换机的堆叠实现与终端设备的连接也是计算机网络中常用的方法之一。

要注意的是，只有可堆叠的交换机才具备UP和DOWN堆叠端口，如图3.11所示。当多个交换机通过堆叠连接在一起时，其作用就像一个模块化交换机一样，堆叠在一起交换机可以当作一个单元设备来进行管理。一般情况下，当有多个交换机堆叠时，其中存在一个可管理交换机，利用可管理交换机可对此可堆叠式交换机中的其他"独立型交换机"进行管理。

图3.10　交换机的堆叠

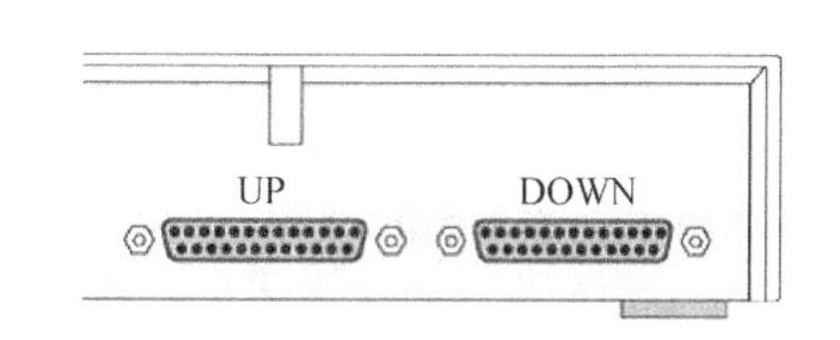

图3.11　交换机的UP和DOWN堆叠端口

与交换机的级联方式相比,堆叠技术采用了专门的管理模块和堆栈连接电缆。图3.12给出了Cisco公司GigaStack GBIC用于交换机之间千兆位堆叠的模块以及GigaStack GBIC之间连接的专门堆叠电缆。

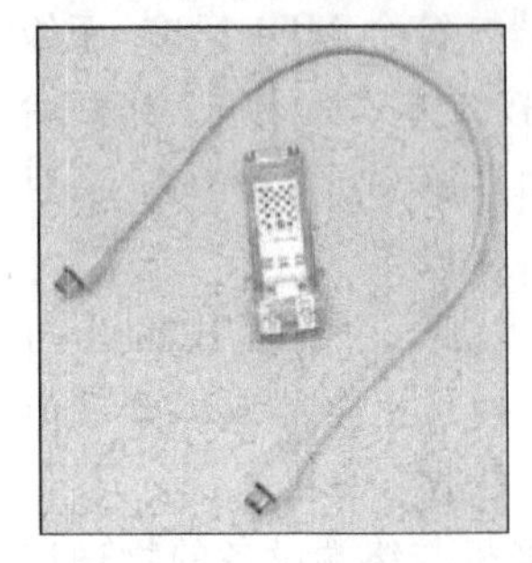

图3.12　交换机堆叠的模块以及堆叠电缆

交换机的堆叠,一方面增加了用户端口,能够在交换机之间建立一条较宽的宽带链路,增加了每个实际使用的用户带宽;另一方面,多个交换机能够作为一个大的交换机,便于统一管理。而级联通常采用普通的网线和普通的端口或级联接口将几个交换机连接起来,通常端口的带宽小,级联交换机上下级之间会产生比较大的延时,并且每层级联交换机的性能都不同,最后一层的交换机性能最差。

3.4　方法和主要步骤

3.4.1　对等网组建的准备工作

准备工作如下:

(1) 安装网卡。

(2) 安装网卡驱动程序。

(3) 直通线和交叉线的准备。也可利用第2章网线制作的成果。

3.4.2　两台计算机组建的对等网

1. 物理连接

(1) 通过交叉线直接相连。

① 将交叉线的两端分别插入两台计算机的RJ45端口中。

② 检查并设置IP地址。

(2) 通过直通线直接与交换机相连。

① 在使用前选好放置交换机的位置,平稳地放置好交换机。

② 将随机配置的电源线插在交换机的电源输入插座上,接通电源,电源指示灯亮,此时交换机进行自检,交换机的端口指示灯依次或同时闪烁。

③ 将直通线的一端插入交换机的任意一个RJ45端口中,另一端插入计算机的RJ45端口,如图3.13所示。此时,连接计算机的交换机对应端口指示灯亮。

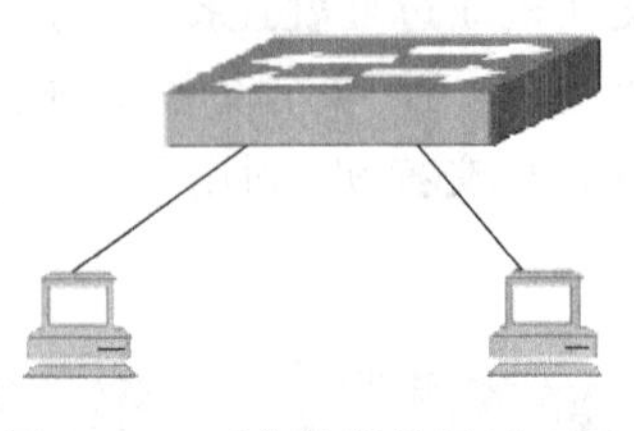

图3.13　两台计算机通过直通线连接交换机

④ 检查并设置IP地址。

2. 计算机中有关参数的设置

(1) 检查系统的网络组件是否已安装完全。

在桌面上右击“网上邻居”图标,选中并单击“属性”选项,出现本机网络连接的全部内容。右击“本地连接”图标,选中并单击“属性”选项,查看是否安装有如下选项:Microsoft

网络客户端；Microsoft 网络的文件与打印机共享；Internet 协议(TCP/IP)。

要连接一个局域网并能共享网络中其他的网络资源，以上组件是必不可少的。一般情况下，以上三个选项是默认安装的。

(2) 设置 IP 地址 。

打开计算机，在“本地连接”的“属性”框中选择 Internet 协议(TCP/IP)，单击“属性”按钮。假设该计算机使用的 IP 地址为 192.168.0.1，子网掩码为 255.255.255.0，则在该对话框的“IP 地址”文本框中输入 192.168.0.1，“子网掩码”文本框内输入 255.255.255.0，然后单击“确定”按钮，再单击“确定”按钮，如图 3.14 所示。

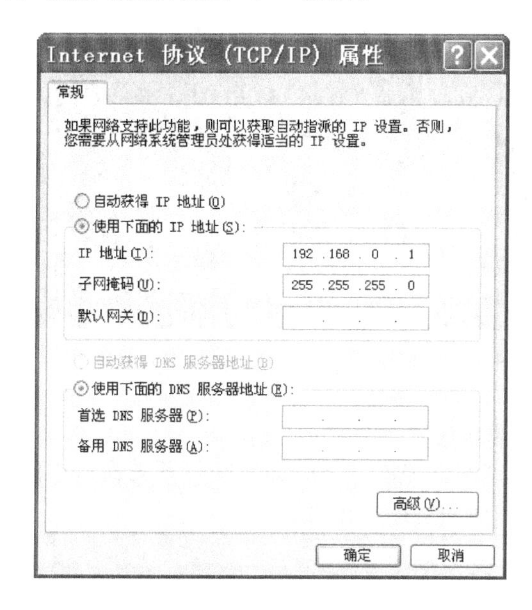

图 3.14　计算机 IP 地址的设置

(3) 同理，将另外一台计算机的 IP 地址设置为 192.168.0.2，子网掩码设置为 255.255.255.0。

3. 测试网络是否连通

① 启动计算机，计算机安装的系统如果为 Windows XP 或 Windows Vista，则需要确认系统自带防火墙是否为关闭状态。

② 检查交换机的电源是否开启，端口指示灯是否正常。

(1) 通过 Ping 命令检测网络是否连通。

① 打开计算机，在 Windows 操作系统的桌面选择“开始”→“运行”命令，在“运行”对话框中的“打开”文本框中输入 cmd，如图 3.15 所示，并按 Enter，以此方式打开 MS-DOS 窗口。

② 假设本机的 IP 地址为 192.168.0.1，在 DOS 提示符 C:\>下输入 Ping 192.168.0.2，其中 192.168.0.2 是另一台计算机的 IP 地址，按 Enter 键后，如出现图 3.16 所示的结果，则说明网络连通正常。

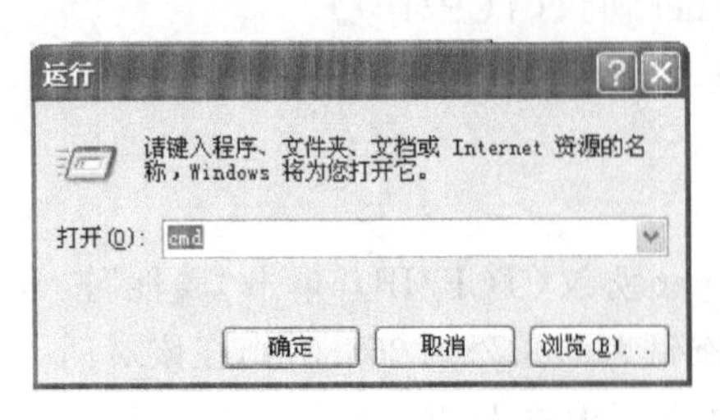

运行
请键入程序、文件夹、文档或 Internet 资源的名称，Windows 将为您打开它。
打开(O): cmd
确定
取消
浏览(B)...

图 3.15　输入 cmd 命令的界面

Pinging 192.168.0.2 with 32 bytes of data:
Reply from 192.168.0.2: bytes=32 time<1ms TTL=128
Reply from 192.168.0.2: bytes=32 time<1ms TTL=128
Reply from 192.168.0.2: bytes=32 time<1ms TTL=128
Reply from 192.168.0.2: bytes=32 time<1ms TTL=128
Ping statistics for 192.168.0.2:
Packets: Sent = 4, Received = 4, Lost = 0 (0% loss),
Approximate round trip times in milli-seconds:
Minimum = 0ms, Maximum = 0ms, Average = 0ms

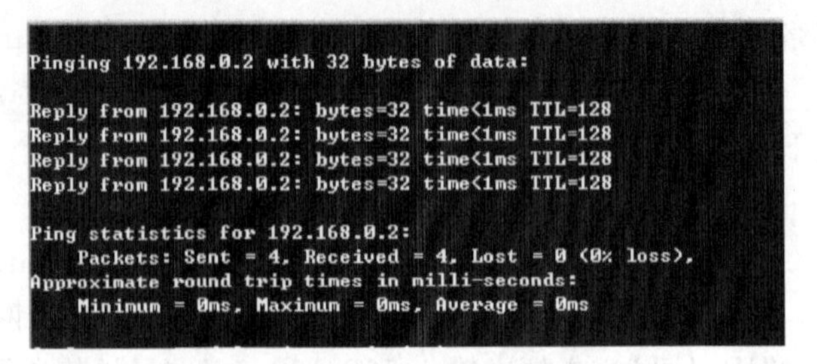

图 3.16　网络连通正常的测试显示画面

若出现图 3.17 所示的结果，则说明网络连通不正常。

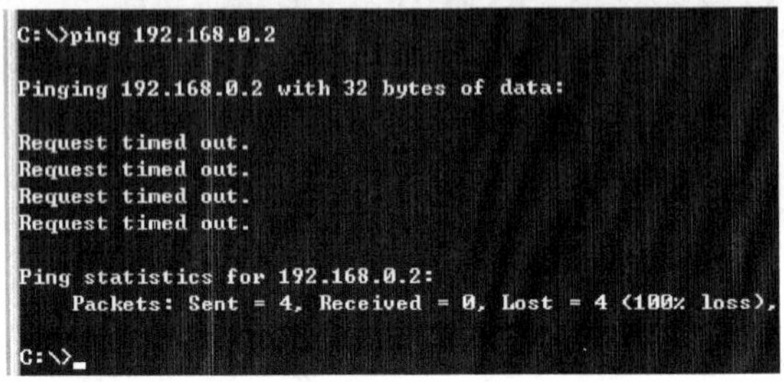

C:\>ping 192.168.0.2
Pinging 192.168.0.2 with 32 bytes of data:
Request timed out.
Request timed out.
Request timed out.
Request timed out.
Ping statistics for 192.168.0.2:
Packets: Sent = 4, Received = 0, Lost = 4 (100% loss),
C:\>_

图 3.17　网络连通不正常的测试显示画面

(2) 通过查找网上邻居测试网络是否连通。

在 Windows 桌面上双击“网上邻居”图标，如果在打开的窗口中能看到本机以及其他计算机名，如图 3.18 所示，则表明网络连通正常。

Workgroup
文件(F)
编辑(E)
查看(V)
收藏(A)
工具(T)
帮助(H)
后退
搜索
文件夹
地址(D)
Workgroup
转到
网络任务
添加一个网上邻居
查看网络连接
设置家庭或小型办公网络
为家庭或小型办公室设置无线网络
查看工作组计算机
显示联网的 UPnP 设备的图标
其它位置
Microsoft Windows Network
我的电脑
我的文档
共享文档
打印机和传真
详细信息
3g307
Dell-305
Gurui
Lh-isl3tv4coinm
Nau-98bd431faa8
Nau-3850dc4d83e
Nau-cuilili
Snaker
8 个对象

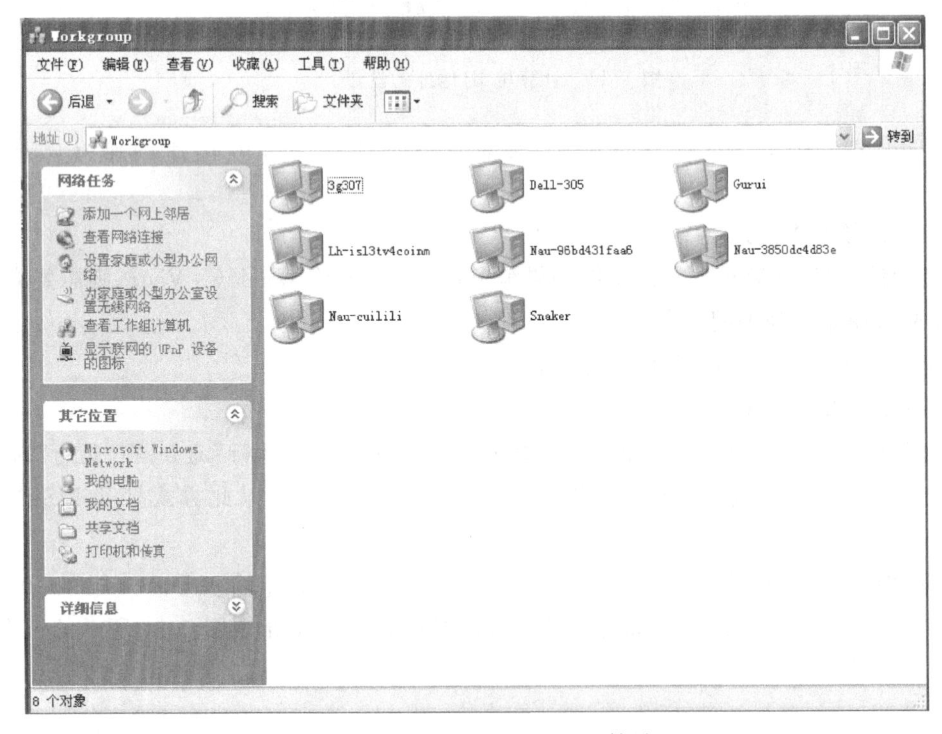

图 3.18　查找网上邻居的显示结果

(3) 通过查找计算机名测试网络是否连通。

① 计算机名的设置。

右击“我的电脑”图标,在弹出的快捷菜单中选择“属性”命令,在“计算机名”选项卡中单击“更改”按钮,在“计算机名称更改”对话框中的“计算机名”文本框中输入计算机名称,在“工作组”文本框中输入工作组的名字,单击“确定”按钮,然后再单击“确定”按钮,如图 3.19 所示。

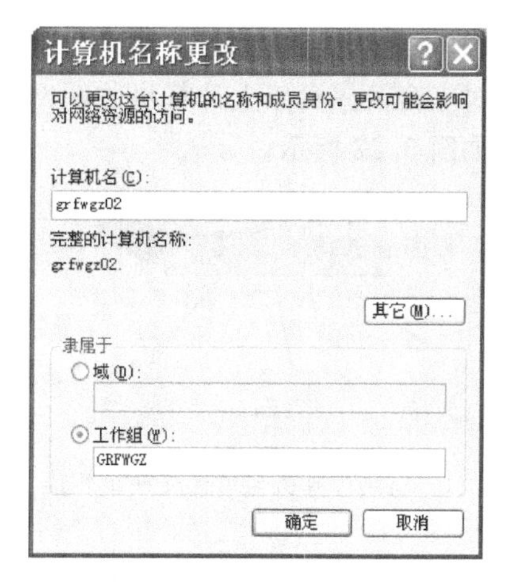

图 3.19　计算机名称的设置

② 查找计算机名称。

右击“我的电脑”图标,在弹出的快捷菜单中选择“搜索”命令,单击“计算机或人”后出现图 3.20 所示界面。在“计算机名”文本框中填写要查找的计算机名称。如果经过搜索出现要查找的计算机,表示网络是连通的。

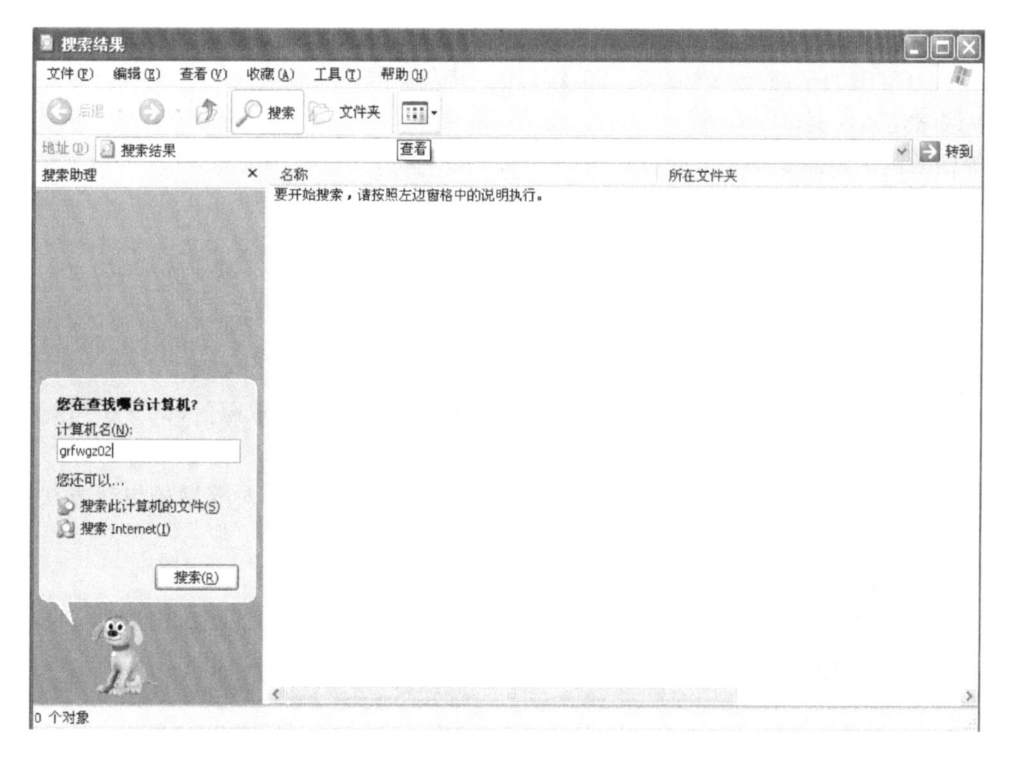

图 3.20　查找计算机名的界面图

3.4.3　三台及三台以上计算机组建的对等网

1. 物理连接方法

(1) 通过直通线与单台交换机相连。

① 计算机与交换机的连接方法参照 3.4.2 节的内容。

② 网络连接如图 3.21 所示。

(2) 通过交换机的级联方式实现三台及三台以上计算机的连接。

对三台及三台以上计算机的联网可通过交换机(集线器)之间级联的方式实现,其网络结构如图3.22所示。

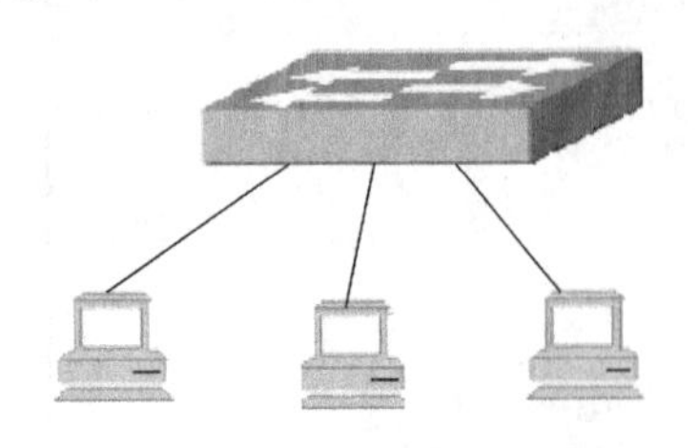
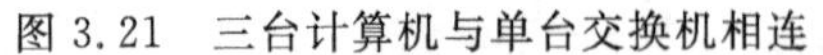

图3.21 三台计算机与单台交换机相连

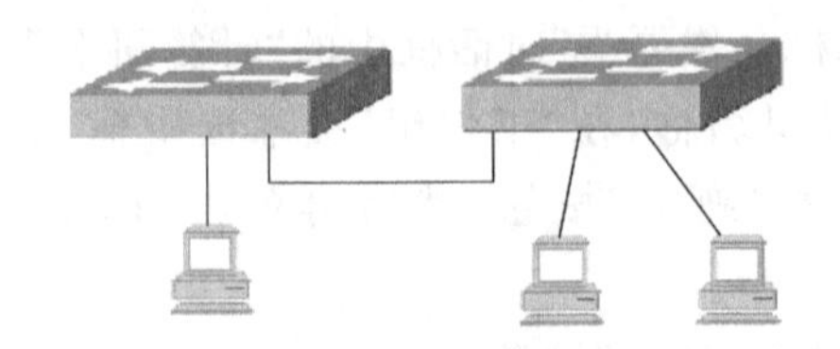

图3.22 通过交换机的级联实现多台计算机的连接

计算机与集线器之间的连接方式与图3.22相同,不再赘述。

2. 参数的设置与测试

(1) 参数的设置。

对各联网计算机的IP地址等设置参照3.4.2节内容,如可将第3台计算机的IP地址设置为192.168.0.3,子网掩码为255.255.255.0。其余类推。

(2) 网络连通性测试。

对等网的测试参照3.4.3节内容。

3.5 思考题

1. 详细记录对等网组建过程中每个步骤的内容及出现的现象。
2. 常见的两台计算机对等网的组建方法有哪些?它们之间有什么区别?
3. 两台计算机之间组建对等网时,如果两台计算机之间无法正常通信,试分析可能存在的原因有哪些?
4. 总结三台及三台以上计算机对等网的组建与两台计算机之间对等网的组建方法的区别。
5. 交换机的级联与堆叠相比,网络性能上有什么差异?
6. 简述对等网的概念及其特点。
7. 写出有关对等网组建应用方面的心得体会。

第4章 交换机基本操作

4.1 应用目的

(1) 了解交换机的三种交换技术。
(2) 熟悉交换机的几个主要性能指标。
(3) 了解交换机的基本功能、各种工作状态指示灯的含义。
(4) 掌握交换机设置的基本方法和主要步骤。
(5) 了解交换机基本配置命令的使用。

4.2 要求与环境

1. 应用要求

(1) 观察交换机的外观结构,了解交换机产品的特性。
(2) 观察交换机在上电自检以及正常工作状态下指示灯的变化情况。
(3) Windows 环境下对"超级终端"的工作参数设置。
(4) 观察交换机在自启动以及人为干预两种模式下启动的现象。
(5) 交换机的 EXEC 模式和全局配置模式的特征以及两种模式相互切换的方法。
(6) 交换机基本配置命令的使用。
(7) 在交换机上设置 Telnet 远程访问登录密码。
(8) 理解交换机远程设置与本地设置方法的区别。

2. 环境要求

联想 iSpirit2924G/F 以太网交换机一台,两台 PC,专用配置电缆一根,直通网线两根。

4.3 交换机

4.3.1 交换技术与主要性能指标

交换机是一种基于 MAC 地址识别,能完成封装转发数据包功能的网络设备,在计算机网络应用特别是在局域网应用中非常广泛。在第 3 章关于"对等网的组建"应用中,对交换机的概念、分类以及交换机与终端设备的物理连接等进行了说明,本章将对交换机的交换技术、主要性能参数、交换机的配置方法,并结合联想 iSpirit2924 交换机,对常用的交换机配置命令等进行介绍。

1. 交换机的交换技术

1）端口交换

端口交换技术最早出现在插槽式的集线器中。这类集线器的背板通常划分有多条以太网段(每条网段为一个广播域)，如果不用网桥或路由连接，这些网段之间是互不相通的。当有模块被插入到相应的插槽后，通常被分配到某个背板的网段上，端口交换将模块的端口在背板的多个网段之间进行分配、平衡。

端口交换还可细分为：

- 模块交换：将整个模块进行网段迁移。
- 端口组交换：通常模块上的端口被划分为若干组，每组端口允许进行网段迁移。
- 端口级交换：支持每个端口在不同网段之间进行迁移。这种交换技术是基于OSI第一层上完成的，具有灵活性和负载平衡能力等优点。如果配置得当，那么还可以在一定程度上进行容错，但不能改变共享传输介质的特点，因而不能称之为真正的交换。

2）帧交换

在OSI参考模型中，帧是数据链路层信息传输的基本单位。帧交换是目前应用最广泛的局域网交换技术，它通过对传统传输媒介进行微分段，提供并行传送的机制，以减小冲突域，获得高的带宽。

采用帧交换的交换机对帧的处理方式一般有以下两种方式：

- 直通交换。提供线速处理能力，交换机只读出数据帧的前14个字节，便将网络帧传送到相应的端口上。这种方式的优点是交换速度非常快，可以提供线速处理能力。缺点是缺乏对网络帧进行差错的控制等，同时也无法支持具有不同速率的端口交换。直通交换常用于链路质量较好的网络环境。
- 存储转发。要求交换机在接收到全部数据帧，并在差错校验通过之后，根据帧的目的地址决定将其如何转发。在数据帧的存储转发过程中，如果差错校验失败，即数据帧有错，交换机则丢弃此帧。这种方式的优点是能对网络帧的读取进行验错与控制，并支持具有不同速率的端口交换，但交换速度比较慢，而且交换速度随数据帧的长度增加而延迟增大。

直通交换和存储转发交换的示意图如图4.1所示。

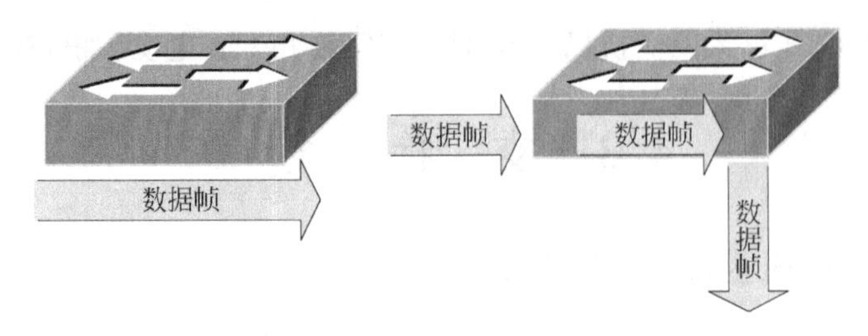

图4.1　直通交换与存储转发交换

3）信元交换

异步传输模式ATM技术代表了网络和通信技术发展的未来方向，也是解决目前网络通信中众多难题的一剂“良药”。ATM采用固定长度(53个字节)被称为信元的交换技术。

由于长度固定，因而便于用硬件实现。ATM 采用专用的非差别连接，并行运行，可以通过一个交换机同时建立多个节点，并不会影响每个节点之间的通信能力。ATM 还容许在源节点和目标节点之间建立多个虚链接，以保障足够的带宽和容错能力。目前，ATM 的带宽可以达到 25M、155M、622M 甚至 Gb/s 量级的传输能力。

2. 交换机的主要性能参数

交换机作为组成计算机网络系统的核心设备，其主要的性能指标如下。

1) IEEE 802.3 系列标准

IEEE 802.3 标准是指以太网的工作标准，该标准定义的传输速率为 10Mb/s；而 IEEE 802.3u 标准是指快速以太网标准，该标准定义的传输速率为 100Mb/s；IEEE 802.3ab 标准则是千兆以太网(非屏蔽双绞线)标准，定义的传输速率为 1000Mb/s；IEEE 802.3x 标准一般指流量控制标准，通过该标准可以控制以太网主机的流量，确保高峰通信期间在高吞吐量、全双工链路上不丢失信息。因此，一个性能比较好的交换机产品一般应该遵循 IEEE 802.3 系列标准中的多个标准。

2) 交换方式

交换方式是指交换机传输数据的方式。当前主流的交换方式就是存储转发(Store and Forward)，该方式是交换机在接收到全部数据帧后再转发数据帧。不同的交换方式，对网络应用的环境以及性能要求不一样，这是选择交换机产品的一个指标。

3) 包转发率

包转发率是指交换机转发数据包的速度，是评价交换机性能的一个关键指标，单位一般为 pps(包每秒)。一般交换机的包转发率在几十 kpps 到几百 kpps 不等，包转发率越大则转发数据包的能力越强。

4) 背板带宽

背板带宽是指交换机接口处理器和数据总线之间所能吞吐的最大数据量，背板带宽越宽，交换机性能越好，它是衡量交换机数据处理能力的关键指标之一。目前，一般 5 口和 8 口桌面交换机的背板带宽在 1～3.2Gb/s 之间。专业交换机的背板带宽更高，比如一般的千兆交换机背板带宽可以达到 8.8Gb/s。

5) 传输速率

传输速率也是考察交换机产品性能的关键指标之一。现在市场上的交换机主要分为百兆与千兆交换机两种，百兆交换机主要以 10/100Mb/s 自适应交换机为主，能够通过网络自动判断、自适应运行。当然，有条件的用户也可以选择 100/1000Mb/s 自适应交换机，以适应未来网络升级的需要。

6) 安全性及 VLAN 支持

网络安全越来越受到人们的高度重视，因此，人们在选择交换机产品时对安全性提出了更高的要求。目前，具有安全性能的交换机通过对 MAC 地址过滤或将 MAC 地址与固定端口绑定等方法将非法的用户隔离在网络之外，保护用户的网络安全。虚拟局域网技术(Virtual Local Area Network，VLAN)就是一种交换机常用的安全技术，它通过将局域网设备从逻辑上划分成一个个网段(或者说是更小的局域网)，从而实现虚拟站点之间的数据交换。此外，VLAN 技术还可以防止局域网产生广播，提高网段之间的可管理性和安全性。

7）端口数

端口数通常指的是交换机的接口数量及端口类型，是选择交换机产品的最常用指标之一。常见的交换机端口数有12口、24口和48口等，一般来说端口数越多，交换机的价格就越高。由于以太网应用的普遍性，因此交换机的端口类型以支持RJ-45口的最为常见。此外，有的交换机还提供光纤接口、控制接口以及其他类型的接口，如用来实现交换机级联的UP-Link口等。

8）服务质量

服务质量(Quality of Service，QoS)是传输系统的性能度量，反映了交换机传输质量以及服务的可获得性。它主要靠RSVP(资源预留协议)及802.1P来保证。

4.3.2 联想iSpirit 2924交换机简介

联想天工iSpirit 2924G/2924F交换机是联想网络(深圳)有限公司推出的面向企业网工作组接入以及IP城域网小区接入应用的可网管支持千兆快速以太网交换设备。联想iSpirit2924系列交换机具有高性能的基于策略的第二层交换能力，用户不仅可以在其上连接工作站、服务器、路由器和交换机等网络设备，还可以将其作为主干交换机，从其他网络设备处聚合十兆、百兆或千兆以太网的数据流。

1. iSpirit 2924G/2924F交换机的特性

iSpirit 2924G/2924F交换机提供24个RJ-45的10/100Base-T自协商端口、两个光电自切换千兆口和两个扩展接口，分别可插1000M光纤模块、10/100/1000 Base-T自适应RJ 45端口模块、堆叠模块。

联想天工iSpirit 2924G/2924F交换机的外观如图4.2和图4.3所示。

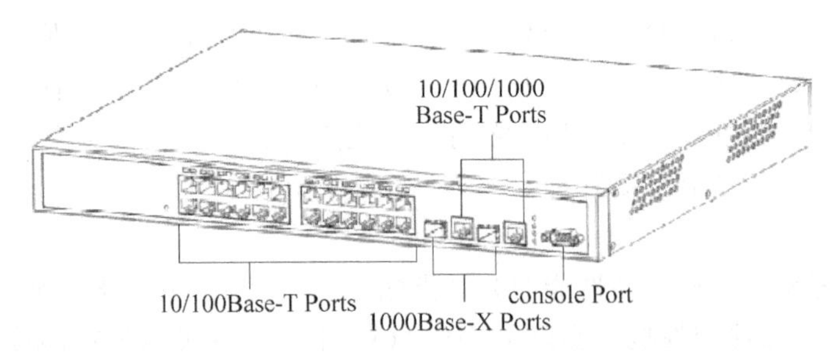

图4.2　联想天工iSpirit 2924G交换机外观

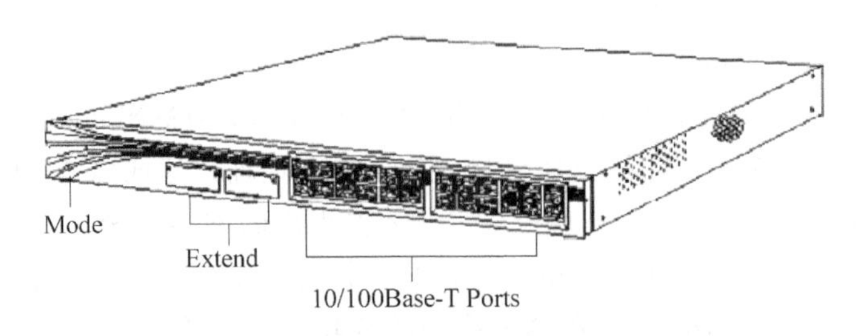

图4.3　联想天工iSpirit 2924F交换机外观

iSpirit 交换机的产品特性介绍如下。

(1) 技术特性。

- 10/100Mb/s 端口直连网线与交叉网线连接的自协商；
- 10/100Mb/s 端口自协商和半/全双工操作；
- 1000M 单模/多模光纤模块、10/100/1000Base-T 铜线接口模块；
- 超距离网线支持能力，最长支持 CAT5 网线距离可达 140m；
- 自动源地址学习；
- 8KARL 表；
- 提供流量控制，支持 IEEE802.3X 线端阻塞(HOL)和背压(Backpressure)；
- 提供 4 个优先级队列，为多媒体和其他数据流提供灵活的优先级机制；
- 网络适配器可以和端口绑定，实现安全访问；
- 支持端口聚合，聚合最多可支持 4 组，每组最多支持 8 个速度相同的端口；
- 基于端口的 VLAN 和基于 802.1Q tagged VLAN，支持 256 个 VLAN；
- 支持 STP 协议；
- 支持 MIBII、RMON(4 种)；
- 支持 IGMP 侦听；
- 支持 XModem 软件升级；
- 支持 802.1X 认证协议；
- 支持协议 VLAN；
- 支持私有 VLAN；
- 支持 MAC 地址过滤；
- 支持基于 802.1P、TOS/DSCP、MAC 地址、端口策略的 QoS 配置，灵活分配业务的优先级。

(2) 业务特性。

- 百兆和千兆聚合技术。

联想天工 iSpirit 2924G/2924F 交换机支持快速以太网以及千兆以太网的链路聚合技术，允许网络管理员将多达 8 个 10/100 端口组合到一个通道中，多达 4 个 Trunk group，将两个 Gigabit Ethernet 组合到一个上行链路通道中。

- 安全特性

联想天工 iSpirit 2924G/2924F 交换机支持 ARL 表的静态设置以及 MAC 地址与端口的绑定，实现对 MAC 的控制过滤，独有的 Hyper-Safety 技术使得非法主机无法接入网络获取网络资源。

(3) 强大的网络管理。

联想天工 iSpirit 2924G/2924F 交换机采用 Hyper-Management 技术，拥有强大和完善的网络管理功能。

- 可以利用 Console 和 Telnet 口进行 Menu 或者 CLI 方式的网络管理配置；
- 通过基于 SNMP 的网管软件可以进行网络管理；
- 可以基于 Web 的页面管理图形用户接口，操作简单，功能强大，界面直观；
- 内置多种 SNMP 的网管代理，Bridge MIB、MIB II、Entity MIB version 2、RMON

MIB和Proprietary MIB;

- 4组RMON(1、2、3、9)的网管协议(统计量信息、历史信息、告警信息、事件信息);
- 易于软件升级设计,可以通过TFTP的带内(in-band)升级方法实现。

(4) VLAN支持。

- 联想天工iSpirit 2924G/2924F交换机实现的VLAN技术支持基于端口的VLAN符合通用标准802.1Q;
- 联想天工iSpirit 2924G/2924F交换机实现了协议VLAN;
- 联想天工iSpirit 2924G/2924F交换机实现了保护VLAN;
- 联想天工iSpirit 2924G/2924F交换机实现了私有VLAN。

(5) 标准协议支持。

联想天工iSpirit 2924G/2924F交换机所支持的标准和协议如表4.1所示。

表4.1 iSpirit 2924G/2924F交换机支持的标准和协议

协议	参考文档	协议	参考文档
桥(生成树)	IEEE802.1d	ICMP	RFC 792
以太网	IEEE802.3	ARP	RFC 826
快速以太网	IEEE802.3u	Telnet	RFC 854～RFC 859
全双工流控	IEEE802.3x	SMI	RFC 1155
千兆以太网	IEEE802.3z	SNMP	RFC 1157
Link Aggregation	IEEE802.3ad	MIB II	RFC 1213 & RFC 1573
VLAN	IEEE802.1Q	Ether-like MIB	RFC 1398
UDP	RFC 768 RFC 950,RFC 1071	Bridge MIB	RFC 1493
TOP	RFC 793	Ether-like MIB	RFC 1643
TFTP	RFC 783	RMON	RFC 1757
IP	RFC 791		

2. iSpirit 2924G/2924F交换机的面板

(1) 交换机的前面板。

iSpirit 2924G/2924F交换机前面板包含10/100Base-T RJ-45端口、1000Base-X光电自切换端口、端口LED状态指示灯,如图4.4和图4.5所示。

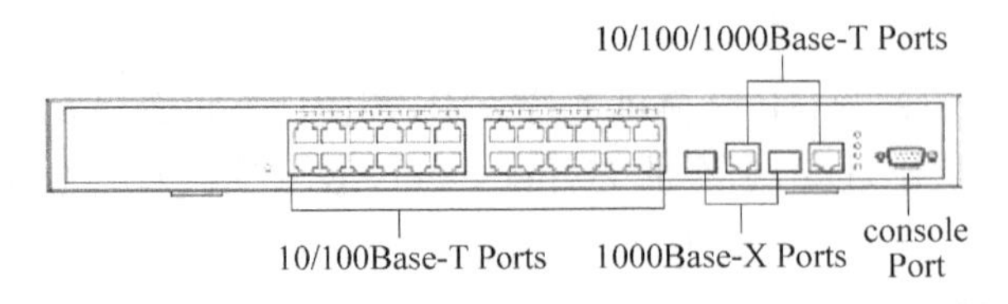

图4.4 iSpirit 2924G交换机前面板

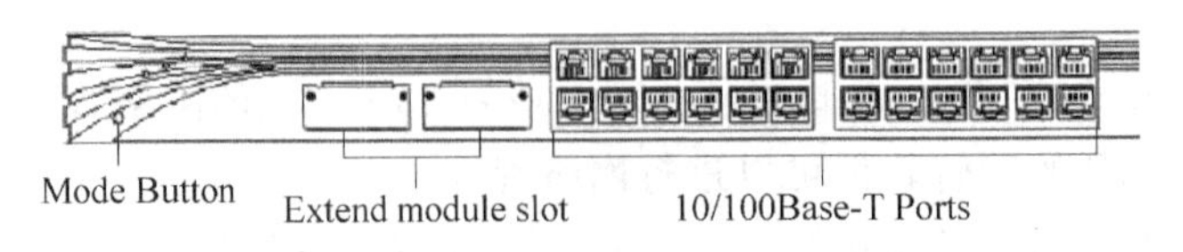

图4.5 iSpirit 2924F交换机前面板

① 10/100Base-T 端口。

交换机 10/100Base-T 端口可以连接的网络设备的最远距离是 140m。其可连接的网络设备包括：

- 10Base-T 兼容设备，如通过 RJ-45 接口和 CAT3、CAT4、CAT5 或 CAT5E 网线连接的工作站或集线器。
- 100Base-TX 兼容设备，如通过 RJ-45 接口和 CAT5 或 CAT5E 网线连接的高速工作站、服务器、路由器、集线器或其他交换机。
- 10/100Base-T 端口网线直连与交叉连接自动协商。
- 可以以任意组合将交换机 10/100Base-T 端口设置成半双工、全双工、十兆或百兆端口。也可以遵循 IEEE 802.3u 将端口设置成速度和双工的自协商。当端口设置了自协商后，端口会自动感知与其连接设备的速度和双工设置，并通知该设备端口的性能。如果与其连接的设备也支持自协商，则交换机端口会将连接调整到最好状态(即速度设置为双方都支持的最快速度。如果与交换机相连的设备支持全双工，则双工设置为全双工)，同时把自己的状态作相应调整。

② 1000Base-X 光电自切换端口。

iSpirit 2924G/2924F 交换机自切换端口通过一个插入 SFP 模块与光纤相连。目前支持的 SFP 模块类型及每种类型最长支持光纤长度如表 4.2 所示。

表 4.2　iSpirit 交换机支持的 SFP 模块类型及最长光纤长度

模块类型	介　质	波长(nm)	最长支持长度(m)
1000Base-SX	62.5um 多模光纤	850	275
	50um 多模光纤		550
1000Base-LX	62.5um 多模光纤	1310	550
	50um 多模光纤		550
	9um 单模光纤		10 000
1000Base-ZX		1550	100 000

③ 扩展模块插槽。

iSpirit 2924F 交换机带有 4 个扩展模块，正面两个，背面两个。iSpirit 2924G 交换机正面带有两个扩展模块。所支持的扩展模块类型如表 4.3 所示。

表 4.3　iSpirit 交换机支持的扩展模块

模块类型	介　质	波长(nm)	最长支持长度(m)
1000Base-TX	5 类非屏蔽双绞线		100
1000Base-SX	62.5um 多模光纤	850	275
	50um 多模光纤		550
1000Base-LX	62.5um 多模光纤	1310	550
	50um 多模光纤		550
	10um 单模光纤		5000

注意：1000 兆光口的默认模式为强制 full-1000 模式。

图 4.6 是以 iSpirit 2924F 为例，说明将一个扩展模块插入 iSpirit 2924F 交换机插槽后

的示意图。iSpirit 2924F 交换机有两个扩展模块插槽在机器背面。

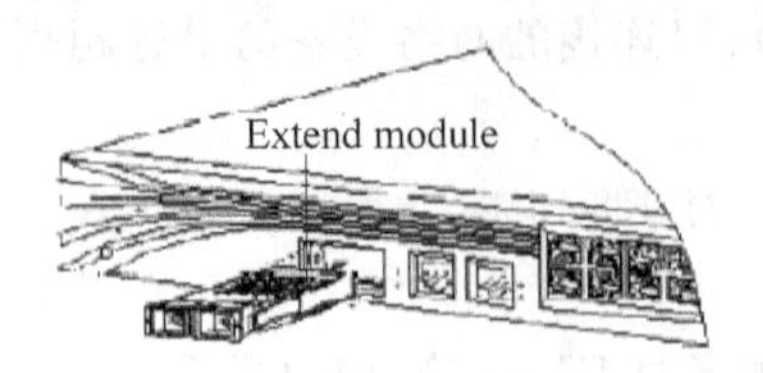

图 4.6　模块插入 iSpirit 2924F 交换机插槽后的示意图

④ 交换机的 LED 状态指示灯。

交换机的 LED 指示灯能帮助用户对交换机的工作状态和性能进行监测。

iSpirit 交换机 LED 状态指示灯、Link LED 指示灯的位置如图 4.7 和图 4.8 所示。

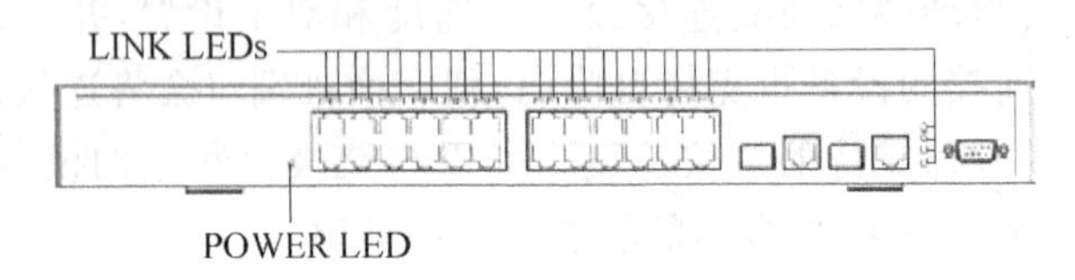

图 4.7　iSpirit 2924G 端口 LED 指示灯的位置

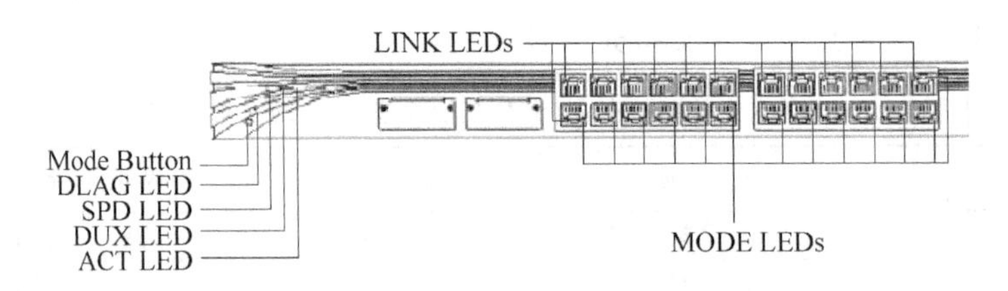

图 4.8　iSpirit 状态灯和端口 LED 状态灯的位置

iSpirit 2924G 交换机百兆端口仅有一个 LED 指示灯，常亮表示 Link，闪烁表示有数据。iSpirit 2924F 交换机的每一个端口和 SFP 模块插槽都有两个 LED 状态指示灯，一个显示端口或插槽的连接状态，一个显示端口的模式信息。表 4.4 说明端口 LED 连接状态指示灯的颜色及相应含义。

表 4.4　iSpirit 交换机端口 LED 连接指示灯的颜色及相应状态

端　口	颜　色	状　态
连接端口	无	无连接
	绿	连接

注意：SFP 模块和该端口号相同的 10/100/1000Base-T 端口都正常连接网线的情况下，只有一个端口正常工作，所以只有一个端口的连接 LED 指示灯和模式 LED 指示灯正常显示端口的信息。SFP 端口的优先级更高，即 SFP 模块连接到 SFP 插槽后，SFP 插槽对应的 LED 灯正常显示该端口的信息。

(2) 交换机的后面板。

iSpirit 2924G/2924F 交换机后面板包含两个扩展模块插槽，一个电源接口，一个串口和一个风扇，一个堆叠开关，如图 4.9 和图 4.10 所示。

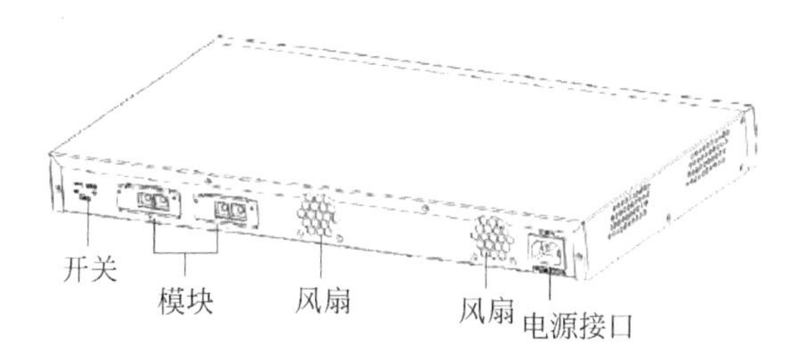

图 4.9　iSpirit 2924G 交换机后面板

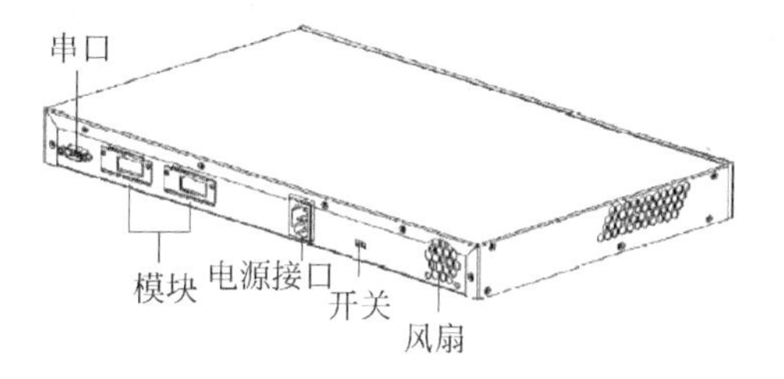

图 4.10　iSpirit 2924F 交换机后面板

① 电源接口。

交换机支持从 180V 到 240V 的交流电压。使用时需要用交流电缆将电源接口与电源插座连接起来。

② 串口。

用户可以通过使用串口和随机提供的专用控制端口电缆将交换机与一台 PC 相连，以实现对交换机的配置与管理。

4.3.3　交换机的安装与启动

1. 交换机的安装

将随机配置的电源线/电源适配器插在交换机产品的电源输入插座上，交换机放置在靠近电源的平稳的地方。

2. 交换机的上电

交换机连接好电源上电后，进入自检测 POST 状态。此时，交换机前面板的所有端口指示灯全亮，在启动 Boot:Rom 完毕后全部熄灭。如果此时交换机不能通过正常的自检，说明交换机存在故障。

3. 与交换机控制端口的物理连接

交换机的控制端口(Console 端口)是对交换机进行本地配置的端口。一般而言，在第一次使用交换机或在某些特殊情况下，如交换机的口令恢复等操作，对交换机的参数设置需要用到控制端口，其他场合一般不使用。

利用控制端口配置交换机时，需要用专门配置的电缆一端连接交换机的控制端口，另一端连接在计算机的某个串口上，如图 4.11 所示。

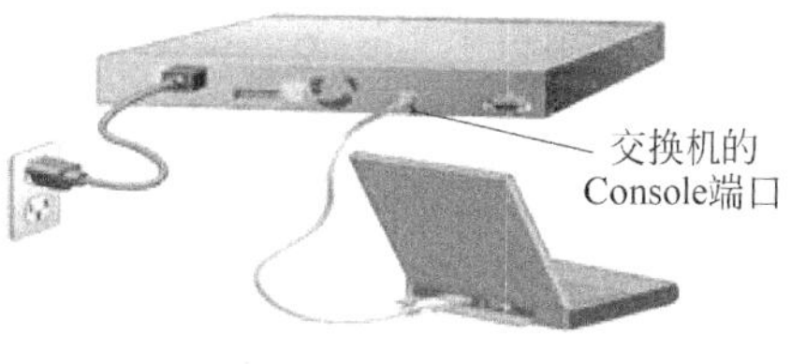

交换机的
Console端口

图 4.11　与交换机 Console 口的物理连接

4. 交换机的启动

交换机通常可以由两种方式启动。

1）自启动

默认方式下，交换机在上电之后，如果用户不干预，交换机则进入自启动状态并开始启用映像程序。交换机等待进入启动状态的界面如图 4.12 所示。

2）人为干预启动

交换机在等待进入启动状态的模式下，输入除“@”的任何一个键进入 Boot:Rom 的菜单界面，此时有菜单界面的提示符(Switch Boot)出现，如图 4.13 所示。

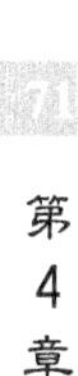

```
                         lenovo Networks Boot

Copyright 2003-2004 lenovo Networks Corp.


CPU: STREAMPACK
Version: iSpirit2924F Bootrom 1.0
Creation date: Jun 16 2004, 15:21:05


Press any key to stop auto-boot...
 2
```

图 4.12　自启动模式界面

```
                         lenovo Networks Boot

Copyright 2003-2004 lenovo Networks Corp.


CPU: STREAMPACK
Version: iSpirit2924F Bootrom 1.0
Creation date: Jun 16 2004, 15:21:05


Press any key to stop auto-boot...
 2
[Switch Boot]: _
```

图 4.13　人为干预启动模式界面

在菜单提示符下可以输入命令“?”,可显示命令的帮助信息。

4.3.4　交换机的简单配置命令

下面结合联想 iSpirit2924G/F 以太网交换机给出简单常用的交换机命令。其他大多数品牌交换机的设置方法与此大体相似,具体方法可参考相关产品的说明书。

1. CLI 命令

交换机的命令行接口 CLI 包括许多模式,不同的模式下又包含许多不同的命令,可对交换机执行不同的操作。下面介绍几个常用的 CLI 模式。

1) EXEC 模式

该模式不能对交换机进行配置,只支持很少的几个命令。该模式的提示符是 Switch>。

2) 全局配置模式

管理员才能应用的模式。该模式下能对交换机进行任何配置以及浏览交换机的配置信息等,支持很多的命令。在全局配置模式下出现的提示符是 Switch#。

注意:EXEC 模式和全局配置模式可以相互切换,描述如下。

(1) EXEC 模式到全局配置模式的转换步骤如下：

```
Switch>enable
Password:
Switch#
```

(2) 全局配置模式到 EXEC 模式的转换步骤如下：

```
Switch#exit
Switch>
```

3) VLAN 配置模式

这是交换机针对 VLAN 进行配置的一个特殊的全局配置模式。在全局配置模式下出现的提示符类似于 Switch(vlan-1)#。

4) Port Range 配置模式

Port Range 配置模式是一个专门用于配置一个或多个连续端口的模式，和 VLAN 配置模式一样，也是一个特殊的全局配置子模式。在 Port Range 配置模式下出现的提示符类似于 Switch(port 1)#(当端口是 1 时)或 Switch(port1-4)#(当端口是 1-4 时)。

在全局配置模式下执行命令 port＜p1-p2＞进入 Port Range 配置模式。此处的 p1 和 p2 是交换机的端口编号。

2. 交换机的几个常用配置命令

(1) 查看交换机的配置信息命令 show。

```
Switch#Show Switch
```

(2) 测试网络的连通性命令 ping。

```
Switch#ping 192.168.0.1
```

(3) 设置 telnet 远程访问的登录密码 set。

```
Switch#set telnet password
```

(4) 保持配置信息命令 save。

```
Switch#save
```

(5) 设置交换机的缺省网关地址命令 ip。

```
Switch#ip gateway 172.17.13.254
```

(6) 设置交换机口令 password。

```
Switch# password
```

注意：交换机缺省口令为空，设置新的口令需要输入两次。

4.4 方法与主要步骤

相对与傻瓜化的集线器 Hub 应用而言，交换机的配置过程要复杂得多，而且会因不同品牌、不同系列的交换机而略有不同。下面结合联想 iSpirit2924G/F 交换机给出基本的交换机配置方法。有了这些基本的配置方法，对于不同品牌的交换机，结合产品手册就能举一反三,融会贯通。

4.4.1 网络环境

本实验的网络环境如图4.14所示。两台(或更多计算机)通过iSpirit2924G以太网交换机相连接,每台计算机以及iSpirit2924G交换机的IP地址分配如图4.14所示。

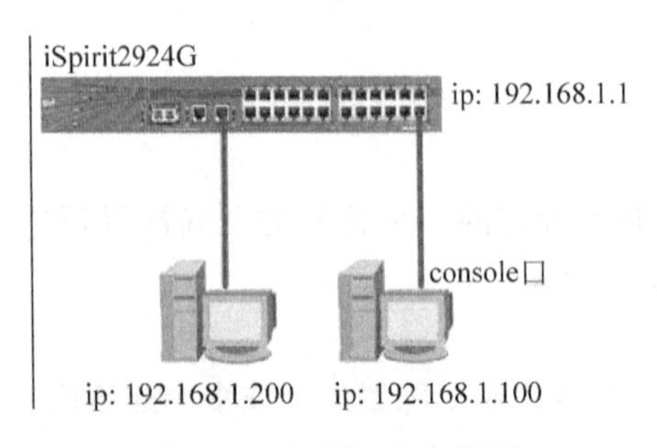

图4.14 网络环境拓扑图

4.4.2 交换机的基本设置

通常情况下,对交换机而言,一般采用两种方法进行配置:一种就是本地配置;另一种是利用网络进行远程配置。前一种适用于对新交换机的初始配置或故障的恢复设置等,后一种配置方法适用于对交换机进行常规管理或设置信息等。

1. 本地配置方式

本地配置就是利用交换机的控制端口(Console端口)对交换机进行配置的方法。通过Console端口连接并配置交换机是配置和管理交换机必须经过的步骤。

本地配置的具体配置步骤如下:

(1) 物理连接。

计算机与交换机控制端口的物理连接如图4.11所示。

不同类型的交换机Console端口所处的位置并不相同,有的交换机Console端口位于前面板(如Catalyst 3200和S2126等),而有的则位于后面板(如Catalyst 1900和Catalyst 2900XL)。通常情况下,模块化交换机的Console端口大多位于前面板,而固定配置交换机则大多位于后面板。一般而言,在Console端口的上方或侧面都有类似Console字样的标识。

除Console端口的位置不同之外,Console端口的类型也有所不同,绝大多数(如Catalyst 1900和Catalyst 4006)都采用RJ-45端口,但也有少数采用DB-9串口端口(如Catalyst 3200)或DB-25串口端口(如Catalyst 2900)。因此,在配置和使用交换机时一定要注意Console端口的位置以及类型。

无论交换机采用DB-9或DB-25串行接口,还是采用RJ-45接口,都需要通过专门的Console线连接至配置用计算机(通常称作终端)的串行口。与交换机不同的Console端口相对应,Console线也分为两种:一种是串行线,即两端均为串行接口(两端均为母头),两端可以分别插入至计算机的串口和交换机的Console端口;另一种是两端均为RJ-45接头(RJ-45-to-RJ-45)的扁平线。由于扁平线两端均为RJ-45接口,无法直接与计算机串口进行连接，因此还必须同时使用一个如图 4.15 所示的 RJ-45-to-DB-9(或 RJ-45-to-DB-25)的适配器。通常情况下，在交换机的包装箱中都会随机赠送这么一条 Console 线和相应的 DB-9 或 DB-25 适配器。

(2) 检查 Windows 超级终端组件的安装。

① 打开计算机的电源，运行 Windows 操作系统。

② 检查是否安装有超级终端组件。如果在“附件”中没有发现该组件，可通过“控制面板”的“添加/删除程序”方式添加该 Windows 组件。

在使用超级终端建立与交换机的通信之前，必须先对超级终端组件进行必要的设置。下面以 Windows XP 系统为例进行说明。

(1) 超级终端组件的设置。

① 连接串口配置电缆，如果已经连接，请确认连接的主机串口是 com1 还是 com2。

② 选择“开始”→“程序”→“附件”→“通信”→“超级终端”命令，弹出图 4.16 所示界面。

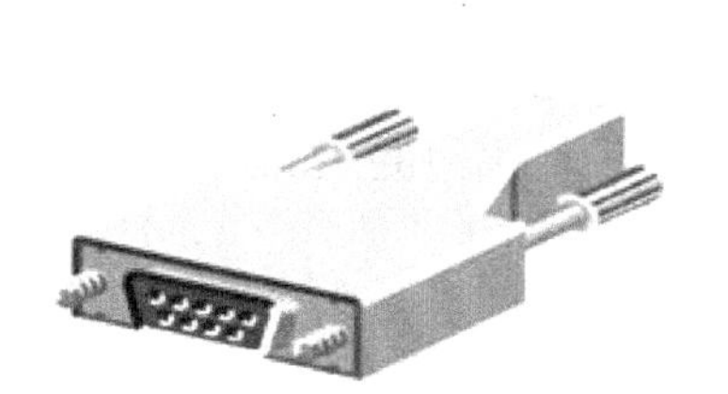

图 4.15 适配器的外观

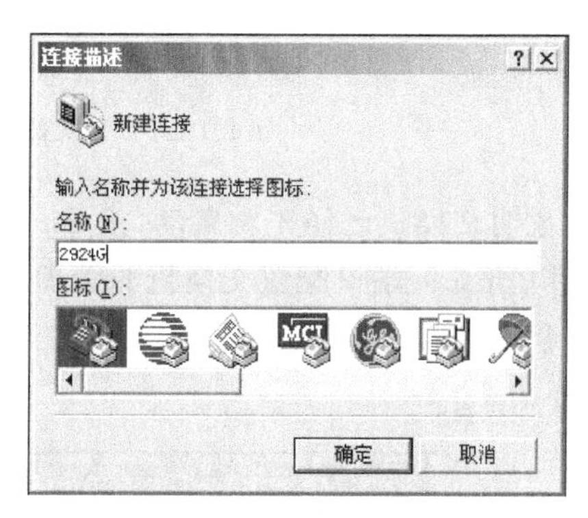

图 4.16 设置超级终端名称

③ 在“名称”文本框中输入需新建的超级终端连接项名称，这主要是为了便于识别，没有什么特殊要求，这里假设输入 2924G，然后选择通信串口(com1 或 com2)，弹出图 4.17 所示对话框。

④ 配置串口工作参数，配置界面如图 4.18 所示。

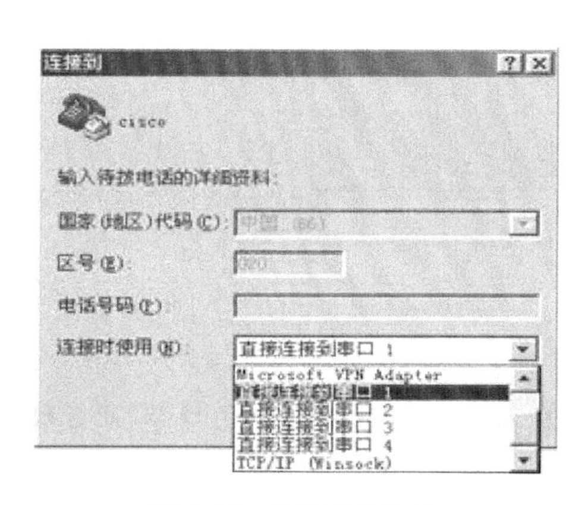

图 4.17 设置通信串口

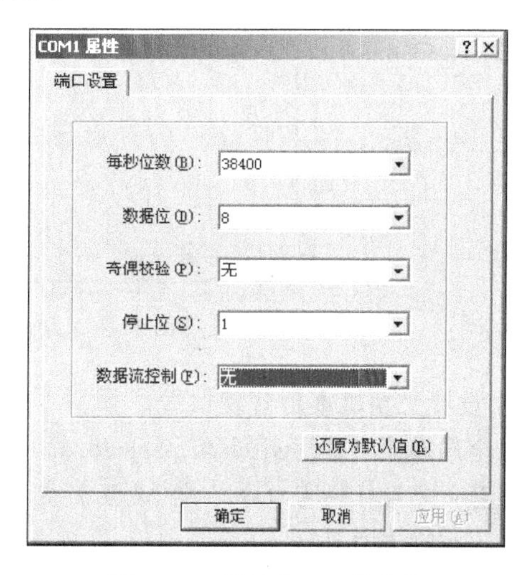

图 4.18 设置串口工作参数

⑤ 单击"确定"按钮,如果通信正常的话就会出现类似于图4.19所示的主配置界面,并会在这个窗口中显示交换机的初始配置情况。

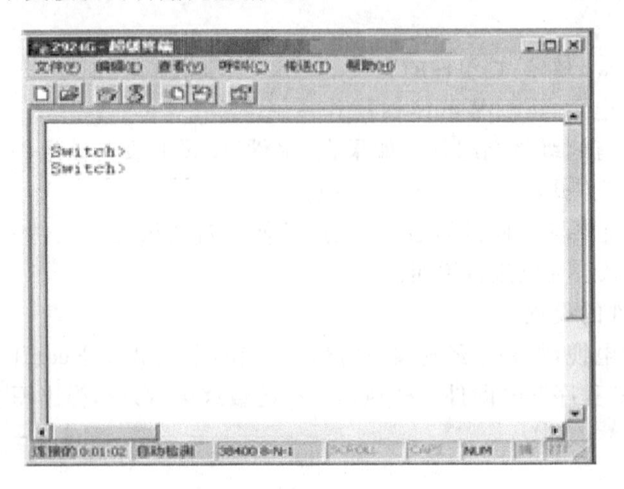

图4.19 与交换机正常连接的界面

图4.19说明交换机已经正常启动,按Enter键即可建立与交换机的通信。

(2) 利用Console端口配置交换机的管理地址和相关口令。

① 为了今后远程维护的方便,需要为交换机配置IP地址192.168.1.1,如图4.20所示。

图4.20 为交换机配置IP地址

② 设置交换机本地管理口令。

在全局模式下为Switch# password。

注意:交换机缺省口令为空,设置新的口令需要输入两次,修改交换机的口令,此时仅需要输入一次新口令。

③ 设置 telnet 远程访问的登录密码 set。

在全局模式下为 Switch＃set telnet password。

(3) 验证交换机 IP 地址的配置。

将图 4.14 中两台计算机的 IP 地址分别设置为 192.168.1.100 和 192.168.1.200，子网掩码为 255.255.255.0。

选择其中任意一台计算机，在 DOS 提示符 C:\>下，利用 ping 命令检验交换机 IP 地址的配置是否正确。如果此时计算机与交换机之间能够 ping 通，则说明交换机的 IP 地址配置是正确的。

当然，验证交换机 IP 地址的配置情况也可以在交换机的全局模式下，利用交换机的配置信息命令 show 进行查看。

2. 远程配置方式

交换机除了可以通过 Console 端口与计算机直接连接进行配置外，还可以通过远程方式对交换机进行配置。在远程配置方式中又分为两种不同的方式，下面分别介绍。

1) Telnet 方式

Telnet 协议是一种远程访问协议，可以用它登录到远程计算机、网络设备等。Windows 系统、UNIX/Linux 等系统中都内置有 Telnet 客户端程序，利用它可以很方便地实现与远程交换机的通信。

(1) 使用 Telnet 连接交换机前的准备工作。

为了使交换机能通过 Telnet 方式进行远程配置，应当确认已经做好以下准备工作：

① 在用于管理的计算机中安装有 TCP/IP 协议，并正确配置了 IP 地址信息。

② 在被管理的交换机上已经配置好 IP 地址信息。如果尚未配置 IP 地址信息，则必须通过 Console 端口进行设置。

③ 在被管理的交换机上建立了具有管理权限的用户账户。

(2) 在本地计算机上运行 Telnet 程序，建立与远程交换机的连接。

假设已经设置交换机的 IP 地址为 192.168.1.1，下面只介绍进入配置界面的方法。进入交换机后，具体参数的配置方法同本地配置一样，不另作介绍。

建立与远程交换机连接的步骤很简单，只需简单的两步：

① 选择“开始”→“运行”命令，然后在“打开”文本框中输入 telnet 192.168.1.1 登录(当然也可先不输入 IP 地址，在进入 telnet 主界面后再进行连接，但是这样多了一步，直接在后面输入要连接的 IP 地址更好些)，如图 4.21 所示。如果为交换机配置了名称，也可以直接在 Telnet 命令后面空一个空格后输入交换机的名称。

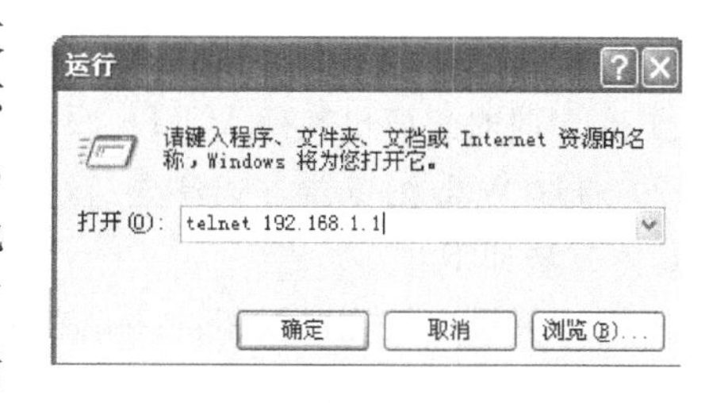

图 4.21 telnet 命令的界面

② 单击“确定”按钮，建立与远程交换机的连接，此时会出现计算机通过 Telnet 与交换机建立连接所显示的界面，如图 4.22 所示。

此时输入本地配置方式中步骤(2) 中③所设置的口令就进入交换机的 EXEC 模式，其他操作与本地配置方式一样，不再赘述。

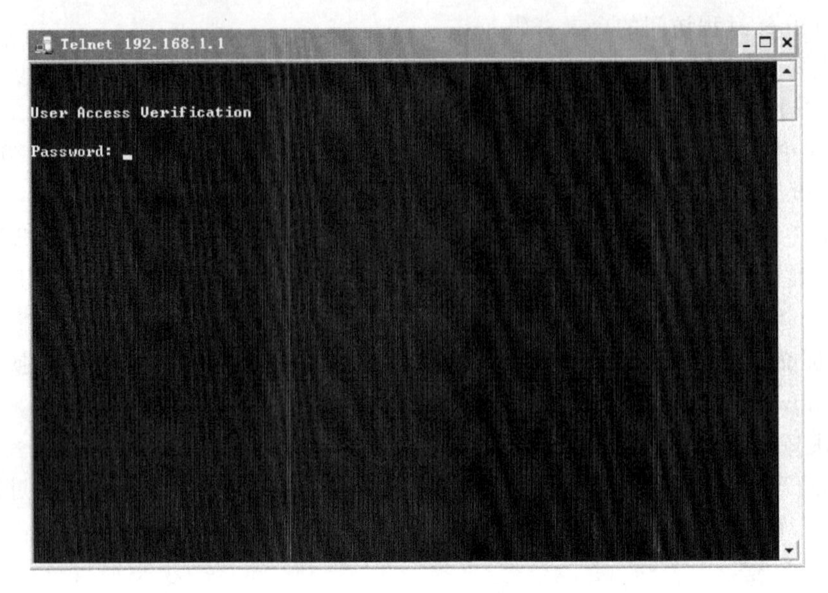

图 4.22 telnet 命令的界面

2) Web 浏览器方式

当利用 Console 口为交换机设置好 IP 地址信息并启用 HTTP 服务后，即可通过支持 Java 的 Web 浏览器访问交换机，并可通过 Web 浏览器修改交换机的各种参数并对交换机进行管理。事实上，通过 Web 界面可以对交换机的许多重要参数进行修改和设置，并可实时查看交换机的运行状态。

(1) 使用 Web 浏览器访问交换机前的准备工作。

为了使交换机能通过 Web 浏览器方式进行远程配置，应当确认已经做好以下准备工作：

① 在用于管理的计算机中安装了 TCP/IP 协议，且在计算机和被管理的交换机上都已经正确配置好了 IP 地址。

② 用于管理的计算机中安装有 Web 浏览器，如 InternetExplorer4.0 及以上版本、Netscape4.0 及以上版本，以及 Oprea with Java。

③ 在被管理的交换机上建立了拥有管理权限的用户账户和密码。

④ 被管理的交换机支持 HTTP 服务，并且已经启用了该服务。

(2) 通过 Web 浏览器方式建立与远程交换机的连接。

具体方法如下：

① 把计算机连接在交换机的一个普通端口上，在计算机上运行 Web 浏览器。在浏览器的“地址栏”中输入被管理交换机的 IP 地址(如 192.168.0.1)或为其指定的名称。按 Enter 键，弹出图 4.23 所示对话框。

② 分别在“用户名”和“密码”文本框中输入拥有管理权限的用户名和密码。用户名/密码应当事先通过 Console 端口对交换机进行设置。

③ 单击“确定”按钮即可建立与被管理交换机的连接，在 Web 浏览器中显示交换机的管理界面。

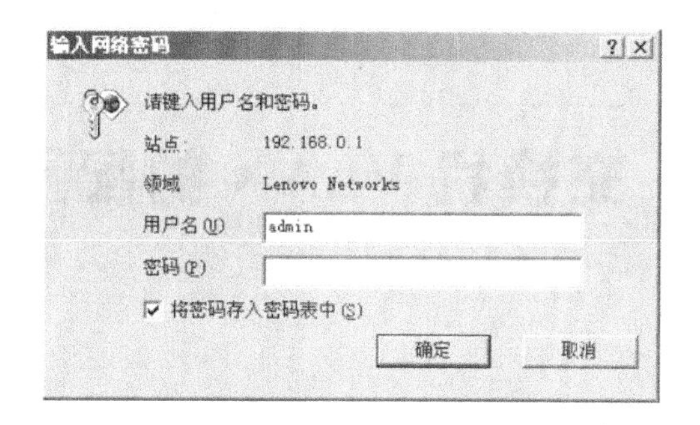

图 4.23 Web 浏览器配置方式的交换机登录界面

接下来根据 Web 界面中的提示，一步步查看交换机的各种参数和运行状态，并可根据需要对交换机的某些参数作必要的修改。

4.5 思 考 题

1. 详细记录交换机及其基本配置应用中的每个步骤内容及出现的现象。

2. 常用的交换机设置方法有哪些？各有什么样的应用场合？

3. 在本地配置方式中的以 Windows XP 系统为例的步骤(2)的①中，为交换机配置 IP 地址 192.168.1.1 的作用是什么？如果缺少此步骤，请问对交换机的远程设置还能进行吗？

4. 在本地配置方式中的以 Windows XP 系统为例的步骤(2)的③中，为交换机配置了口令，其目的是什么？如果缺少此步骤，请问是否还能通过 Telnet 方式对交换机进行远程设置？

5. 在本地配置方式中的以 Windows XP 系统为例的步骤(2)的②中，也为交换机配置了口令，请问该口令的作用是什么？它与步骤 4 的③中为交换机设置的口令有什么区别？

6. 写出交换机的几个常用配置命令，并指出各命令执行时的工作模式。

7. 简述交换机的 EXEC 配置模式以及全局配置模式的特征。

8. 写出 EXEC 模式和全局配置模式相互切换的命令。

9. 写出有关交换机及其基本配置应用方面的心得体会。

第5章 交换机VLAN的配置应用

5.1 应用目的

(1) 熟悉VLAN的工作原理。

(2) 掌握VLAN的分类方法。

(3) 了解VLAN技术应用的特点。

(4) 掌握基于端口划分的VLAN设置方法。

(5) 掌握位于不同VLAN之间,计算机进行通信的检验方法。

5.2 要求与环境

1. 应用要求

(1) 用一台PC作为交换机的控制终端,并通过交换机的Console端口与交换机相连。

(2) 利用show命令查看交换机相关的VLAN信息,如查看交换机各端口的VLAN特征等。

(3) 对交换机进行基于端口的VLAN划分。

(4) 验证:

① VLAN2的成员之间能够互相通信。

② VLAN3的成员能够互相通信。

③ VLAN2和VLAN3成员之间不能互相通信。

④ 交换机缺省出厂设置情况下,计算机之间能够互相通信。

2. 环境要求

联想iSpirit2924G/F以太网交换机1～2台,2～3台PC,专用配置电缆一根,网线若干。

5.3 虚拟局域网VLAN技术

5.3.1 VLAN的工作原理

在计算机网络发展初期,许多单位由于人员较少、业务单纯,因此对计算机网络的应用要求不高,而且为了节约成本,这些单位的网络建设大多采用通过路由器实现网络分段的简单结构,如图5.1所示。在这样的网络环境中,每一个局域网上的广播包都可以被该段上的所有设备收到,而无论这些设备是否需要。随着企业规模的不断扩大以及业务种类的多样化,特别是多媒体在企业网中的应用,使得每个部门内部的数据传输量非常大。此外,由于移动办公等业务的需要,使得一个部门的员工不能相对集中办公。这些新出现的需求,要求人们能更灵活地设置局域网,由此就产生了虚拟局域网(Virtual Local Area Network,VLAN)技术。

虚拟局域网技术最早是由Cisco公司于1996年提出的,现在由于VLAN技术具有卓著的性能而越来越引起业界广泛的关注和重视。

VLAN是指在物理网络基础架构上,利用交换机和路由器的功能配置网络的逻辑拓扑结构,从而允许网络管理员任意地将一个局域网内的任何数量网段聚合成一个用户组,就好像它们是一个单独的局域网。简单地说,VLAN将区域分散的组织在逻辑上成为一个新的工作组,而且同一工作组的成员能够改变其物理地址而不必重新配置节点。

VLAN的工作原理如图5.2所示。

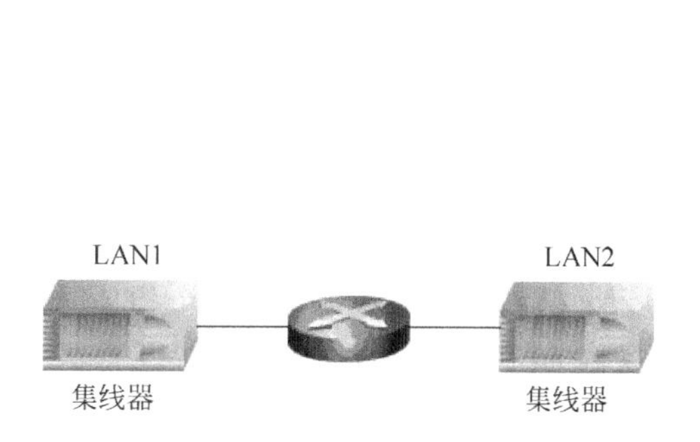

图5.1 早期的计算机网络应用

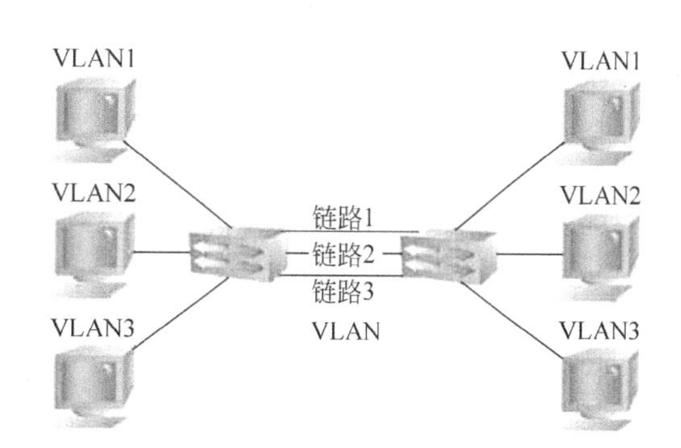

图5.2 VLAN的原理图

VLAN实际上是与物理位置无关的逻辑局域网,一个VLAN作为一个逻辑网段,就是一个逻辑广播域,是一组工作站点的集合。同一个VLAN内的各个工作站不必处于同一个物理网段,而可以像处于同一个物理局域网内那样进行通信和信息交换。VLAN可以跟踪各个工作站物理位置的变动,使之在移动位置之后不需要网络管理员对工作站的网络地址重新进行手工配置。VLAN技术可以将存在于不同物理网段、不同拓扑结构、不同位置的站点组成一个虚拟局域网,可将同一物理网段中的站点在逻辑上相互隔离,也可以将不同物理网段中的站点在逻辑上相互联系。由于VLAN内部的广播和单播流量都不会转发到其他VLAN中,因此有助于控制局域网的流量、减少设备投资、简化网络管理以及提高网络的安全性。

用交换机建立虚拟网就是使原来的一个大广播域(如交换机的所有端口)逻辑的分为若干个“子广播域”,在子广播域里的广播只会在该广播域内传送,其他的广播域是收不到的,如图5.3所示。

VLAN通过交换技术将通信量进行有效分离,从而更好地利用带宽,并可从逻辑的角度出发将实际的LAN基础设施分割成多个子网,它允许各个局域网运行不同的应用协议和拓扑结构。

图5.3中,交换机原来的广播域1～8端口被划分成了两个子广播域,VLAN1包括了原来的1～2,6～8端口,VLAN2包括了原来的3～5端口,因此1～2,6～8端口收到的广

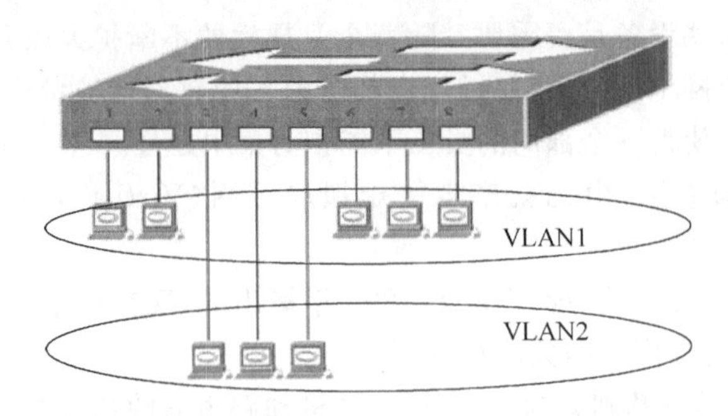

图 5.3　使大广播域划分成若干个子广播域

播数据帧就不会转发到 VLAN2 中的端口上,同样,3～5 端口上收到的广播报文也不会转发到 VLAN 1 中的端口上。这种结构就减少了整个交换式以太网中广播报文的数量,从而增加了网络的安全性。

5.3.2　VLAN 的特点

在使用带宽、灵活性、安全性能等方面,虚拟局域网显示出了很大的优势,能够方便地进行用户的增加、删除、移动等工作,提高网络管理的效率。此外,虚拟局域网具有以下特点:

(1) 灵活的、软定义的、边界独立于物理媒质的设备群。VLAN 概念的引入使交换机承担了网络的分段工作,而不再使用路由器来完成。通过使用 VLAN 能够把原来一个物理的局域网划分成很多个逻辑意义上的子网,而不必考虑具体的物理位置,每一个 VLAN 都可以对应于一个逻辑单位,如部门、车间和项目组等。

(2) 广播流量被限制在软定义的控制边界内,阻止广播风暴,将信息有效隔离,从而提高了网络的安全性,如图 5.4 所示。由于在相同 VLAN 内的主机间传送的数据不会影响到其他 VLAN 上的主机,因此减少了数据窃听的可能性,极大地增强了网络的安全性。

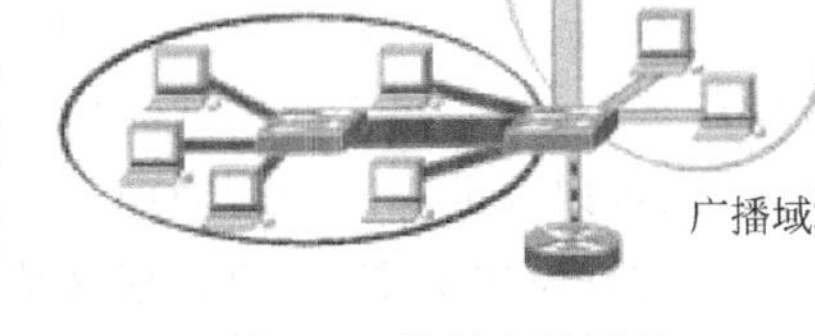

图 5.4　控制广播风暴

(3) 在同一个虚拟局域网成员之间提供低延迟、线速的通信。能够在网络内划分网段或者子网段,提高网络分组的灵活性。VLAN 技术通过把网络分成逻辑上的不同广播域,使网络上传送的包只在与位于同一个 VLAN 的端口之间交换。这样就限制了某个局域网只与同一个 VLAN 的其他局域网相连,避免浪费带宽,从而消除了传统的桥接/交换网络的固有缺陷——包经常被传送到并不需要它的局域网中。也改善了网络配置规模的灵活性,尤其是在支持广播/多播协议和应用程序的局域网环境中,会遭遇到如潮水般涌来的包。而在 VLAN 结构中,可以轻松地拒绝其他 VLAN 的包,从而大大减少网络流量。

(4) 简化了网络管理。一方面,可以不受网络用户的物理位置限制而根据用户需求进行网络管理,如同一项目或部门中的协作者,功能上有交叉的工作组,共享相同网络应用或软件的不同用户群。另一方面,由于 VLAN 可以在单独的交换设备或跨多个交换设备实现,也会大大减少在网络中增加、删除或移动用户时的管理开销。增加用户时,只要将其所连接的交换机端口指定到其所属的 VLAN 中即可;而在删除用户时,只要将其 VLAN 配置撤销或删除即可；在用户移动时，只要他们还能连接到任何交换机的端口，则无须重新布线。

5.3.3 VLAN 的分类

VLAN 是为解决以太网的广播问题和安全性而提出的一种协议，它在以太网帧的基础上增加了 VLAN 头，用 VLAN ID 把用户划分为更小的工作组，限制不同工作组间的用户两层互访，每个工作组就是一个虚拟局域网。常见的虚拟局域网分类有三种：基于端口、基于硬件 MAC 地址、基于网络层等。

1. 基于端口划分的 VLAN

基于端口的虚拟局域网划分是比较流行和最早的划分方式，其特点是将交换机按照端口进行分组，每一组定义为一个虚拟局域网。按端口划分 VLAN，只需针对网络设备的交换端口进行重新分配并组合到不同的逻辑网段中即可，不用考虑该端口所连接的设备是什么，如图 5.5 所示。

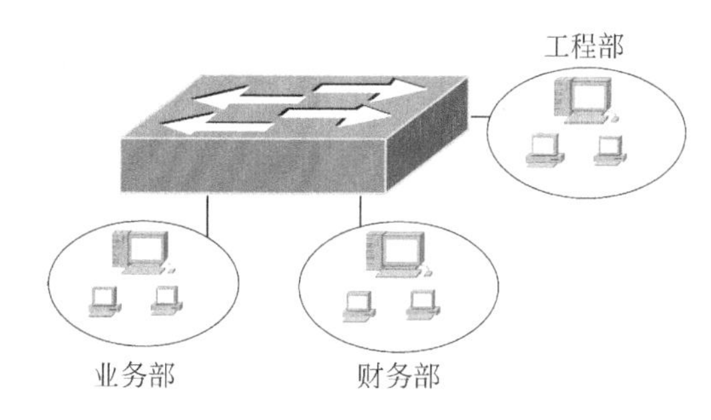

图 5.5　基于端口划分的虚拟局域网应用

图 5.5 中，按需要将一个 LAN 划分为三个 VLAN，即财务部、工程部以及业务部门，端口划分到哪个 VLAN，端口所连接的设备就属于哪个 VLAN。分配到同一 VLAN 网段上的所有站点都在同一个广播域中，可以直接通信，不同 VLAN 站点间的通信则需要通过路由器或支持三层路由协议的交换机进行。

基于端口划分 VLAN 是最常用、最有效的一种方式，这种划分方法的优点是定义 VLAN 成员时非常简单，只要将所有的端口都只定义一下就可以了。它的缺点是如果 VLAN 的用户离开了原来的端口，到了一个新的交换机的某个端口，那么就必须重新定义。

2. 基于 MAC 地址划分 VLAN

按 MAC 地址划分是根据需要将某些设备的 MAC 地址划分在同一个 VLAN 中，交换机跟踪属于自己 VLAN 的 MAC 地址。这种方式允许网络设备从一个物理位置移动到另一个物理位置，解决了网络站点的变更问题，因为 MAC 地址是固化在网卡中的，故移至网络中另外一个地方时它将仍然保持其原先的 VLAN 成员身份，而无需网络管理员对其进行重新的配置。

基于 MAC 地址划分的 VLAN 的工作原理如图 5.6 所示。假定有一个 MAC 地址“A”被交换机设定为属于 VLAN“10”，那么不论 MAC 地址为“A”的这台计算机连在交换机的哪个端口，该端口都会被划分到 VLAN10 中去。计算机连在端口 1 时，端口 1 属于 VLAN10；而计算机连在端口 2 时，则是端口 2 属于 VLAN10。

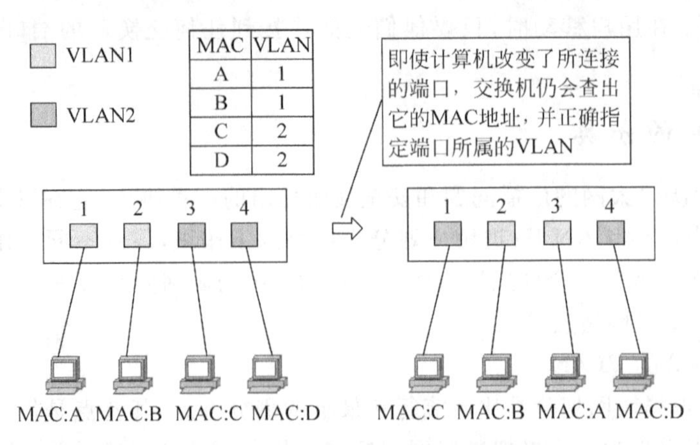

图 5.6 基于 MAC 地址划分的 VLAN 的工作原理

这种方式在网络规模较小时是一个好方法，但随着网络规模的扩大，网络设备、用户的增加，就会在很大程度上加大网络管理的难度。此外，在多个不同 VLAN 的成员同时存在于同一个交换端口时可能会导致网络性能下降，在大规模的 VLAN 交换设备之间进行 VLAN 成员身份信息的交换也可能引起网络性能下降。

3. 基于网络协议划分 VLAN

基于网络协议划分 VLAN 是根据每个主机的网络层地址或协议类型(如果支持多协议)划分的一种方式。

基于网络协议的 VLAN，可通过所连计算机的 IP 地址来决定端口所属的 VLAN。不像基于 MAC 地址的 VLAN，即使计算机因为交换了网卡或是其他原因导致 MAC 地址改变，只要它的 IP 地址不变，就仍可以加入原先设定的 VLAN，如图 5.7 所示。

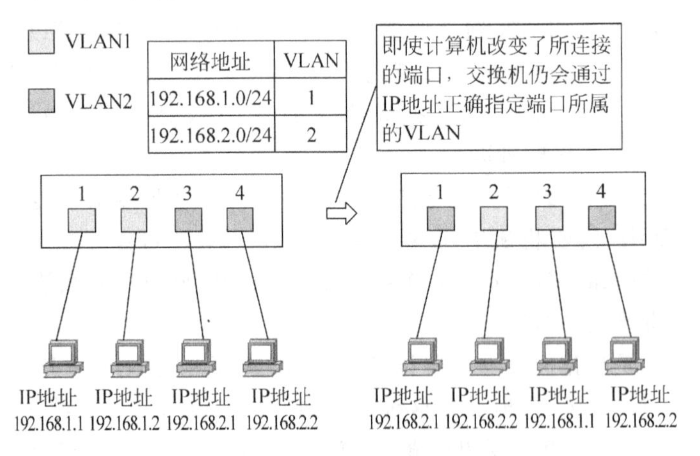

图 5.7 基于网络协议的 VLAN 划分

基于网络协议划分 VLAN 的方法可允许一个 VLAN 跨越多个交换机，这样，不但大大减少了人工配置 VLAN 的工作量，而且用户可以在网络内部自由移动工作站而无需重新配置网络地址，其 VLAN 成员身份仍然保持不变。

这种方法的优点是用户的物理位置改变了，不需要重新配置所属的 VLAN，而且可以根据协议类型来划分 VLAN，这对网络管理者来说很重要。还有，这种方法不需要附加的帧标签来识别 VLAN,这样可以减少网络的通信量。每个 VLAN 都和一段独立的 IP 网段相对应,将 IP 网段的广播域和 VLAN 一对一地结合起来,用户可以在该 IP 网段内移动工作站而不会改变 VLAN 所属关系,便于网络管理。但由于查看第三层 IP 地址比查看第二层 MAC 地址消耗的时间多,因此效率要比第二层差。

这种方法的缺点是效率低,因为检查每一个数据包的网络层地址是需要消耗处理时间的(相对于前面两种方法),一般的交换机芯片都可以自动检查网络上数据包的以太网帧头,但要让芯片能检查 IP 帧头,需要更高的技术,同时也更费时。当然,这与各个厂商的实现方法有关。

5.3.4 VLAN 的互连

1. 传统路由器方法

所谓传统路由器方法,就是使用路由器将位于不同 VLAN 的交换端口连接起来。这种方法的缺点是对路由器的性能有较高要求;同时如果路由器发生故障,则 VLAN 之间就不能通信。

2. 采用路由交换机

如果交换机本身带有路由功能,则 VLAN 之间的互连就可在交换机内部实现,即采用第三层交换技术。第三层交换技术也叫路由交换技术,是各网络厂家最新推出的一种局域网技术,具有良好的发展前景。它将交换技术(Switching)和路由技术(Routing)相结合,很好地解决了在大型局域网中以前难以解决的一些问题,如图 5.8 所示。

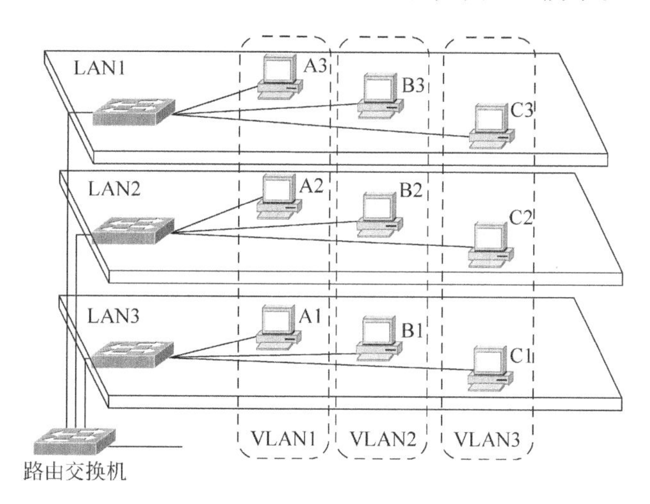

图 5.8 采用路由交换机实现 VLAN 之间的连接

图 5.8 中,有 9 个工作站被分配在三个楼层中,构成了三个局域网,即 LAN3:(A1,B1,C1),LAN2:(A2,B2,C2),LAN1:(A3,B3,C3)。这 9 个用户划分为 3 个工作组,也就是说划分为 3 个虚拟局域网,即 VLAN1:(A1,A2,A3),VLAN2:(B1,B2,B3),VLAN3:(C1,C2,C3)。VLAN1、VLAN2 和 VLAN3 之间的互连通过路由交换机实现。

5.3.5 VLAN应用案例

1. 设计需求

假设某单位由A、B、C三个部门组成，每个部门大约有10台主机需要上网，并且该单位有两个办公地点，分别在一幢楼的1楼和2楼，两个办公地点都能提供A、B、C三个部门的用户上网服务，每个部门在一个办公地点各有5台主机需要上网。该单位申请了三个合法的网段，网络地址分别为211.69.1.0/24、211.69.2.0/24、211.69.3.0/24。该单位要实现相同部门之间的主机通过二层交换机快速通信，不同部门之间的主机经过三层设备相互通信。

2. 需求分析

该单位由三个部门组成，又申请了三个网段，考虑到用VLAN技术在交换机上实现各部门间的隔离，因此把三个部门划分在不同的VLAN中。由于该部门1楼和2楼都有三个部门的用户，因此可以采用基于端口的VLAN技术，在1楼放置一个三层交换机和两个二层交换机，在2楼放置一个二层交换机。1楼和2楼交换机之间直接用双绞线相连，这样同一部门的用户可以只经过二层交换机快速通信，而部门间要通信需要路由设备。而从速度方面考虑，采用三层交换机而不采用路由器来实现VLAN间信息的快速转发，为了节省三层交换机的端口，只使用三层交换机的一个端口来实现。

3. 方案设计

方案的设计结构图如图5.9所示。该方案共用了4台华为交换机，分别是3526三层交换机一台，2403二层交换机三台。3526交换机命名为S3526，三台2403交换机分别命名为S2403A、S2403B、S2403C，交换机S3526、S2403C和S2403A放在1楼，交换机S2403B放在2楼。其中在S2403B和S2403C交换机上进行VLAN划分，并用这两台交换机的E0/25端口分别和S2403C交换机的E0/2、E0/3相连，S2403C交换机通过E0/1和三层交换机S3526的E0/1相连。各设备VLAN的划分情况如表5.1所示，网络结构如图5.9所示。各设备各部门间的IP地址分配如表5.2所示。

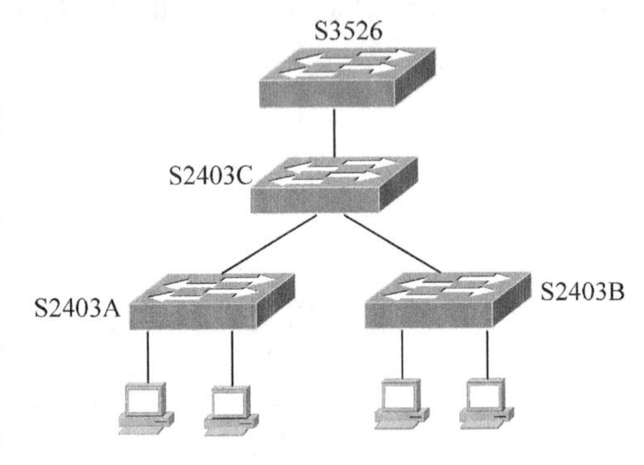

图5.9 VLAN应用的网络结构图

表5.1 VLAN的划分情况

设备	VLAN划分情况
S3526 S2403A S2403B	创建VLAN1、VLAN2、VLAN3 创建VLAN1、VLAN2、VLAN3; VLAN1: E0/1-E0/8 VLAN2: E0/9-E0/16 VLAN3: E0/17-E0/24
S2403C	创建VLAN1、VLAN2、VLAN3

经设计,A 部门的主机用二层交换机的 E0/1-E0/8 端口进行上网,B 部门的主机用二层交换机的 E0/9-E0/16 端口进行上网,C 部门的主机用二层交换机的 E0/17-E0/24 端口进行上网,这样可满足用户的要求。

表 5.2 各设备各部门 IP 地址分配情况

设 备	IP 地 址	网 关
S3526	VLAN1:211.69.1.1/24; VLAN2 :211.69.2.1/24; VLAN3 :211.69.3.1/24	无 无 无
部门 A	211.69.1.2-211.69.1.254	211.69.1.1
部门 B	211.69.2.2-211.69.2.254	211.69.2.1
部门 C	211.69.3.2-211.69.3.254	211.69.3.1

4. 实施方法

配置步骤如下:

(1) S3526 交换机。

```
[ S3526 ]inter e0/1
[ S3526 - Ethernet0/1 ] port link - type trunk
[ S3526 - Ethernet0/1 ]port trunk permit vlan all
[ S3526 ] rip
[ S3526 - rip ]network 211.69.1.0
[ S3526 - rip ]network 211.69.2.0
[ S3526 - rip ]network 211.69.3.0
[ S3526 ] vlan 1
[ S3526 - vlan1 ] interface vlan 1
[ S3526 - vlan - interface 1 ] ip address 211. 69.1. 254 255.
255. 255. 0
[ S3526 ] vlan 2
[ S3526 - vlan2 ] interface vlan 2
[ S3526 - vlan - interface 2 ] ip address 211. 69. 2. 254 255.
255. 255. 0
[ S3526 ] vlan 3
[ S3526 - vlan3 ] interface vlan 3
[ S3526 - vlan - interface 3 ] ip address 211.69.3.254 255.255.255.0
```

(2) S2403C 交换机。

```
[ S2403 - C]vlan 2
[ S2403 - C]vlan 3
[ S2403 - C]inter e0/ 1
[ S2403 - C - Ethernet0/ 1 ] port link - type trunk
[ S2403 - C - Ethernet0/ 1 ] port trunk permit vlan all
[ S2403 - C]inter e0/ 2
[ S2403 - C - Ethernet0/ 2 ] port link - type trunk
[ S2403 - C - Ethernet0/ 2 ] port trunk permit vlan all
[ S2403 - C]inter e0/ 3
[ S2403 - C - Ethernet0/ 3 ] port link - type trunk
[ S2403 - C - Ethernet0/ 3 ] port trunk permit vlan all
```

(3) S2403-A 交换机。

```
[ S2403 - A]vlan 2
[ S2403 - A - vlan2 ]port e0/ 1 to e0/8
[ S2403 - A]vlan 3
[ S2403 - A - vlan3 ]port e0/ 9 to e0/16
[ S2403 - A]inter e0/25
[ S2403 - A - Ethernet0/ 25 ] port link - type trunk
[ S2403 - A - Ethernet0/ 25 ] port trunk permit vlan all
```

(4) S2403-B 交换机。

```
[ S2403 - B]vlan 2
[ S2403 - B - vlan2 ]port e0/ 1 to e0/ 8
[ S2403 - B]vlan 3
[ S2403 - B - vlan3 ]port e0/ 9 to e0/ 16
[ S2403 - B]inter e0/ 25
[ S2403 - B - Ethernet0/ 25 ] port link - type trunk
[ S2403 - B - Ethernet0/ 25 ] port trunk permit vlan all
```

这样,部门内的主机通信时,只需经过二层交换机 S2403C 的转发;而部门间的主机通信时,则首先把数据发送到相应的网关,通过三层交换机 S3526 转发不同 VLAN 间的信息,部门内的信息只会在本 VLAN 传播,并且只通过了三层交换机 S3526 的一个端口,实现了三个 VLAN 之间数据的转发。

5.4 VLAN 的简单配置命令

下面结合联想 iSpirit2924G/F 以太网交换机,介绍常用的交换机 VLAN 配置命令。其他品牌的交换机,其 VLAN 设置方法参考该产品的使用手册。

为了使用户能够很方便地使用、配置 VLAN 功能,iSpirit2924G/F 以太网交换机给出多样化的命令,这些命令主要在 VLAN 配置模式以及 Port Range 配置模式下进行。

1. 创建或删除 VLAN

下面的命令在全局配置模式下创建 VLAN。

(1) 如果输入 VLANID,此时只创建一个 VLAN,并进入 VLAN 配置模式。如果该 VLAN 已经存在,则不创建,只进入该 ID 的 VLAN 配置模式。

命令格式: vlan <vlanid>

(2) 删除 VLAN。

命令格式: no vlan <vlanid>

2. 显示 VLAN 的信息

iSpirit2924G/F 以太网交换机支持多种模式下查看 VLAN 的信息,包括 VLAN 的总体信息和 VLAN 内端口成员的相关信息。

(1) show vlan。

不带任何参数的 show vlan 命令显示出所有 VLAN 的总体信息。

(2) show vlan < vlanid>。

指定 vlanid 参数的 show vlan 命令显示出该 VLAN 内端口成员的相关信息。

5.5 方法与主要步骤

5.5.1 网络环境

本应用的网络环境如图 5.10 所示。

所定义的 VLAN 成员之间的关系表如表 5.3 所示。

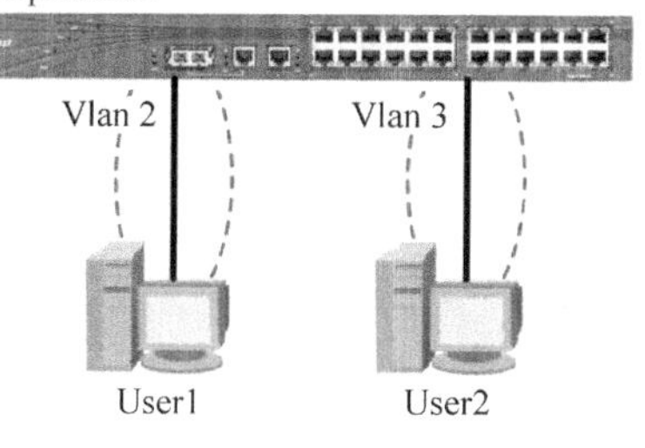

图 5.10 实验网络拓扑图

表 5.3 VLAN 成员关系表

VLAN	成员关系
VLAN 2	1、3 端口
VLAN 3	2、4 端口

5.5.2 VLAN 的配置

(1) 交换机缺省设置情况下 VLAN 的特点。

① 利用第 4 章交换机基本操作的相关知识，在本地配置方式下打开“超级终端”，进入交换机的配置界面。

② 交换机缺省设置情况下，查看交换机的 VLAN 号。

```
Switch# show vlan
```

对于一个未做任何 VLAN 划分的交换机而言，此时应该有全部交换机的端口都属于一个 VLAN(即 VLAN1)，而且只有一个 VLAN 存在。

③ 如果此时查看到多个 VLAN 存在，可以用如下命令恢复交换机的出厂参数。

```
Switch# reset factory //将交换机恢复到出厂模式，再观察 VLAN 的特点
```

(2) 验证交换机的 VLAN。

① 按照图 5.10 所示的结构，将两个 PC 连接成局域网。

② 为两个 PC 设置好不同的 IP 地址，要求两个 IP 地址位于同一个网段。例如 user1 的 IP 地址为 192.168.1.10，user2 的 IP 地址为 192.168.1.20，子网掩码全部设置为 255.255.255.0。

③ 任意选择一个 PC，在 DOS 提示符 C:\>下，利用 ping 命令检验联网的两台 PC 之间能否进行通信。

本例中，由于两个 PC 的 IP 地址位于同一个网段，并且联网所用的交换机只有一个 VLAN 存在(如果有多个 VLAN 存在，则按照步骤(1) 中的③将交换机恢复出厂设置)，因此此时两台 PC 之间应能进行正常的通信。

(3) 按照表5.3要求进行VLAN配置。

具体配置语句如下：

```
Switch# vlan 2
Vlan 2 added
Switch(vlan-2)# untag 1 3
Switch(vlan-2)#exit
Switch# vlan 3
Vlan 3 added
Switch(vlan-3)# untag 2 4
Switch(vlan-3)# exit
Switch# show vlan
Switch# show vlan 2
Switch# show vlan 3
```

(4) 验证位于不同VLAN之间的两个PC的通信情况。

① 通过ping命令方式验证。

任意选择一个PC,在DOS提示符C:\>下,利用ping命令检验联网的两台PC之间能否进行通信。

本例中,尽管两个PC的IP地址位于同一个网段,但由于两个PC分属于不同的VLAN,因此此时两台PC之间不能进行正常的通信。

② 通过show命令查看。

查看此时交换机共有哪些VLAN：

```
Switch# show vlan
```

查看连接特定PC的端口是否在那个VLAN内,并且是以U的形势加入的：

```
Switch# show vlan 2
```

查看那个特定的端口,端口的id号必须和端口所在vlan的号一致：

```
Switch# show port 2
```

(5) 验证位于同一个VLAN之间的两个PC的通信情况。

① 设法将两个PC连接在同一个VLAN中。如将user2接在VLAN2的另外一个端口上,此时user2和user1则位于同一个VLAN2上。

② 任意选择一个PC,在DOS提示符C:\>下,利用ping命令检验联网的两台PC之间能否进行通信。

本例中,两个PC的IP地址位于同一个网段,由于此时两个PC属于同一个VLAN,因此这两台PC之间应能进行正常的通信。

5.5.3 有关VLAN设置的几点说明

(1) 如果对交换机进行VLAN的配置后,发现不同VLAN之间的PC不能通信,那是正常现象,因为不同VLAN之间要进行通信,必须要经过工作在第三层的路由转发。

(2) 如果同一VLAN内的PC不能进行通信,则需要检查PC的IP地址、子网掩码等参数设置是否正确；网线是否有问题；网线的连接是否到位等。此外,还可以做如下工作：

① 查看交换机中有哪些 VLAN。

```
Switch# show vlan
```

② 查看连接特定 PC 的端口是否在那个 VLAN 内,并且是以 U 的形式加入的。如

```
Switch# show vlan 2
```

如出现图 5.11 所示的结果则是正确的,否则交换机存在故障。

```
Vlan ID:      2
Vlan Name:    vlan2
Vlan Status:  Static
              (-=None, M=Member, F=Forbidden, U=Untagged)
------------------------------------------------------------------
| Port Number   |0|0|0|0|0|0|0|0|0|1|1|1|1|1|1|1|1|1|1|2|2|2|2|2|2|2|2|2|
|               |1|2|3|4|5|6|7|8|9|0|1|2|3|4|5|6|7|8|9|0|1|2|3|4|5|6|7|8|
|---------------+-+-+-+-+-+-+-+-+-+-+-+-+-+-+-+-+-+-+-+-+-+-+-+-+-+-+-+-|
| Configuration |-|U|-|-|-|-|-|-|-|-|-|-|-|-|-|-|-|-|-|-|-|-|-|-|-|-|-|-|
------------------------------------------------------------------
```

图 5.11 查看连接特定 PC 的端口

5.6 思 考 题

1. 详细记录 VLAN 的配置应用中每个步骤的内容及出现的现象。
2. 为什么要进行 VLAN 划分? 这样做的好处有哪些?
3. 常见的 VLAN 分类有哪几种? 各自的优缺点有哪些?
4. VLAN 互连的方法有哪些?
5. 简述 VLAN 的工作原理。
6. 利用 show 命令查看 iSpirit2924G/F 交换机在 VLAN 设置前后有什么不一样?
7. 如果位于同一 VLAN 内的 PC 之间不能进行通信,可能的原因有哪些?
8. 有 1 台交换机,要求对该交换机划分三个 VLAN,VLAN1、VLAN2 和 VLAN3 的端口号分配分别为 1-3; 4-7; 8-12。请写出对交换机设置的步骤及命令。
9. 写出有关 VLAN 配置应用的心得体会。

第6章 无线局域网组建

6.1 应用目的

(1) 熟悉无线局域网的概念及作用。

(2) 了解无线局域网常用的网络设备。

(3) 掌握两台计算机组建点对点无线局域网的方法。

(4) 掌握三台及三台以上计算机组建无线局域网的方法。

(5) 掌握无线 AP 的设置。

6.2 要求与环境

1. 要求

(1) 两台计算机通过红外线组建无线局域网。

(2) 验证红外局域网的网络连通性,并观察当一台计算机的距离由近到远时,网络的连通性会发生什么变化。

(3) 对台式计算机进行无线网卡以及驱动程序的安装。

(4) 两台计算机通过无线网卡的点对点方式组建无线局域网并验证网络的连通性。

(5) 对无线 AP 进行安装、设置。

(6) 三台计算机通过无线 AP 方式组建无线局域网,完成相关的设置,并验证网络的连通性。

2. 环境要求

无线 AP 若干,无线网卡若干、计算机若干台,交换机(集线器)若干台,网线若干。

6.3 无线局域网概述

6.3.1 无线局域网概念

无线局域网(Wireless LAN,WLAN),顾名思义,是一种利用无线通信介质提供无线对等(如 PC-PC、PC-集线器或打印机-集线器)和点到点(如 LAN 到 LAN)连接的计算机网络系统。WLAN 代替了传统有线局域网中使用的有线传输介质,如双绞线或光纤等,利用无线信号传送和接收数据,实现文件传输、外设共享、Web 浏览、电子邮件和数据库访问等网络的基本功能。

无线局域网的示意图如图 6.1 所示。

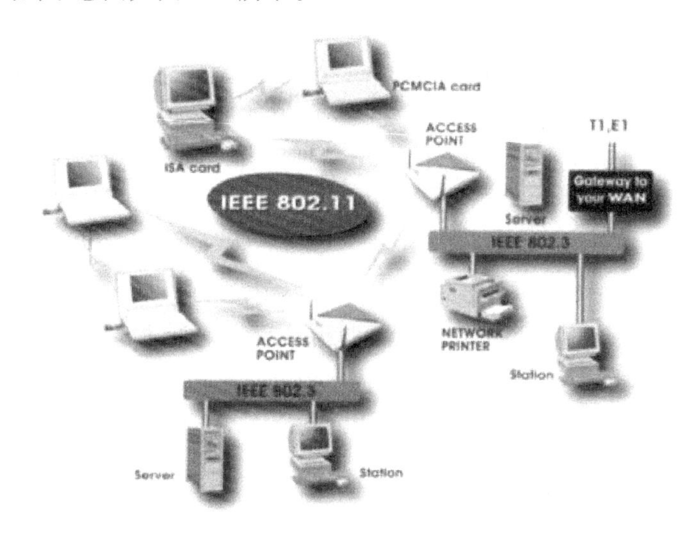

图 6.1　无线局域网示意图

与有线网络相比，无线局域网在传输速度方面不占优势，理论上无线局域网的最高传输速率可达几十兆(目前正在制定的标准 802.11n，传输速率将达到几百兆)。但无线局域网具有有线网络所不具备的优点。

(1) 安装便捷。

在计算机网络工程建设中，施工周期最长、对周边环境影响最大的就是网络布线工程。在布线施工过程中，往往要破墙掘地、穿线架管。而无线局域网最大的优势就是免去或减少了网络布线的工作量，一般只要安装一个或多个接入点 AP 设备，就可建立覆盖整个区域的局域网络。

(2) 使用灵活。

在有线网络中，网络设备的安放位置受信息点位置的限制。而无线局域网只要在无线信号覆盖区域内，在任意一个位置的节点都可以接入网络。

(3) 经济节约。

由于有线网络缺少灵活性，要求网络规划者尽可能地考虑未来计算机网络发展的需要，这往往需要预设大量利用率较低的信息点。一旦有线网络的建设落后了设计规划，则需要花费较大的资金进行网络改造，而无线局域网可以避免或减少以上情况的发生。

(4) 易于扩展。

无线局域网有多种配置方式，能够根据用户需要进行灵活选择。这样，无线局域网就能胜任从只有几个用户的小型局域网到有上千用户的大型网络，并且能够提供像“漫游”等有线网络无法提供的特性，具有相当好的扩展性。

(5) 维护方便。

当无线局域网发生故障时，无需像有线网络一样寻找线路故障点的位置，而只需检查无线信号的发送和接收端信号的接收是否正常即可。

6.3.2 无线局域网标准

目前,常用的无线网络标准主要有美国IEEE(The Institute of Electrical and Electronics Engineers,电器电子工程师协会)所制定的802.11标准(包括802.11b、802.11a、802.11g、802.11e、802.11f、802.11h、802.11i、802.11j等标准,和目前正在制定的802.11n标准)、蓝牙(Bluetooth)标准以及HomeRF(家庭网络)标准等。

1. 802.11系列标准

在802.11系列标准中,涉及物理层的有4个标准:802.11、802.11b、802.11a、802.11g。根据不同的物理层标准,无线局域网设备通常被归为不同的类别,如常说的802.11b无线局域网设备、802.11a无线局域网设备等。

802.11标准是IEEE于1997年推出的,它工作于2.4GHz频段,物理层采用红外、DSSS(直接序列扩频)或FSSS(跳频扩频)技术,共享数据速率最高可达2Mb/s。它主要用于解决办公室局域网和校园网中用户终端的无线接入问题。

802.11的数据速率不能满足日益发展的业务需要,于是IEEE在1999年相继推出了802.11b、802.11a两个标准。并且在2001年年底又通过802.11g试用混合方案,该方案可在2.4GHz频带上实现54Mb/s的数据速率,并与802.11b标准兼容。

802.11b工作于2.4GHz ISM(工业、科技、医疗)频带,采用直接系列扩频和补码键控,能够支持5.5Mb/s和11Mb/s两种速率,可以与速率为1Mb/s和2Mb/s的802.11 DSSS(直接序列扩频)系统交互操作,但不能与1Mb/s和2Mb/s的802.11 FHSS(跳频扩频)系统交互操作。

802.11a工作于5GHz频带(在美国为U-NII频段:5.15~5.25GHz、5.25~5.35GHz、5.725~5.825GHz),它采用OFDM(正交频分复用)技术。802.11a支持的数据速率最高可达54Mb/s。

802.11a的速率虽高,但与802.11b标准不兼容,并且实现成本也比较高,因此在目前的产品市场中,支持802.11b标准的产品仍然占据主导地位,802.11a标准的产品预计将在今后几年内得到快速发展。

802.11标准、802.11a以及802.11b标准的简单比较如表6.1所示。

表6.1 802.11标准、802.11a以及802.11b标准比较表

	802.11	802.11b	802.11a
频率	2.4GHz	2.4GHz	5GHz
带宽	1~2Mb/s	可达11Mb/s	可达54Mb/s
距离	100m功率增加可扩	100m	5~10km
业务	数据	数据 图像	语音 数据 图像

802.11g是对802.11b的一种高速物理层扩展。同802.11b标准一样,802.11g工作于2.4GHz ISM频带,但采用了OFDM技术,可以实现最高54Mb/s的数据传输速率,与802.11a相当,但802.11g较好地解决了WLAN与蓝牙之间的干扰问题。

除了上述标准之外,还有一个正在制定的802.11n标准。IEEE802.11n为横跨MAC

与 PHY 两层的标准；增加原 IEEE 802.11 标准的 MAC 及 PHY 层的传输输出率性能，带宽最高速率可达到 500Mb/s；加入服务质量管理功能，以支持语音和视频应用。

2. Bluetooth 标准

"蓝牙"技术属于一种短距离、低成本的无线连接技术，是一种能够实现语音和数据无线传输的方案。该技术能够有效地简化掌上计算机、笔记本式计算机和移动电话手机等移动通信终端设备之间的通信，从而使这些智能通信设备与因特网之间的数据传输变得更加迅速高效。

蓝牙产品采用的是一种称之为跳频的技术，能够抗信号衰落；工作于 2.4GHz 的 ISM（即工业、科学、医学）频段，以省去申请专用许可证的麻烦；采用 FM 调制方式，使设备变得更为简单可靠；"蓝牙"的每一个话音通道支持 64kb/s 的同步话音，异步通道支持的最大速率为 721Kb/s、反向应答速率为 57.6Kb/s 的非对称连接，或 432.6kb/s 的对称连接。目前，蓝牙技术实际应用的范围已拓展到各种家电产品、消费电子产品和汽车等信息家电领域。

蓝牙与采用 802.11 标准的技术简单比较如表 6.2 所示。

表 6.2 蓝牙与 802.11 技术标准比较表

	802.11	802.11b	802.11a	蓝　牙
频率	2.4GHz	2.4GHz	5GHz	2.4GHz
带宽	1～2Mb/s	可达 11Mb/s	可达 54Mb/s	1Mb/s
距离	100m 功率增加可扩	100m	5～10km	10～100m
业务	数据	数据 图像	语音 数据 图像	语音 数据

3. HomeRF 标准

HomeRF 标准工作组是由美国家用射频委员会领导，于 1997 年成立的，其主要工作任务是为家庭用户建立具有互操作性的话音和数据通信网。该工作组推出的 HomeRF 标准集成了语音和数据传送技术，工作频段为 10GHz，数据传输速率达到 100Mb/s，在 WLAN 的安全性方面主要考虑访问控制和加密技术。

HomeRF 是对现有无线通信标准的综合和改进：当进行数据通信时，采用 IEEE802.11 规范中的 TCP/IP 传输协议；当进行语音通信时，则采用数字增强型无绳通信标准。但是，HomeRF 标准与 802.11b 不兼容，并占据了与 802.11b 和 Bluetooth 相同的 2.4GHz 频率段，因此在应用范围上会有很大的局限性，目前应用比较多的是在家庭网络中使用。

6.3.3 无线局域网应用

WLAN 目前主要用于因特网接入、企业网接入等。与有线网络相比，WLAN 在接入带宽和网络可靠性上并没有什么优势。但 WLAN 的便携性、安装简易性使得 WLAN 非常适合于由于种种原因不易安装有线网络的地方，如受保护的建筑物、机场等；或者经常需要变动布线结构的地方，如展览馆等。同样，WLAN 支持的便携性使它非常适于在宾馆、写字楼、机场等移动办公者密集的地区向携带笔记本电脑或 PDA 等便携设备的用户提供方便快速的数据业务。

目前,WLAN 的实际应用大致有两类:

(1) 企业自建的面向企业内部应用的 WLAN 网络,以替代有线网或作为有线网的补充。

比如一个大型超市,通过 WLAN 可以在超市内的任何柜台,通过手持终端统计存货情况,交由中央系统处理,就可以快速、高效地掌握销售情况,适时进货。这类应用可以显著提高企业的信息化程度,促进企业的发展。随着企业对信息化的重视,这类 WLAN 应用必将得到迅速发展。企业内部应用的 WLAN 网络结构如图 6.2 所示。

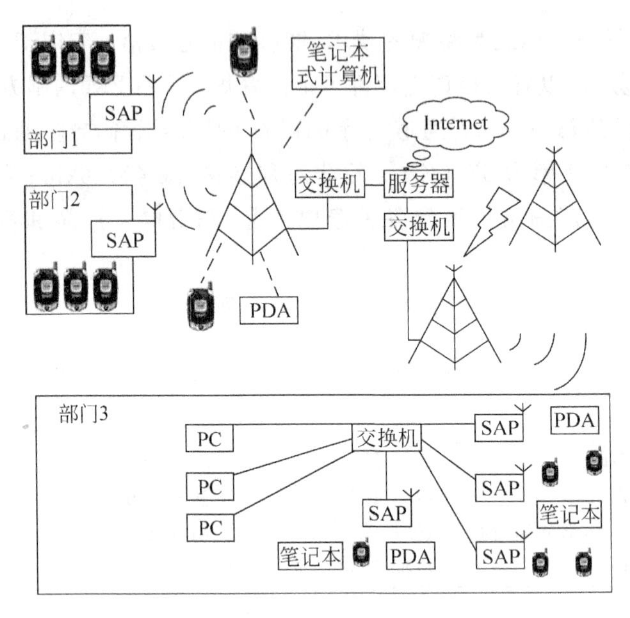

图 6.2　WLAN 的应用一

(2) 提供无线因特网接入服务的 WLAN 应用。

这类 WLAN 网络一般比较分散、独立。要建设可运营、可广域漫游的电信级 WLAN 网络,需解决诸如鉴权、计费、移动性管理等问题。无线因特网接入服务的 WLAN 应用如图 6.3 所示。

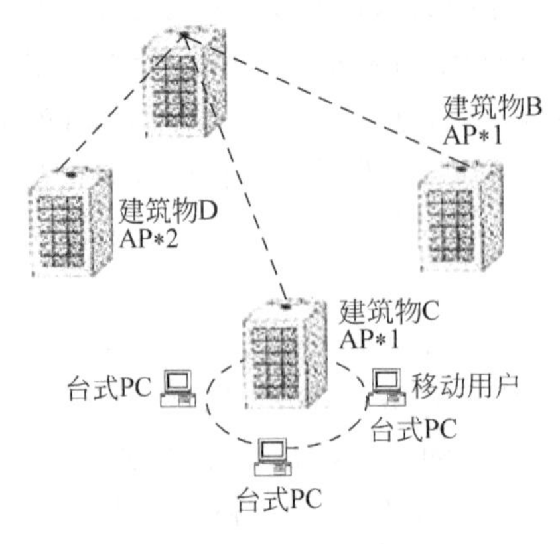

图 6.3　WLAN 的应用二

6.3.4 无线局域网的互连结构

根据不同局域网的应用环境与需求，无线局域网可采取不同的网络结构来实现互连。常用的有如下几种。

1. 网桥连接型

不同的局域网之间互连时，由于物理上的原因，若采取有线方式不方便，则可利用无线网桥的方式实现两者的点对点连接。无线网桥不仅提供两者之间的物理与数据链路层的连接，还为两个网的用户提供较高层的路由与协议转换，如图 6.4 所示。

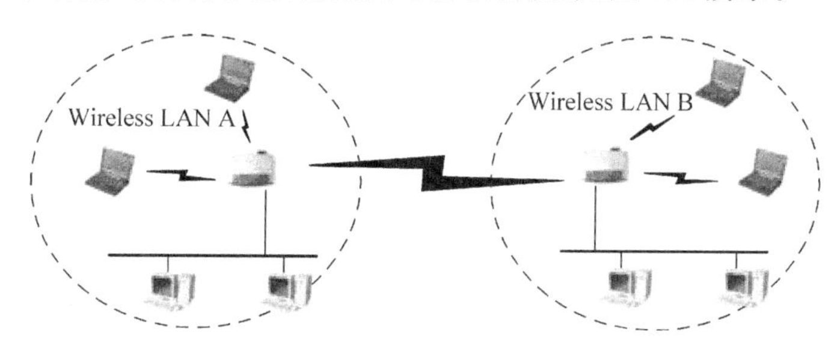

图 6.4 通过无线网桥的组网模式

2. 基站接入型

当采用移动蜂窝通信网接入方式组建无线局域网时，各站点之间的通信是通过基站接入、数据交换方式来实现互联的。各移动站不仅可以通过交换中心自行组网，还可以通过广域网与远地站点组建自己的工作网络，如图 6.5 所示。

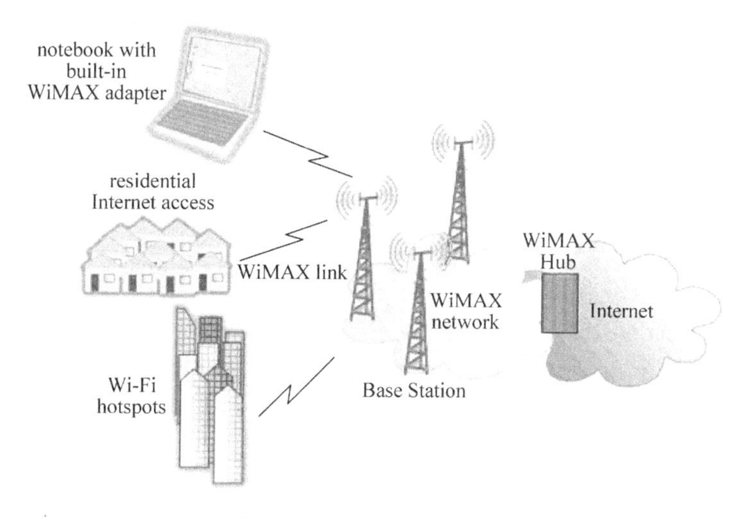

图 6.5 基站接入型组网模式

3. Hub 接入型

利用无线 Hub 可以组建星型结构的无线局域网，具有与有线 Hub 组网方式相类似的优点。在该结构基础上的 WLAN 可采用类似于交换型以太网的工作方式，要求 Hub 具有简单的网内交换功能，如图 6.6 所示。

4. 无中心结构

要求无线网中任意两个站点均可直接通信。此结构的无线局域网一般使用公用广播信道，MAC层采用CSMA类型的多址接入协议，如图6.7所示。

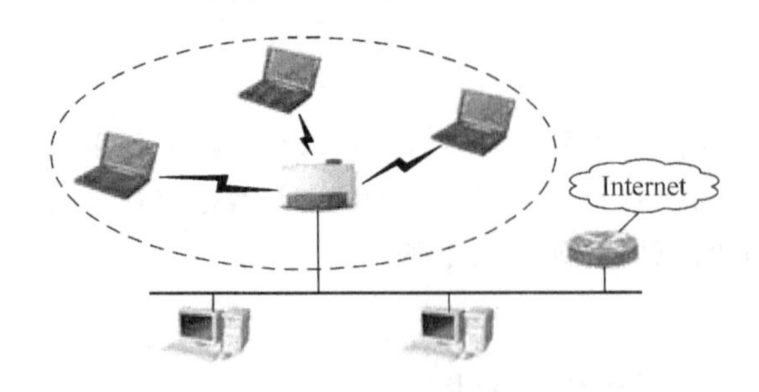

图6.6 通过Hub的组网模式

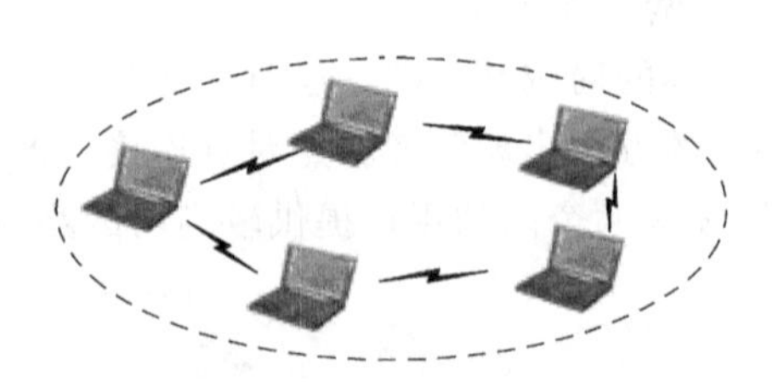

图6.7 无中心结构的无线组网模式

无线局域网可以在普通局域网基础上通过无线Hub、无线接入站(AP)、无线网桥、无线Modem及无线网卡等来实现，其中以无线网卡最为普遍，使用最多。无线局域网的关键技术除了红外传输技术、扩频技术、网同步技术外，还有一些其他技术，如调制技术、加解扰技术、无线分集接收技术、功率控制技术和节能技术。

6.3.5 无线局域网组网的常用设备

无线局域网组网时常用的设备有无线网卡、无线接入点、无线网桥以及天线等。

1. 无线接入点

无线AP(Access Point)俗称为无线接入点，充当传统有线局域网络与无线局域网络连接的桥梁。任何一台装有无线网卡的PC均可通过AP去访问有线局域网络甚至广域网络的资源。

目前，AP本身兼具有网管的功能，可针对接有无线网络卡的PC作必要的控制与管理。AP又分为室内型和室外型两种，如图6.8所示。

图6.8 AP的外观

下面以锐捷公司的RG-WG54P为例介绍无线AP的结构与功能。

1) RG-WG54P产品的功能

RG-WG54P是锐捷公司针对企业级无线覆盖设计的一款基于IEEE 802.11g标准的室内型无线接入点产品。可提供高达54Mb/s的数据传输带宽，是802.11b产品传输速率的5倍，并能向下兼容802.11b标准的产品。它支持AP模式、Station模式和WDS模式，采用正交频分复用技术，具有性能可靠、高带宽、覆盖面广等特点。

RG-WG54P产品的外观如图6.9所示。

RG-WG54P可提供强大的功能：支持基于SNMP的集中网管、认证技术和计费接口；特有用户隔离、802.1x、WPA标准、ANY IP技术以提高网络的安全性能；支持DHCP服务器，流量均衡，带宽控制等功能便于对终端用户的管理。此外，安装方便，即插即用，并自带标准以太网供电模块，能直接通过网线进行远程供电，特别适合对网络带宽以及安全有较高要求的大中型企业进行无线网络的布控。

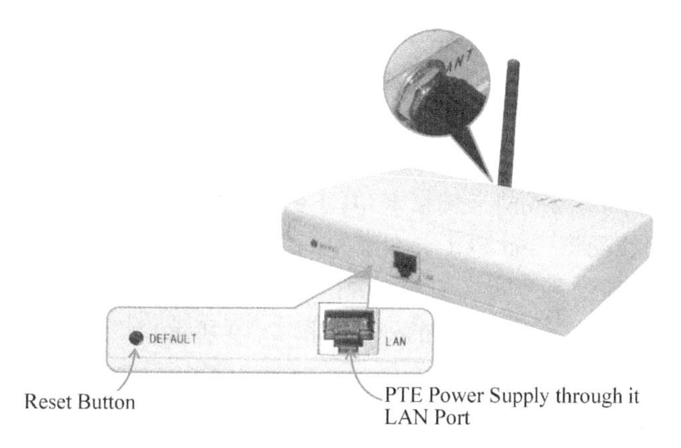

图 6.9　RG-WG54P 外观结构图

2) RG-WG54P 的产品特性

(1) RG-WG54P 是一个高速无线设备，同时支持 IEEE802.11b 和 IEEE802.11g 无线网络。

(2) 支持三种工作模式：AP 模式、WDS(Wireless Distribution System)模式和 Station 模式。

(3) Station 模式下支持多客户端操作。

(4) Station 模式下支持 MAC 克隆功能。

(5) 易于组网，并且通过 Hub 或交换机可以创建大型的无线网络。

(6) 具有无线隔离功能，便于控制终端用户之间的通信。

(7) 支持 802.1Q，通过 VLAN 更好的管理终端用户。

(8) 具有 DHCP 服务器的功能，可以免除终端用户配置 IP 地址的烦恼。

(9) 支持 Any IP，若同时启用 DHCP 服务器，既可免除配置 IP 又可以共享一个 IP 访问公网。

(10) 提供最高级别的 WEP 和 WPA 加密以及 MAC 地址控制等来增强安全性。

(11) 支持流量均衡，以保证网络的稳定性。

(12) 支持带宽控制，可以根据实际情况分配每个用户的带宽。

(13) 支持链路完整性检测。

(14) 提供基于 Web 和 SNMP 的配置管理方式，可以通过 Web 轻松更新固件版本。

(15) 利用超 5 类双绞线提供远程供电，安全方便。

2. Wireless LAN Card

Wireless LAN Card 俗称无线网卡，与传统以太网卡的差别在于无线网卡通过无线电波传送数据信息，而以太网卡则通过有线介质，如双绞线等传送数据信息。

从使用角度出发，与无线网络直接打交道的就是无线网卡，无论是无线局域网还是无线广域网，也不管无线网络具体结构如何，用户只要拥有无线网卡并经适当的设置后就可以接入无线网络。目前，针对不同的无线接入技术可采用不同的无线网卡，包括 GSM、CDMA、GPRS、CDPD、固定无线宽带(LMDS)、DBS 卫星接入技术以及蓝牙、HomeRF、WCDMA、3G、WLAN、无线光系统等。按照传输速率分，目前市面上常见的无线网卡的规格大致可分成2M、5M、11M等几种。按照无线网卡采用的接口来划分,常见的有PCI无线网卡(包括ISA接口)、USB无线网卡和PCMCIA无线网卡(包括CF接口)。

1) PCI无线网卡

PCI无线网卡采用PCI接口,主要是针对台式机的应用。PCI无线网卡进一步细分为真正的PCI无线网卡和PCI无线网卡转接卡,真正的PCI无线网卡就是采用PCI接口能够提供无线接入功能的无线网卡。而PCI卡本身并不能提供无线接入功能,严格地说它不能算是无线网卡,它仅仅是提供一个转换的功能,在转接卡上有PCMCIA接口,这样就可以再插入PCMCIA无线网卡。PCI无线网卡的外观如图6.10所示。

2) USB无线网卡

USB(Universal Serial Bus,通用串行总线)是目前最流行的短距离数字设备互联标准。随着USB2.0标准的出现,USB接口的理论最大传输速率可以达到480Mb/s。图6.11是一款D-Link公司的USB无线网卡产品。

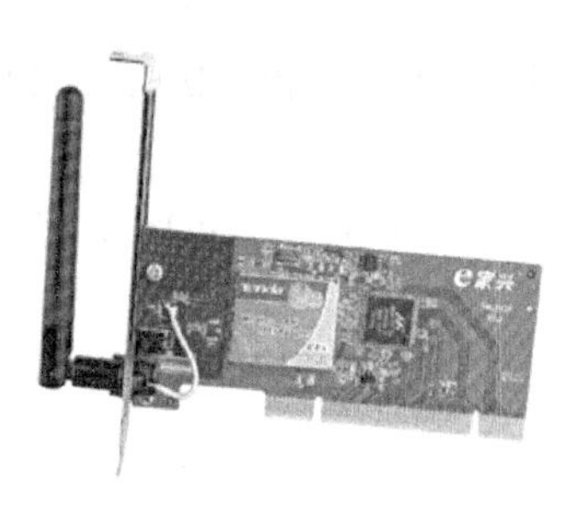

图6.10 PCI无线网卡外观图

图6.11 USB无线网卡外观图

3) PCMCIA无线网卡

PCMCIA无线网卡对应于PCMCIA接口,主要针对笔记本式计算机的应用。图6.12为TP-LINK公司的一款PCMCIA无线网卡的外观。

3. 无线网桥

无线网桥主要用于无线或有线局域网之间的互连。当两个局域网无法实现有线连接或使用有线连接存在困难时,就可使用无线网桥实现点对点的连接,在这里无线网桥起到了协议转换的作用。无线网桥示意图如图6.13所示。

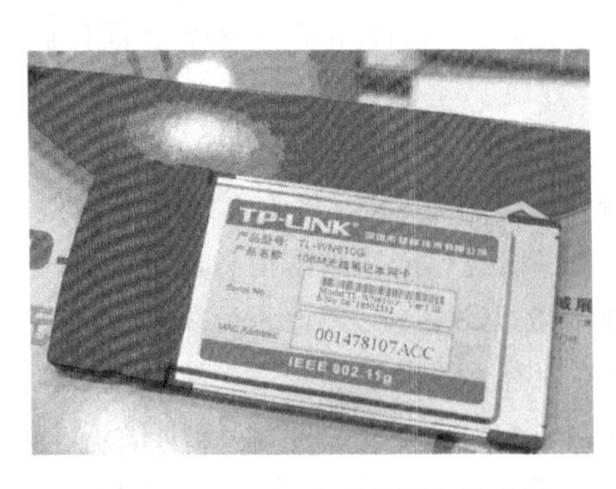

图6.12 PCMCIA无线网卡外观图

图6.13 无线网桥外观图

4. 天线(Antenna)

无线电发射机输出的射频信号功率通过馈线(电缆)输送到天线,由天线以电磁波形式辐射出去。电磁波到达接收地点后,由天线接下来(仅仅接收很小一部分功率),并通过馈线送到无线电接收机。可见,天线是发射和接收电磁波的一个重要的无线电设备,没有天线也就不能进行无线电通信。

天线品种繁多,以供不同频率、不同用途、不同场合、不同要求等不同情况下使用。对于众多品种的天线,按用途可分为通信天线、电视天线和雷达天线等;按工作频段可分为短波天线、超短波天线和微波天线等;按方向性可分为全向天线、定向天线等;按外形可分为线状天线、面状天线等。

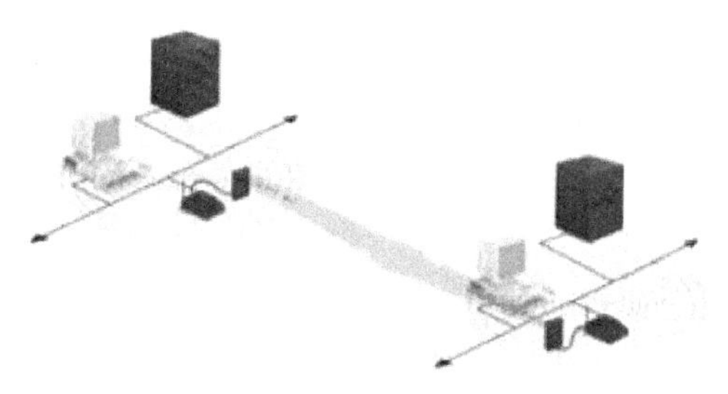

图 6.14　天线的应用示意图

WLAN 中的天线与一般电视等所用的天线功能不同,其原因是由于使用的频率不同所致。一般情况下,WLAN 所用的频率为较高 2.4GHz 的频段。

天线的应用如图 6.14 所示。

一般 WLAN 的天线分为指向性(Uni-direction)与全向性(Omni-direction)两种,前者较适合于长距离使用,而后者则较适合区域性的应用,如图 6.15(a)和图 6.15(b)所示。

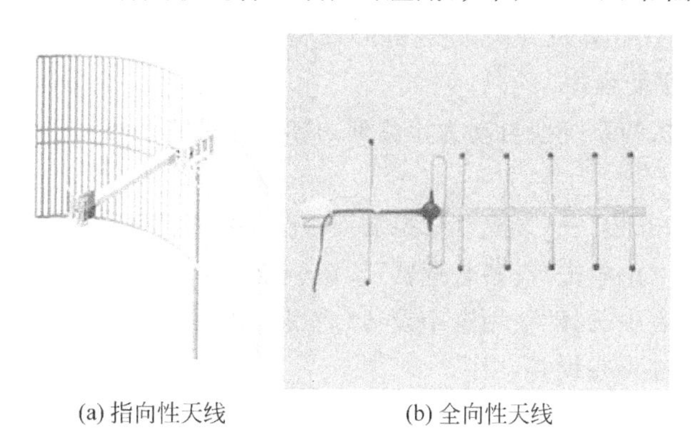

(a) 指向性天线　　(b) 全向性天线

图 6.15　天线外观图

当计算机与无线 AP 或其他计算机相距较远时,随着信号的减弱,或者传输速率明显下降,或者根本无法实现与 AP 或其他计算机之间通信,此时就必须借助于无线天线对所接收或发送的信号进行增益(放大)。

无线设备所用的天线都有一定距离的限制,当超出这个限制的距离,就要通过这些外接天线来增强无线信号,达到延伸传输距离的目的。与此相关的两个概念:

(1) 频率范围。

它是指天线工作的频段。这个参数决定了它适用于哪个无线标准的无线设备。比如 802.11a 标准的无线设备就需要频率范围在 5GHz 的天线来匹配,所以在购买天线时一定要认准这个参数对应相应的产品。

(2) 增益值。

此参数表示天线功率放大倍数,数值越大表示信号的放大倍数就越大,也就是说当增益数值越大,信号越强,传输质量就越好。

6.4 方法与主要步骤

6.4.1 两台计算机通过红外线组建局域网

1. 红外局域网的应用

由于红外通信传输方式不受无线电干扰,使用频段不受无线电管理的限制等优点,在解决短距离、低成本、高可靠的通信方式中有着特有的优势和广阔的应用前景。

目前,大部分的笔记本式计算机和掌上计算机都装有红外线传输设备,其最高传输速度可以达到115.2kb/s,传输距离一般在5m以内。此外,红外局域网在移动电话、PDA、遥控装置等领域也得到了广泛应用。在一些不适宜布线或野外勘测、科学实验等流动性高的网络应用场合下,红外局域网相当便捷。

利用两台笔记本式计算机或两台掌上计算机,可在它们之间组建一个基于红外通信的局域网,如图6.16所示。

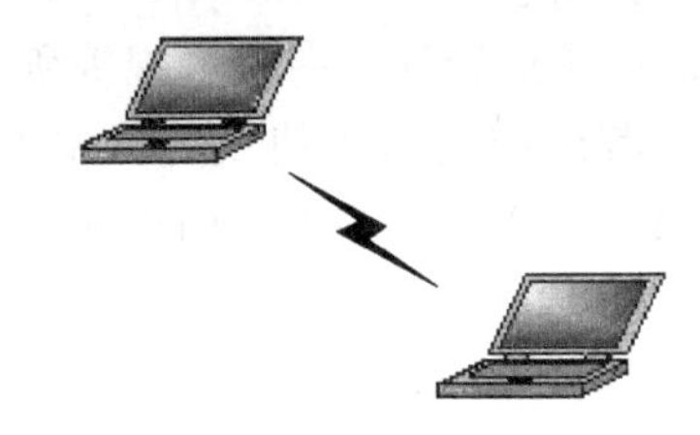

图6.16 两台计算机组建的红外局域网

2. 组建红外局域网

下面以IBM笔记本式计算机为例,讨论红外线局域网的组建。

(1) 安装红外设备驱动程序。

一般笔记本式计算机的系统会自动为检测到的红外设备安装驱动程序,无需另外安装。

(2) 启动红外设备。

在系统桌面上选择“开始”→“设置”→“控制面板”命令,然后双击“系统”图标,在弹出的对话框中的“硬件”选项卡中单击“设备管理器”按钮,双击“红外线设备”图标,在“常规”选项卡的“设备用法”下拉列表中选择“使用这个设备(启用)”选项,如图6.17所示,然后单击“确定”按钮,这样就启动了红外线设备。

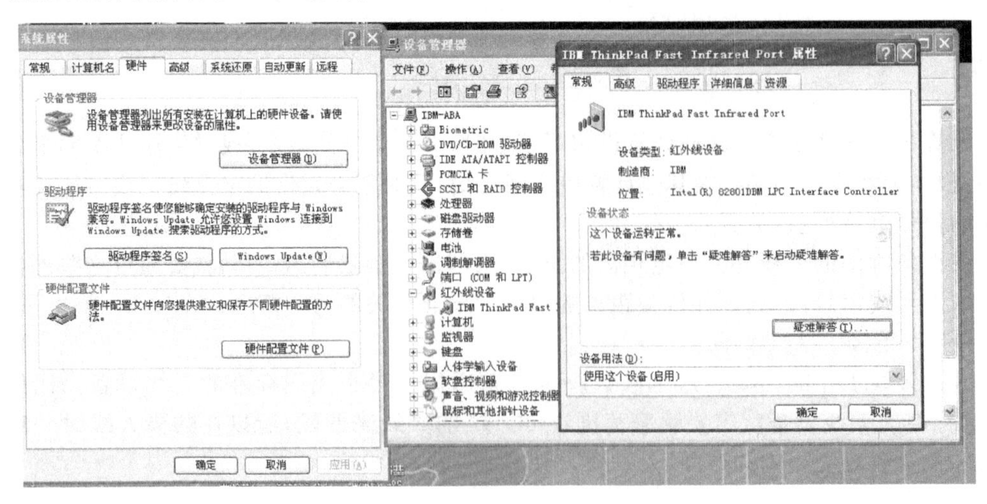

图6.17 启动计算机的红外线设备

(3) 用红外线连接两台笔记本式计算机。

在启动计算机的红外设备后，将两台计算机(或两台掌上计算机)的红外设备相对(注意并不是紧贴在一起)，这时在计算机工具栏的右下角会显示红外线连接的图标，如图 6.18 所示，说明已与其他计算机连接上。

图 6.18　红外线连接图标

如果保持一台计算机的物理位置不变，此时将另外一台计算机的距离由近到远，这时红外线连接的图标会消失，如图 6.19 所示。

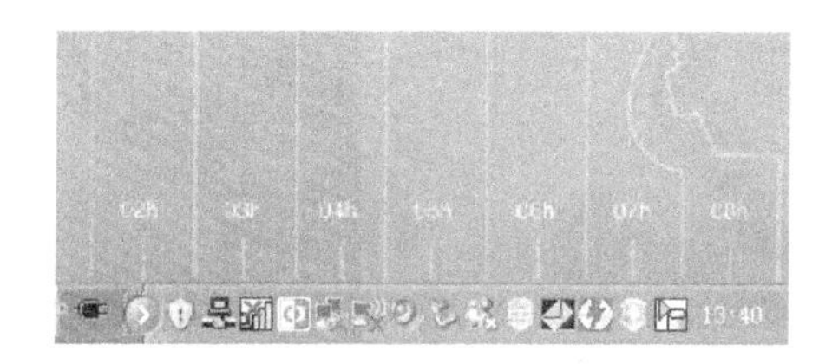

图 6.19　红外线图标消失图

(4) 在两台笔记本式计算机之间传输文件。

双击图 6.18 中工具栏右下角的红外线连接图标，弹出“无线链接”对话框，在“查找范围”下拉列表中可以选择计算机内的文件，如图 6.20 所示。然后单击“发送”按钮，完成两台计算机之间文件的传输。

图 6.20　利用红外技术传输文件

6.4.2 两台计算机通过无线网卡组建点对点的对等网

1. 无线网卡的安装

目前,常见的无线网卡大多为PCMCIA、PCI和USB三种类型。下面以Avaya公司的无线PCMCIA网卡产品为例,介绍一下无线网卡的安装。

Avaya提供了多个无线网卡的驱动程序,在网站http://support.avaya.com下载,驱动程序下载后,在计算机进行解压缩。

(1) PCMCIA卡的安装。

图6.21是准备安装的一款PCMCIA无线网卡外观图。

① 将无线网卡插在图6.22所示位于笔记本式计算机左侧的PCMCIA卡槽内。

图6.21 无线PCMCIA网卡外观

图6.22 笔记本式计算机的PCMCIA卡槽位

② 将无线网卡插好后,露在外面的收发端如图6.23所示。

(2) 无线PCI卡的安装。

在台式机上安装无线PCI卡。图6.24是一款PCI卡产品的外观结构图。

图6.23 PCMCIA卡安装完毕后的示意图

图6.24 无线PCI卡的外观

① 安装PCI网卡时,轻轻打开计算机的PCI插槽挡板,如图6.25所示。

② 将PCI卡与PCI插槽对准,双手垂直推入,直至将PCI卡完全插紧,如图6.26所示。

图6.25 计算机的PCI插槽

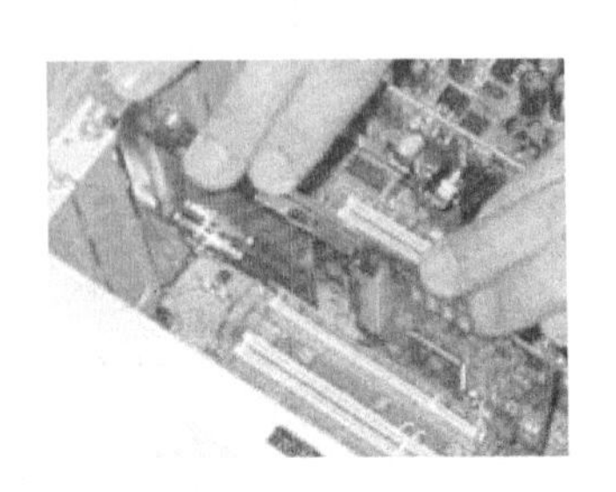

图6.26 在PCI插槽中安装无线PCI卡

③ 用螺丝将 PCI 卡固定，安装好 PCI 卡后的样式如图 6.27 所示。

④ 盖好机盖。与笔记本式计算机插入 PCMCIA 无线网卡后相似，台式机后部也会有一部分突出来的收发端。

其他厂家的无线 PCI 网卡产品，其安装方法与上述步骤相同。

2. 无线网卡驱动程序的安装

① 无线网卡安装成功后，开启计算机。

② 进入系统后，系统会报告找到了新的硬件，一般情况下能自动加载好驱动程序。如果不能自动加载驱动程序，则需要安装无线网卡的驱动程序。

③ 驱动程序安装完毕后，系统会提示发现 WLAN Card 硬件。此时，一般在系统的右下角会显示出无线连接图标，如图 6.28 所示。图标说明无线网卡未进入正常的工作状态。

图 6.27 无线 PCI 卡安装后的样式图

图 6.28 Windows 系统的无线连接图标

3. 点对点传输无线对等网的设置

① 右击桌面上的“网上邻居”图标，在弹出的快捷菜单中选择“属性”命令，打开“网络连接”窗口，右击“无线网络连接”图标，在弹出的快捷菜单中选择“属性”命令，如图 6.29 所示。

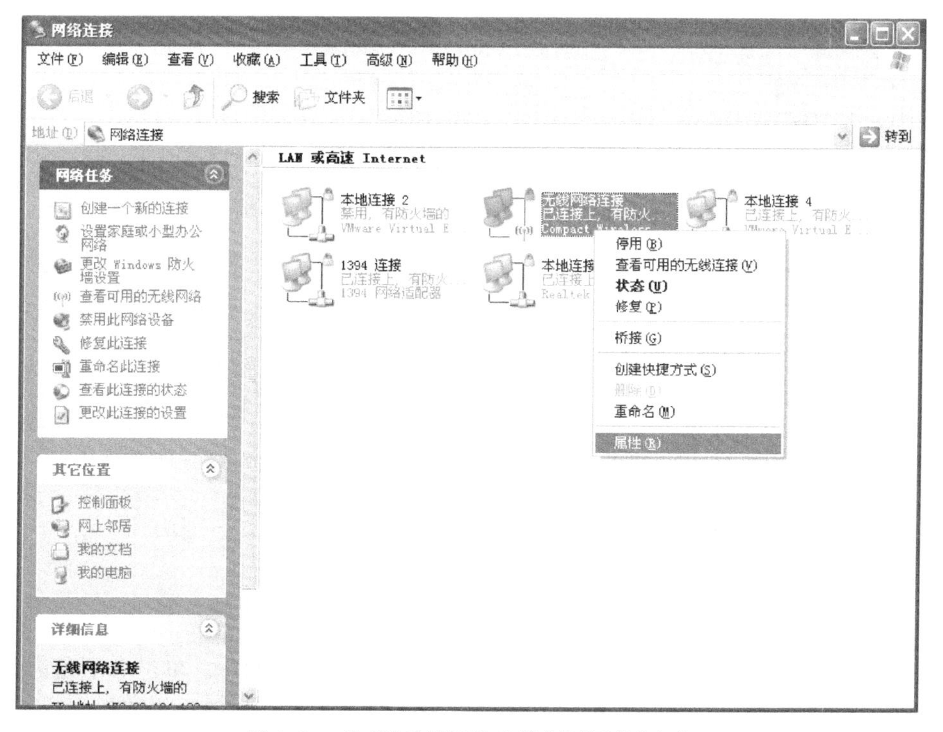

图 6.29 选择“无线网络连接”的“属性”命令

② 在"常规"选项卡中双击"Internet 协议(TCP/IP)"选项,将IP地址设置为192.168.1.1,子网掩码为255.255.255.0,如图6.30所示,然后单击"确定"按钮。

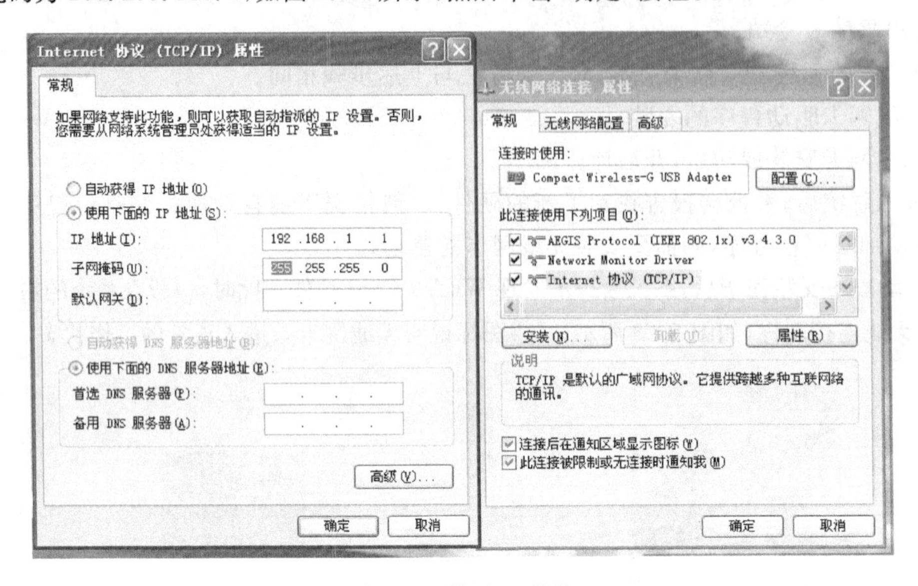

图6.30 设置IP地址

③ 选择"无线网络配置"选项卡,单击"添加"按钮,在"关联"选项卡中的"网络名"文本框中输入新建的无线网的网络名,如图6.31所示。然后单击"确定"按钮,再单击"确定"按钮,完成无线网络的添加。

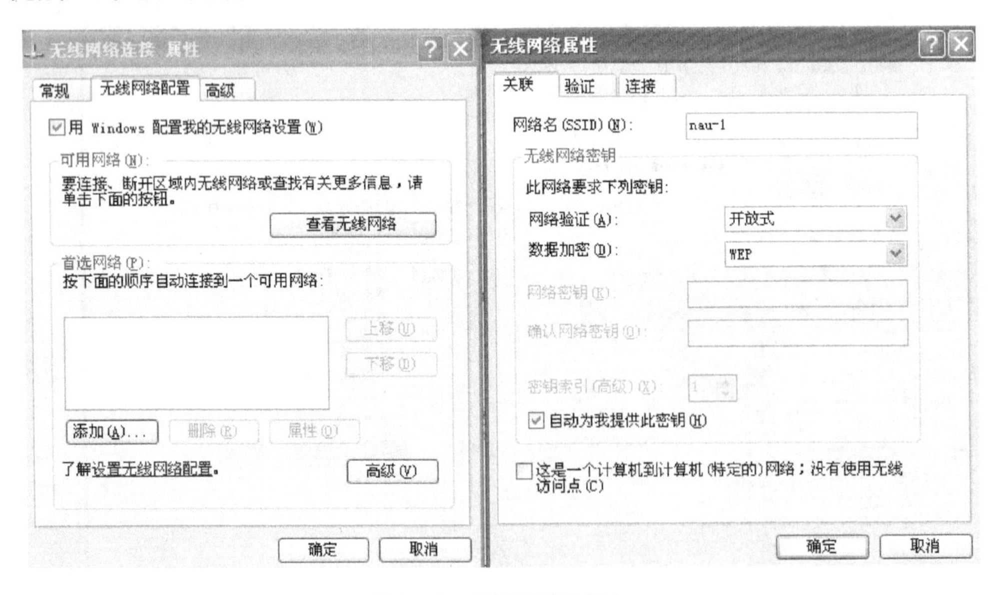

图6.31 无线网络的添加

④ 在另一台计算机中就可以搜索到无线网络,结果如图6.32所示。单击右下角的无线连接图标,连接成功后,将另一台计算机的IP设定为192.168.1.2,子网掩码为255.255.255.0。这样,两台计算机点对点无线传输的网络设置已经完成。

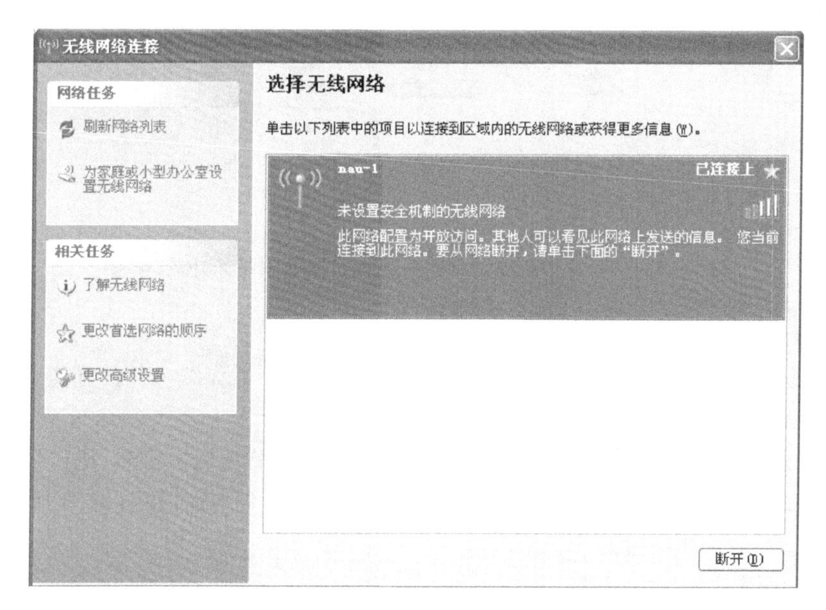

图 6.32　点对点无线网络的设置

4. 验证网络连通性

为检验两台计算机通过无线网卡组建点对点对等网的连通情况，可选择任意一台计算机，在 MS-DOS 下采用 ping 命令工具，结果如图 6.33 所示。

图 6.33 的结果显示两台计算机通过无线网卡组建点对点对等网的连通情况良好。

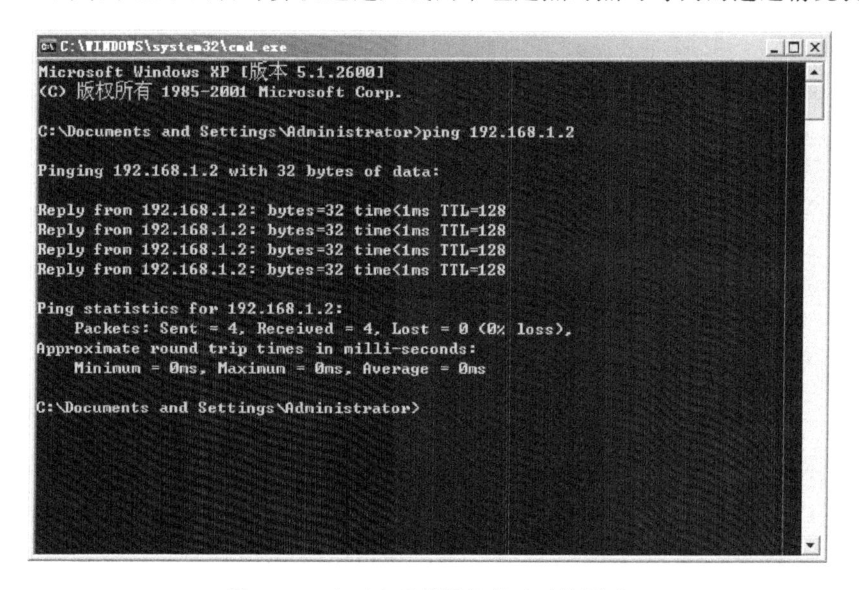

图 6.33　点对点无线网络的连通性测试

6.4.3　三台及三台以上计算机无线局域网的组建

1. 网络环境

三台及三台以上计算机无线局域网的组建，其参考网络环境如图 6.34 所示。

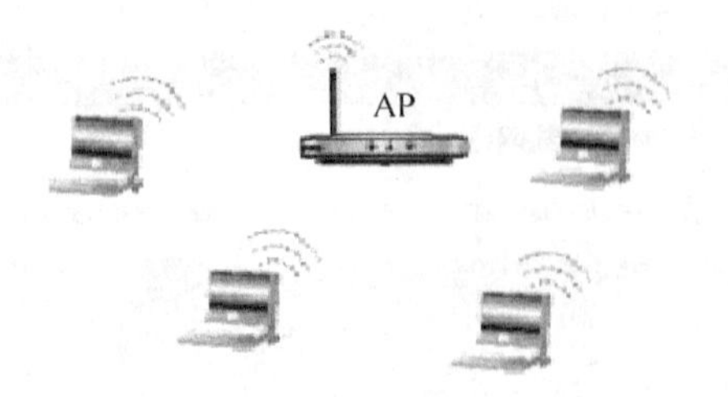

图 6.34　三台及三台以上计算机无线组网的网络拓扑图

2. 网络设置

下面以锐捷公司的 RG-WG54P 无线 AP 设备为例介绍一下无线 AP 的配置。

1. 基本的 AP 配置

① 以 Web 方式登录到无线 AP 的设置界面。"接入点名称"类似主机名,比如将名称设置为 Classroom。ESSID 是计算机搜索到的名称,在此将其设置某个名称,如图 6.35 所示。

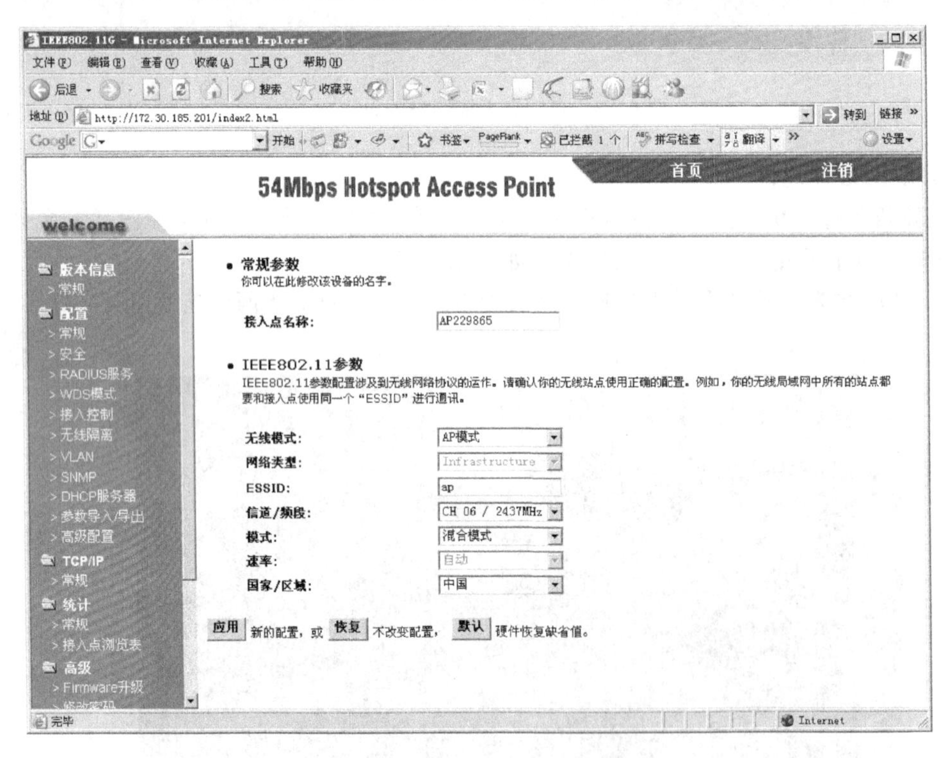

图 6.35　无线 AP 的 Web 设置界面

② 如果此时将 AP 设置为开放模式,那么所有无线计算机均可搜索到该 AP 并连接上。如果不想让所有人都能搜索到该 AP 并连接,可以设置为 WEP 加密,则以后用户必须要输入正确的密钥才可以连接上该 AP,如图 6.36 所示。

③ IP 地址的设置。用户连接上 AP 之后必须配置一个 IP 地址方可互相连接或者通过 AP 访问 Internet。为了方便用户使用,可以通过 AP 对客户端进行 IP 的分配,即当用户连接上 AP 之后自动获取到 IP 地址。注意 IP 段,网关、DNS(如果需要连接其他网段)都要进行适当的配置。IP 地址的设置界面如图 6.37 所示。

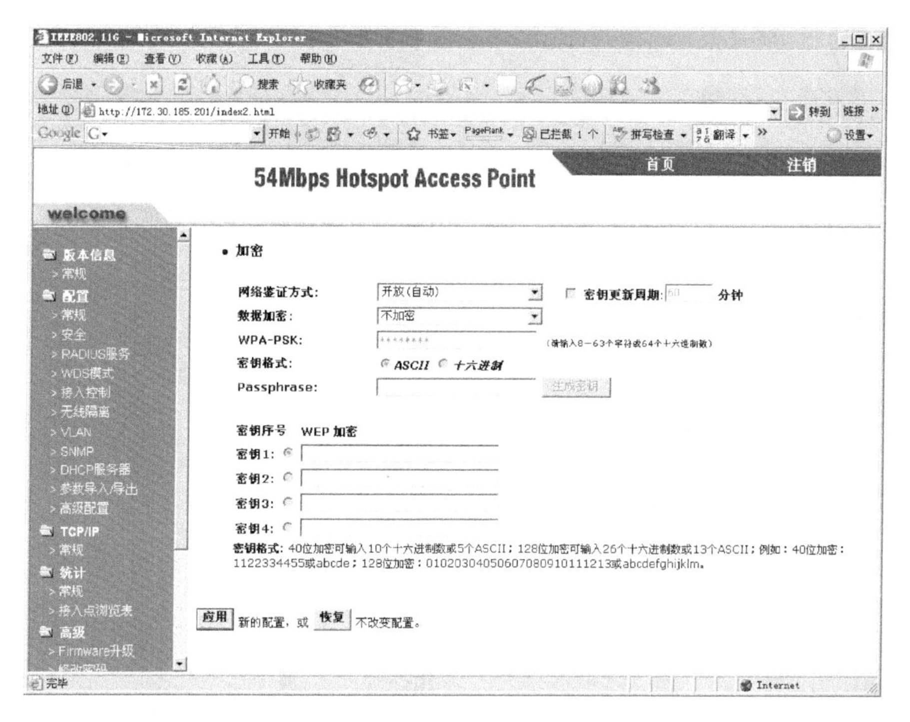

图 6.36　无线 AP 的安全设置界面

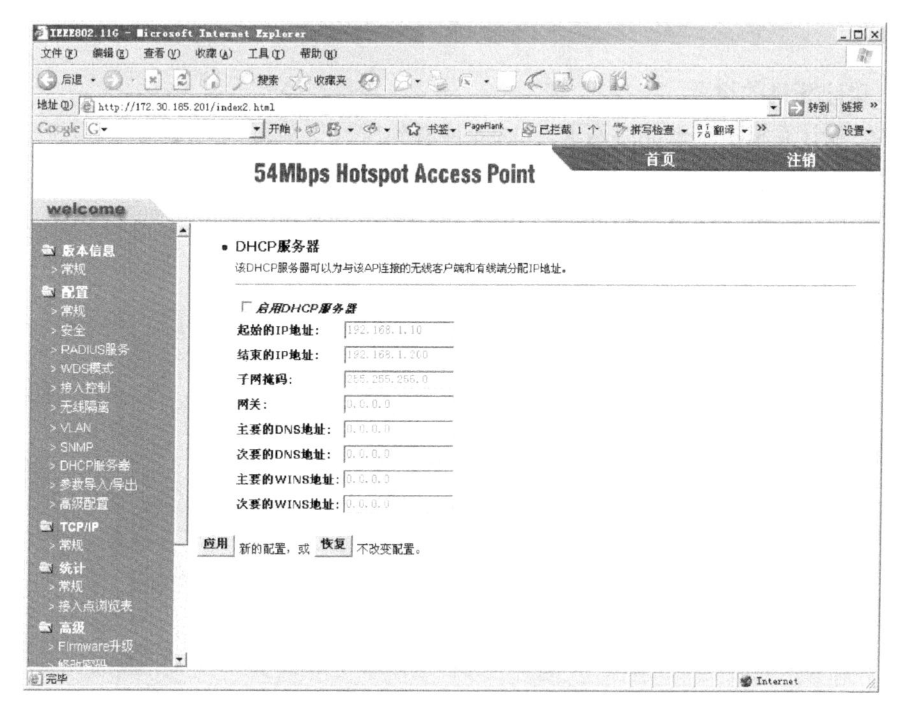

图 6.37　无线 AP 中 IP 地址的设置界面

其他参数设置选择 AP 的默认参数即可。

④ 当上述参数都设置好以后，在“常规”栏里就可以看到当前有哪些用户已经连接到无

线 AP 上,如图 6.38 所示。

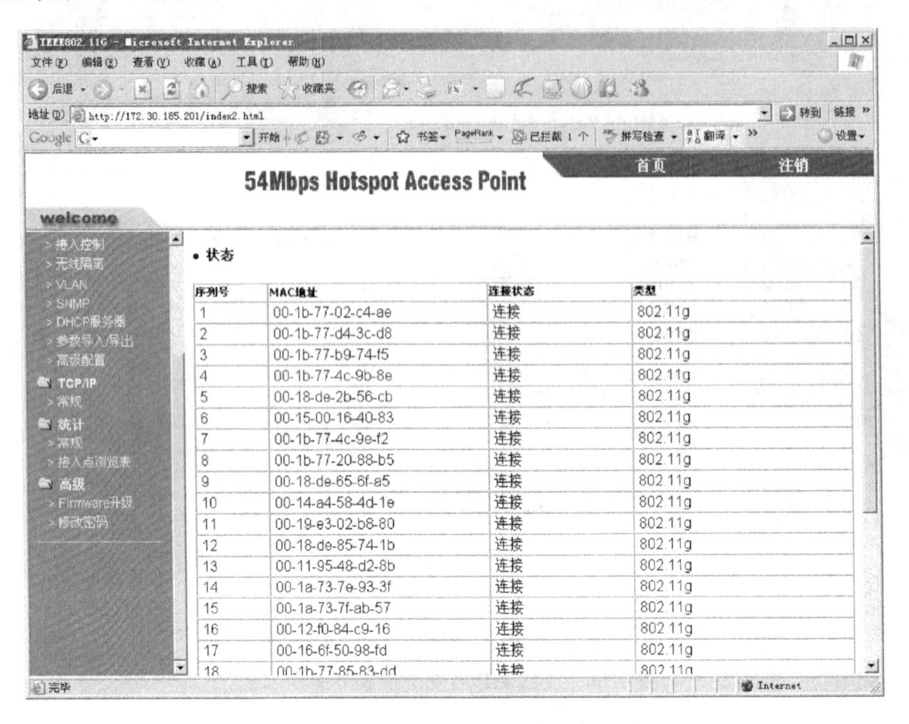

图 6.38 无线 AP 的“常规”栏显示内容

2. 客户端计算机的设置

① 在客户端计算机上双击无线网卡,此时即可看到所有当前可用的无线网络,如图 6.39 所示。注意图 6.39 中有两个网络,一个是前面刚提到的计算机到计算机网络(两台计算机点对点无线传输的网络),网络名是 nau-1;另一个网络名为 nau-2,是 AP 的 ESSID,该网络才是需要连接的网络。

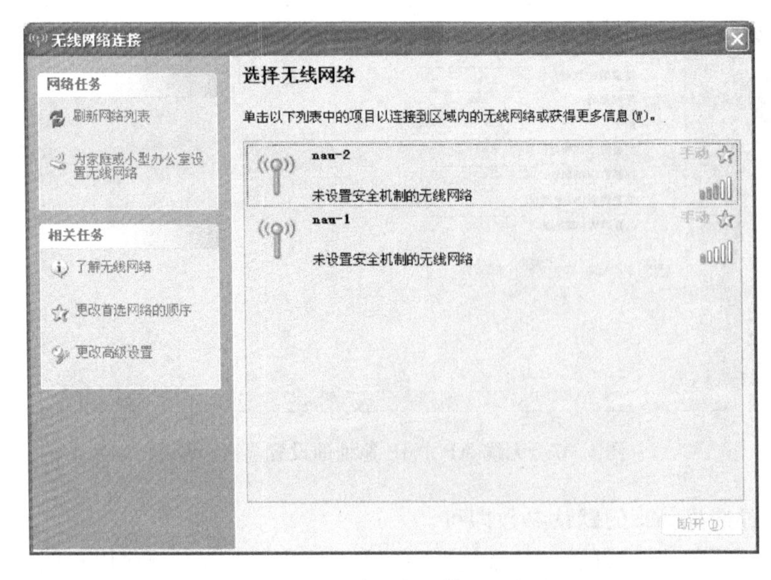

图 6.39 客户端无线网络属性的设置

② 双击网络名为 nau-2 的图标进行网络连接，如图 6.40 所示。

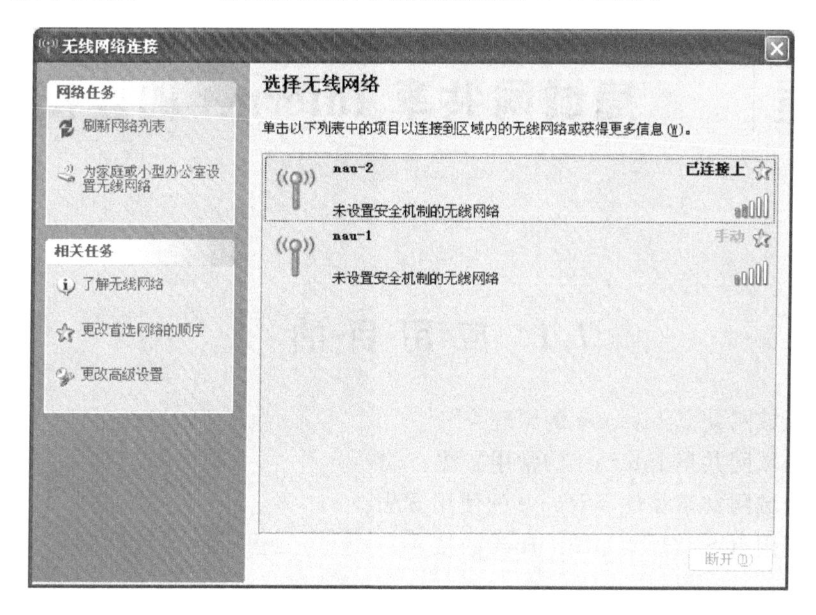

图 6.40　连接成功示意图

图 6.39 与图 6.40 的区别在于 nau-2 的网络有“已连接上”的信息提示，表明客户端计算机已成功连接上无线网络。

6.5　思　考　题

1. 详细记录无线局域网的组建过程中每个步骤的内容及出现的现象。

2. 简述无线局域网的概念及特点。

3. 无线局域网的标准有哪些？它们之间存在哪些区别？

4. 常见的无线局域网互连结构有哪些？各自的特点是什么？

5. 常用的无线局域网组网设备有哪些？各自的作用是什么？

6. 红外线组建无线局域网时，如果联网的两台计算机距离由近到远，此时会有什么现象发生？此现象说明什么问题？

7. 两台计算机通过无线网卡组建点对点无线局域网，计算机右下角无线局网卡的图标在网络连通前后有什么变化？能否将此作为排查无线局域网故障的依据之一？

8. 三台及三台以上计算机通过无线 AP 组建无线局域网，无线 AP 的指示灯在网络连通前后有什么变化？你认为无线 AP 在该网络中的作用是什么？

9. 目前，许多单位利用 WLAN 方式为用户提供移动 Internet 接入。本章 6.4.3 节中，你认为对网络结构需要做什么样的调整才能使这三台计算机实现 Internet 的接入？试画出网络拓扑图。

10. 写出有关无线局域网组建应用的心得体会。

第7章 局域网共享 Internet 的连接

7.1 应用目的

(1) 了解局域网共享 Internet 的原理。

(2) 熟悉局域网共享 Internet 的常用方法。

(3) 掌握局域网共享软件 Wingate 的使用方法。

(4) 掌握利用 ICS 实现共享 Internet 的接入。

7.2 要求与环境

1. 要求

(1) 完成 Wingate 软件服务器端的安装。

(2) 对 Wingate 服务器进行设置,允许局域网内其他用户访问 Internet。

(3) 在局域网内其他主机上安装 Wingate 客户端软件,并进行相应设置。

(4) 验证 Wingate 客户端能否实现对 Internet 的浏览。

(5) 利用 Windows Server 2000 自带的 ICS 实现共享 Internet 接入,并进行相关验证。

(6) 利用 Windows XP 自带的 ICS 实现共享 Internet 接入,并进行相关验证。

2. 环境要求

局域网共享软件 Wingate 一套,交换机、计算机、网卡若干并构成简单的局域网,且该局域网能连通 Internet。

7.3 局域网共享 Internet 的相关知识

7.3.1 局域网共享上网原理

所谓"局域网共享上网"是指局域网内的多台 PC 通过其中已与 Internet 相连的一台 PC 来共享 Internet 的连接,从而使位于同一个局域网内的多台 PC 共享一条 Internet 连接线路达到上网的目的,并提供相关的应用服务。

目前,局域网共享上网的实现方法通常有硬件设备共享上网和软件连接共享上网两种方式。无论是通过类似路由器这样的硬件设备共享上网,还是利用相关软件的 Internet 连接共享,或者用网关类软件、代理服务器软件等上网,其实现原理都是相似的。

TCP/IP 协议规定了,当内部网络的计算机与外部的 Internet 连接时,需要先通过有合法外网地址的主机把内网的 IP 地址(也称为私有 IP 地址)转换为合法的外网 IP 地址,这就是网络地址转换(Network Address Translation,NAT)技术。

使用 NAT 技术可以使一个或数个私有 IP 地址访问 Internet,从而节省了 Internet 的合法 IP 地址资源;另一方面,通过地址转换可以隐藏内网主机的真实 IP 地址,从而提高内部网络的安全性。

NAT 技术的实现原理如图 7.1 所示。

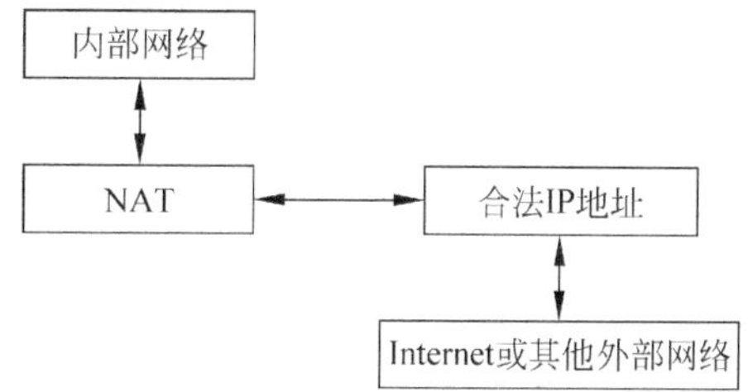

图 7.1　NAT 技术的原理

图 7.1 中,当连接外网的计算机或设备通过固定或动态获取方法得到了一个合法的 IP 地址(如 219.254.38.180),它还需要有一个内部网络的地址(如 192.168.0.1)用来充当网内其他主机上网的网关。如果局域网内部的一台计算机 IP 地址是 192.168.0.2:4000(4000 是它的端口号),想访问 Internet 上某个主机,192.168.0.2:4000 的请求先传到主机 192.168.0.1 上,主机把这个 IP 地址转换为 219.254.38.180:9000,然后以端口号为 9000 的这个 IP 地址向 Internet 上的那个主机发出请求,回答的数据流则传回给主机 219.254.38.180:9000,主机接收到数据后,会查找与 9000 这个端口号相关联的内部 IP 地址,当它发现是 192.168.0.2:4000 后,就把数据传给 192.168.0.2:4000,这样 IP 地址的转换就完成了。

从以上的分析不难看出,如果使用某个计算机来充当网内其他主机上网的网关,内网、外网两个地址就需要两块网卡,分别连接内网和外网。实际应用中,如果这台计算机通过交换机或路由器连接到外网,则并不一定必须配备双网卡。

7.3.2　局域网共享 Internet 的实现方法

局域网共享 Internet 应用的结构示意图如图 7.2 所示。

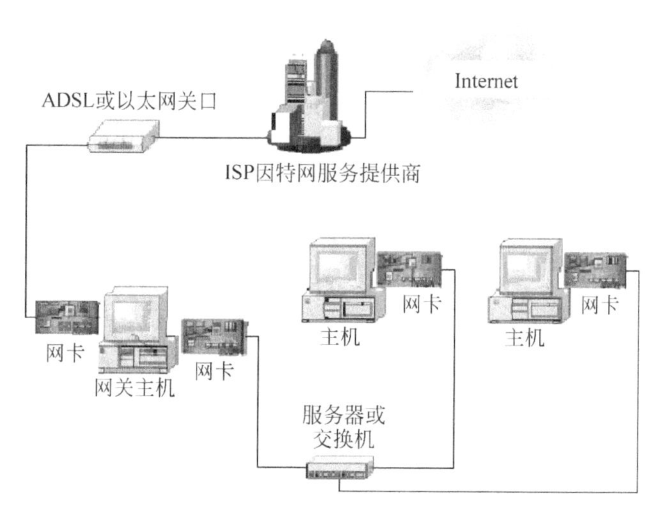

图 7.2　局域网共享 Internet 的示意图

从实现共享上网的技术角度来看,局域网共享 Internet 的方法一般可分为硬件共享上网和软件共享上网两种。

1. 硬件共享上网

硬件共享上网一般是指局域网的网关由路由器、宽带路由器、内置路由功能的ADSL Modem等硬件充当,从而实现局域网内的多台PC共享上网。这种方式是通过内置的硬件芯片来完成Internet与局域网内部之间数据包的交换。硬件共享上网方式一般是企业级应用的首选方案,因为这类方案需要投入较大的资金购买专门的硬件设备,如路由器等。但该方式的性能比较好。

硬件共享上网的应用如图7.3所示。

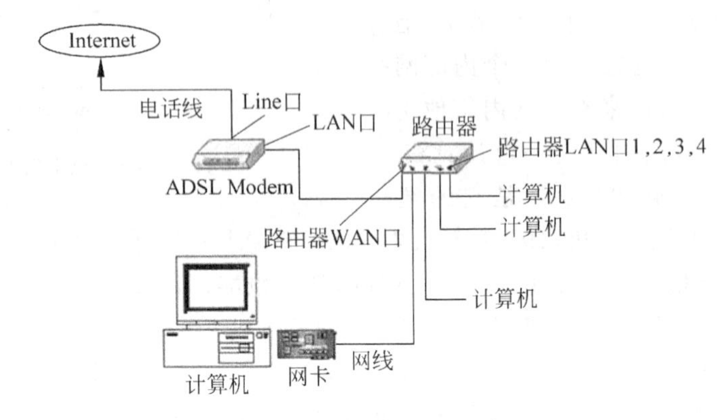

图7.3 硬件共享上网示意图

2. 软件共享上网

软件共享上网方式一般是指在充当网关的设备上安装代理服务器类或网关类等软件,从而实现局域网内的多台PC共享上网。常用的共享软件有WinGate、SyGate、CCproxy、UserGate、SpoonProxy、HomeShare、WinProxy、Superproxy和SinforNAT等。此外,Windows系统自带的ICS也能实现共享上网的功能。

软件共享上网虽然在应用的方便性方面不如硬件共享上网,但对网络能进行有效的管理和控制,而且关键的一点是费用低廉,因此软件共享上网已成为目前最为流行的面向中小企业以及家庭用户的应用方式。

软件共享上网的原理如图7.4所示。

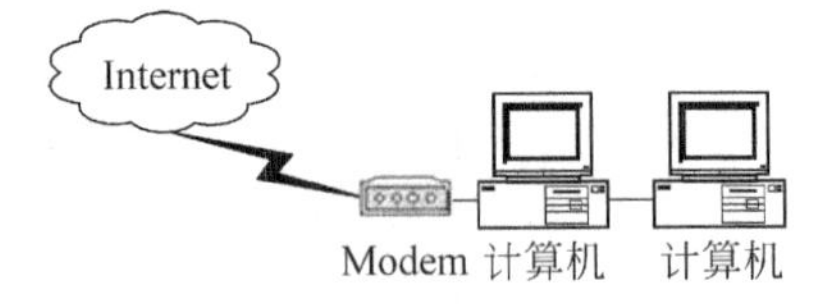

图7.4 软件共享上网示意图

因硬件共享上网方式涉及的技术较复杂,而软件共享上网方式的实现则相对简单、经济,因此,本章对硬件共享上网方式不作特别说明,仅对软件共享上网方式进行相关介绍。

7.3.3 软件共享上网类型

目前,实现软件共享上网的软件一般有三类:第一类是代理服务器类软件,第二类就是网络地址转换类软件,第三类是利用Windows操作系统自带的ICS软件共享上网。

1. 代理服务器类共享上网软件

代理服务器(Proxy Server)其实不是特指某一个软件,而是指一类软件。这类软件的功能就是代理内部网络用户获取外部网络的信息,它是早期流行的共享软件上网方式。

代理服务器软件比较典型的有Wingate、Winproxy等,其工作机理如下:一般情况下,如果直接用电话线或其他专线连接 Internet 时，是联网的计算机先发出请求信息，然后对方把所要的信息传递回来。但是如果用了这类共享软件上网时，客户端不是直接向 Internet 发出请求信息，而是向代理服务器发出请求，然后由代理服务器把请求发向对方，再由代理服务器取回用户所需的信息。这类代理服务器共享上网方式中有一个很大的优势就是它具有缓存功能，也就是说代理服务器在某个用户访问一个网页时可以先将其保存在缓存中，当另一个用户也想访问同一网页时，如果在其缓存中仍保留有其内容，并且经过比较是最新的，则代理服务器就不必重新连上 Internet，再取回这个网页的信息，而是直接调出缓存中相应网页的内容，这样就大大提高了浏览速度。因此，一般来说，作代理服务器用的主机内存应尽量大，这样可以使内部网络的主机访问外部网络信息的速度大大提高。

2. NAT 型共享上网软件

NAT 型共享上网软件主要有 WinRoute、Sygate 等。其工作机理如下：采用地址转换技术，NAT 将内部客户端发出的每一个 IP 数据包地址进行检查和翻译，把包内的请求端 IP 地址数据记录下来并重新打包成合法的 Internet 外部 IP 地址发送到 Internet，然后 NAT 把 Internet 获得的数据包根据请示端 IP 地址记录，把目的 IP 地址在数据包内部进行重组，使其转换为局域网客户端的 IP 地址，然后发送到客户端。

NAT 共享上网方式的优势就在于只要把服务器的地址设置成客户端的网关即可，服务软件就完成所有的转换工作，客户端无需复杂的设置即可像直接接入 Internet 一样实现轻松上网。由于 NAT 针对每一个数据包转换，不存在不同网络应用协议需要分别代理和处理的问题，客户端不需要考虑根据每一种网络应用软件进行设置，使用起来方便许多，因此这种代理方式有时也被称为“透明代理”。

3. 利用 Windows 操作系统自带的 ICS 共享上网

Windows 操作系统自带的 Internet 连接共享(Internet Connection Sharing，ICS)是 Windows 操作系统针对家庭网络或小型的企业 Intranet 应用提供的一种廉价的 Internet 连接共享服务。ICS 实际上相当于 NAT 技术的简略版，对于向外发出的数据包，ICS 将源 IP 地址和 TCP/UDP 端口号转换成一个公共的源 IP 地址和可能改变的端口号；对于流入内部网络的数据包，ICS 将目的地址和 TCP/UDP 端口转换成专有的 IP 地址和最初的 TCP/UDP 端口号。因而，ICS 的作用相当于一种网络地址转换器(所谓网络地址转换器就是当数据包向前传递的过程中，可以转换数据包中的 IP 地址和 TCP/UCP 端口等地址信息)。有了这个网络地址转换器，家庭网络或小型的 Intranet 中的计算机就可以使用私有地址，并且通过网络地址转换器将私有地址转换成 ISP 分配的唯一的公用 IP 地址，从而实现对 Internet 的连接。因此，ICS 连接方式也被称为 Internet 转换连接方式。

ICS 技术的具体实现过程如下：

(1) 当网络中的一台客户端连接 Internet 时，客户端的 TCP/IP 协议将创建一个 IP 数据包，这个数据包包含目的 IP 地址(Internet 主机地址)和源 IP 地址(专有 IP 地址)，目的端口(Internet 主机的 TCP/UDP 端口)和源端口(源应用程序的 TCP/UDP 端口)。

(2) 数据包传送到 ICS 计算机后，ICS 对这个向外发出的数据包进行地址转换和端口重新配置，数据包的目的 IP 地址和目的端口不变，源 IP 地址变为 ISP 分配的公共 IP 地址，源端口变为重配置的源应用程序 TCP/UDP 端口。

(3) ICS 计算机将修改过的数据包传送到 Internet 上，Internet 上的主机向 ICS 计算机发回响应数据包,ICS收到的数据包包含目的IP地址(ISP分配的公共IP地址)和源IP地址(Internet主机地址),目的端口(重配置的源应用程序TCP/UDP端口)和源端口(Internet主机的TCP/UDP端口)。

(4) ICS计算机将这个数据包的地址进行转换和配置后,将数据包传送给内部网络中的客户端。ICS对数据包包含的地址信息进行修改,源IP地址和源端口保持不变,目的IP地址变为专有IP地址,目的端口变为源应用程序TCP/UDP端口。

这样,当一台被称为ICS的计算机(主机)直接与因特网连接后,局域网内部的客户端计算机依赖ICS主机来存取因特网的相关信息。

通过ICS,Windows XP允许家庭或中小型企业网络中的多台计算机共享单一的因特网联机。这项功能在Windows 2000专业版和Windows 98第2版中即已出现,如今在Windows XP中则是改进更多。

4. NAT技术与ICS应用的比较

因ICS功能比较简单,设定也相当容易,不需要太多的专业知识就可以完成设置,因此常用于家庭共享上网。ICS只能使用单一的公用IP地址,无须注册多个公用IP地址,因而所需费用少。ICS本身没有任何安全措施,需要安全保障时可另外增加防火墙。ICS对系统平台没有特殊的要求,装有Windows 98 SE以及以上版本操作系统的计算机都可以配置成ICS的主机。

NAT设置比ICS要复杂,需要具备一定的专业知识,因而适用于公司的办公网络环境。NAT能使用多个公用IP地址(设置地址池),从而使局域网用户可使用多个合法IP地址访问Internet,申请多个IP地址,当然只有规模较大的网络才有这种需要。由于使用IP路由,NAT具备一定的安全措施,安全性要比ICS好得多。当然,对于使用NAT共享上网的局域网来说,加装防火墙也是必要的。目前能支持NAT的操作系统只有Windows 2000 Server/Advance Server,显然这类操作系统并不适合家庭用户使用。与ICS要求网络中的客户端由DHCP服务器动态分配IP地址不同,NAT网络中的客户端可以设置静态IP地址,因而其设定更具有弹性,网络中的应用也可以更加多样,也更能适应规模较大的网络使用。

7.4 Wingate软件介绍

WinGate是一个优秀的代理服务器应用软件。它能使多个用户通过一个与Internet建立连接的设备,包括多种类型的Modem、ISDN、专线等,实现网络中的客户端同时访问Internet。

WinGate可以在一台安装Windows系统的计算机上运行,这台计算机不需要为此任务“专用”。WinGate支持几乎所有类型的运行TCP/IP的客户端计算机,以及各种流行的Internet应用软件,如Netscape Navigator、MS Internet Explorer、Eudora、Netscape Mail、telnet和FTP等。WinGate同时还充当一个坚固的防火墙,能控制用户自己内部网络的出入访问。与同类的其他软件相比,WinGate有很多优点,如可以限制用户对Internet访问的能力,通过GateKeeper提供的强劲的远程控制和用户认证能力(Pro版),记录和审计能力,一个SOCKS5服务器,HTTP缓存(节省带宽和加速访问),连接映射,可作为服务运行等。

WinGate 软件的主要特点如下：

(1) Wingate 可以使一组计算机通过连接以太网、Modem、直接电缆连接、无线连接、DSL、ISDN 等用户所装系统所支持的其他一切连入方法来实现共享上网，作为代理服务器的计算机对于客户端来说就是它们的网桥。

(2) Wingate 支持许多 Internet 程序，如 Netscape Navigator、Microsoft Internet Explorer、Eudora、Outlook 和 FTP 等。

(3) 支持虚拟网的点对点通道协议。

(4) Wingate 拥有强大的用户管理功能，它可控制用户进入哪些网络应用，设置网络软件应用时段，如上网聊天、看娱乐节目等。

(5) 具有防火墙，因为所有用户都是通过代理服务器的一个外部网桥的 IP 地址上网，所以它可以保护整个网络资源免受攻击。

(6) 具有网络地址转换功能，允许多人同时上网，即下面要讲的具有 NAT 功能。

(7) 很容易的备份系统的注册表，更好地保护用户的重要数据。

(8) 在安装时即自动检测出系统信息，从而进行优化配置，设置非常简单方便，无需太多的专业知识。

(9) Wingate 在代理服务器启动的时候即自动装入，无需人工介入即能自动处理网络用户的一切网络请求。

(10) Wingate 能适应目前流行的所有主流 Windows 系统，安装非常简单明了，无论用户是使用哪种 Windwos 系统，也无论用户是安装服务器版本，还是客户版本。

(11) Wingate 在用户需要时能自动拨号连接到 Internet。

(12) Wingate 能自动为用户的网络分配 DHCP 和 DNS 服务台，减少人为设置出错的机会，使用户更快地享受到共享的乐趣。

7.5 方法和主要步骤

7.5.1 利用 Wingate 软件实现共享上网

1. 安装 Wingate 软件前的准备

WinGate 软件在 LAN(局域网)上的一台机器上运行，这台机器通常称为 WinGate 机器(相当于服务器)。LAN 上的其他计算机称为客户端(Client)或工作站(WorkStation)。WinGate 机器通过 Modem 或其他方式(如专线)访问 Internet，而客户端则通过 WinGate 机器"间接"访问 Internet。

WinGate 对客户端的硬件要求不高，只要能运行相应的操作系统(如 Windows、Windows NT 等)即可。

运行 WinGate 软件的机器最低的推荐配置如下：

(1) 小规模的 LAN(2～20 个用户)：一般建议使用 Windows NT 操作系统或 Windows 2000，机器要求有 Pentium166 以上的 CPU 或更高，64MB 以上的内存，56Kb/s 的 Modem(或使用专线连接)。

(2) 大规模的 LAN(20 个用户以上)：运行 Windows NT 操作系统或 Windows 2000，

Pentium 266以上的机器或更高,128MB的内存,通过专线等访问Internet。

此外,运行WinGate软件服务器的硬盘容量越大越好。

2. WinGate软件的安装与设置

WinGate软件版本很多,由服务器端和客户端软件两部分组成,服务器端软件安装在与Internet相连接的机器上,客户端软件安装在局域网内的其他机器上。下面以WinGate 5.0软件为例,介绍一下WinGate软件的安装与设置。

1) 服务器端软件的安装与设置

(1) 从www.wingate.com网站上下载一个30天的试用版WinGate软件。

(2) 服务器端软件的安装。

在服务器执行WinGate的安装文件,安装时选择Configure this Computer as the WinGate Server单选按钮,然后单击Continue按钮,进行一步步的安装即可,如图7.5所示。

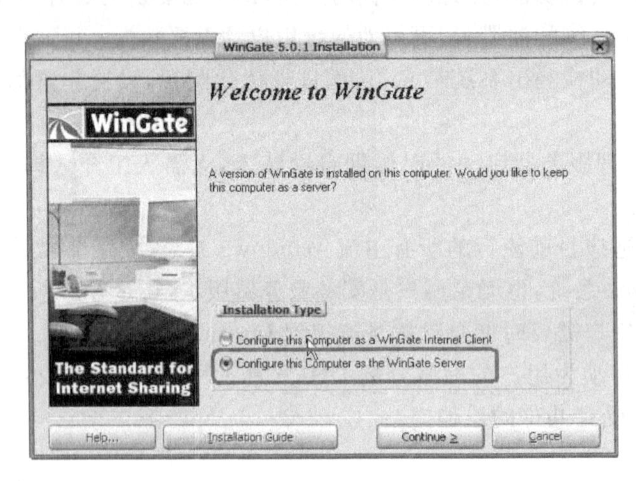

图7.5 WinGate软件的安装类型选择画面

(3) 服务器端软件的设置。

① Wingate Server服务器端软件安装完毕并重启计算机后,运行GateKeeper,在对话框中设置服务器的账号、密码,服务器的名称和端口号。可以采用默认值,然后单击OK按钮,如图7.6所示。

② 上述设置完毕后,出现GateKeeper启动的界面,如图7.7所示。

图7.7中左下栏分别有三个常用的功能标签设置:System标签、Services标签和Users标签。单击Services标签,此时列出了服务器所能提供的服务列表,其中包含常用的WWW网页浏览服务、FTP代理服务、POP3邮件代理服务和Telnet远程登录服务等。

③ 对WWW网页浏览服务的设置。

右击WWW Proxy service图标,在弹出的快捷菜单中选择Properties命令,弹出图7.8所示对话框。在General选项卡中Start options选项区域中的Service列表框中又出现

图7.6 WinGate服务器设置

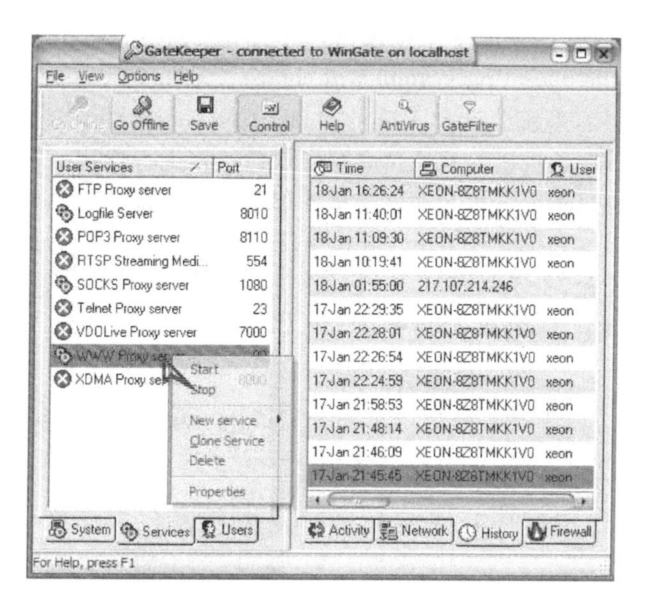

图 7.7　GateKeeper 启动界面

三个选项，Service is disabled 表示这项服务停止，manual start /stop 表示手动开始或停止，Service will start automatical 表示程序起动后就自动执行这项服务。一般默认的设置选择 Service will start automatical 选项。

单击 Bindings 选项卡，出现三个单选按钮，如图 7.9 所示。Allow connections coming in on any interface 单选按钮表示允许在任何接口上进行连接，一般在不知道 IP 或动态 IP 地址时选择该选项。accepted on the following interface only 单选按钮表示指定 IP 地址进行连接，也就是接受这个指定的 IP 地址，前提是要知道连接内部网络的网卡 IP 地址。Specify interfaces connections will be accepted on 单选按钮表示接收本机所有 IP 数据，一般选择该选项。

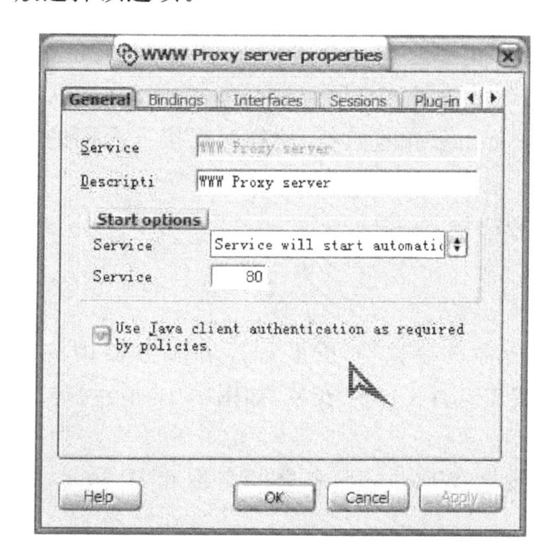

图 7.8　WWW Proxy server Properties 对话框中的 General 选项卡

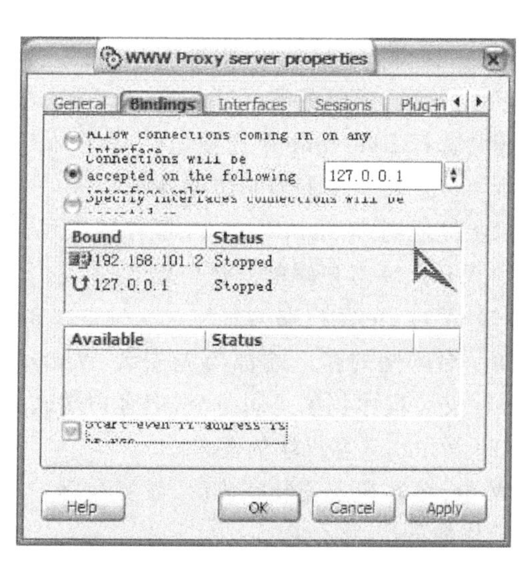

图 7.9　Bindings 选项卡的设置

单击 Interfaces 选项卡，出现三个单选按钮，如图 7.10 所示。Connections out will be made on any interface. the operating system will choose the correct interface 单选按钮表示在任何外部接口进行连接，系统会选择正确的接口。Connections to be maybe out on the following interface only 单选按钮表示只允许在指定的接口进行连接。Rotate connections out on all the following interfaces 表示循环连接外部接口。一般默认的是选择 Connections out will be made on any interface. the operating system will choose the correct interface 单选按钮，且无需作其他设置。

单击 Recipient 选项卡，如图 7.11 所示。

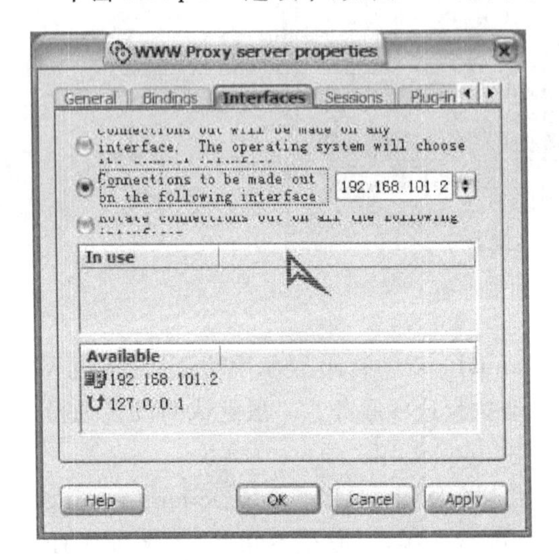

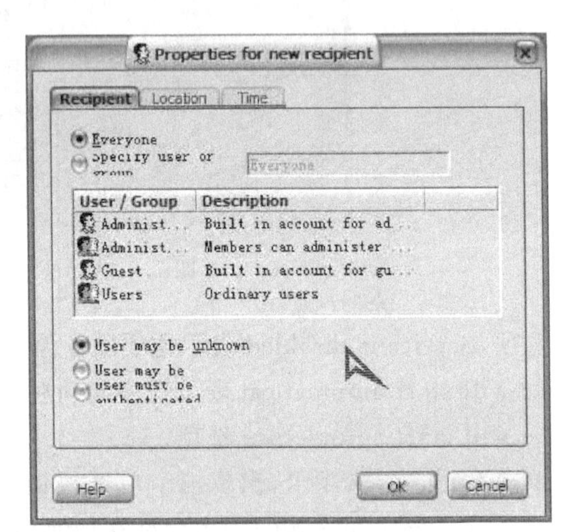

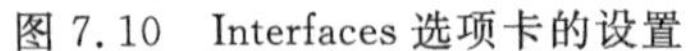
图 7.10　Interfaces 选项卡的设置

图 7.11　Recipient 选项卡的设置

在该选项卡中列出了 5 个单选按钮，Everyone 表示接收所有网内的用户连接到该服务器上，specify user or group 表示指定用户或用户组，并在列表中选择用户或组。User may be unknown 表示接入网内的用户也许不知道其用户名，但是依然可以连接到该服务器上。User may be assumed 表示用户可以是假定的，即不知道哪个用户会连接上，于是假定某个用户可以连接到该服务器。User must be authenticated 表示连接的用户必须通过授权和认证。通常选择 Everyone 单选按钮或 User may be assumed 单选按钮，这样保证接入内网的用户都可以连接上服务器来访问外网。

以上完成对 Wingate Server 服务器端 Web 服务的设置。

2) Wingate 客户端的安装与设置

(1) Wingate 客户端的安装。

每一台联网的客户端都要先安装 Wingate 5.0 客户端软件，安装程序和服务器用的 Wingate 安装程序仍然是同一个，但客户端软件安装需选择 Client 安装，如图 7.12 所示。

(2) Wingate 客户端的设置。

Wingate 客户端安装完成后，需要在客户端上设置 Wingate 服务器的名称和 IP 地址，具体操作如下：

① 运行 WinGate Internet Client Applet 程序。

② 选择 WinGate Servers 选项卡，选中 Use server 单选按钮。

图 7.12　WinGate 软件的客户端安装

③ 单击 Add 按钮,在弹出的对话框中的第一个 Server 文本框中输入 WinGate 服务器的名称 localhost,在第二个 Server 文本框中输入服务器的 IP 地址 192.168.101.2,第三个 Server 文本框中采用默认的服务器端口号 2080，如图 7.13 所示。

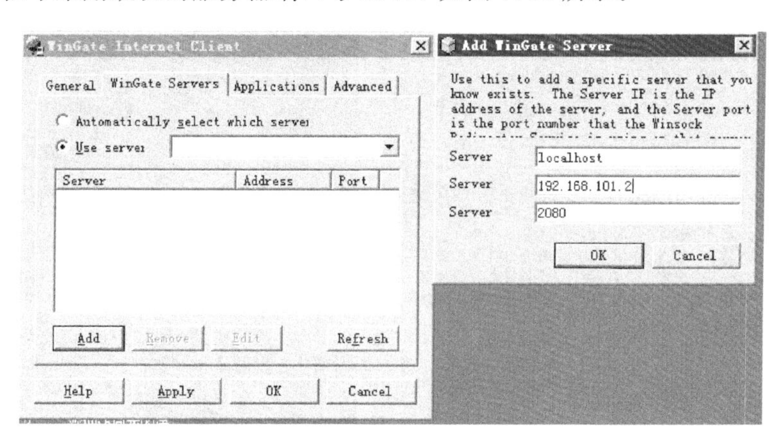

图 7.13　客户端的参数设置

④ 单击 OK 按钮完成设置。

3) 利用 Wingate 软件实现共享上网的验证

(1) 打开 Wingate 服务端计算机(Wingate 服务器),系统会自动运行 GateKeeper 程序。

(2) 客户端的启动：

① 客户端在每次启动需要连接 Internet 的软件时,Wingate Client 软件就会自动启动,如图 7.14 所示。

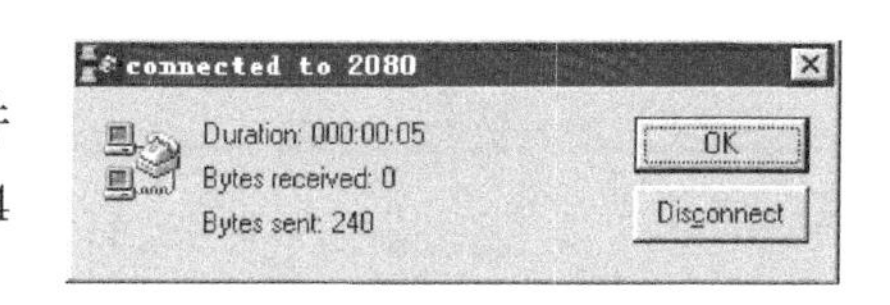

图 7.14　Wingate Client 的启动界面

② 客户端的联网过程在服务器 Wingate 的

Gatekeeper 中也能看到,如图 7.15 所示。

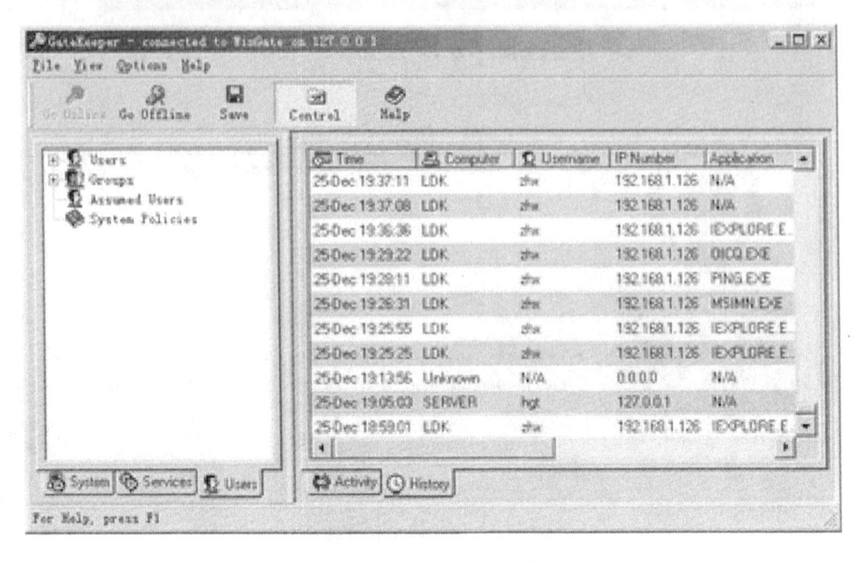

图 7.15　Gatekeeper 的界面

③ 打开客户端的浏览器软件,在地址栏输入网址 www.sina.com.cn,按 Enter 键后如图 7.16 所示。

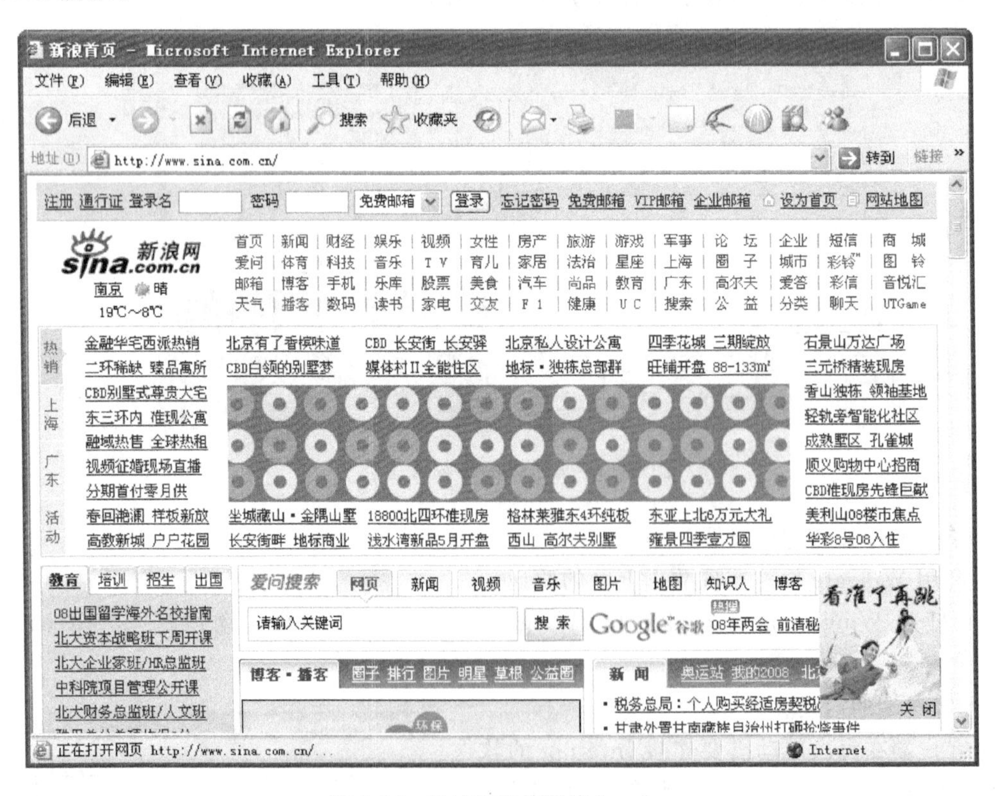

图 7.16　通过客户端浏览 Internet

图 7.16 的显示结果说明:客户端通过 Wingate 服务器成功连接到 Internet 上。

7.5.2 Windows 2000 系统的 ICS 共享接入

1. 安装前的准备工作

接入设备可以采用 Modem、ISDN 适配器或高速连接设备如 ADSL 或 Cable Modem 等。如果采用 Modem 或 ISDN 适配器，只需进行正确的安装和设置就可以了。如果采用 ADSL 或 Cable Modem，还需要一块额外的网卡，也就是说 ICS 需要安装两块网卡，一块用于内部网络的连接，另一块用于同 Internet 接入设备的连接。ICS 应用的结构示意图如图 7.17 所示。

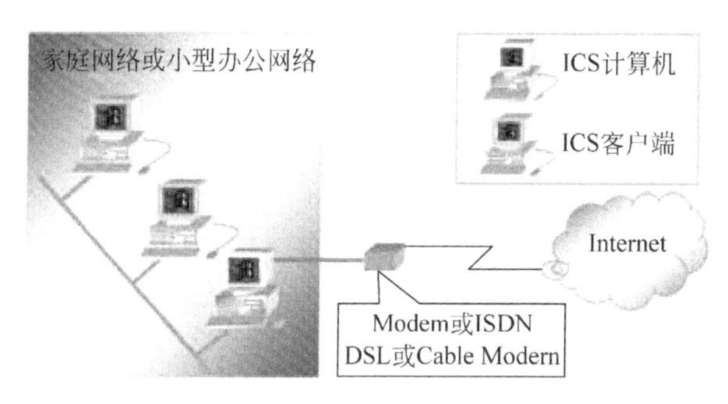

图 7.17 ICS 应用的结构示意图

采用 ADSL 或 Cable Modem 接入设备时，为了正确地使用 ICS 服务，需要特别注意：不要将 ICS 计算机、客户端和 ADSL 或 CableModem 直接连接到网络中的一个集线器上，也不要将 ICS 计算机和客户端直接连接到 ADSL 或 Cable Modem 内置的 HUB 上。一定要保持只有 ICS 计算机同 ADSL 或 Cable Modem 设备直接相连。

如果内部网络中已经有一台计算机通过某种接入设备实现了与 Internet 的连接，那么只需要在这台计算机上进行 ICS 的设置就可以了。

2. ICS 的设置

(1) ICS 计算机的设置。

① 在 ICS 计算机上，以管理员的身份登录到 Windows 2000 系统中。

② 打开“网络和拨号连接”文件夹，双击“新建连接”图标，启动 Windows 2000 的网络连接向导，根据 ISP 提供的设置来完成与 ISP 的连接。

如果 ICS 计算机中原先就建立好了与 Internet 的连接，并想使用这个连接作为共享连接，此时直接进入③。

③ 右击“共享连接”图标，从弹出的快捷菜单中选择“属性”命令，在弹出的对话框中选择“共享”选项卡，选中“启用此连接的 Internet 连接共享”复选框。如果希望内部网络中的另外一台计算机访问外部资源时能自动拨此连接，选中“启用请求拨号”复选框，如图 7.18 所示。

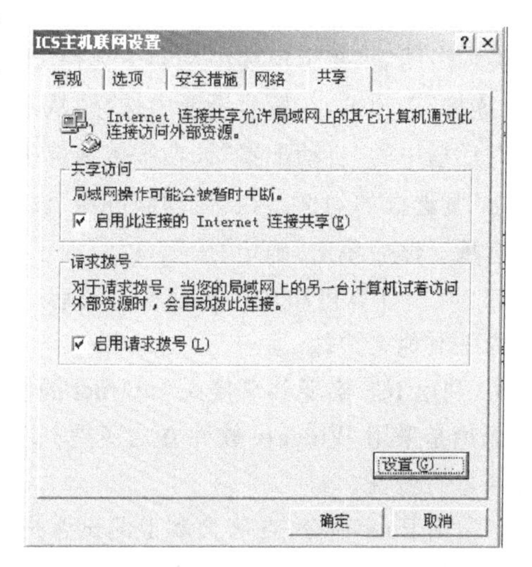

图 7.18 ICS 计算机的设置

④ 单击“确定”按钮,屏幕会出现一个对话框,提示“Internet 连接共享被启用时,网络适配卡将被设置成使用 IP 地址：192.168.0.1”,并警告可能失去网络中其他计算机的连接(如果原来计算机采用静态 IP 地址,可能会失去与其他计算机的连接)。

至此,完成了对 ICS 计算机的设置,ICS 计算机就可以启用了。

(2) 更改 ICS 计算机系统的设置。

① IP 地址：使用保留的 IP 地址 192.168.0.1,子网掩码为 255.255.255.0;

② IP 路由：共享连接建立时创建;

③ DHCP 分配器：范围是 192.168.0.0,子网掩码为 255.255.255.0;

④ DNS 代理：通过 ICS 启用;

⑤ ICS 服务：开始服务;

⑥ 自动拨号：启用。

(3) 在 ICS 计算机上设置相关的应用和服务。

网络中通过 ICS 进行 Internet 访问的计算机可能需要访问远程计算机的应用程序或服务,或者希望内部网络中的计算机能为远程计算机应用程序提供相关的服务时,需要对 ICS 进行设置来满足这些需求,具体的步骤如下：

① 在 ICS 计算机上,以管理员的身份登录到 Windows2000 系统中。

② 打开“网络和拨号连接”文件夹,右击“共享连接”图标,从弹出的快捷菜单中选择“属性”命令。

③ 单击“共享”选项卡,然后单击“设置”按钮。

④ 分别选择“应用程序”或“服务”进行相应的设置。

(4) ICS 客户端的设置。

内部网络中通过 ICS 访问 Internet 的计算机不能使用静态 IP 地址,必须由 ICS 计算机的 DHCP 分配器进行重新配置,每一台客户端在启动时,IP 地址被指定在 192.168.0.2～192.168.0.254 的范围内,子网掩码为 255.255.255.0,客户端的 TCP/IP 协议的属性设置为“自动获得 IP 地址”和“自动获得 DNS 服务器地址”。

ICS 计算机初始化和设置完成并通过登录 Internet 验证连接正确后,重新启动所有的客户端。启动后,在客户端浏览器中选择“工具”→“Internet 选项”命令,在弹出的对话框中选择“连接”选项卡,在拨号设置中选择“从不进行拨号连接”。单击“局域网设置”按钮,在弹出的对话框中的“自动配置”选项区域中选中“自动检测设置”复选框,并取消对“使用自动配置脚本”复选框的勾选。在“代理服务器”设置中,如果选择了“使用代理服务器选项”,需清除该选项。然后单击“确定”按钮,就完成了客户端的设置,如图 7.19 所示。

(5) ICS 计算机和客户端设置完成后,重新启动网络,先启动 ICS 计算机,然后启动局域网内的其他客户端。

3. 利用 ICS 实现共享接入 Internet 的验证

无论是采用 Wingate 软件方式还是 ICS 方式实现 Internet 的共享接入,都可以使用下列方法进行验证。

(1) 用 Ping 命令,在客户端上测试客户端与主机的连通状况,如对例中的 ICS 计算机,其 IP 地址为 192.168.0.1,以测试局域网连接是否正常。

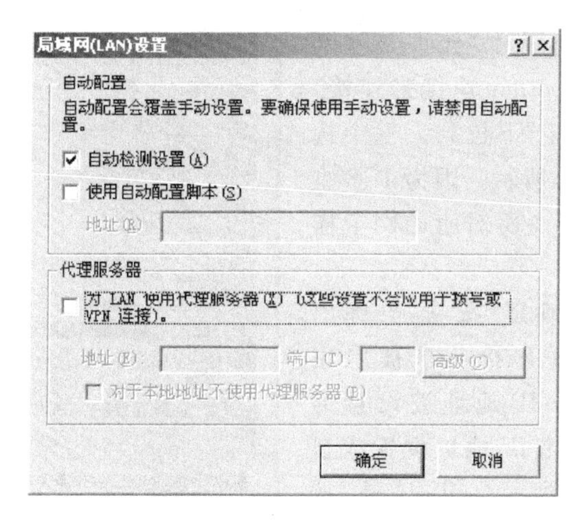

图 7.19　ICS 客户端的设置

(2) 在客户端上打开 IE 浏览器,尝试连接某网站(如 www.sina.com.cn),以测试局域网共享接入 Internet 是否正常。

7.5.3　Windows XP 系统的 ICS 共享接入

(1) ICS 计算机的设置。

① 右击桌面上的"网上邻居"图标,在弹出的快捷菜单中选择"属性"命令,然后右击连接到外网的"本地连接"图标,在弹出的快捷菜单中选择"属性"命令,如图 7.20 所示。

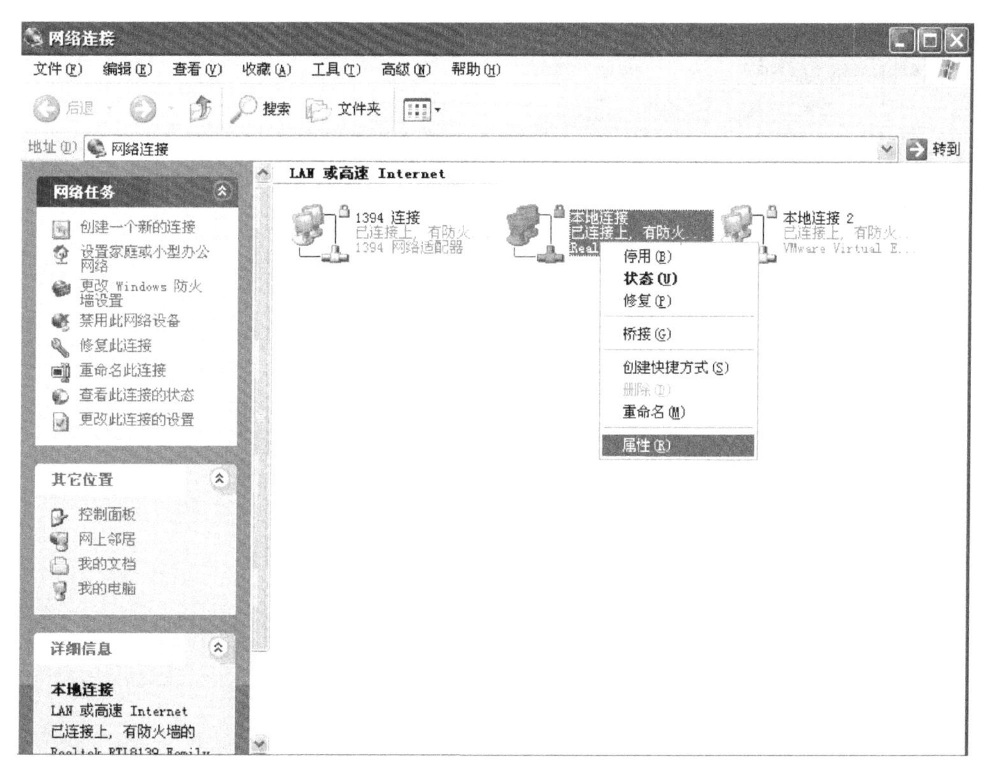

图 7.20　选择"本地连接"的"属性"命令

② 选择“高级”选项卡,选中“允许其他网络用户通过此计算机的 Internet 连接来连接”复选框,并在“家庭网络连接”下拉列表框中选择“本地连接 2”,如图 7.21 所示。因为 ICS 主机装有两块网卡,本地连接 2 所对应的网卡应该与客户端局域网相连。

③ 设置完成后单击“确定”按钮,会弹出一个对话框,提示 Internet 连接共享被启用时,连接本地 LAN 的网卡 IP 地址被设置为 192.168.0.1,同时客户端的 IP 地址设置成自动获取就行了,如图 7.22 所示。单击“是”按钮,完成设置,这时本地连接的图标上会出现一个“手”的形状,表示 ICS 设置成功,如图 7.23 所示。

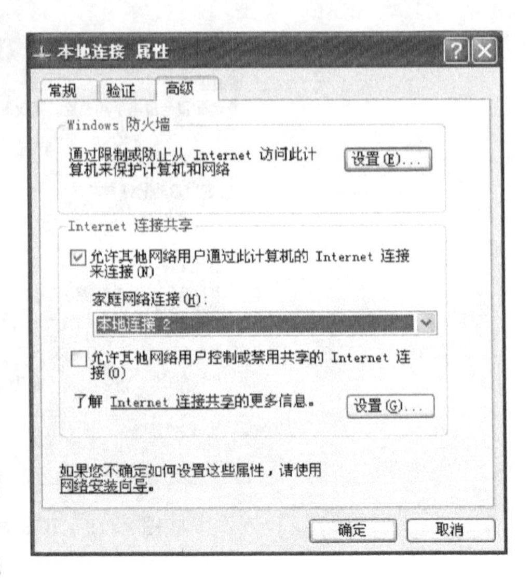

图 7.21 设置共享连接

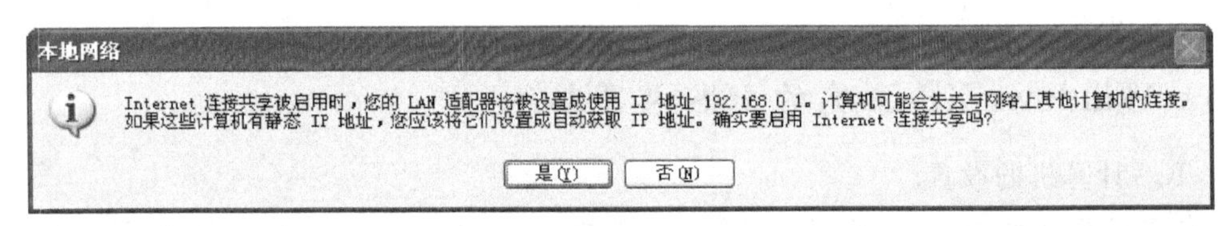

图 7.22 LAN 适配器的 IP 地址设置

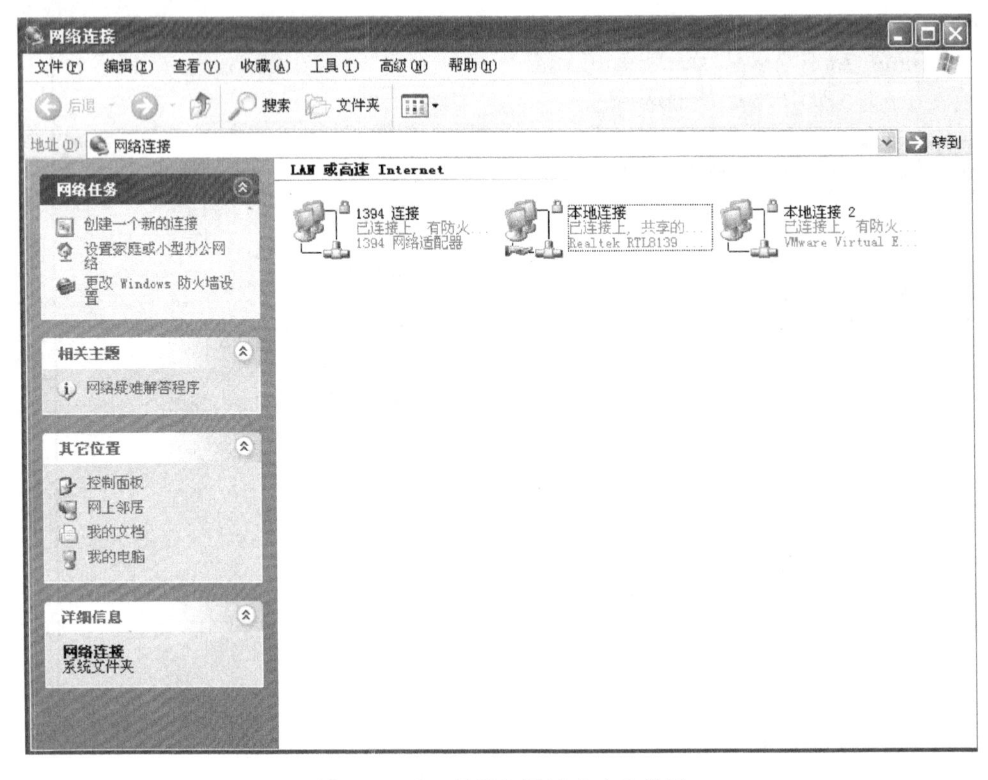

图 7.23 ICS 计算机设置成功示意图

(2) ICS 客户端的设置。

客户端的设置很简单，只要将连接到局域网的网卡 IP 地址设置成自动获取就行了，如图 7.24 所示。

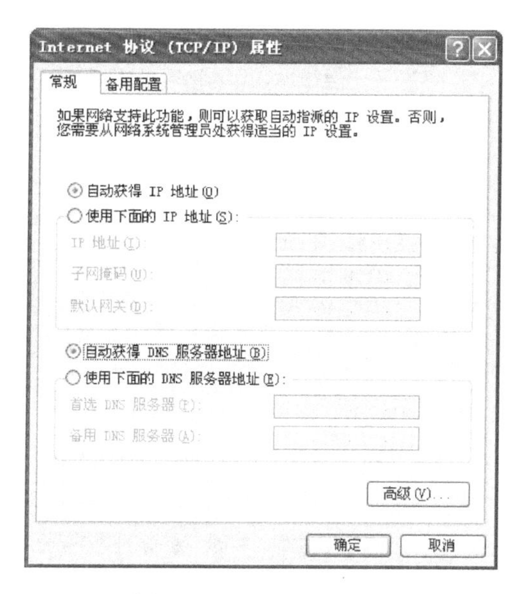

图 7.24　ICS 客户端设置

(3) 客户端共享 Internet 连接的验证。

① 用 Ping 命令在客户端上 DOS 状态下尝试测试 Ping 外网网址，如新浪网，测试局域网连接是否正常，如图 7.25 所示。

图 7.25　在客户端上用 Ping 命令进行测试

② 在客户端上打开 IE 浏览器，尝试连接某网站(如 www.sina.com.cn)，以测试局域网共享接入 Internet 是否正常，如图 7.26 所示。

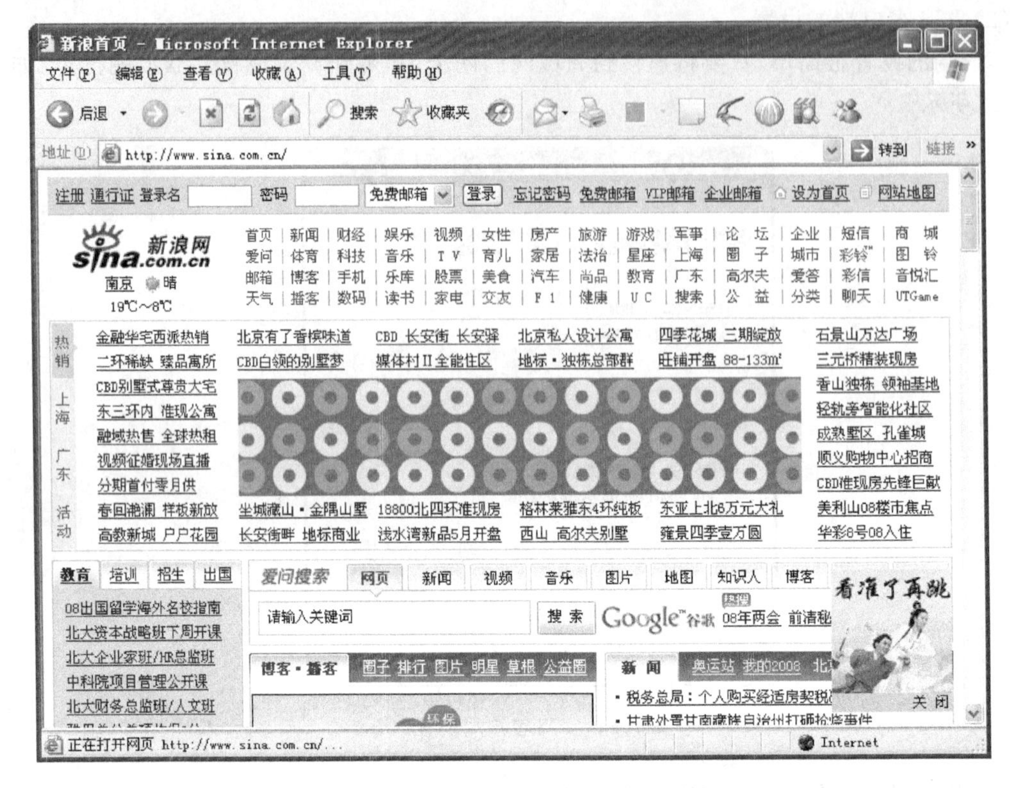

图 7.26　在客户端上浏览 Internet 网站

7.6 思　考　题

1. 详细记录局域网共享 Internet 应用中每个步骤的内容及出现的现象。

2. 为什么要在局域网进行 Internet 接入共享?

3. 常见的局域网共享 Internet 接入的方法有哪些?它们之间有什么区别?

4. Wingate 软件以及 Windows ICS 软件都可实现共享 Internet 的接入。试对这两种方式进行比较。

5. NAT 技术实现共享上网的原理是什么?

6. 写出局域网共享 Internet 连接的应用体会。

第8章 Windows环境下TCP/IP参数的配置

8.1 应用目的

(1) 了解IP地址、子网掩码、网关等参数的含义及作用。

(2) 理解IP地址唯一性的含义。

(3) 掌握Windows环境下IP地址、子网掩码、网关等参数的设置方法。

(4) 了解IP地址规划与设计的一般规则。

(5) 掌握常用的网络通断测试方法。

(6) 掌握局域网条件下计算机之间能否进行通信的判断方法。

8.2 要求与环境

1. 应用要求

(1) 查看并记录本机IP地址、子网掩码、网关等参数的设置情况，并确认本机是否能够连接外部网络。

① 选择一台计算机，仅保留IP地址参数，将子网掩码、网关等参数全部清除，查看单击“确定”按钮后有什么现象？

② 选择一台计算机，将本机IP地址与相邻计算机的IP地址一样设置，查看有什么现象？

③ 在能够连接外部网络的计算机上，利用tracert命令查看本机网关参数设置前后的现象有什么区别？

(2) 要求对IP地址及子网掩码进行规划和设计，并完成Windows环境下IP地址及子网掩码的设置。如对A、B、C三台计算机的IP地址192.168.1.1、192.168.1.2、192.168.129.3，子网掩码都是255.255.255.0。

(3) 通过ping命令对A、B、C三台计算机能否正常通信进行验证。

(4) 保持网络拓扑结构不变的前提下，假设A、B、C三台计算机的IP地址不变，子网掩码改变为255.255.128.0。此时，利用ping命令对三台计算机能否正常通信进行验证。

(5) 保持网络拓扑结构不变的前提下，假设A、B、C三台计算机的IP地址不变，子网掩码改变为255.255.0.0。此时，利用ping命令对三台计算机能否正常通信进行验证。

(6) 保持网络拓扑结构不变的前提下，假设A、B、C三台计算机的IP地址改变为192.168.1.1、192.168.1.2和192.168.1.3，子网掩码都是255.255.255.0。此时，利用ping命令对三台计算机能否正常通信进行验证。

(7) 保持网络拓扑结构不变的前提下,假设A、B、C三台计算机的IP地址改变为192.168.1.1、192.168.1.2和192.168.1.3,子网掩码改变为255.255.128.0。此时,利用ping命令对三台计算机能否正常通信进行验证。

(8) 总结在简单的局域网条件下,计算机之间能否进行通信的判断方法。

2. 环境要求

安装有Windows操作系统的计算机若干;Hub或交换机若干台;网线若干条;能够连接外部网的计算机至少一台。

8.3 TCP/IP简介

8.3.1 TCP/IP体系结构

计算机网络之所以能够将地理位置分散的计算机连接在一起,实现信息的共享和数据的传递,就必须遵守一些事先约定好的规则。这些规则被称为网络协议,网络协议明确规定了通信双方所交换数据的格式以及有关的同步问题。

为了能使不同体系结构的计算机网络实现互连,国际标准化组织于1978年提出了著名的"开放系统互连参考模式(OSI模型)",也称为OSI七层模型,并于1983年形成了开放系统互连参考模式的正式文件,即著名的ISO7498标准。

OSI模型及标准对计算机网络的发展起到了积极的推动作用,但由于该模型过于理论化,以及至今在市场上几乎找不到厂家生产出符合OSI标准的商用产品,因此实际应用并不广泛,真正具有实用价值并且应用广泛的是TCP/IP标准。

1. TCP/IP模型

TCP/IP(Transmission Control Protocol / Internet Protocol,传输控制协议/网际网互连协议)是目前应用最为广泛的Internet互连协议,它的流行与Internet的迅猛发展和普及是分不开的。

相对于OSI的七层模型而言,TCP/IP的开发人员将其体系结构分为4个层次,分别是应用层、传输层、互联网层和主机至网络接口层,如图8.1所示。

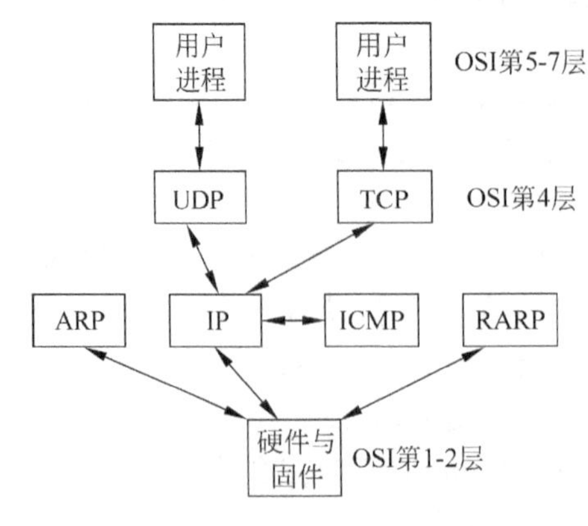

图8.1 TCP/IP分层参考模型

每层的作用如下：

(1) 主机至网络接口层：TCP/IP 体系结构的第一层，主要表现为一些硬件与固件。该层的接口可能提供可靠的数据传输，也可能不提供。事实上，TCP/IP 协议可以与几乎所有可用的网络接口相连，从而加强了 IP 层的适应性。

(2) 互联网层：TCP/IP 体系结构的第二层，该层定义了互联网中传输的"数据包"格式，以及从一个用户通过一个或多个路由器到最终目标的"数据包"转发机制。Internet 的互联网层也称为网络层或 IP 层，负责基本的数据包传输功能，让每一个数据包能够到达目的主机，但不检查是否能被正确接收。

(3) 传输层：TCP/IP 体系结构的第三层，负责两个用户进程之间的通信。传输层有两个重要的协议，即面向连接的传输控制协议（TCP）和面向非连接的用户数据报协议（UDP）。TCP 负责建立、管理和拆除可靠而又有效的端到端连接，而 UDP 不保证提供可靠的连接服务。

(4) 应用层：TCP/IP 体系结构的最高层，它定义了应用程序使用互联网的规程。如大家所熟悉的 WWW 访问协议(http)、文件传输协议(FTP)、电子邮件传输协议(SMTP)、网络远程访问协议(Telnet)和域名解析协议(DNS)等。

TCP/IP 协议在计算机网络互联中得到广泛的应用。与 TCP/IP 协议应用相关的通常有两个术语：Internet 和 internet。

Internet 是一个遵从 TCP/IP 协议，将大大小小的计算机网络互联起来的"超级计算机网络"，也叫"因特网"。internet 常常用来表示网络互联，意思是用一个(组)共同的协议族把多个网络连接在一起。显然，Internet 是一个 internet，但 internet 不等于 Internet，它们之间是有区别的。

在 Internet 所使用的各种协议中，最重要和著名的是 TCP 和 IP 协议。人们经常所提的 TCP/IP 协议并非仅指 TCP 和 IP 两个具体的协议，而是表示 Internet 所使用的体系结构或是指整个 TCP/IP 协议族。

2. IP 协议

TCP/IP 协议族包含了很多功能各异的协议，下面重点介绍网际协议(IP)。

(1) IP 协议。

IP 协议是 TCP/IP 协议族中一个最著名的协议，也是最重要的 Internet 标准协议之一。与 IP 配套使用的还有其他几个协议，如地址解析协议(ARP)、反向地址解析协议(RARP)和互联网控制协议(ICMP)等。

IP 协议利用一个共同遵守的通信协议，从而使 Internet 成为一个允许连接不同类型计算机和不同操作系统的计算机网络。

IP 协议提供了能适应各种各样网络硬件的灵活性，对底层网络硬件几乎没有任何要求，任何一个网络只要可以从一个地点向另一个地点传送二进制数据，就可以使用 IP 协议接入 Internet。

地址解析协议(Address Resolution Protocol，ARP)是在仅知道节点主机 IP 地址时确定其物理地址的一种协议。由于 IPv4 和以太网技术的广泛应用，常用到的 ARP 功能是将 IP 地址翻译成以太网的 MAC 地址。

反向地址解析协议(Reverse Address Resolution Protocol，RARP)是在知道节点主机

MAC 地址而确定其 IP 地址的一种协议。

互联网控制协议(Internet Control Message Protocol,ICMP)是 IP 层一个重要的组成部分,它传递差错报文以及其他需要注意的信息。ICMP 报文通常被 IP 层或更高层协议(TCP 或 UDP)所使用,并将差错报文返回给用户进程。

IP 协议对于计算机网络通信有着重要的意义:网络中所有的节点通过安装 IP 协议,使许许多多不同种类的计算机网络互相连接,构成一个庞大的通信系统,实现彼此之间的通信。

(2) 物理地址和互联网地址。

在数据链路层,网络上的一个节点与该网络上的另外一个节点之间的通信是通过物理地址来标识节点,从而完成通信任务的。对于网络硬件而言,物理地址通常编码到网络的接口卡中,有时也可以通过开关或软件方式由用户自己设置,因此物理地址也叫 MAC 地址或网卡物理地址。

MAC 地址的格式是由若干位十六进制数码组成,如 00-80-AD-0C-88-3C。不同类型的网络有不同类型的物理地址形式和规定,如在以太网络中,每个以太网的网卡有一个世界唯一的 48 位地址。

因在因特网中,通信双方不一定位于同一个物理网络上,为了使因特网中的任意一个节点都能与其他节点通信,仅使用节点的物理地址显然是不合适的。为了能够对因特网中所有的节点进行标识,就需要一种全局性标识网络节点的方法,这个方法就是对因特网中每个节点都分配一个被称为因特网地址的整数地址。在 TCP/IP 网络中,该地址也被称为 IP 地址。

使用 IP 地址的目的是帮助网络将 TCP/IP 报文从节点传送到正确的目的地。为了实现这个目的,通常有三个和此相关的术语:名字、目标地址和路由。

名字是对一个节点(如计算机或一个用户)的特殊标识,它通常是唯一的。

目标地址通常标识目标所在地,指的是节点在网络内的物理或逻辑位置。

路由告诉网络系统如何将源数据报传送到正确的地址去。

8.3.2 IP 地址、子网掩码、默认网关

1. IP 地址

在 Internet 上连接的所有节点,从服务器到微型计算机都是以“主机”的身份出现。为了实现各主机间的通信,需要给每台主机分配一个唯一的网络地址,就好比生活中每一个住宅都有唯一的门牌一样,这样才不至于使网络中的数据传输出现混乱。

Internet 的网络地址是指连入 Internet 的主机编号。因为 Internet 使用 TCP/IP 协议,所以该地址被称为 IP 地址,IP 地址被用来唯一标识一台主机。

IP 地址是对联网主机的逻辑标识,而不是对主机自身的物理表示,这两者有重要的不同之处。当一台主机在网络上的位置发生变化时,IP 地址可随之改变,这要依赖于网络建造的方式。

IP 地址的格式是由 4 组 8 位数组成,总共 32 位,它对 TCP/IP 网络中的主机(计算机或其他智能设备)进行唯一标识。为使用方便,IP 地址通常以点分十进制格式来表示,4 个数字由句点分隔,如 192.168.123.132。

IP 地址只能由网络信息中心(Network Information Center,NIC)分配,如果一个网络不与 Internet 相连,也可以由自己按照一定的规则编号。

在 TCP/IP 的网络中,智能设备,如计算机、路由器等之间数据包的传递,作为智能设备本身并不知道信息包的目标所在的确切位置。智能设备只知道主机是哪一个网络的成员,并使用存储在路由表中的信息来确定如何将数据包送达目标主机的网络。为了使智能设备之间的通信能够顺利进行,在标识网络时通常将 IP 地址分为两个部分。IP 地址的前一部分作为网络地址,后一部分作为主机地址。

以 192.168.123.132 为例,将它分为这两个部分之后,会得到:

192.168.123. 网络号

.132 主机号

或 192.168.123.0—网络地址

在此网络中的第 132 号为主机地址。

因而每个网络上都拥有许多主机,这样便构成了一个层次结构分明的计算机网络。

一般将 IP 地址按节点计算机所在网络规模的大小区分为 A、B、C 三类,如图 8.2 所示。Windows 环境下计算机能够自动识别 A、B、C 三类 IP 地址。

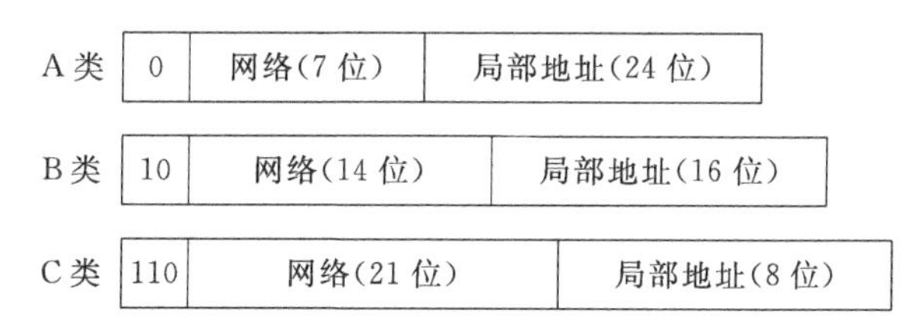

图 8.2　IP 地址的常用类型

(1) A 类地址。

A 类地址的表示范围为 1.0.0.0～126.255.255.255,默认网络掩码为 255.0.0.0。A 类地址分配给规模特别大的网络使用。A 类网络用第一组数字表示网络本身的地址,后面三组数字作为连接于网络上主机的地址。分配给具有大量主机(直接个人用户)而局域网络个数较少的大型网络,例如 IBM 公司的网络。

(2) B 类地址。

B 类地址的表示范围为 128.0.0.0～191.255.255.255,默认网络掩码为 255.255.0.0。B 类地址分配给一般的中型网络。B 类网络用第一、二组数字表示网络的地址,后面两组数字代表网络上的主机地址。

(3) C 类地址。

C 类地址的表示范围为 192.0.0.0～223.255.255.255,默认网络掩码为 255.255.255.0。C 类地址分配给小型网络,如一般的局域网和校园网,它可连接的主机数量是最少的,采用把所属的用户分为若干的网段进行管理。C 类网络用前三组数字表示网络的地址,最后一组数字作为网络上的主机地址。

IP 地址在规划与设计时应考虑到 IP 地址分配的层次特点,将每个 IP 地址都分割成网络号和主机号两部分,以便于 IP 地址的寻址操作。

一般情况下,IP 地址的网络号和主机号各是多少位是由实际的应用状况以及网络的环境决定的。对一个具体的IP地址而言,如果不特别指明,则使用默认的网络掩码。

2. 子网掩码

子网掩码是保证TCP/IP网络正常工作所必需的条件之一,是用来判断任意联网的两台计算机IP地址是否属于同一子网的根据。在TCP/IP网络中使用子网掩码来确定通信的主机是在本地子网中还是在远程网络中。

子网掩码不能单独存在,它必须结合IP地址一起使用。子网掩码只有一个作用,就是将某个IP地址划分成网络地址和主机地址两部分。

子网掩码的设定必须遵循一定的规则。与IP地址相同,子网掩码的长度也是32位,左边是网络位,用二进制数字"1"表示;右边是主机位,用二进制数字"0"表示。例如255.255.0.0、255.255.192.0等。

在TCP/IP网络中,将某主机的哪部分IP地址用作网络地址,哪部分用作主机地址并不是固定不变的,这就要由子网掩码来决定。

通常情况下,对于A类网络的子网掩码为255.0.0.0;B类网络为255.255.0.0;C类网络为255.255.255.0。如何通过子网掩码来确定网络号或者网络地址?下面作一个简单的介绍。

对子网掩码为255.255.255.0而言,将IP地址和子网掩码排列在一起进行比较,就可以很清楚地分清该IP地址的网络部分和主机部分:

```
11000000.10101000.01111011.10000100        -- IP地址(192.168.123.132)
11111111.11111111.11111111.00000000        -- 子网掩码 (255.255.255.0)
```

前24位(子网掩码中的数字1)被标识为网络地址,后8位(子网掩码中剩余的数字0)被标识为主机地址。据此可以得到:

```
11000000.10101000.01111011.00000000        -- 网络地址 (192.168.123.0)
00000000.00000000.00000000.10000100        -- 主机地址 (000.000.000.132)
```

由此事例可以知道,在使用255.255.255.0的子网掩码时,如果目标地址的网络ID为192.168.123.0,则可以断定:目标地址与本机位于同样的子网中,此时计算机之间可以通过Hub或交换机进行互相通信而无需路由设备。如果目标地址的网络ID不为192.168.123.0,则目标地址与本机位于不同的子网中,此时计算机之间的通信需要经过本计算机的网关通过其他设备才能进行互相通信。

实际应用中,还可能经常遇到子网掩码不是255.255.255.0而是255.255.128.0之类的掩码,此时又如何通过子网掩码来确定网络号或者网络地址?

以IP地址(192.168.130.132)为例说明如下:

(1) 将IP地址(192.168.130.132)转化为二进制。

(2) 将子网掩码255.255.128.0也转化为二进制。

(3) 进行逻辑AND运算。

(4) 将AND运算后的结果转化为十进制。

转化后的十进制结果为192.168.128.0。

具有相同网络号的主机地址范围为11000000.10101000.10000000.00000000～11000000.10101000.11111111.11111111。

上述结果转化十进制为：192.168.128.0～192.168.255.255。

0 和 255 通常作为网络的内部特殊用途地址而不使用。最后的结果如下：

```
192.168.128.1 - 192.168.128.254;
192.168.129.1 - 192.168.129.254;
192.168.130.1 - 192.168.130.254;
192.168.131.1 - 192.168.131.254;
. . . . . . . . . . . . .
192.168.139.1 - 192.168.139.254;
192.168.140.1 - 192.168.140.254;
192.168.141.1 - 192.168.141.254;
192.168.142.1 - 192.168.142.254;
192.168.143.1 - 192.168.143.254;
. . . . . . . . . . . . .
192.168.254.1 - 192.168.254.254;
192.168.255.1 - 192.168.255.254
```

有关 TCP/IP 网络中使用有效子网和子网掩码的其他问题可以参考相关的网站：Internet RFC 1878(从 http://www.internic.net (http://www.internic.net)获取)中相关的描述。

3. 默认网关

要了解默认网关的相关知识，首先介绍网关的含义。

网关(Gateway)，顾名思义，就是一个网络连接到另一个网络的"关口"。对本地网络而言，网关实质上是一个网络通向其他网络的 IP 地址。在 TCP/IP 网络中，网关是常用的一个参数之一。

为了更好地理解网关的概念，举例如下：

有网络 A 和网络 B，网络 A 的 IP 地址范围为 192.168.1.1～192.168.1.254，子网掩码为 255.255.255.0；网络 B 的 IP 地址范围为 192.168.2.1～192.168.2.254，子网掩码为 255.255.255.0。

在没有路由器的情况下，由于上述两个网络不在同一个网络内，因此即使将两个网络连接在同一台交换机(或集线器)上，TCP/IP 协议也会根据子网掩码(255.255.255.0)判定两个网络中的主机处在不同的网络里，它们之间显然是不能进行通信的(根据前面对子网掩码知识的分析不难理解)。而要能实现这两个网络之间的通信，就必须添加路由器设备，通过路由器转发数据包实现数据的通信，此处路由器充当了两个网络数据通信的"关口"，对每个局域网而言，它就是网关。

仍以上述网络 A 和网络 B 为例，对网关的工作原理描述如下。如果网络 A 中的主机发现数据包的目的主机不在本地网络中，就把数据包转发给它自己的网关，再由网关转发给网络 B 的网关，网络 B 的网关通过查找路由信息决定转发给网络 B 的某个主机。网络 B 向网络 A 转发数据包的过程也是如此，如图 8.3 所示。因此，对于跨网络进行数据通信的计算机而言，网关发挥着特别重要的作用。

在搞清楚网关的概念后，默认网关的概念也就不难理解了。这好比一个房间可以有多扇门一样，位于网络中的主机也可以有多个网关。在计算机网络的某台主机如果找不到可用的网关后，就会将数据包发给默认指定的网关，这个网关就是默认网关，由默认网关来处理数据包的寻址。在 Microsoft 系统的网络中，网关一般指的是默认网关，如图 8.4 所示。

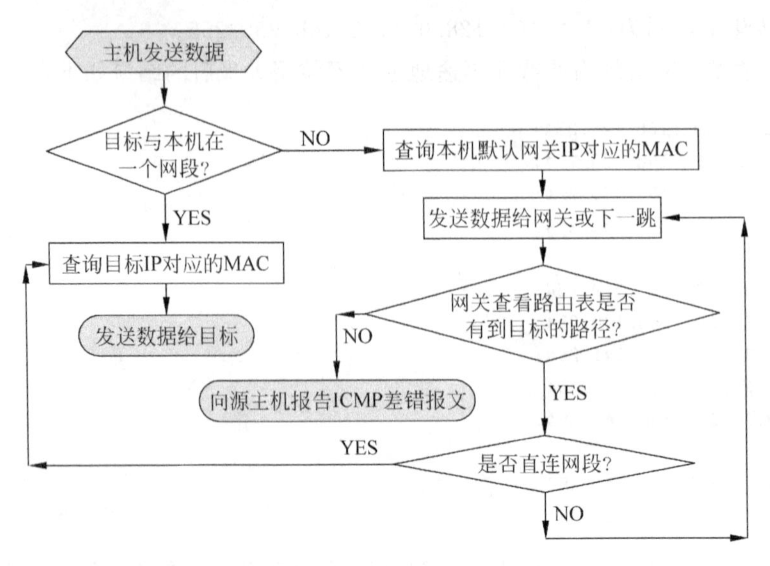

图 8.3 网关的工作原理

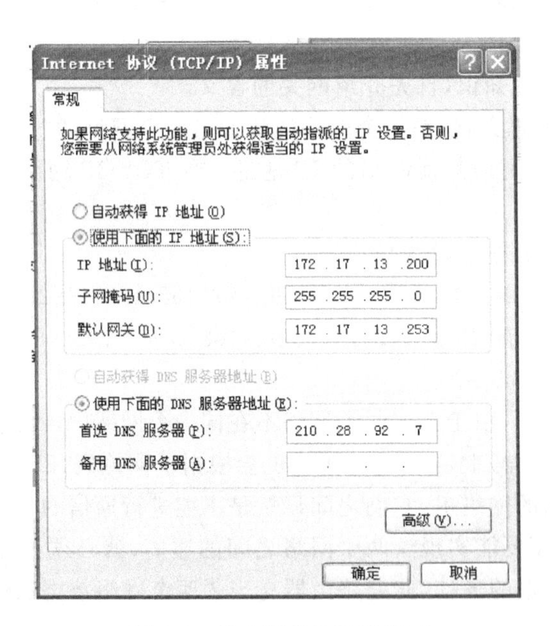

图 8.4 默认网关的设置界面

8.3.3 IP 地址的规划

IP 地址的规划是一个比较复杂的问题，涉及到许多方面。下面仅介绍局域网 IP 地址在规划时需要注意的一般规则。

(1) 网络是否需要与 Internet 相连？如果不需要，则由自己按照一定的规则进行规划；否则，将到本地运营商那里去注册和申请 IP 地址。

(2) 为每个网段分配一个 C 类 IP 地址段，但不建议使用 192.168.1.0 段 IP 地址。

由于某些网络设备(如宽带路由器或无线路由器)或应用程序(如 ICS)拥有自动分配 IP

地址功能，而且默认的 IP 地址池往往选择 192.168.1.0 段 IP 地址，因此在规划局域网 IP 地址时，除非必要，否则尽量避免使用上述 C 类地址段。

(3) 采用默认的子网掩码，如果有必要，也可以采用变长子网掩码。

在每个网段的计算机数量不要超过 250 台计算机时，通常选择默认的子网掩码，如 255.255.255.0。如果同一网段的计算机数量超过 250 台计算机，也可以选择变长子网掩码，如 255.255.128.0。但需要注意，同一网段的计算机数量越大，广播包的数量也越大，有效带宽就损失越多，网络传输效率也将越低。

即使选用 10.0.0.1～10.255.255.254 或 172.16.0.1～172.32.255.254 段 IP 地址，也建议采用 255.255.255.0 作为子网掩码，以获取更多的 IP 网段，并使每个子网中所容纳的计算机数量都较少。

(4) 为了管理方便，尽可能地为用于网络设备管理的 IP 地址分配一个独立的 IP 地址段，以避免在分配 IP 地址时发生与网络设备管理的 IP 地址冲突，从而影响远程管理的实现。基于同样的原因，在实际应用中，常常将 IP 地址段的较大值定为网关地址，如 172.16.0.1～172.32.255.254 段中的 172.32.255.250～172.32.255.254。而将 IP 地址段的较小值预留给资源服务器所用，如 172.16.0.1～172.32.255.10。工作站的 IP 地址范围则在 172.32.255.11～172.32.255.249 之间分配。

8.4 方法与主要步骤

8.4.1 网络环境

本应用的网络环境拓扑结构如图 8.5 所示。

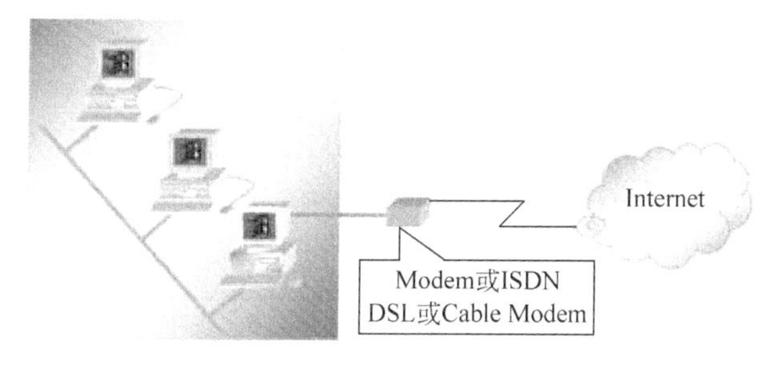

图 8.5 网络拓扑结构示意图

8.4.2 验证 IP 地址与子网掩码的不可分离性

(1) 在确认计算机已经安装了协议和相关的服务后，来配置客户端网卡的 IP 地址，如图 8.6 所示。在对话框中选择对应网卡的“Internet 协议(TCP/IP)”选项(注意不是选择物理的网卡项)，然后单击“属性”按钮，打开网卡的“Internet 协议(TCP/IP)属性”对话框。

(2) 仅在“IP 地址”文本框中设置 IP 地址参数，不设置“子网掩码”、“默认网关”等参数，单击“确定”按钮后出现图 8.7 所示界面。

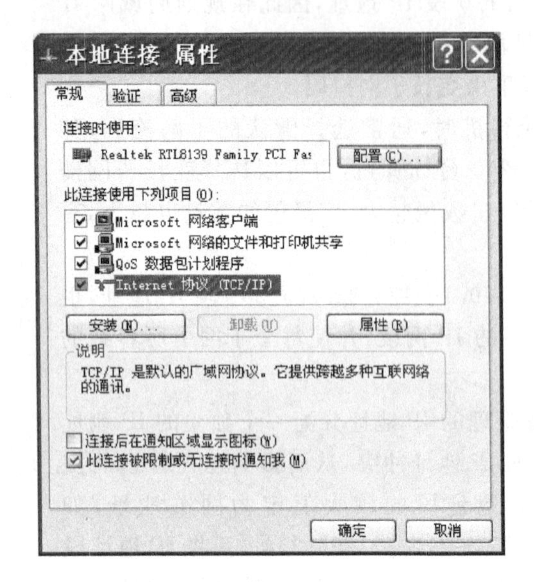

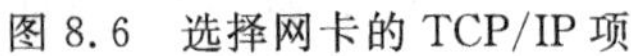
图 8.6　选择网卡的 TCP/IP 项

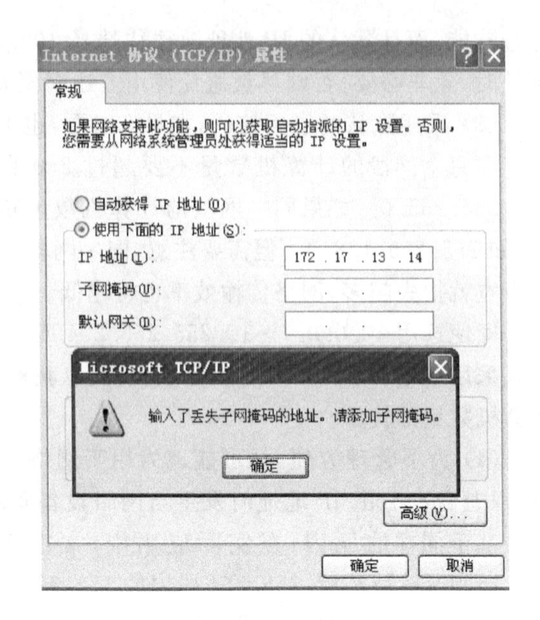

图 8.7　IP 地址与子网掩码应用的不可分离性

图 8.7 说明，子网掩码是保证 TCP/IP 网络正常工作所必需的条件，IP 地址不能单独存在，它必须与子网掩码结合在一起成对使用才能有效。

以上结论不限于 Windows 环境，在 UNIX、Linux 环境中都能得到同样的验证。

8.4.3　验证 IP 地址的唯一性

本机 IP 地址与相邻计算机的 IP 地址设置一样，单击“确定”按钮后出现图 8.8 所示界面。说明在同一个网络中不能存在两个一样的 IP 地址。

图 8.8　验证 IP 地址的唯一性

8.4.4　验证网关的作用

在能够连接外部网络的计算机上，在 DOS 提示符“C:\>”下，利用 tracert 命令分别查看本机网关参数设置前后的显示结果。

以 www.sina.com.cn 为目标，设置网关参数和不设置网关参数，利用 tracert 命令的显示结果分别如图 8.9 和图 8.10 所示。

由图 8.10 可见，目标(www.sina.com.cn)与本机不在同一个网络里。由于本机未设置网关参数，因此本机的数据包不知道转发到哪里，于是就出现图 8.10 所示的结果。

```
C:\>tracert www.sina.com.cn

Tracing route to jupiter.sina.com.cn [202.205.3.130]
over a maximum of 30 hops:

  1    <1 ms    <1 ms    <1 ms  172.17.13.253
  2    <1 ms    <1 ms    <1 ms  172.26.9.1
  3    <1 ms    <1 ms    <1 ms  172.26.8.22
  4    <1 ms    <1 ms    <1 ms  172.26.3.83
  5     3 ms     3 ms     3 ms  172.16.255.29
  6     1 ms    <1 ms    <1 ms  172.16.255.85
  7     3 ms     3 ms     3 ms  202.119.128.85
  8     2 ms     1 ms     1 ms  202.119.129.110
  9     4 ms     6 ms     5 ms  hht-21-p3-0-0.cernet.net [202.112.46.6]
 10    27 ms    25 ms    25 ms  202.112.36.113
 11     *        *        *     Request timed out.
 12    23 ms    26 ms    27 ms  202.112.38.102
 13    19 ms    19 ms    21 ms  202.205.13.249
 14    26 ms    25 ms    26 ms  202.205.13.210
 15    25 ms    25 ms    25 ms  202.205.3.130

Trace complete.
```

图 8.9　设置网关参数的 tracert 命令显示结果

```
C:\>
C:\>
C:\>tracert www.sina.com.cn
Unable to resolve target system name www.sina.com.cn.

C:\>
```

图 8.10　不设置网关参数的 tracert 命令显示结果

8.4.5　TCP/IP 参数的规划与验证

对 IP 地址及子网掩码进行规划和设计，如 A、B、C 三台计算机的 IP 地址为 192.168.1.1、192.168.1.2 和 192.168.129.3，子网掩码都是 255.255.255.0。

(1) 选择其中一台计算机，将“Internet 协议(TCP/IP)属性”对话框中的“IP 地址”和“子网掩码”分别设置为 192.168.1.1 和 255.255.255.0，然后单击“确定”按钮，如图 8.11 所示。同理，另外两台计算机的 IP 地址分别设置为 192.168.1.2 和 192.168.129.3，子网掩码均为 255.255.255.0。

如果需要与第四台甚至更多的计算机联网，则其余计算机的 IP 地址设置可以类推，子网掩码均为 255.255.255.0。

Windows 环境下，TCP/IP 协议的基本属性只需配置 IP 地址项以及子网掩码项，这两个参数的设置也称为常规设置。如果两个计算机需要实现跨网段的网络连接，则还需要对每个计算机配置默认网关参数项。

(2) 测试网络是否连通。

启动计算机，确认集线器或交换机的电源以及

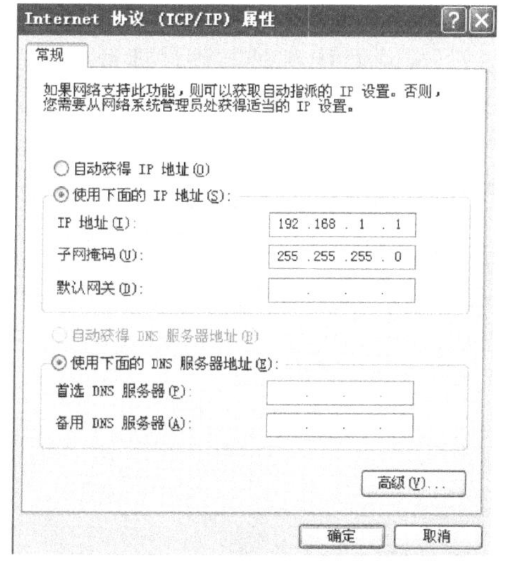

图 8.11　TCP/IP 的设置

信号指示灯都正常时,在每台计算机的"开始"→"运行"模式下 ping 对方的 IP 地址。如果可以 ping 通目标,则表示此局域网连通;否则表示此局域网存在故障。此时需要检查 IP 地址、子网掩码的设置;网络线路的情况;硬件(包括网卡、HUB 等)是否工作正常。

(3) 保持网络拓扑结构不变的前提下,假设 A、B、C 三台计算机的 IP 地址不变,子网掩码改变为 255.255.128.0。此时,利用 ping 命令对三台计算机能否正常通信进行验证。

(4) 保持网络拓扑结构不变的前提下,假设 A、B、C 三台计算机的 IP 地址不变,子网掩码改变为 255.255.0.0。此时,利用 ping 命令对三台计算机能否正常通信进行验证。

(5) 保持网络拓扑结构不变的前提下,假设 A、B、C 三台计算机的 IP 地址改变为 192.168.1.1、192.168.1.2 和 192.168.1.3,子网掩码都是 255.255.255.0。此时,利用 ping 命令对三台计算机能否正常通信进行验证。

(6) 保持网络拓扑结构不变的前提下,假设 A、B、C 三台计算机的 IP 地址改变为 192.168.1.1、192.168.1.2 和 192.168.1.3,子网掩码改变为 255.255.128.0。此时,利用 ping 命令对三台计算机能否正常通信进行验证。

8.5 思考题

1. 详细记录 TCP/IP 参数的配置应用中每个步骤的内容及出现的现象。

2. 局域网条件下,IP 地址规划与设计的一般规则是什么?

3. 局域网在没有路由器的情况下,两台(或多台)计算机之间能通信的条件是什么?

4. 局域网条件下,两台(或多台)计算机的 IP 地址可以设置成一样吗?两台(或多台)计算机的名称可以设置成一样吗?为什么?

5. 局域网条件下,计算机的默认网关什么时候需要设置?什么时候可以不设置?请叙述理由并验证。

6. 在 8.4.5 节中,如果 A、B、C 三台计算机的 IP 地址为 192.1.1.1、192.168.1.2 和 192.240.129.3,子网掩码都是 255.192.0.0,请问这三台计算机之间能否正常通信?为什么?

7. 试说明 IP 地址与硬件地址的区别。为什么要使用这两种不同的地址?

8. 一个 A 类网络的子网掩码为 255.0.255.0,请问它是否为一个有效的子网掩码?

9. 比较两个术语:Internet 和 internet,它们有什么区别?

10. 写出局域网组网过程中 TCP/IP 参数规划的心得体会。

第9章 IPV6组网应用

9.1 应用目的

(1) 理解 IPv6 的含义与特点。

(2) 掌握 IPv6 和 IPv4 的区别。

(3) 掌握在不同操作系统上 IPv6 的设置方法。

(4) 掌握两台、三台以上计算机组建 IPv6 对等网的方法。

9.2 要求与环境

1. 要求

(1) 在两台 Windows XP 系统的计算机上安装 IPv6 协议,并配置 IPv6 地址,组建对等网,并测试彼此的连通性。

(2) 在两台 Windows 7 系统的计算机上配置 IPv6 地址,组建对等网,并测试彼此的连通性。

(3) 利用三台及三台以上计算机,通过配置 IPv6 地址组建对等网,并测试彼此的连通性。

2. 环境

计算机若干台,网线若干根,支持 IPv6 的 H3C S5510-24P 交换机若干台。

9.3 IPv6 概述

9.3.1 IPv6 简介

IP 协议是因特网的核心协议。目前广泛使用的 IP 协议(IPv4)是在 20 世纪 70 年代末期设计的,无论从技术发展还是从因特网规模来看,现在的网络面临 IP 地址耗尽的问题,IPv4 已很不适用了。要解决 IP 地址耗尽的问题,通常可以采用以下三个措施。

(1) 采用无类别编址 CIDR,使 IP 地址的分配更加合理。

(2) 采用网络地址转换(NAT)方法,可节省许多全球 IP 地址。

(3) 采用具有更大地址空间的新版本的 IP,即 IPv6。

尽管前两项措施可使目前 IP 地址耗尽的时限推后不少,但却不能从根本上解决 IP 地址耗尽问题,治本的方法应当是上述的第(3)种方法。下面将对 IPv6 作适当的介绍。

IPv6 被称为因特网通信协定第 6 版(Internet Protocol Version6,IPv6),也被称为下一代因特网协议,它是 IETF 组(Internet 工作任务组)设计的用来替代现行 IPv4 协议的一种新的 IP 地址编址方法,具有扩展的寻址能力、简化的报头格式、认证和加密能力等特点。此外,IPv6 还具有如下特点:

(1) IPV6 地址长度为 128 位。

(2) 灵活的 IP 报文头部格式。

(3) IPV6 简化了报文头部格式,字段只有 8 个,加快报文转发,提高了吞吐量。

(4) 支持更多的服务类型。

(5) 允许协议继续演变,增加新的功能,使之适应未来技术的发展。

与 IPV4 相比,IPV6 具有以下几个优势:

(1) IPv6 具有更大的地址空间。IPv4 中规定 IP 地址长度为 32,最大地址个数为 2^{32};而 IPv6 中 IP 地址的长度为 128,即最大地址个数为 2^{128}。与 32 位地址空间相比,其地址空间增加了 $2^{128}-2^{32}$ 个。

(2) IPv6 使用更小的路由表。IPv6 的地址分配一开始就遵循聚类(Aggregation)的原则,这使得路由器能在路由表中用一条记录(Entry)表示一片子网,大大减小了路由器中路由表的长度,提高了路由器转发数据包的速度。

(3) IPv6 增加了增强的组播(Multicast)支持以及对流的控制(Flow Control),这使得网络上的多媒体 IPv6 的长分布式结构图应用有了长足发展的机会,为服务质量(Quality of Service,QoS)控制提供了良好的网络平台。

(4) IPv6 加入了对自动配置(Auto Configuration)的支持。这是对 DHCP 协议的改进和扩展,使得网络(尤其是局域网)的管理更加方便和快捷。

(5) IPv6 具有更高的安全性。IPv6 可以对网络层的数据进行加密并对 IP 报文进行校验,同时,IPv6 的鉴别机制为数据的完整性提供了很好的保证,极大地增强了网络的安全性。

(6) 允许扩充。如果新的技术或应用需要时,IPv6 允许协议进行扩充。

(7) 更好的头部格式。IPv6 使用新的头部格式,其选项与基本头部分开,如果需要,可将选项插入到基本头部与上层数据之间。这就简化和加速了路由选择过程,因为大多数的选项不需要由路由选择。

9.3.2 IPv6 地址

一般来讲,一个 IPv6 数据报的目的地址可以是以下三种基本地址类型之一。

(1) 单播。单播就是传统的点对点通信。

(2) 多播。多播是一点对多点的通信,数据报交付到一组计算机中的每一个。IPv6 没有采用广播的术语,而是将广播看作多播的一个特例。

(3) 任播。这是 IPv6 新增加的一种类型。任播的目的站是一组计算机,但来自用户的数据报在交付时只交付给这组计算机中的任何一个,通常是距离最近的一个。

为了使 IPv6 地址表示得简洁明了,IPv6 使用冒号十六进制记法,即把每个 16 位的值用十六进制表示,各值之间用冒号分隔。

例如,FE80:0000:0000:0000:AAAA:0000:00C2:0002 是一个合法的 IPv6 地址。

由于这个地址看起来太长，因此有一种办法来缩减其长度，叫做零压缩法。如果几个连续段位的值都是 0，那么这些 0 就可以简单的以::来表示，上述地址就可以写成 FE80::AAAA:0000:00C2:0002。这里要注意的是，只能简化连续段位的 0，其前后的 0 都要保留，比如 FE80 最后的这个 0 就不能被简化。

我们知道，采用 CIDR 后，IPv4 的地址是两级结构，它的地址被划分为一个前缀和一个后缀。IPv6 扩展了地址的分级概念，它使用以下的三个等级：

(1) 第一级(顶级)，指明全球知道的公共拓扑。

(2) 第二级(地点级)，指明单个的地点。

(3) 第三级，指明单个的网络接口。

IPv6 的地址体系采用多级体系是充分考虑到怎样使路由器更快地查找路由。

一个 IPv6 地址可将一个 IPv4 地址内嵌进去，并且写成与平常人们所习惯的 IPv4 形式的混合体。IPv6 有两种内嵌 IPv4 的方式：IPv4 映像地址和 IPv4 兼容地址。

IPv4 映像地址的格式为::ffff:192.168.89.9，这个地址仍然是一个 IPv6 地址，只是 0000:0000:0000:0000:0000:ffff:c0a8:5909 的另外一种写法罢了。

IPv4 映像地址布局如下：

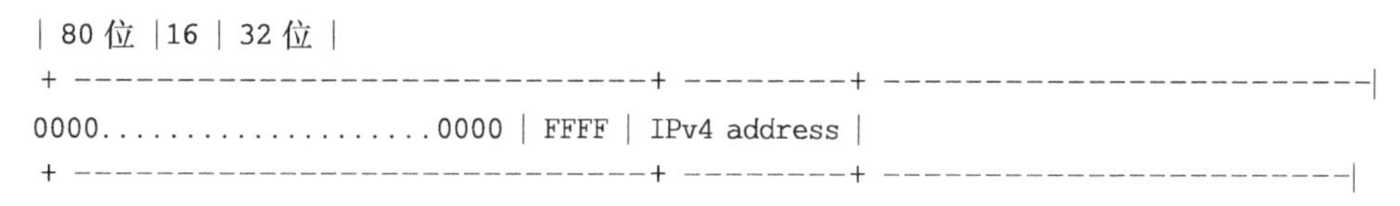

IPv4 兼容地址写法为::192.168.89.9。

如同 IPv4 映像地址，这个地址仍然是一个 IPv6 地址，只是 0000:0000:0000:0000:0000:0000:c0a8:5909 的另外一种写法罢了。

IPv4 兼容地址布局如下：

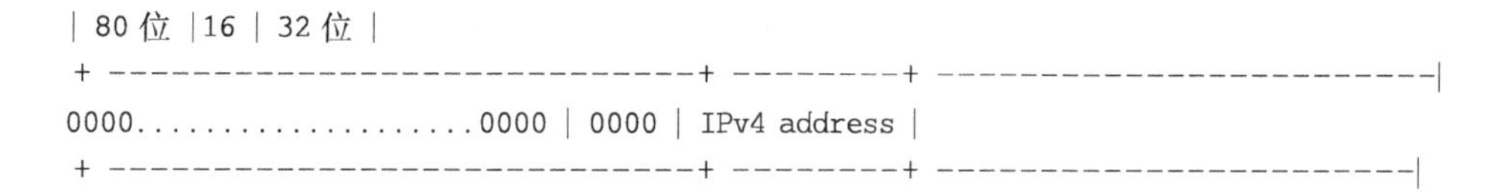

9.3.3 IPv6 交换机

目前，有很多厂家都有 IPv6 交换机产品，下面结合 H3C 公司的 H3C S5510-24P 交换机对 IPv6 交换机的产品特点、技术指标等进行简单介绍。

H3C S5510-24P 以太网交换机是 H3C 公司自主开发的三层全千兆多协议以太网交换产品，是为要求具备高性能、较大端口密度且易于安装的网络环境而设计的智能型可网管交换机。H3C S5510-24P 以太网交换机主要面向企业网、城域网汇聚或接入层的需求，同时硬件支持 IPv4 和 IPv6 双栈，可为客户提供丰富的业务特性和路由功能。

H3C S5510-24P 产品有 24 个 10/100/1000Base-T 以太网端口和 4 个 1000Base-X SFP 千兆以太网端口(Combo)，其外观结构如图 9.1 所示。

H3C S5510-24P 硬件支持 IPv4/IPv6 双栈和常用 IPv6 过渡隧道协议，既可以用于纯 IPv4 或 IPv6 网络，也可以用于 IPv4 到 IPv6 共存的网络，组网方式灵活，可以用于企业网络

图 9.1　H3C S5510-24P 产品外观图

或宽带接入。此外,H3C S5510-24P 支持丰富的 IPv6 路由协议,包括 RIPng、OSPFv3、ISISv6、BGP4+for IPv6;支持 IPv6 的邻居发现协议(Neighbor Discovery Protocol,NDP),管理邻居节点的交互;支持 PMTU 发现(Path MTU Discovery)机制,可以找到从源端到目的端的路径上一个合适的 MTU 值,以便有效地利用网络资源并得到最佳的吞吐量。

在 QoS 策略方面,H3C S5510-24P 支持基于源 MAC 地址、目的 MAC 地址、源 IPv4/IPv6 地址、目的 IPv4/IPv6 地址、四层端口、协议类型、VLAN 等信息的流分类,充分保障了复杂网络对于 QoS 规则的要求。支持基于流的流量限速,优先级标记或映射,基于流的修改 VLAN 以及重定向到端口或下一跳,基于端口的流量整形。提供灵活的队列调度算法,可以同时基于端口和队列进行设置,支持 SP(Strict Priority)、WRR(Weighted Round Robin)、SP+WRR 和 WRED 等模式;支持 CAR 功能,粒度最小达 4Kb/s;支持对多个端口的业务流使用同一个 CAR 进行流量监管。用户还可以选择直接在端口下发 CAR,或通过 QoS 策略下发 CAR,是一款目前使用比较多的高性能交换机。

9.4　方法与主要步骤

9.4.1　对等网组建的准备工作

对等网组建的准备工作如下:

(1) 检查网卡以及驱动程序是否安装到位。

(2) 检查计算机操作系统是 Windows XP 系统还是 Windows 7 系统。

(3) 检查交换机是否支持 IPv6 协议。

(4) 若干直通线和交叉线的准备。也可利用第 2 章网线制作的成果。

9.4.2　Windows XP 系统中 IPv6 对等网的组建

由于 Windows XP 系统中不带 IPv6 协议栈,因此使用 Windows XP 系统的计算机必须首先安装 IPv6 协议栈。

(1) IPv6 协议栈安装。

选择"开始"→"运行"命令,在打开的"运行"对话框中的"打开"下拉列表框中输入 CMD,如图 9.2 所示。

单击"确定"按钮进入命令与提示符界面。在 Administrator>光标处输入 IPv6 install 并按 Enter 键,出现图 9.3 所示的提示内容,表示已安装好 IPv6 协议栈。

(2) IPv6 地址设置。

在安装有 IPv6 协议栈的 Windows XP 系统计算机上,选择"开始"→"运行"命令,在打

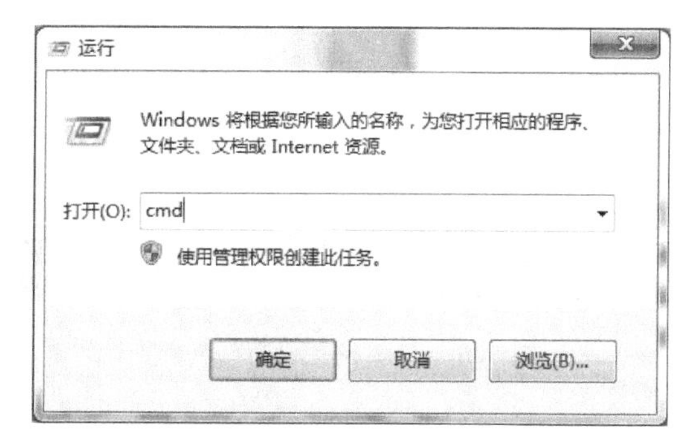

图 9.2　Windows XP 系统运行窗口

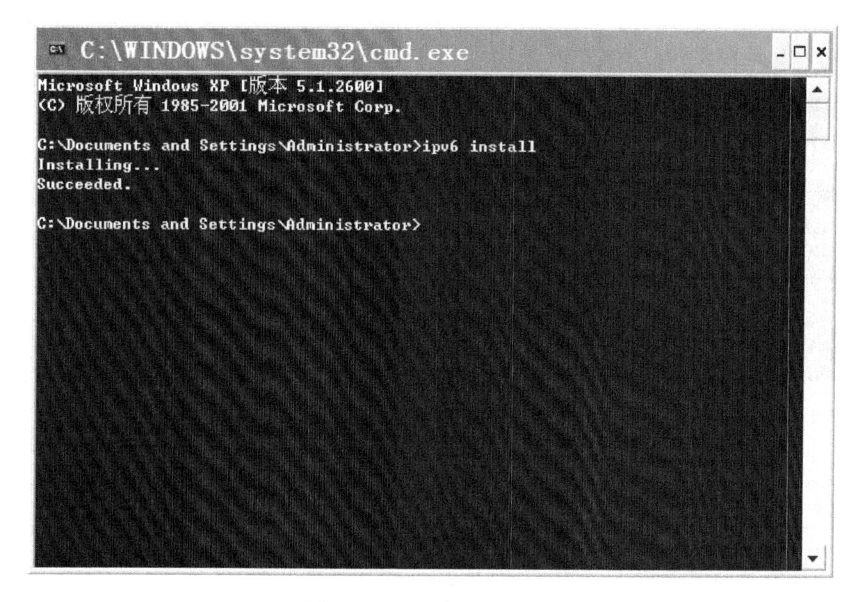

图 9.3　IPv6 协议栈安装

开的“运行”对话框中的“打开”下拉列表框中输入 netsh 并单击“确定”按钮，进入系统网络参数设置环境，如图 9.4 所示。

图 9.4　网络参数设置环境

在 netsh>光标处输入“interface ipv6 add address ‘本地连接’2001：da8:207::9401”并按 Enter 键，表示给这台机器配置 IPv6 的地址为 2001：da8:207::9401，“::”表示 7 和 9 之间的位数为全 0 省略了，如图 9.5 所示。

```
C:\Documents and Settings\Administrator>netsh
netsh>interface ipv6 add address "本地连接"2001:da8:207::9401
确定。
```

图 9.5　IPv6 地址设置

(3) IPv6 默认网关设置。

在 netsh>光标后输入“interface ipv6 add route ::/0 ‘本地连接’ 2001:da8:207::9402 publish=yes”,表示给这台机器配置的网关为 2001:da8:207::9402。由于本章是组建对等网,因此无须进行网关设置,如图 9.6 所示。

```
netsh>interface ipv6 add route ::/0 "本地连接" 2001:da8:207::9402 publish=yes
确定。
```

图 9.6　IPv6 网关设置

(4) 在另一台计算机上相同方法配置 IPv6 地址为 2001:da8:207::9402 。

(5) 查看网络配置信息。

在 DOS 命令提示符下输入 ipconfig 并按 Enter 键,查看网络配置信息,如图 9.7 所示,可看到配置的 IPv6 地址 2001:da8:207::9401。

```
C:\Documents and Settings\Administrator>ipconfig

Windows IP Configuration


Ethernet adapter 本地连接:

        Connection-specific DNS Suffix  . :
        IP Address. . . . . . . . . . . . : 172.17.13.206
        Subnet Mask . . . . . . . . . . . : 255.255.255.0
        IP Address. . . . . . . . . . . . : 2001:da8:207::9401
        IP Address. . . . . . . . . . . . : fe80::211:5bff:fed0:2031%4
        Default Gateway . . . . . . . . . : 172.17.13.253
```

图 9.7　查看网络配置

(6) 测试连通性。

在任一台计算机的 DOS 命令提示符下输入 ping6 2001:da8:207::9402 并按 Enter 键,如图 9.8 所示,表示两台计算机已经彼此连通。

注:XP 系统下 IPv6 网络连通性测试的命令是 ping6,相当于 IPv4 的命令 ping。

```
C:\Documents and Settings\Administrator>ping6 2001:da8:207::9402

Pinging 2001:da8:207::9402
from 2001:da8:207::9401 with 32 bytes of data:

Reply from 2001:da8:207::9402: bytes=32 time<1ms
Reply from 2001:da8:207::9402: bytes=32 time<1ms
Reply from 2001:da8:207::9402: bytes=32 time<1ms
Reply from 2001:da8:207::9402: bytes=32 time<1ms

Ping statistics for 2001:da8:207::9402:
    Packets: Sent = 4, Received = 4, Lost = 0 (0% loss),
Approximate round trip times in milli-seconds:
    Minimum = 0ms, Maximum = 0ms, Average = 0ms
```

图 9.8　IPv6 连通性测试

9.4.3　Windows 7 系统中 IPv6 对等网的组建

由于 Windows 7 系统自带 IPv6 的配置协议,因此不需要安装协议栈,直接进行 IPv6 的网络设置就可以,具体设置如下:

（1）右击“本地连接”，从弹出的快捷菜单中选择“属性”命令，在弹出的对话框中选择“Internet 协议版本 6(TCP/IPv6)”选项，单击“属性”按钮，如图 9.9 所示。

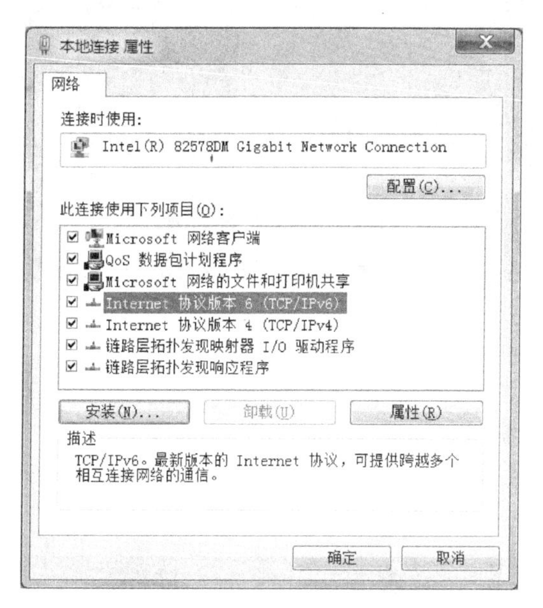

图 9.9　进入 IPv6 配置属性

（2）在“IPv6 地址”文本框中输入 2001:da8:207::9401，“子网前缀长度”默认是 64，单击“确定”按钮，如图 9.10 所示。

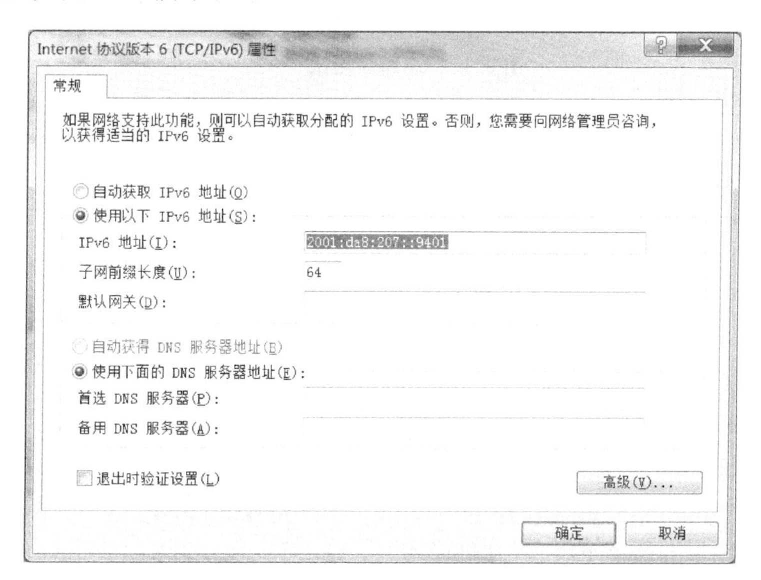

图 9.10　IPv6 地址设置

（3）在另一台计算机上相同方法配置 IPv6 地址为 2001:da8:207::9402。

（4）查看网络配置信息。

在 DOS 命令提示符下输入 ipconfig 并按 Enter 键，查看网络配置信息，如图 9.11 所示，看到配置的 IPv6 地址 2001:da8:207::9401。

```
以太网适配器 以太网:

   连接特定的 DNS 后缀 . . . . . . . :
   描述. . . . . . . . . . . . . . . : Qualcomm Atheros AR8161 PCI-E Gigabit Eth
ernet Controller (NDIS 6.30)
   物理地址. . . . . . . . . . . . . : DC-0E-A1-F1-8C-56
   DHCP 已启用 . . . . . . . . . . . : 否
   自动配置已启用. . . . . . . . . . : 是
   IPv6 地址 . . . . . . . . . . . . : 2001:da8:207::9401(复制)
   本地链接 IPv6 地址. . . . . . . . : fe80::b000:2926:4892:a213%13(首选)
   IPv4 地址 . . . . . . . . . . . . : 172.17.13.201(首选)
   子网掩码 . . . . . . . . . . . . : 255.255.255.0
   默认网关. . . . . . . . . . . . . : 172.17.13.253
   DHCPv6 IAID . . . . . . . . . . . : 366743201
   DHCPv6 客户端 DUID . . . . . . . : 00-01-00-01-18-6C-3E-A9-9C-4E-36-45-2A-64

   DNS 服务器 . . . . . . . . . . . : 210.28.92.7
                                       218.2.135.1
   TCPIP 上的 NetBIOS . . . . . . . : 已启用
```

图 9.11　查看配置

(5) 连通性测试。

在 DOS 命令提示符下输入 ping 2001:da8:207::9402 并按 Enter 键,如图 9.12 所示,表示两台计算机已经彼此连通。注:对于 Windows 7 系统来说,IPv4 和 IPv6 的连通性命令都是 ping。

```
C:\Users\GaoY>ping 2001:da8:207::9402

正在 Ping 2001:da8:207::9402 具有 32 字节的数据:
来自 2001:da8:207::9402 的回复: 时间<1ms
来自 2001:da8:207::9402 的回复: 时间<1ms

2001:da8:207::9402 的 Ping 统计信息:
    数据包: 已发送 = 2, 已接收 = 2, 丢失 = 0 (0% 丢失),
往返行程的估计时间(以毫秒为单位):
    最短 = 0ms, 最长 = 0ms, 平均 = 0ms
Control-C
^C
```

图 9.12　连通性测试

三台及三台以上计算机的 IPv6 配置及组建对等网方法,与两台计算机组网方法相同,在此不再重复。

9.5　思　考　题

1. 简述 IPv6 的原理和特点。

2. 熟练掌握 IPv6 的地址表示形式,分析和总结与 IPv4 的区别。

3. 详细记录 IPv6 的对等网组建的相关步骤以及出现的现象。

4. 分析和比较 IPv6 与 IPv4 对等网组建的异同。

5. 有两台 Windows 7 系统的计算机,将其子网前缀长度设置成 64 和 125,其他不变,然后测试其连通性,记下测试结果,并分析原因。

6. 有两台 Windows 7 系统的计算机,将其子网前缀长度都设置成 125,IP 地址分别设置成 2001:da8:207::9401 和 2001:da8:207::9408,然后测试其连通性,记下测试结果,并分析原因。

7. 将三台计算机 a,b,c 同时连到同一台支持 IPv6 的交换机上,将计算机 a 与计算机 b 设置成 IPv4 对等网,计算机 b 与计算机 c 设置成 IPv6 对等网,测试计算机 a 与 c 的连通性,并分析原因。

第 10 章 路由器配置及基本应用

10.1 应 用 目 的

(1) 了解路由器工作原理。

(2) 了解静态路由、动态路由以及 NAT 的工作原理。

(3) 掌握路由器基本的配置方法。

(4) 理解路由器的应用场合。

10.2 要求与环境

1. 要求

(1) 通过 Console 口对路由器进行基本配置,设置路由器的内外网口的地址和 NAT。

(2) 对两台路由器进行静态路由配置,使连接每个路由器的 PC 可以彼此通信。

(3) 对两台路由器进行动态路由配置,使连接每个路由器的 PC 可以彼此通信。

(4) 通过一台路由器接入局域网,通过 NAT 设置访问局域网资源。

2. 环境

两台路由器,PC 若干台,网线若干。

10.3 路由器概述

10.3.1 路由器的工作原理

路由器是一种连接多个网络或网段的网络设备,它能将不同网络或网段之间的数据信息进行"翻译",以使它们能够相互"读懂"对方的数据,从而构成一个更大的网络。与集线器和交换机不同,路由器应用于连接不同网段或不同网络(异种网络)之间的设备,属于网际网设备。路由器之所以能在不同网络之间起到"翻译"的作用,是因为它不再是一个纯硬件设备,而是具有相当丰富路由协议的软、硬结构设备,如 RIP 协议、OSPF 协议、EIGRP 和 IPv6 协议等,这些路由协议确保站点在不同网段或网络之间对通信内容的相互"理解"。

路由器有两大典型功能,即数据通道功能和控制功能。数据通道功能包括转发决定、背板转发以及输出链路调度等,一般由特定的硬件来完成;控制功能一般用软件来实现,包括与相邻路由器之间的信息交换、系统配置、系统管理等。路由器具有判断网络地址和选择路径的功能,它能在多网络互联环境中建立灵活的连接,可用完全不同的数据分组和介质访问方法连接各种子网。当IP子网中的一台主机发送IP分组给同一IP子网的另一台主机时，它将直接把IP分组送到网络上，对方就能收到。而要送给不同IP子网上的主机时，它要选择一个能到达目的子网上的路由器，把IP分组送给该路由器，由路由器负责把IP分组转发到目的地。如果没有找到这样的路由器，主机就把IP分组送给一个称为"缺省网关(Default Gateway)"的路由器上。"缺省网关"是每台主机上的一个配置参数，它是连接在同一个网络上的某个路由器端口的IP地址。路由器转发IP分组时，只根据IP分组目的IP地址的网络号部分，选择合适的端口，把IP分组送出去。同主机一样，路由器也要判定端口所接的是否是目的子网，如果是，就直接把分组通过端口送到网络上，否则也要选择下一个路由器来传送分组。路由器也有它的缺省网关，用来传送不知道往哪儿送的IP分组。这样，通过路由器把知道如何传送的IP分组正确转发出去，不知道的IP分组送给"缺省网关"路由器，这样一级级地传送，IP分组最终将送到目的地，送不到目的地的IP分组则被网络丢弃了。

典型的路由选择方式有两种：静态路由和动态路由。

静态路由是在路由器中设置的固定的路由表。除非网络管理员干预，否则静态路由不会发生变化。由于静态路由不能对网络的改变做出反映，一般用于网络规模不大、拓扑结构固定的网络中。静态路由的优点是简单、高效、可靠。在所有的路由中，静态路由优先级最高。当动态路由与静态路由发生冲突时，以静态路由为准。

动态路由是网络中的路由器之间相互通信，传递路由信息，利用收到的路由信息更新路由器表的过程。它能实时地适应网络结构的变化。如果路由更新信息表明网络发生了变化，路由选择软件就会重新计算路由，并发出新的路由更新信息。这些信息通过各个网络，引起各路由器重新启动其路由算法，并更新各自的路由表以动态地反映网络拓扑变化。

动态路由适用于网络规模大、网络拓扑复杂的网络。当然，各种动态路由协议会不同程度地占用网络带宽和CPU资源。

静态路由和动态路由有各自的特点和适用范围，因此在网络中动态路由通常作为静态路由的补充。当一个分组在路由器中进行寻径时，路由器首先查找静态路由，如果查到，则根据相应的静态路由转发分组；否则再查找动态路由。

根据是否在一个自治域内部使用，动态路由协议分为内部网关协议(IGP)和外部网关协议(EGP)。这里的自治域指一个具有统一管理机构、统一路由策略的网络。自治域内部采用的路由选择协议称为内部网关协议，常用的有RIP、OSPF；外部网关协议主要用于多个自治域之间的路由选择，常用的是BGP和BGP-4。

RIP协议(Routing Information Protocol)又称为路由信息协议，最初是为Xerox网络系统的Xerox parc通用协议而设计的，是Internet中常用的路由协议。RIP采用距离向量算法，即路由器根据距离选择路由，所以也称为距离向量协议。路由器收集所有可到达目的地的不同路径，并且保存有关到达每个目的地的最少站点数的路径信息，除到达目的地的最佳路径外，任何其他信息均予以丢弃。同时路由器也把所收集的路由信息用RIP协议通知相邻的其他路由器。这样，正确的路由信息逐渐扩散到了全网。RIP的使用非常广泛，它简单、可靠，便于配置。但是RIP只适用于小型的同构网络，因为它允许的最大站点数为15，任何超过15个站点的目的地均被标记为不可达。而且RIP每隔30s一次的路由信息广播也是造成网络的广播风暴的重要原因之一。

10.3.2 NPE20 路由器介绍

目前,有很多厂家都有路由器产品。下面结合锐捷公司的 NPE20 路由器,对路由器的产品特点、技术指标等做简单介绍。

锐捷 NPE20 采用 RISC 架构 833MHz 的网络处理器,它的全千兆架构保证为高带宽的企业和机构提供线速转发,智能控制的网络出口"绿色通道"。在高性能、高可用性的基础上,内嵌 VPN 功能解决了个人和分支机构的接入问题,并基于全 Web 界面的监控和管理,有助于降低技术门槛和管理成本,具有实用方便、维护简单等特点。

锐捷 NPE20 路由器的外观结构如图 10.1 所示。

图 10.1 锐捷 NPE20 路由器的外观结构

锐捷 NPE20 路由器的主要技术参数如下:

(1) 端口结构: 非模块化。WAN 端口: 两个 10/100 自适应 RJ45 端口(Auto MDI/MDIX)、一个 10/100/1000M 自适应 RJ45 端口(Auto MDI/MDIX); LAN 端口: 5 个 10/100/1000M 自适应 RJ45 端口(Auto MDI/MDIX); 控制台: 一个 Console 口。

(2) 传输速率: 10/100/1000Mb/s。

(3) 网络管理: 采用标准 CLI 界面,支持 SNMP 协议使操作更简单,支持配置文件的 TFTP 上传与下载。

(4) 防火墙: 内置防火墙。

(5) 包转发率: 650Kpps。

(6) 处理器: RISC 架构网络处理器(833MHz)。

(7) Qos 支持: 支持。

(8) VPN 支持: 支持。

(9) 扩展模块: 1,支持两个 FE 端口、5 个 G 端口。

(10) 环境标准: 存储温度为 0~45℃。

10.4 方法与主要步骤

10.4.1 搭建配置环境

下面以锐捷 NPE20 路由器为例,描述如何通过 Console 口进入路由器并对其进行配置的具体步骤。

(1) 如图 10.2 所示,将 PC 的串口(一般标识为 COM 口)通过标准的 RS232 电缆与 NPE20 路由器的 Console 口连接,搭建本地配置环境。

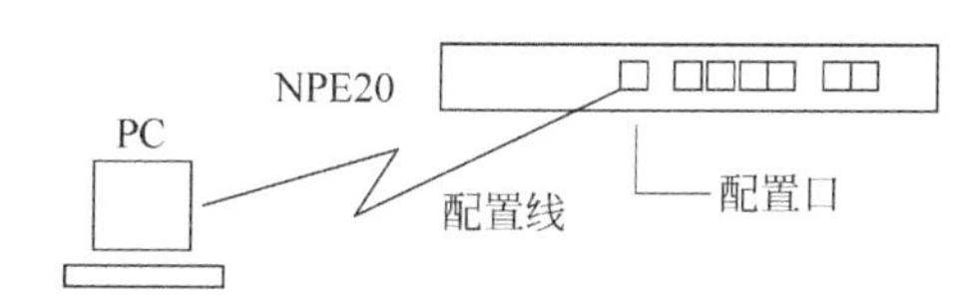

图 10.2 通过 Console 口搭建本地配置环境

(2) 配置 PC 的串口的通信参数。与交换机设置类似,要在 Windows 操作系统的"附件"中提供"超级终端"等。具体参数要求通信速率为9600b/s、数据位为8、无奇偶校验、停止位为1以及无数据流控制,如图10.3所示。

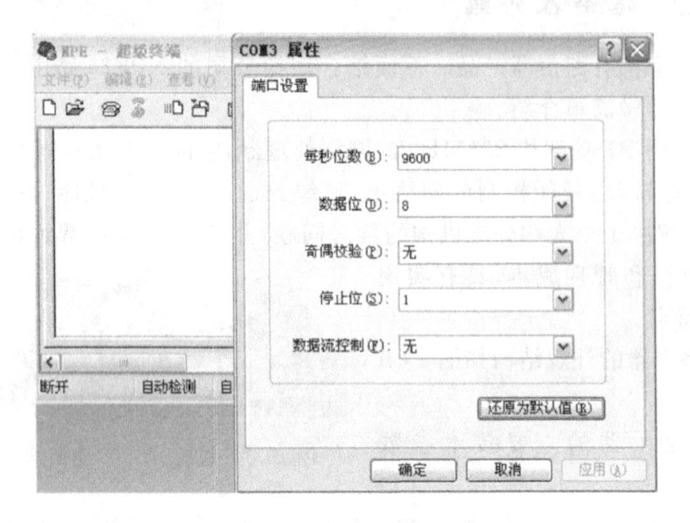

图10.3 配置PC的串口的通信参数

(3) 在图10.3中单击"确定"按钮,出现图10.4所示界面,至此,用户就基本完成了配置环境的搭建。

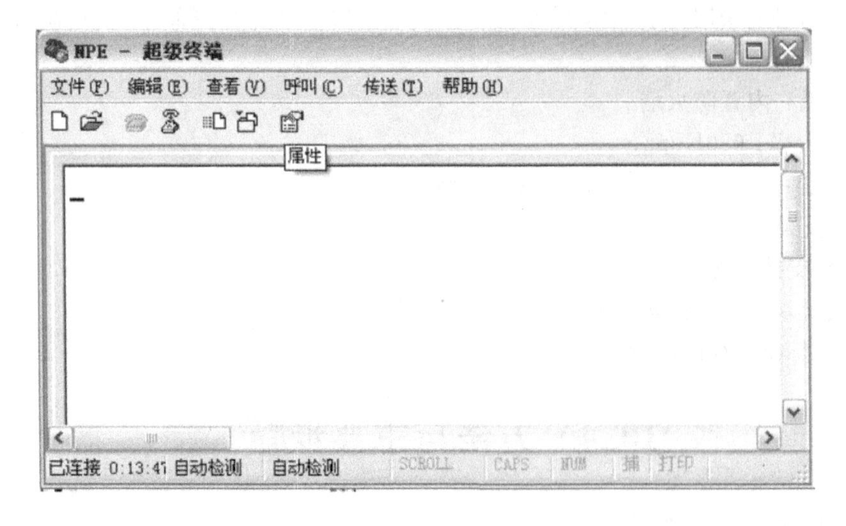

图10.4 对路由器的设置界面

10.4.2 路由器基本配置

(1) 进入特权模式:

```
en
```

(2) 进入配置模式:

```
configure terminal
```

(3) 设置内网接口：

```
interface  FastEthernet 0/0              //进入 0/0 口
ip address 172.16.0.1 255.255.255.0      //0/0 口的地址为 172.16.0.1,掩码 24 位
ip nat inside                            //定义为内网口
no shutdown                              //强制启用
exit                                     //退出
```

(4) 设置外网接口：
(设置静态 ip 地址)

```
interface FastEthernet 1/0
ip address 61.1.1.2 255.255.255.0
ip nat outside                           //定义为外网口
no shutdown
exit
```

(5) 设置默认路由及回指路由：

```
ip route 0.0.0.0 0.0.0.0 61.1.1.1        //默认路由
```

表示访问所有地址的下一跳地址都指向 61.1.1.1。

```
ip route 192.168.0.0 255.255.0.0 172.16.0.254 //回指路由
```

表示访问 192.168.0.0 网段的下一跳地址指向 172.16.0.254。
设置静态路由：

```
ip route 10.10.0.0 255.255.0.0 61.1.1.1
```

表示访问 10.10.0.0 网段的下一跳地址指向 61.1.1.1。
(6) 设置 ACL：

```
access - list 1 permit any
```

(7) 设置 NAT：

```
ip nat inside source list 1 interface FastEthernet1/0 overload
```

(8) 如果外网口地址不止一个,可以用下列命令：

```
ip nat inside source list 1 pool test overload
ip nat pool test netmask 255.255.255.0
address 61.1.1.2 61.1.1.10 match interface FastEthernet 1/0
```

(9) 配置 rip 版本 2 路由：

```
router rip
version 2
network 61.1.1.0
network 172.16.0.0
no auto - summary                        //关闭路由汇总
```

10.4.3 两台路由器的静态路由应用

应用环境的拓扑如图 10.5 所示：

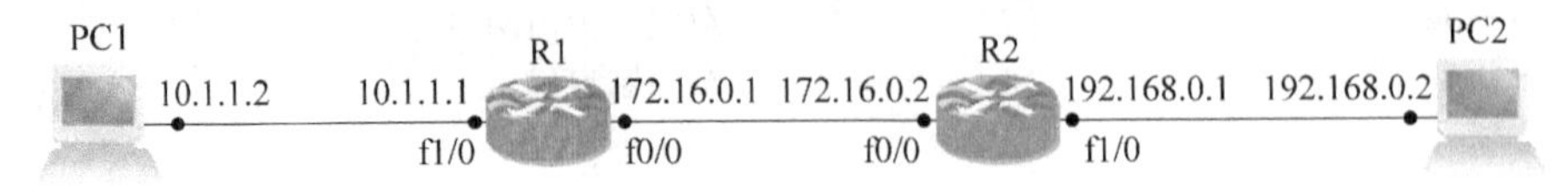

图 10.5 两台路由器互联的拓扑

图 10.5 中所有的子网掩码都为 255.255.255.0。要求路由器 R1 与 R2 之间配置静态路由,使 PC1 与 PC2 彼此通信。

1. 路由器 R1 的配置：

(1) 基本配置。

```
Router#configure terminal                              //进入配置模式
Router(config)#hostname R1                             //修改路由器名称为 R1
```

(2) 内网口配置。

```
R1(config)#interface fastEthernet 1/0                  //进入 1/0 接口配置模式
R1(config-if)#ip address 10.1.1.1 255.255.255.0      //配置接口地址
R1(config-if)#no shutdown                              //强制启用
R1(config-if)#exit                                     //退出
```

(3) 外网口配置。

```
R1(config)#interface fastEthernet 0/0
R1(config-if)#ip address 172.16.0.1 255.255.255.0
R1(config-if)#no shutdown
R1(config-if)#exit
```

(4) 静态路由配置。

```
R1(config)#ip route 192.168.0.0 255.255.255.0 172.16.0.2
        //静态路由,192.168.0.0 为目标网段,172.16.0.2 表示路由器数据包的下一跳,即转发地址
```

(5) 保存配置。

```
R1#write
```

2. 路由器 R2 的配置

(1) 基本配置。

```
Router#configure terminal
Router(config)#hostname R2                             //修改路由器名称为 R2
```

(2) 内网口配置。

```
R2(config)#interface fastEthernet 1/0
R2(config-if)#ip address 192.168.0.1 255.255.255.0
R2(config-if)#no shutdown
```

```
R2(config-if)#exit
```

(3) 外网口配置。

```
R2(config)#interface fastEthernet 0/0
R2(config-if)#ip address 172.16.0.2 255.255.255.0
R2(config-if)#no shutdown
R2(config-if)#exit
```

(4) 静态路由配置。

```
R2(config)#ip route 10.1.1.0 255.255.255.0 172.16.0.1
```

(5) 保存配置。

```
R2#write
```

3. PC的网络设置

(1) 将两台路由器的外网口用网线连接,R1的内网口用网线连接PC1,R2的内网口用网线连接PC2。

(2) 设置PC1的IP地址为10.1.1.2,子网掩码为255.255.255.0,默认网关为10.1.1.1,如图10.6所示。

(3) 设置PC2的IP地址为192.168.0.2,子网掩码为255.255.255.0,默认网关为192.168.0.1,如图10.7所示。

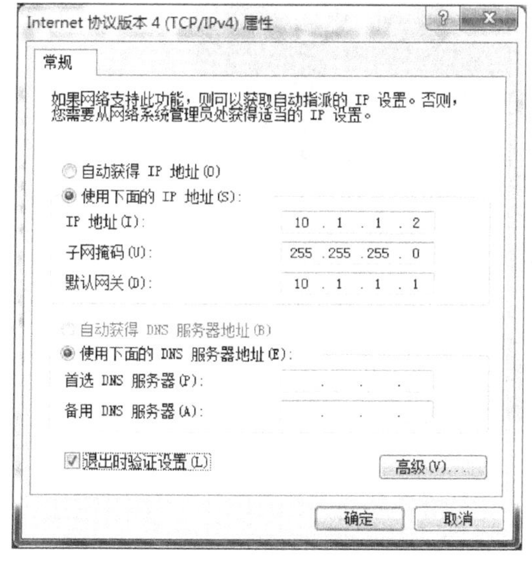

图10.6 PC1的网络属性设置

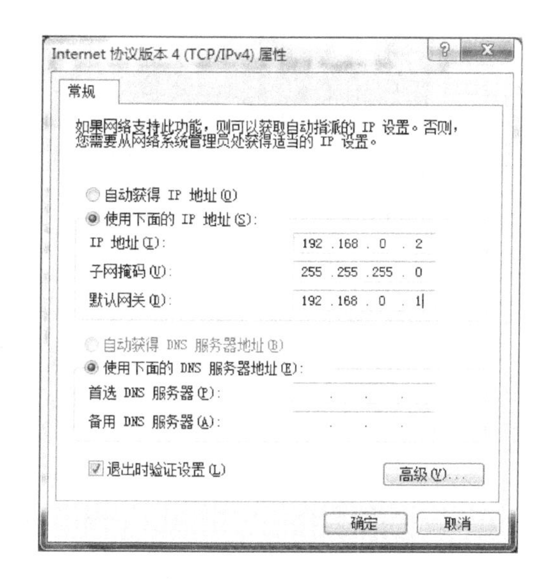

图10.7 PC2的网络设置

4. 测试

(1) 在PC1上的DOS"命令与提示符"下输入PING 192.168.0.1,显示图10.8所示结果。

(2) 在PC2上使用"命令与提示符"输入PING10.1.1.2,显示图10.9所示结果。

至此,说明PC1与PC2已经连通,实验完成。

```
管理员: C:\Windows\system32\cmd.exe
C:\Users>ping 192.168.0.2

正在 Ping 192.168.0.2 具有 32 字节的数据:
来自 192.168.0.2 的回复: 字节=32 时间<1ms TTL=64
来自 192.168.0.2 的回复: 字节=32 时间<1ms TTL=64
来自 192.168.0.2 的回复: 字节=32 时间<1ms TTL=64
来自 192.168.0.2 的回复: 字节=32 时间<1ms TTL=64

192.168.0.2 的 Ping 统计信息:
    数据包: 已发送 = 4, 已接收 = 4, 丢失 = 0 (0% 丢失),
往返行程的估计时间(以毫秒为单位):
    最短 = 0ms, 最长 = 0ms, 平均 = 0ms

C:\Users>
```

图 10.8　连通性测试

```
管理员: C:\Windows\system32\cmd.exe
C:\Users>ping 10.1.1.2

正在 Ping 10.1.1.2 具有 32 字节的数据:
来自 10.1.1.2 的回复: 字节=32 时间<1ms TTL=64
来自 10.1.1.2 的回复: 字节=32 时间<1ms TTL=64
来自 10.1.1.2 的回复: 字节=32 时间<1ms TTL=64
来自 10.1.1.2 的回复: 字节=32 时间<1ms TTL=64

10.1.1.2 的 Ping 统计信息:
    数据包: 已发送 = 4, 已接收 = 4, 丢失 = 0 (0% 丢失),
往返行程的估计时间(以毫秒为单位):
    最短 = 0ms, 最长 = 0ms, 平均 = 0ms

C:\Users>
```

图 10.9　连通测试

10.4.4　两台路由器的动态路由应用

应用环境如图 10.10 所示。

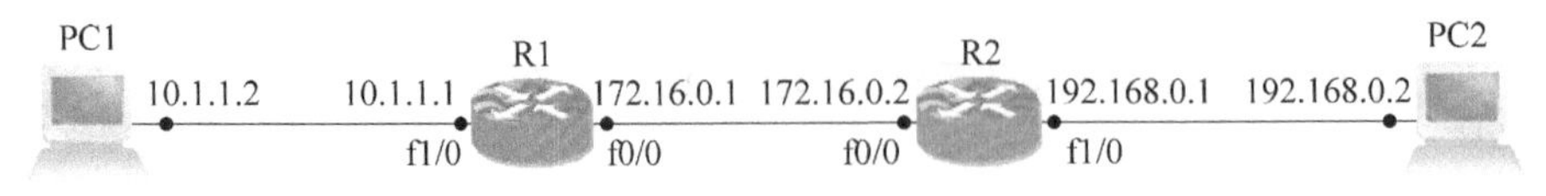

图 10.10　两台路由器互联的拓扑

图 10.10 中，所有的子网掩码都为 255.255.255.0。要求路由器 R1 与 R2 之间配置动态路由，使 PC1 与 PC2 彼此通信。

1. 路由器 R1 的配置

(1) 基本配置。

```
Router# configure terminal
Router(config)# hostname R1                    //修改路由器名称为 R1
```

(2) 内网口配置。

```
R1(config)# interface fastEthernet 1/0
R1(config-if)# ip address 10.1.1.1 255.255.255.0
R1(config-if)# no shutdown
R1(config-if)# exit
```

(3) 外网口配置。

```
R1(config)# interface fastEthernet 0/0
R1(config-if)# ip address 172.16.0.1 255.255.255.0
R1(config-if)# no shutdown
R1(config-if)# exit
```

(4) 动态路由配置。

```
R1(config)# router rip                         //配置动态路由 RIP
R1(config-router)# version 2                   //RIP 的版本为 RIPv2
R1(config-router)# network 10.1.1.0            //动态路由
R1(config-router)# network 172.16.0.0          //动态路由
R1(config-router)# no auto-summary             //关闭路由汇总
R1(config-router)# exit
```

(5) 保存配置。

```
R1# write
```

2. 路由器 R2 的配置

(1) 基本配置。

```
Router# configure terminal
Router(config)# hostname R2                    //修改路由器名称为 R2
```

(2) 内网口配置。

```
R2(config)# interface fastEthernet 1/0
R2(config-if)# ip address 192.168.0.1 255.255.255.0
R2(config-if)# no shutdown
R2(config-if)# exit
```

(3) 外网口配置。

```
R2(config)# interface fastEthernet 0/0
R2(config-if)# ip address 172.16.0.2 255.255.255.0
```

```
R2(config-if)#no shutdown
R2(config-if)#exit
```

(4) 动态路由配置。

```
R2(config)#router rip                          //配置动态路由 RIP
R2(config-router)#version 2                    //RIP 的版本为 RIPv2
R2(config-router)#network 192.168.0.0          //动态路由
R2(config-router)#network 172.16.0.0           //动态路由
R2(config-router)#no auto-summary              //关闭路由汇总
R2(config-router)#exit
```

(5) 保存配置。

```
R2#write
```

3. PC的网络设置

(1) 将两台路由器的外网口用网线连接,R1的内网口用网线连接PC1,R2的内网口用网线连接PC2。

(2) 设置PC1的IP地址为10.1.1.2,子网掩码为255.255.255.0,默认网关为10.1.1.1,如图10.11所示。

(3) 设置PC2的IP地址为192.168.0.2,子网掩码为255.255.255.0,默认网关为192.168.0.1,如图10.12所示。

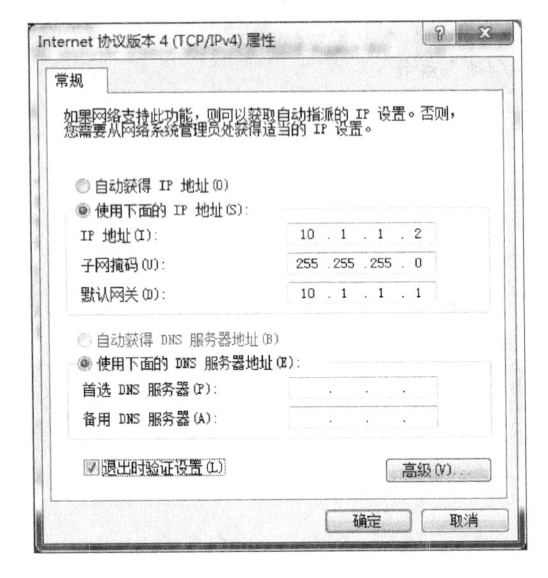

图 10.11 PC1的网络配置

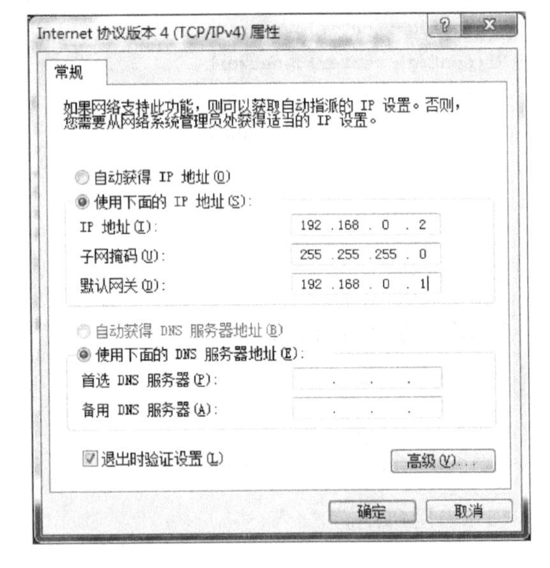

图 10.12 PC2的网络配置

4. 测试

(1) 在PC1上使用"命令与提示符"输入PING 192.168.0.1,显示图10.13所示结果。

(2) 在PC2上使用"命令与提示符"输入PING10.1.1.2,显示图10.14所示结果。

至此,说明PC1与PC2已经连通,实验完成。

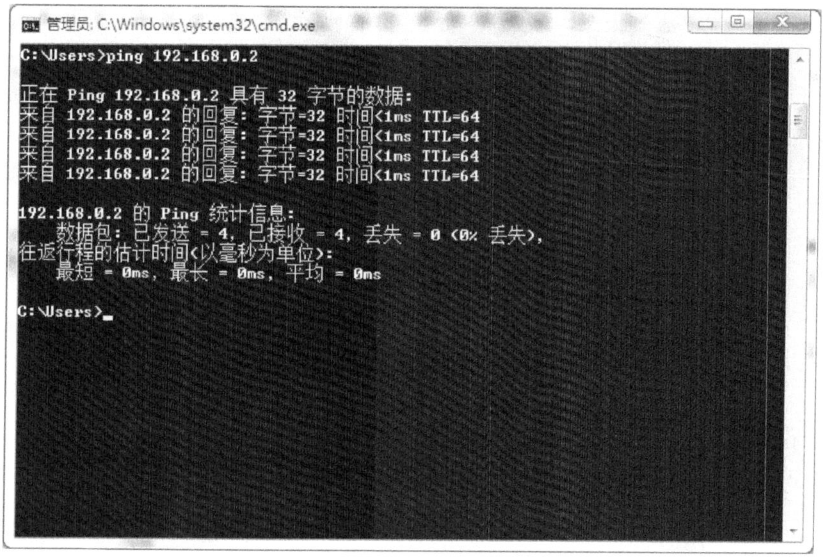

```
管理员: C:\Windows\system32\cmd.exe
C:\Users>ping 192.168.0.2

正在 Ping 192.168.0.2 具有 32 字节的数据:
来自 192.168.0.2 的回复: 字节=32 时间<1ms TTL=64
来自 192.168.0.2 的回复: 字节=32 时间<1ms TTL=64
来自 192.168.0.2 的回复: 字节=32 时间<1ms TTL=64
来自 192.168.0.2 的回复: 字节=32 时间<1ms TTL=64

192.168.0.2 的 Ping 统计信息:
    数据包: 已发送 = 4, 已接收 = 4, 丢失 = 0 (0% 丢失),
往返行程的估计时间(以毫秒为单位):
    最短 = 0ms, 最长 = 0ms, 平均 = 0ms

C:\Users>_
```

图 10.13　连通测试

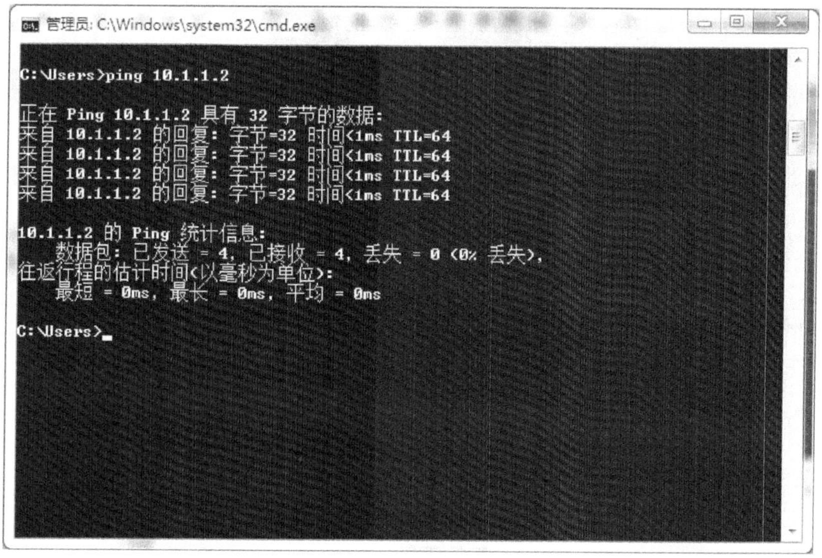

```
管理员: C:\Windows\system32\cmd.exe
C:\Users>ping 10.1.1.2

正在 Ping 10.1.1.2 具有 32 字节的数据:
来自 10.1.1.2 的回复: 字节=32 时间<1ms TTL=64
来自 10.1.1.2 的回复: 字节=32 时间<1ms TTL=64
来自 10.1.1.2 的回复: 字节=32 时间<1ms TTL=64
来自 10.1.1.2 的回复: 字节=32 时间<1ms TTL=64

10.1.1.2 的 Ping 统计信息:
    数据包: 已发送 = 4, 已接收 = 4, 丢失 = 0 (0% 丢失),
往返行程的估计时间(以毫秒为单位):
    最短 = 0ms, 最长 = 0ms, 平均 = 0ms

C:\Users>_
```

图 10.14　连通测试

10.4.5　路由器连接外部网络应用

该应用的网络拓扑如图 10.15 所示。

要求内部网的某个 PC 通过路由器进行 NAT 转换后可以访问外部网络。

内网地址可以自己规划。本实例中内网规划地址段为 192.168.0.0，子网掩码为 255.255.255.0，网关地址为 192.168.0.254。

外网口地址为上联网线分配的地址。本实例中外网口地址为 172.30.148.47，上联口的对端地址为 172.30.148.253。

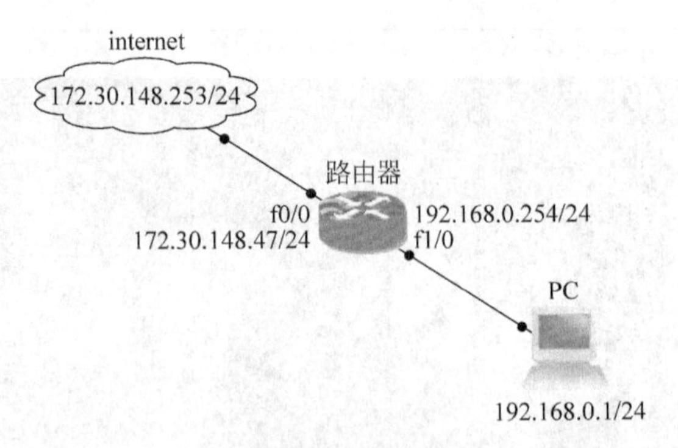

图 10.15　路由器连接外部网络的拓扑图

1. 路由器设置

(1) 基本配置。

```
Router# configure terminal                          //进入配置模式
```

(2) 内网口配置。

```
Router(config)# interface fastEthernet 1/0
Router(config-if)# ip address 192.168.0.254 255.255.255.0
Router(config-if)# ip nat inside                    //指定为内网口(NAT模式必须配置)
Router(config-if)# no shutdown
Router(config-if)# exi
```

(3) 外网口配置。

```
Router(config)# interface fastEthernet 0/0
Router(config-if)# ip address 172.30.148.47 255.255.255.0
Router(config-if)# ip nat outside                   //指定为外网口(NAT模式必须配置)
Router(config-if)# no shutdown
Router(config-if)# exi
```

(4) 配置 NAT。

```
Router(config)# access-list 1 permit any            //控制列表1,允许所有数据通过
Router(config)# ip nat inside source list 1 interface fastEthernet 0/0 overload
```

(5) 配置默认路由。

```
Router(config)# ip route 0.0.0.0 0.0.0.0 172.30.148.253
```

(6) 保存配置。

```
Router# write
```

2. 测试

全部配置完后路由器的 WAN 口连接外网线路,LAN 口连接 PC,在 PC 上配置 IP 地址为 192.168.0.1,子网掩码为 255.255.255.0,默认网关为 192.168.0.254。

在"命令与提示符"中输入 PING 172.30.148.253 ,出现图 10.16 所示结果。

至此,说明位于内部网的该 PC 可通过路由器访问外部网络,实验完成。

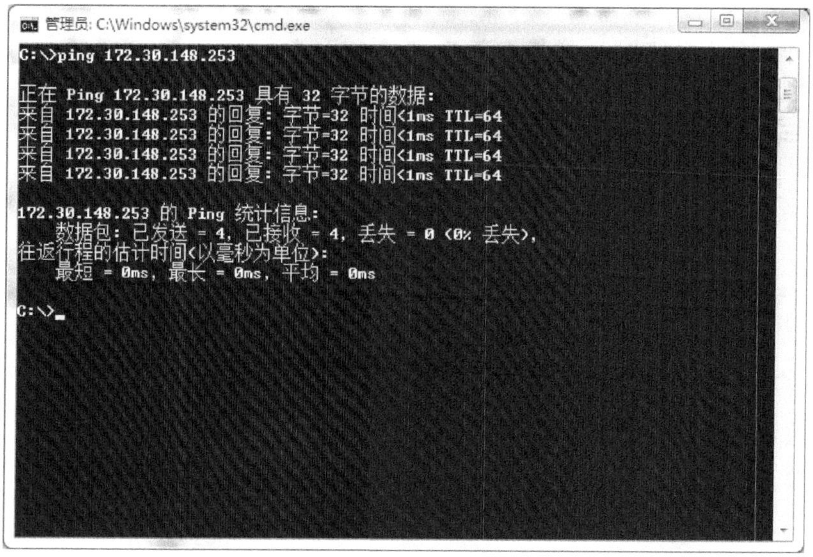

```
管理员: C:\Windows\system32\cmd.exe
C:\>ping 172.30.148.253

正在 Ping 172.30.148.253 具有 32 字节的数据:
来自 172.30.148.253 的回复: 字节=32 时间<1ms TTL=64
来自 172.30.148.253 的回复: 字节=32 时间<1ms TTL=64
来自 172.30.148.253 的回复: 字节=32 时间<1ms TTL=64
来自 172.30.148.253 的回复: 字节=32 时间<1ms TTL=64

172.30.148.253 的 Ping 统计信息:
    数据包: 已发送 = 4, 已接收 = 4, 丢失 = 0 (0% 丢失),
往返行程的估计时间(以毫秒为单位):
    最短 = 0ms, 最长 = 0ms, 平均 = 0ms

C:\>
```

图 10.16　连通测试

10.5 思 考 题

1. 简述路由器的工作原理和常用功能。

2. 详细记录路由器的基本配置步骤。

3. 详细记录路由器的静态路由、动态路由和 NAT 的配置步骤,并解释每个配置命令的含义。

4. 10.4.3 节中,尝试只在一台路由器上配置静态路由协议,检测 PC 间是否可以连通。

5. 10.4.4 节中,尝试只在一台路由器上配置动态路由协议,检测 PC 间是否可以连通。

6. 10.4.4 节中,若两台路由器各自下联的 PC 有两台,且属于不同的子网,那么如何配置使得所属不同路由器的 PC 可以彼此连通?

7. 简述 NAT 的工作原理,并分析何种情况下需要用到 NAT。

第11章 无线路由器应用

11.1 应用目的

(1) 了解无线路由器的工作原理。

(2) 掌握无线路由器的基本配置方法。

(3) 掌握无线路由器组建无线局域网的设置方法。

(4) 掌握通过无线路由器访问因特网的设置方法。

11.2 要求与环境

1. 要求

(1) 通过Web方式进入无线路由器的设置界面,设置无线路由器的管理地址和登录密码,设置无线网络的SSID名称、加密方式和接入密码。

(2) 通过计算机的无线网卡连接无线路由器的无线网络,查看无线网卡所获得的IP地址,并验证计算机之间的连通性。

(3) 手动更改无线网卡的IP地址,验证彼此连通性。

(4) 用无线路由器绑定计算机无线网卡的MAC地址,然后验证其他计算机是否能够接入。

(5) 将无线路由器接入有线局域网内,并对无线路由器配置DHCP,使得接入无线网和有线网同处一个子网,然后尝试访问相应网络的情况。

2. 环境

无线路由器一台,带无线网卡的计算机若干台,网线若干根。

11.3 无线路由器概述

11.3.1 无线路由器功能

无线路由器(Wireless Router)是一种带有无线路由功能的网络设备。无线路由器具备有线路由器所具备的各种功能,如:

(1) 在不同的网络之间转发报文,起转发的作用。

(2) 选择最合理的路由,进行路径选择。

(3) 连接使用不同通信协议的网段。

(4) 网络流量控制功能等。

此外，路由器还具备无线 AP 的所有功能，如支持 DHCP、支持 VPN、防火墙、支持 WE 加密等，可实现无线网络与 Internet 的连接共享等。

目前，市场上流行的无线路由器按照结构不同可分为“模块化路由器”和“非模块化路由器”。模块化结构可以灵活地配置路由器，以适应企业不断增加的业务需求；非模块化的就只能提供固定的端口。从功能上划分，可将无线路由器分为“企业级无线路由器”和“接入级无线路由器”。企业级无线路由器连接许多无线终端系统，连接对象较多，但系统相对简单，这类路由器的要求是以尽量便宜的方法实现尽可能多的端点互连，同时还要求能够支持不同的服务质量。接入级无线路由器主要应用于家庭或小型企事业单位。

常见的无线路由器一般都有一个 RJ45 口为广域网接口(WAN)口，作为连接到外部网络(Internet 等)的接口，其余 2～4 个口为 LAN 口，用来连接普通局域网。无线路由器内部有一个网络交换机芯片，专门处理 LAN 接口之间的信息交换，如图 11.1 所示。

图 11.1　无线路由器

11.3.2　无线路由器的重要参数

1. 协议标准

通常无线路由器产品支持的主流协议标准为 IEEE 802.11g，并且向下兼容 IEEE 802.11b，前者支持 11Mb/s 传输速率，而后者可以支持 54Mb/s 的传输速率。

2. 数据传输率

与有线网络类似，无线网络的传输速率是指它在一定的网络标准之下接收和发送数据的能力。不过在无线网络中，数据传输的性能和环境有很大的关系。因为在无线网络中，数据传输是通过信号进行的，而实际的使用环境或多或少都会对传输信号造成一定的干扰。实际应用中，无线局域网的实际传输速率比产品标称最大传输速度要小。

3. 信号覆盖

信号覆盖，顾名思义，也就是说只有在无线路由器的信号覆盖范围内，其他计算机才能与之进行连接。信号覆盖程度往往被视为无线路由器的“有效工作距离”，这是一项重要的指标参数。

影响无线信号的因素有：

(1) 空间比较拥挤、不够开阔，其中建筑物，如办公室的墙壁等是影响无线信号覆盖最主要的因素之一。

(2) 在室外应用中，无线信号受天气情况等的影响也较大，如果是在雷雨天或比较阴沉的天气，无线信号会衰减的比较厉害；而在晴天里，无线信号则相对较好，能覆盖更远的距离。

(3) 存在多台无线设备或有多个厂家的设备在用，则有可能存在频道冲突，导致无线覆盖区域中的无线信号串扰等问题。

4. 工作频率

在无线网络中，天线可以达到增强无线信号的目的，可以把它理解为无线信号的放大器。天线对空间不同方向具有不同的辐射或接收能力,而根据方向性的不同,天线有全向和定向两种。辐射与接收无固定指向的天线称为全向天线。全向天线由于无方向性,因此多用在点对多点通信的中心台。比如想要在相邻的两幢楼之间建立无线连接,就可以选择这类天线。而如果辐射与接收均有固定的指向,则这类天线就被称为定向天线。定向天线能量集中,增益相对全向天线要高,适合于远距离点对点通信。同时由于具有方向性,抗干扰能力比较强。比如一个小区里,需要横跨几幢楼建立无线连接时,就可以选择这类天线。

11.3.3 无线路由器 TL-WR841N 产品介绍

TL-WR841N 是深圳市普联技术有限公司生产的一款面向中小企业无线网应用的无线路由器产品。TL-WR841N 使用 11N 无线技术,无线传输速率最高达 300Mb/s,相对传统的 54M 11G 和 150M 产品,可满足更多的无线客户端接入,在无线客户端数量相同时能够为每个客户端提供更高的无线带宽,使局域网内的数据传输更加高效,同时更高的无线带宽也可避免数据的拥塞,减小网络延时,使语音视频、在线点播、网络游戏更加流畅。TL-WR841N 产品的实物如图 11.2 所示。

图 11.2 TL-WR841N 无线路由器

TL-WR841N 产品的规格及技术参数如下:

协议标准:支持 IEEE 802.11n、IEEE 802.11g、IEEE 802.11b、IEEE 802.3、IEEE 802.3u。

无线速率:300Mb/s。

接口:4 个 10/100M 自适应 LAN 口,支持自动翻转(Auto MDI/MDIX);一个 10/100M 自适应 WAN 口,支持自动翻转(Auto MDI/MDIX)。

天线:两根外置固定全向天线。

工作模式:支持 AP 模式、WDS 无线桥接模式。

无线安全:支持无线 MAC 地址过滤,无线安全功能开关,64/128/152 位 WEP 加密,WPA-PSK/WPA2-PSK、WPA/WPA2 安全机制,QSS 快速安全设置。

频段带宽可选:20MHz、40MHz、自动。

信道选择:1-13。

无线模式可选:11n only、11 bgn mixed、11 bg mixed、11g only、11b only。

支持无线开关、SSID 广播开关和无线漫游等功能。

使用环境:工作温度:0~40℃;存储温度:-40℃~70℃;工作湿度:10%~90%RH 不凝结;存储湿度:5%~90%RH 不凝结。

11.4 方法与主要步骤

11.4.1 Web 方式管理无线路由器

1. 进入无线路由器的 Web 界面

下面结合 TP-LINK TL-WR841N 产品,讨论无线路由器的具体配置方法。

（1）用一根直通双绞线一头插入到无线路由器的其中一个 LAN 交换端口上（注意：不是 WAN 端口），另一头插入到一台计算机的有线网卡 RJ-45 接口上。

（2）连接并插上 TL-WR841N 无线路由器，开启电源，开启计算机。在计算机的 IE 浏览器地址栏中输入厂家配置的无线路由器 IP 地址 192.168.1.1（不同厂家的默认管理地址不同）。首先打开的是图 11.3 所示的身份验证对话框。

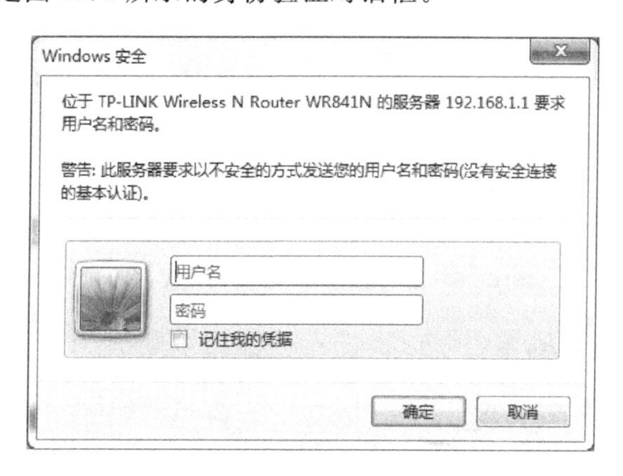

图 11.3　身份验证对话框

（3）在其中的“用户名”和“密码”两个文本框中都输入管理无线路由器的初始用户名 admin（不同厂家的初始设置不同）。单击“确定”按钮进入配置界面首页，如图 11.4 所示。

图 11.4　路由器管理界面

2. 设置无线路由器的管理地址

（1）进入无线路由器的 Web 界面后，单击左边“网络参数”节点下的“LAN 口设置”，如图 11.5 所示，进入 LAN 口设置页面。

由图 11.5 可以看到 LAN 口的基本设置参数，包括 MAC 地址、IP 地址和子网掩码等信息。

（2）修改无线路由器的管理地址就是修改 LAN 设置里的 IP 地址，如图 11.5 所示，默认的管理地址是 192.168.1.1（不同品牌的无线路由器默认管理地址不同）。修改需求的管

TP-LINK
300M传输速率，实现无线自由连接梦想
LAN口设置
本页设置LAN口的基本网络参数。
MAC地址:
74-EA-3A-27-27-FA
IP地址:
192.168.1.1
子网掩码:
255.255.255.0
保 存
帮 助

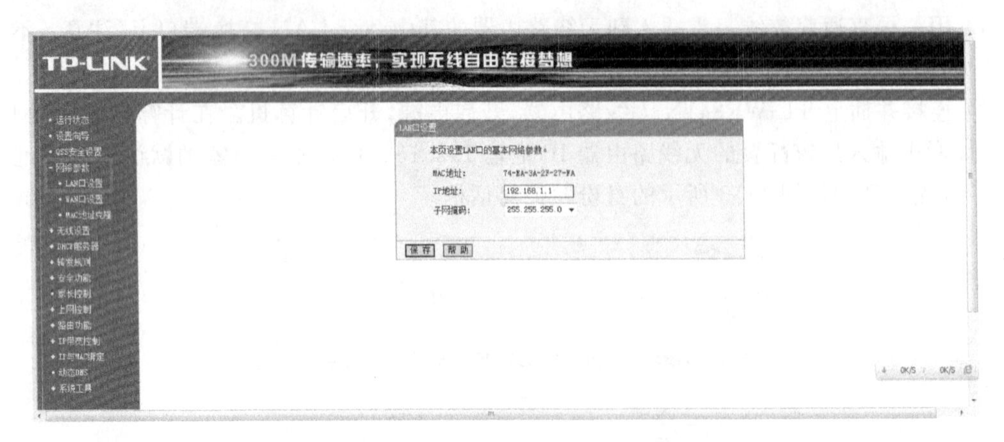

图 11.5　路由器 LAN 口设置界面

理地址和子网掩码如图 11.6 所示。

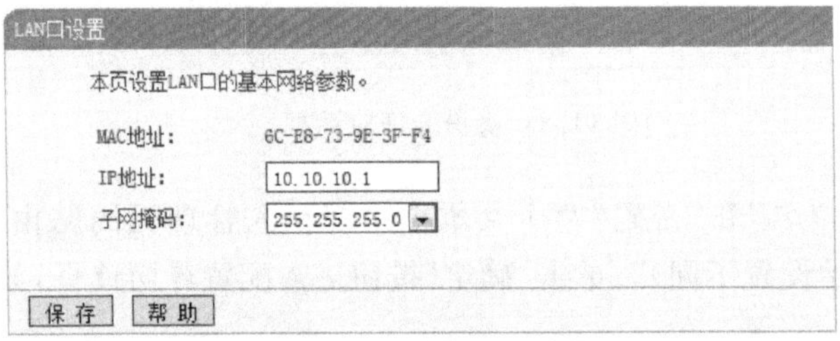

LAN口设置
本页设置LAN口的基本网络参数。
MAC地址:
6C-E8-73-9E-3F-F4
IP地址:
10.10.10.1
子网掩码:
255.255.255.0
保 存
帮 助

图 11.6　修改路由器管理地址

单击图 11.6 中的“保存”按钮，使配置生效。

修改后无线路由器的管理地址更改为 7.7.7.1，子网掩码为 255.255.255.0。此时需要 PC 主机的 IP 地址和子网掩码，使其与无线路由器的管理地址在一个网段，如图 11.7 所示。

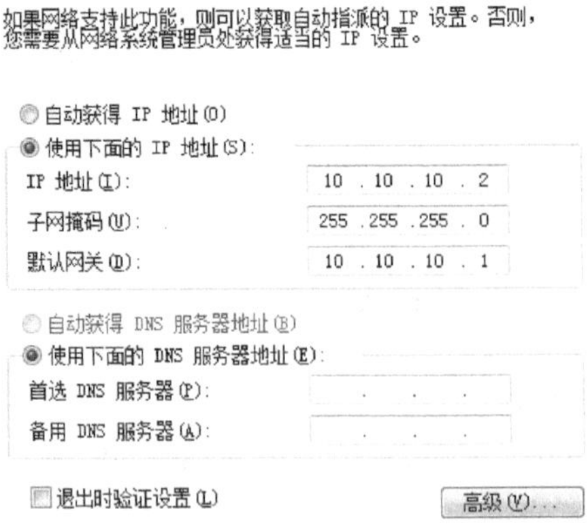

如果网络支持此功能，则可以获取自动指派的 IP 设置。否则，您需要从网络系统管理员处获得适当的 IP 设置。
自动获得 IP 地址(O)
使用下面的 IP 地址(S):
IP 地址(I):
10 . 10 . 10 . 2
子网掩码(U):
255 . 255 . 255 . 0
默认网关(D):
10 . 10 . 10 . 1
自动获得 DNS 服务器地址(B)
使用下面的 DNS 服务器地址(E):
首选 DNS 服务器(P):
备用 DNS 服务器(A):
退出时验证设置(L)
高级(V)...

图 11.7　设置 PC 的 IP 地址

PC 主机的参数修改完成后，重新打开浏览器，输入 7.7.7.1 的地址，此时可进入无线路由器的 Web 管理界面，并继续下面的实验。

3. 修改无线路由器的登录名与密码

在无线路由器的 Web 界面左边单击“系统工具”节点下的“修改登录口令”，显示图 11.8 所示界面。

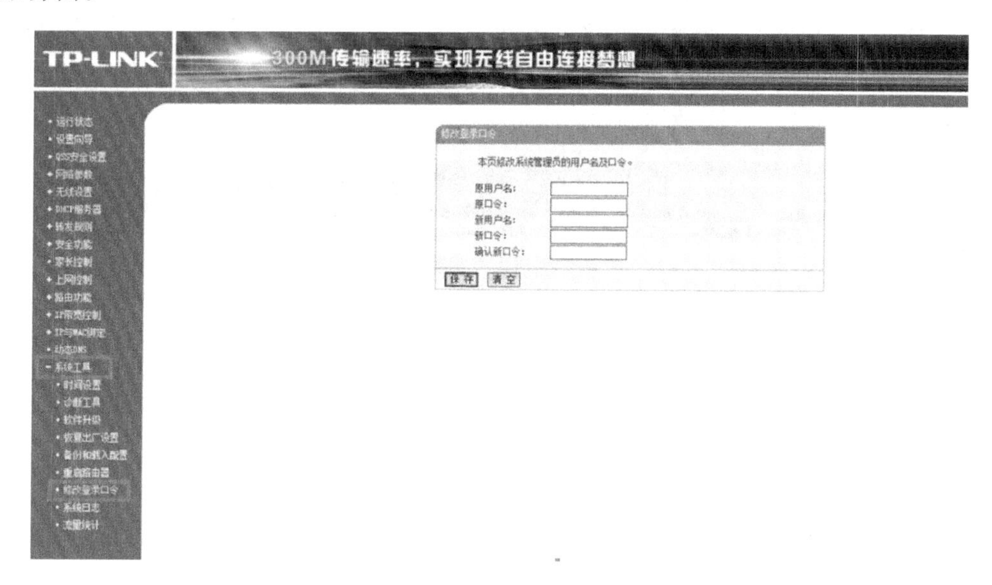

图 11.8　修改路由器登录用户名和密码的界面

此时，输入新的用户名和密码，这样在下次登录时就需要使用新的用户名和密码。

4. 设置无线网络的 SSID 名称、加密方式和接入密码

(1) 设置无线路由器 SSID。

在无线路由器管理界面左边单击“无线设置”节点下的“基本设置”，如图 11.9 所示。

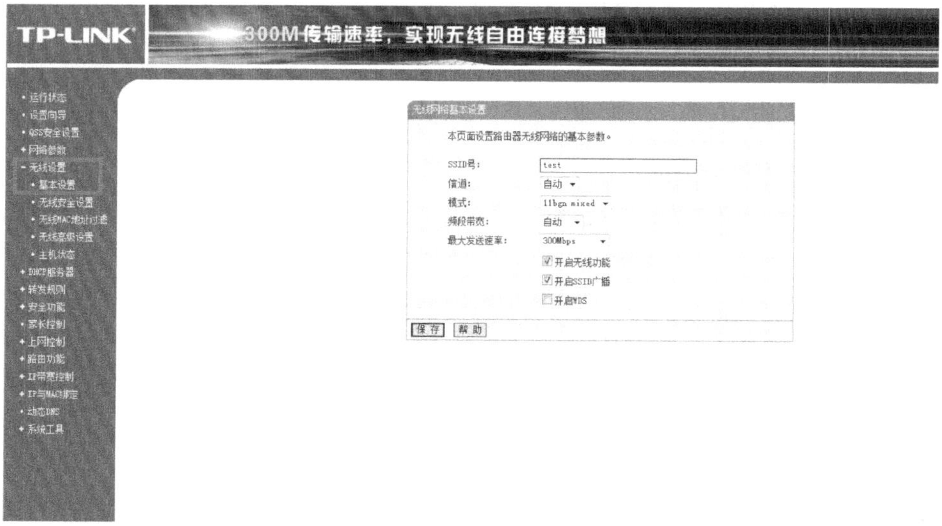

图 11.9　设置 SSID

在图 11.9 所示的界面中，在“SSID 号”文本框中输入新的 SSID，单击“保存”按钮，然后根据提示重启路由器使配置生效。

当路由器重启完毕后,单击计算机右下角的网络图标 ,显示图 11.10 所示界面。

此时,可以看到已经设置好的无线路由器的 SSID 号。

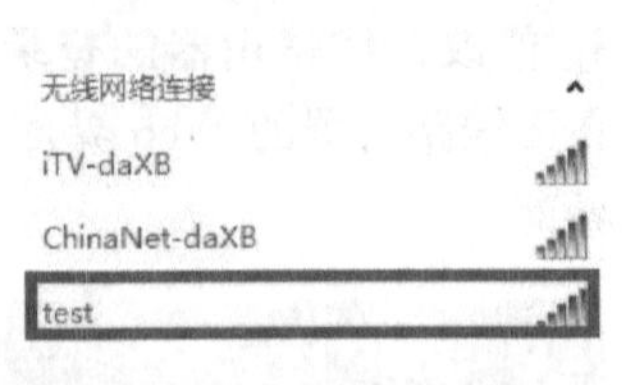

图 11.10 无线网络连接图标

(2) 修改无线路由器的加密方式和接入密码。

在无线路由器的管理界面中单击“无线设置”节点下的“无线安全设置”,显示图 11.11 所示界面。

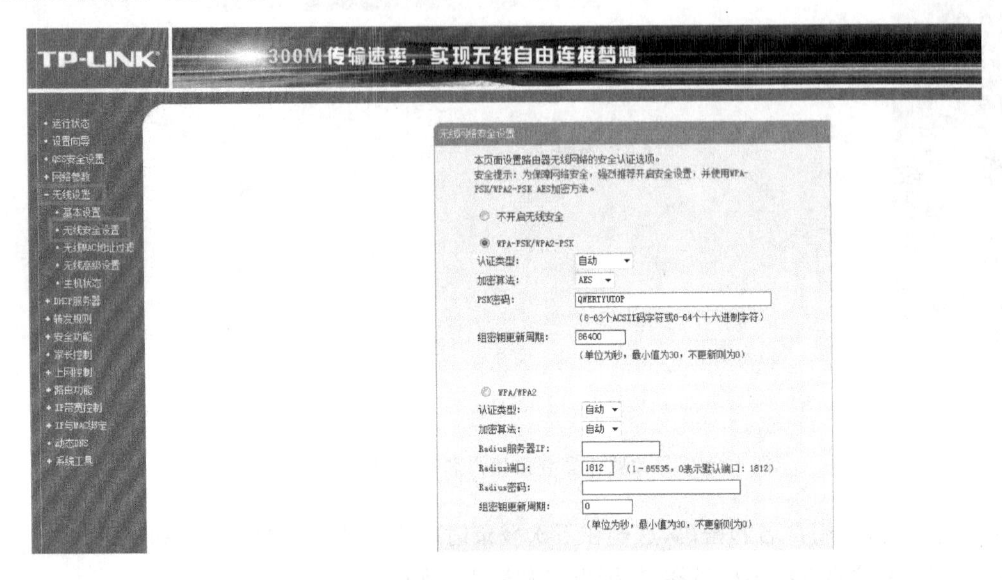

图 11.11 无线网络安全设置

在无线网络安全设置里面更改无线路由器的加密方式和密码。

如图 11.11 所示,无线加密方式选择了 WPA-PSK/WPA2-PSK,密码设置为 QWERTYUIOP,其他为默认选项。全部设置完毕后单击“保存”按钮,根据提示重启路由器生效。

11.4.2 无线路由器自动设置

1. 通过无线网卡连接无线路由器

选择一个安装有无线网卡的计算机 PC1,单击计算机 PC1 右下角的 按钮,在弹出的对话框中选择之前修改好的 SSID(test),如图 11.12 所示。

图 11.12 计算机连接无线网络

在弹出的密码输入框中输入设置好的密码,如图 11.13 所示。

单击图 11.13 中的“确定”按钮,稍等片刻后,计算机右下角的原 图标变为 图标,此时表示计算机与无线路由器已经连接成功。

2. 计算机自动获取 IP 地址

查看无线网卡的 IP 地址。

当计算机与无线路由器连接成功后,路由器会自动分配给计算机一个 IP 地址。查看方式如下:

首先，单击计算机右下角的图标，弹出图 11.14 所示界面。

图 11.13　输入无线网络密码

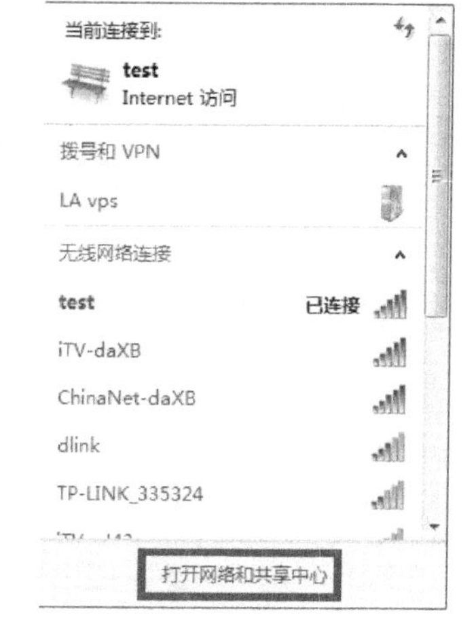

图 11.14　无线网络设置

单击图 11.14 中的“打开网络和共享中心”按钮，弹出图 11.15 所示界面。

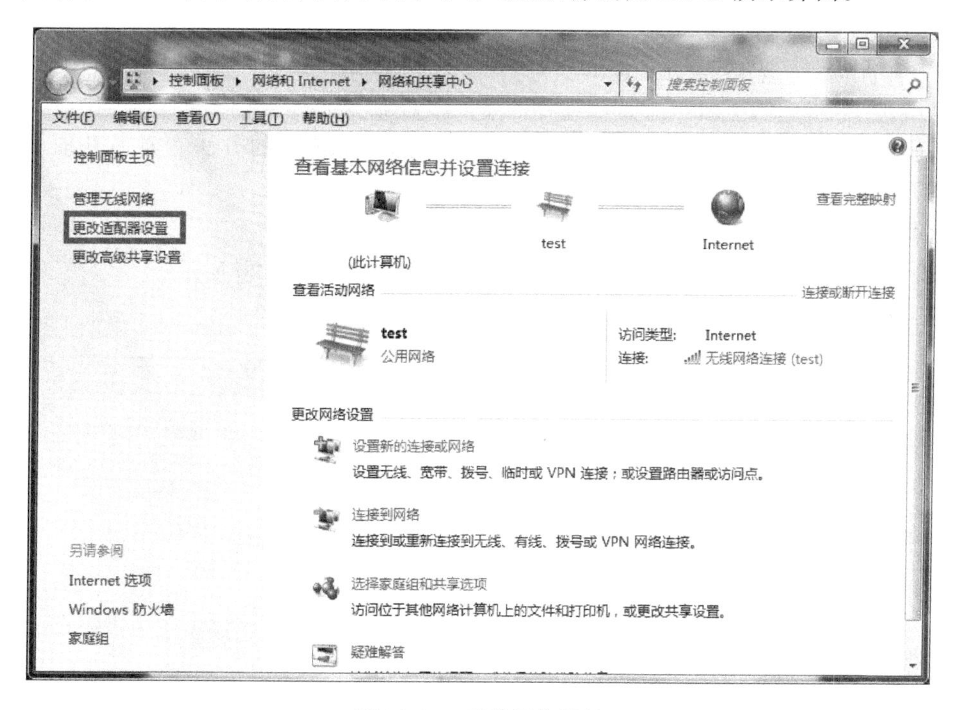

图 11.15　无线网络设置

单击图 11.15 中的“更改适配器设置”链接，弹出图 11.16 所示界面。

图 11.16　无线网络连接标识

双击图 11.16 中的“无线网络连接”链接，弹出图 11.17 所示界面。

然后单击图 11.17 中的“详细信息”按钮，可以查看本连网的计算机所获取到的 IP 地址信息，如图 11.18 所示。

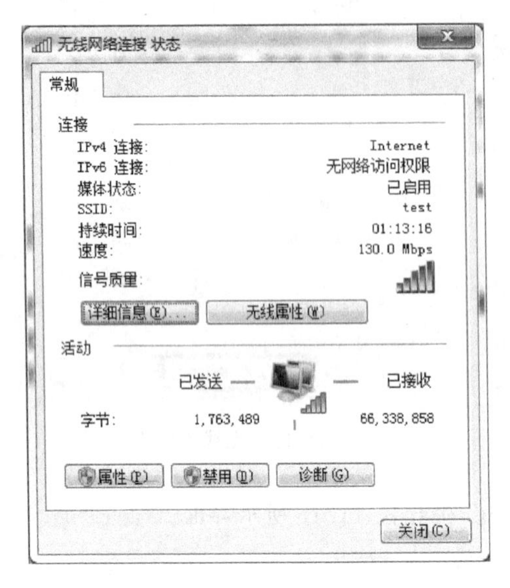

图 11.17　无线网络连接状态

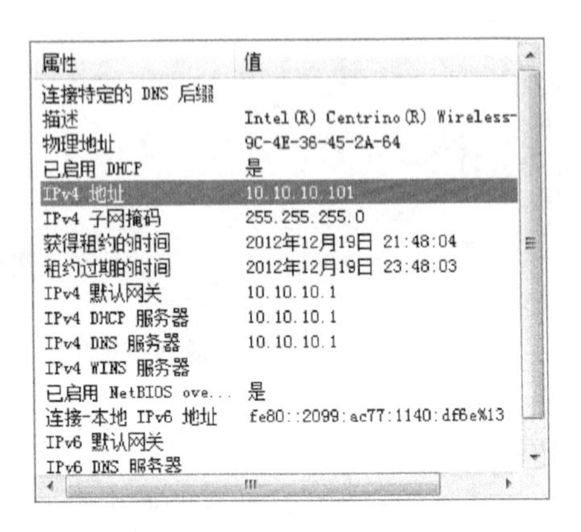

图 11.18　PC1 无线网卡配置信息

让另一台计算机 PC2 以类似的方式接入无线路由器，用相同的方法查看所获取的 IP 地址，如图 11.19 所示。

3. 测试网络的连通性

在 PC2 上同时按 win+R 组合键，弹出“运行”对话框，如图 11.20 所示。

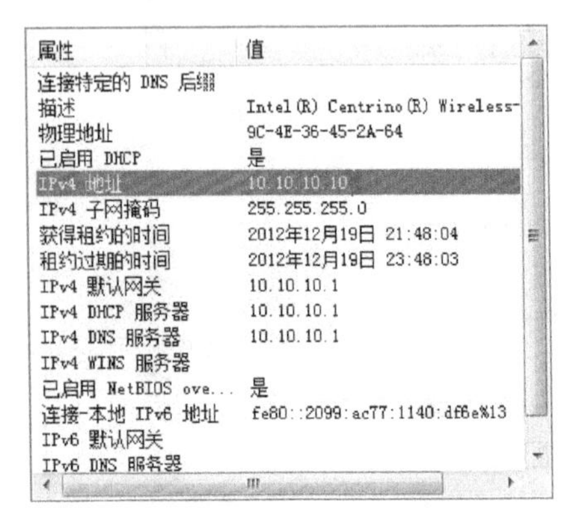

图 11.19　PC2 无线网卡配置信息

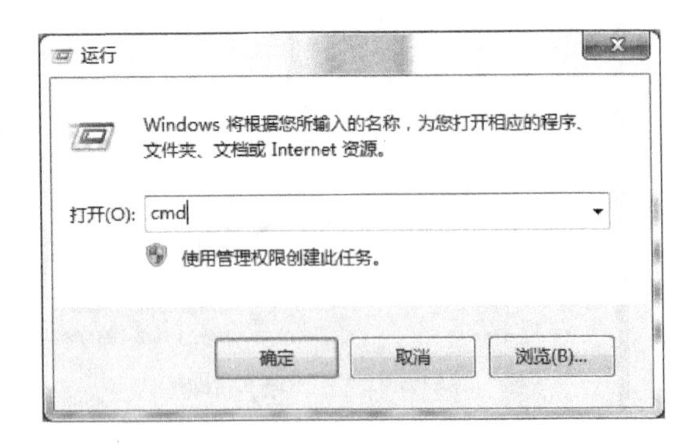

图 11.20　弹出“运行”对话框

在图 11.20 所示对话框中输入 cmd 命令，单击“确定”按钮后进入命令与提示符状态，输入 ping 10.10.10.101 命令并按 Enter 键，显示结果如图 11.21 所示，表示当前 PC 与 10.10.10.101 这个 IP 地址的 PC 是连通的。

注： 测试连通性前，请先关闭测试主机的系统所自带防火墙和杀毒防护软件。

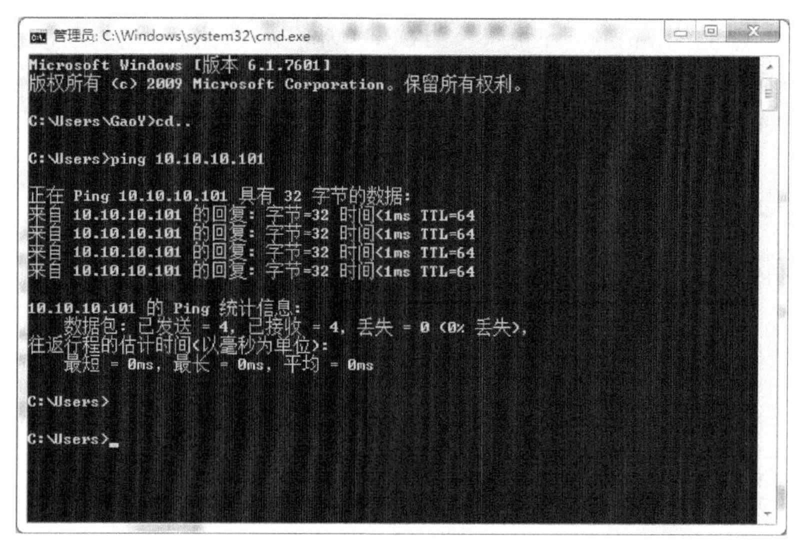

图 11.21　连通性测试界面

11.4.3　无线路由器手动设置

1. 手动设置连网 PC 的 IP 地址

按照 11.4.2 节所述的步骤,打开图 11.22 所示界面。

图 11.22　计算机无线网络连接标识

右击图 11.22 中的“无线网络连接”,从弹出的快捷菜单中选择“属性”命令,弹出图 11.23 所示界面。

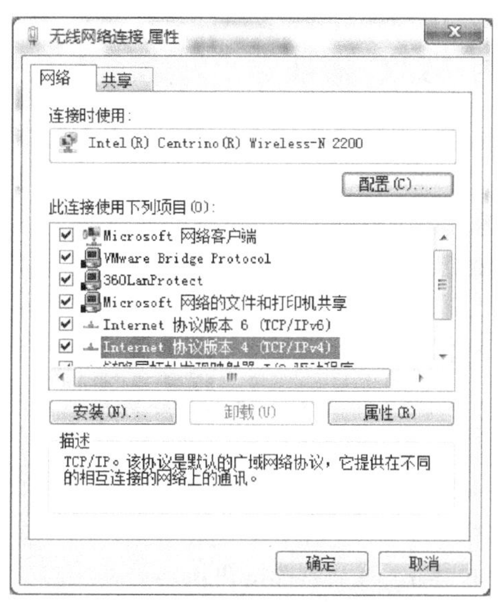

图 11.23　“无线网络连接属性”对话框

单击图 11.23 中的“Internet 协议版本 4(TCP/IPv4)”选项，然后单击“属性”按钮，弹出图 11.24 所示界面。

选择图 11.24 中的“使用下面的 IP 地址”单选按钮，输入 IP 地址，如图 11.25 所示。

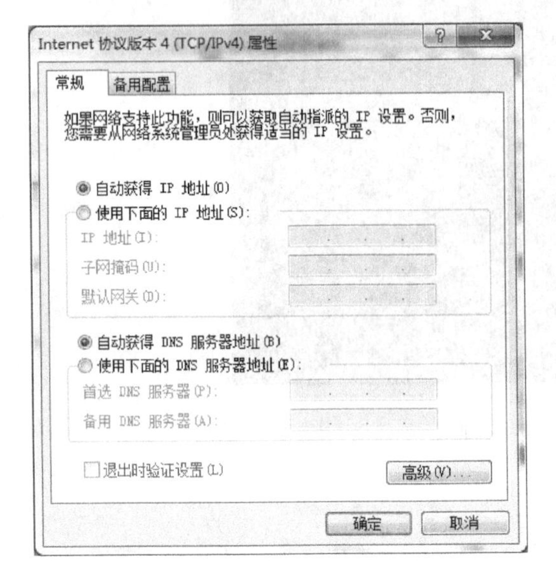

图 11.24　IP 地址设置属性

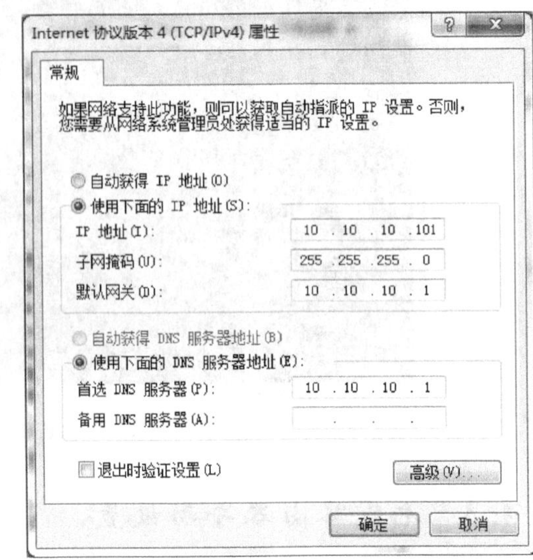

图 11.25　设置 IP 地址

单击“确定”按钮，返回上一级界面，然后再单击“确定”按钮，使配置生效。此时 PC1 的 IP 地址被手动指定为 10.10.10.101，子网掩码为 255.255.255.0。

注：*上述查看 PC1 的 IP 地址步骤也可以通过图 11.17 的方法查看。*

给需要连网的另一台计算机 PC2，也以同样的方式手动配置 IP 地址为 10.10.10.10，子网掩码为 255.255.255.0。

2. 两台接入无线路由器的 PC 连通性测试

方法同 11.4.2 节所述步骤，这里不再赘述。

11.4.4　无线路由器的 MAC 地址绑定

MAC 地址绑定可以有效规避非法用户的接入，是目前防范盗用网络资源的一种常见做法。

1. 无线路由器的 MAC 地址绑定

在无线路由器的 Web 管理界面左边单击“无线设置”节点下的“无线 MAC 地址过滤”，如图 11.26 所示。

在图 11.26 所示的界面中单击“添加新条目”按钮，出现图 11.27 所示界面。

此时，与无线路由器相连的计算机的 MAC 地址可以在查看无线网卡 IP 地址的状态栏中看到，如图 11.28 所示。

在图 11.27 所示的界面中，在“MAC 地址”文本框中输入需要过滤的无线网卡 MAC 地址，单击“保存”按钮。在返回的对话框中单击“启用过滤”按钮，如图 11.29 所示，使配置生效。

图 11.29 中出现“允许”和“禁止”两个单选按钮：

- 允许：列表中生效规则之外的 MAC 地址访问本无线网络；

图 11.26　无线网络 MAC 地址过滤设置

无线网络MAC地址过滤设置

本页设置MAC地址过滤来控制计算机对本无线网络的访问。

MAC 地址：

描述：

状态：生效

保 存　返 回　帮 助

图 11.27　无线网络过滤 MAC 地址信息

网络连接详细信息

网络连接详细信息(D)：

属性	值
连接特定的 DNS 后缀	
描述	Intel(R) Centrino(R) Wireless-N 2
物理地址	9C-4E-36-45-2A-64
已启用 DHCP	否
IPv4 地址	10.10.10.101
IPv4 子网掩码	255.255.255.0
IPv4 默认网关	10.10.10.1
IPv4 DNS 服务器	10.10.10.1
IPv4 WINS 服务器	
已启用 NetBIOS ove...	是
连接-本地 IPv6 地址	fe80::2099:ac77:1140:df6e%13
IPv6 默认网关	
IPv6 DNS 服务器	

关闭(C)

图 11.28　无线网卡网络连接详细信息

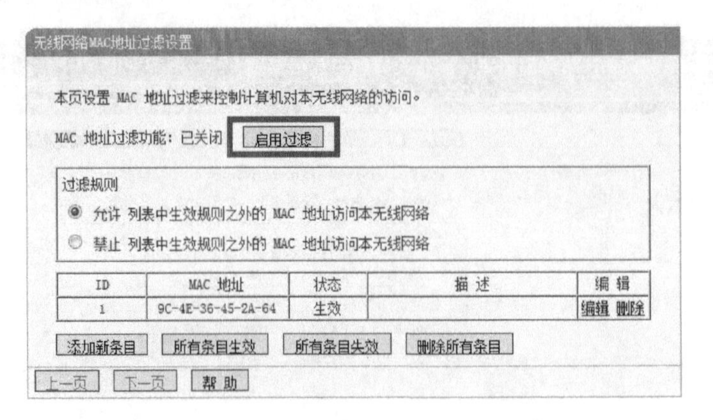

图 11.29 无线网卡 MAC 地址的过滤

- 禁止：列表中生效规则之外的 MAC 地址访问本无线网络。

在本实验中选择“允许”单选按钮，此时已经生效的规则是：不允许 MAC 地址为 9C-4E-36-45-2A-64 无线网卡访问该无线路由器。

同理，如果选择“禁止”单选按钮，则禁止生效的规则是：不允许 MAC 地址为 9C-4E-36-45-2A-64 以外的无线网卡访问该无线路由器。

2. MAC 地址绑定测试

当无线路由器选择“允许”策略后，此时 IP 地址为 10.10.10.101，子网掩码为 255.255.255.0，MAC 地址为 9C-4E-36-45-2A-64 的那个计算机在连接无线路由器时会出现图 11.30 所示的提示结果。

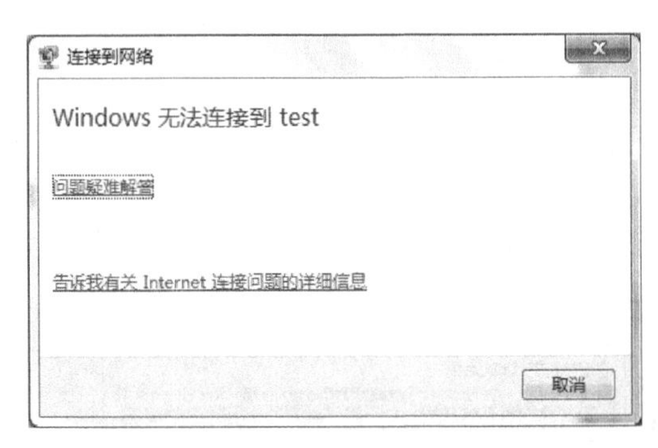

图 11.30 无线网络断开标示

此结果表示：MAC 地址为 9C-4E-36-45-2A-64 的那个计算机已经无法与该无线路由器进行正常连接，网络断开。而另外一台未在“禁止”规则之内的计算机则可以正常与该无线路由器进行连接。

11.4.5 利用无线路由器接入外部网络

1. 无线路由器的 LAN 口设置

无线路由器如果要通过 LAN 口连接外部网络，首先要将无线路由器的 LAN 口 IP 地址修改为与外部网络同网段。假设外部网络为 172.17.13.0，则无线路由器的 LAN 口 IP 地址设置为 172.17.13.1，掩码为 255.255.255.0，如图 11.31 所示。

LAN口设置
本页设置LAN口的基本网络参数。
MAC地址:
74-EA-3A-2F-27-FA
IP地址:
172.17.13.1
子网掩码:
255.255.255.0
保存
帮助

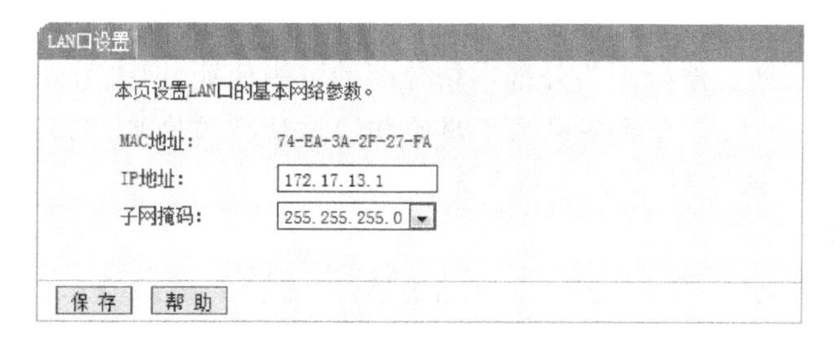

图 11.31　LAN 口 IP 地址设置

2. 无线路由器 DHCP 设置

在无线路由器管理界面左边单击“DHCP 服务器”节点下的“DHCP 服务”,如图 11.32 所示。

TP-LINK
300M传输速率，实现无线自由连接梦想
运行状态
设置向导
QSS安全设置
网络参数
无线设置
DHCP服务器
DHCP服务
客户端列表
静态地址分配
转发规则
安全功能
家长控制
上网控制
路由功能
IP带宽控制
IP与MAC绑定
动态DNS
系统工具
DHCP服务
本路由器内建的DHCP服务器能自动配置局域网中各计算机的TCP/IP协议。
DHCP服务器:
不启用
启用
地址池开始地址:
172.17.13.100
地址池结束地址:
172.17.13.199
地址租期:
120
分钟 (1～2880分钟，缺省为120分钟)
网关:
172.17.13.1
(可选)
缺省域名:
(可选)
主DNS服务器:
0.0.0.0
(可选)
备用DNS服务器:
0.0.0.0
(可选)
保存
帮助

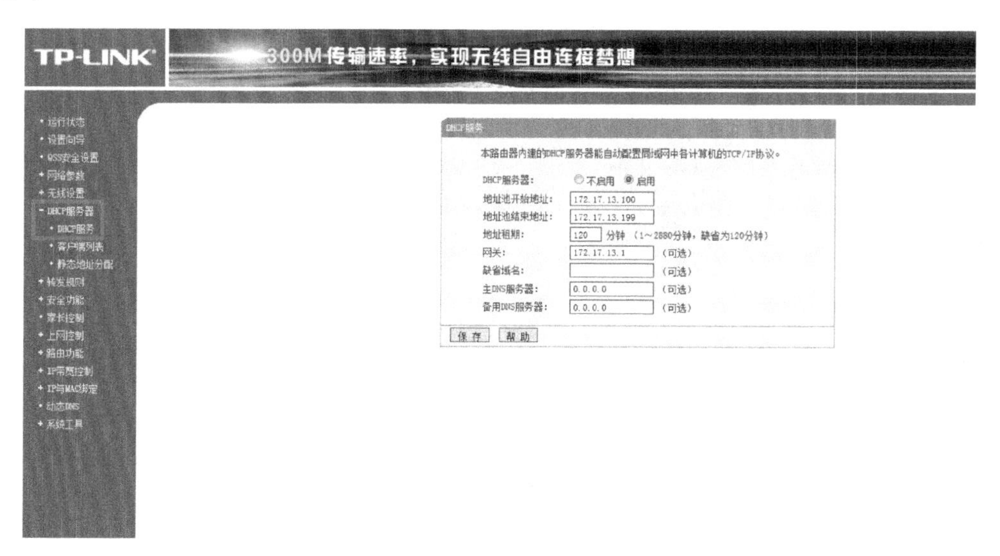

图 11.32　DHCP 服务设置

在图 11.32 所示对话框中选择“启用”单选按钮,配置 DHCP 的相关信息,如图 11.33 所示。

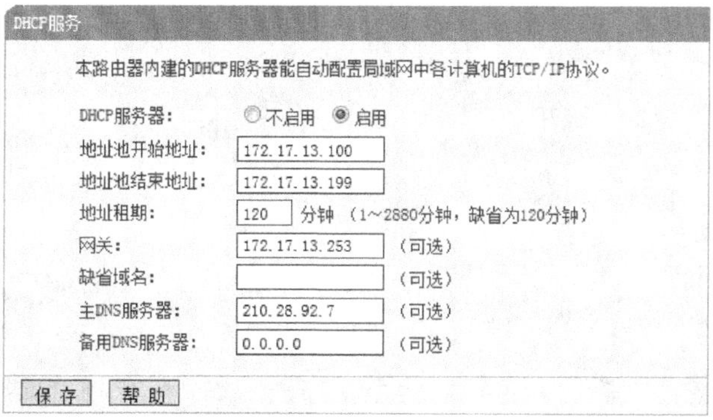

DHCP服务
本路由器内建的DHCP服务器能自动配置局域网中各计算机的TCP/IP协议。
DHCP服务器:
不启用
启用
地址池开始地址:
172.17.13.100
地址池结束地址:
172.17.13.199
地址租期:
120
分钟 (1～2880分钟，缺省为120分钟)
网关:
172.17.13.253
(可选)
缺省域名:
(可选)
主DNS服务器:
210.28.92.7
(可选)
备用DNS服务器:
0.0.0.0
(可选)
保存
帮助

图 11.33　DHCP 服务设置

假设本次实验DHCP的地址池内的地址范围为172.17.13.70～172.17.13.199,网关为172.17.13.253,这个地址池范围为外部网络分配的可用地址,网关为外部网络的网关。

注:DHCP地址池不能包含外部网络已用的相同地址段的地址,避免造成路由器内部PC获取的地址与外部地址冲突,导致网络异常。

3. 网络连通性测试

当上述步骤设置完成后,将PC连入无线路由器,方法同11.4.2节。

查看无线网卡获取的IP地址,方法同11.4.2节,结果显示如图11.34所示。

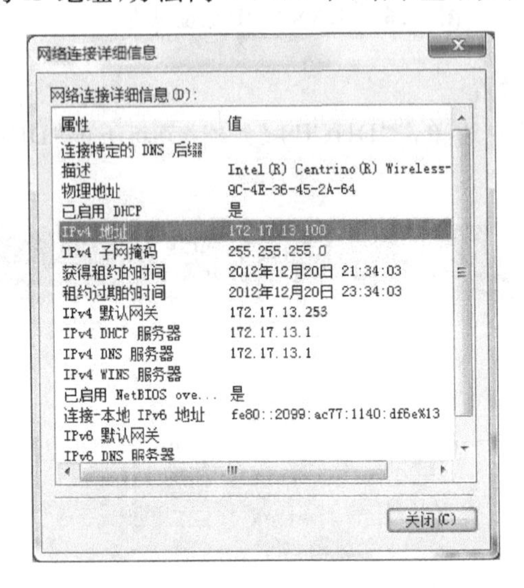

图11.34 无线网卡网络连接信息

最后选择任意一连接无线路由器的计算机,在命令提示符下输入PING 172.17.13.1,首先测试计算机与无线路由器LAN口的连通性,结果如图11.35所示。

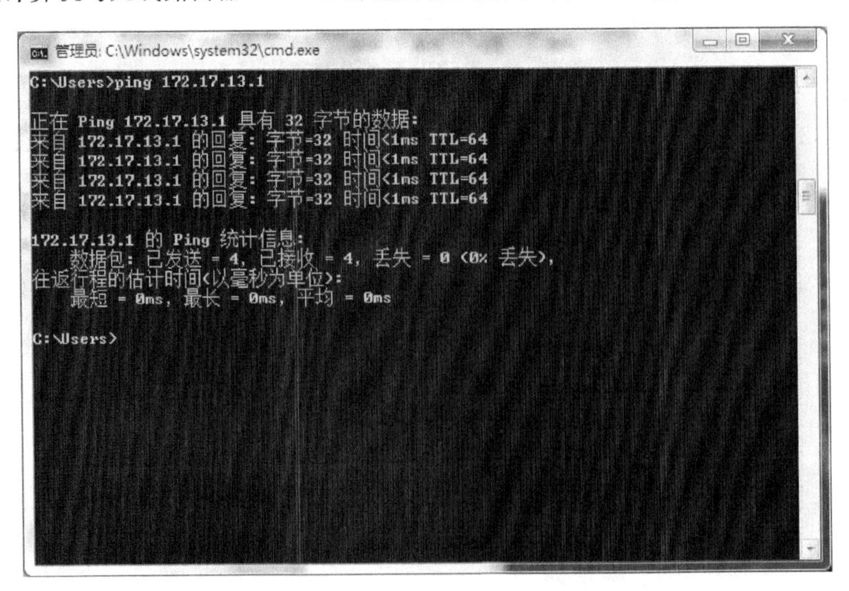

图11.35 路由器LAN口连通性测试

再通过该计算机网关,如图 11.36 所示。结果显示,无线路由器接入外部网络正常。

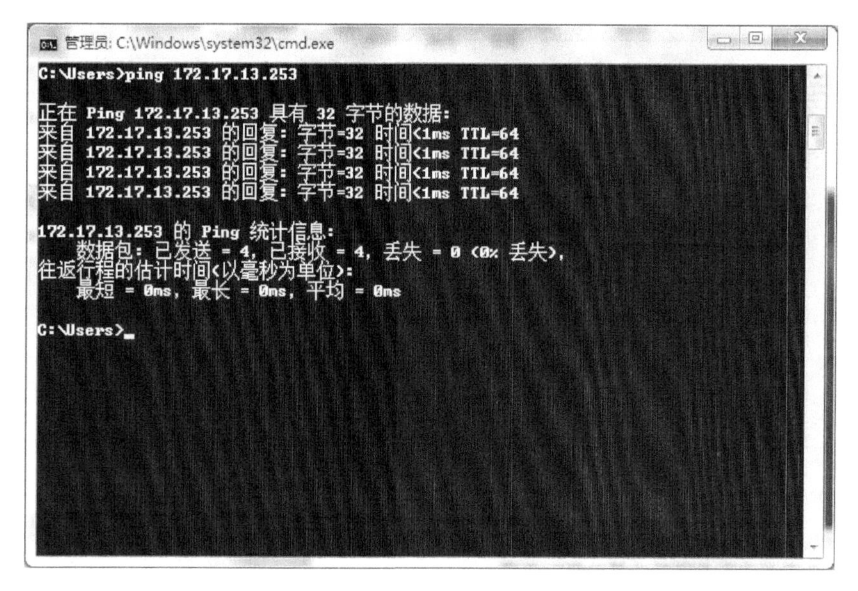

图 11.36　外网连通性测试

注:这个地址根据实验环境不同而不同,实质上为实际网络中路由器 LAN 口地址的网关。

11.5　思　考　题

1. 简述无线路由器的基本工作原理以及相应参数的含义。

2. 详细记录无线路由器设置的相关步骤以及出现的现象。

3. 分析主流的两个不同厂家的无线路由器的设置步骤的异同。

4. 比较和分析无线路由器采取不同方法组建无线网络的优点和缺点。

5. 归纳无线路由器的常用安全设置方法,并分析各种方法的优缺点。

6. 比较无线路由器通过 DHCP 方式和手动配置 IP 地址方式接入有线网络的异同,并分析各自的优点和缺点。

7. 分析通过无线路由器组建的无线局域网和交换机组建的有线局域网的异同以及彼此存在的优缺点。

第12章 Windows Server 2003 FTP 服务器的配置与使用

12.1 应 用 目 的

(1) 掌握文件传输协议(FTP)的工作原理。

(2) 掌握 FTP 服务器的安装、配置方法。

(3) 熟悉 FTP 命令的使用。

(4) 掌握文件传输工具 CuteFTP 的使用方法。

12.2 要求与环境

1. 要求

(1) 分组完成 Windows Server 2003FTP 服务器的安装与配置。

(2) 创建一个用户名为 nauhack 的用户,在 FTP 服务器上设置限定只有该用户才能登录 FTP,并进行相关验证。

(3) 将 FTP 服务器的访问权限设置为读取,然后从其他客户端登录 FTP 服务器,尝试上传、下载文件。

(4) 将 FTP 服务器的访问权限设置为写入,然后从其他客户端登录 FTP 服务器,尝试上传、下载文件。

(5) 将 FTP 服务器的访问权限设置为读取和写入,然后从其他客户端登录 FTP 服务器,尝试上传、下载文件。

(6) 将 FTP 服务器的连接限制设置成 2,然后在其他客户端尝试三个用户同时登录 FTP 服务器。

(7) 熟悉 FTP 相关命令的使用方法,能够使用命令行方式和 IE 浏览器方式实现对一个 FTP 站点服务器的访问。

(8) 在因特网上下载并安装文件传输工具——CuteFTP 软件。

(9) 利用 CuteFTP 工具上传、下载文件。

(10) 熟悉 CuteFTP 工具的其他使用方法。

2. 环境要求

Windows Server 2003 软件一套,计算机若干台;构成简单的局域网并且此局域网能够访问 Internet。

12.3 文件传输协议简介

12.3.1 文件传输协议的工作原理

一般来说，用户连网的首要目的是实现信息的共享，而文件传输是保证信息共享非常重要的手段之一。

文件传输协议(File Transfer Protocol，FTP)是 Internet 上最早使用、也是目前应用最为广泛的一种网络协议，主要完成本地机与远程计算机之间的文件传输。用户通过 FTP 可直接将远程文件复制到本地系统，或将本地文件复制到远程计算机系统中去。

FTP 提供文件传送的一些基本服务，它使用 TCP 可靠的运输服务，其主要功能是减少或消除在不同操作系统下处理文件的不兼容性。

FTP 使用客户端/服务器工作方式。一个 FTP 服务器进程可同时为多个客户进程提供服务。FTP 的服务器进程由两大部分组成：一个主进程，负责接受新的请求；另外有若干个从属进程，负责处理单个请求。

FTP 主进程的工作步骤如下：

(1) 打开熟知端口(端口号为 21)，使客户进程能够连接上。

(2) 等待客户进程发出连接请求。

(3) 启动从属进程来处理客户进程发来的请求。

从属进程对客户进程的请求处理完毕后即终止，但从属进程在运行期间根据需要还可能创建其他一些子进程。

(4) 回到等待状态，继续接受其他客户进程发来的请求。主进程与从属进程的处理是并发地进行。

FTP 的工作情况如图 12.1 所示。与其他客户端/服务器方式不同的是，FTP 客户端与服务器之间要建立双重连接：一个是控制连接，一个是数据连接。建立双重连接的原因在于 FTP 是一个交互会话系统，当用户每次调用 FTP 时，便与服务器建立一个会话，会话以控制连接来维持，直至退出 FTP。控制连接负责传送控制信息，如文件传送命令等。客户端可以利用控制命令反复向服务器提出请求，而客户端每提出一个请求，服务器便再与客户端建立一个数据连接，进行数据传输。一旦数据传输结束，数据连接随之撤销，但控制连接依然存在。

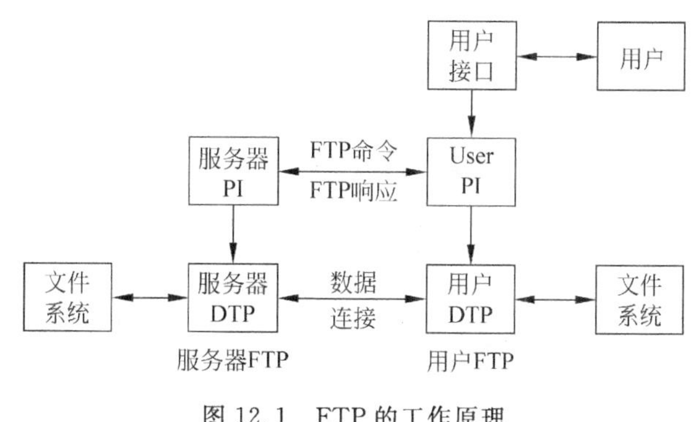

图 12.1 FTP 的工作原理

在FTP的使用中经常遇到两个术语:“下载(Download)”和“上传(Upload)”。所谓“下载”就是将远程主机的文件复制至本地计算机上;而“上传”则是将文件从本地计算机中复制至远程主机上。此外,在实际应用中,客户端一般需要事先在FTP服务器上注册账号,然后客户端程序才能登录和访问FTP服务器。Internet上也有一些FTP服务器被称为“匿名(Anonymous)”FTP服务器,这些服务器无须事先在FTP服务器上注册账号,使用Anonymous作为用户名就可以访问这些服务器。一般来说,以匿名方式登录的用户,对FTP服务器资源的使用权限也是最低的,通常只能获得从FTP服务器下载文件,不能进行上传文件操作。

12.3.2 FTP的命令

FTP可在DOS下启动。FTP进程启动以后,将创建使用FTP命令的子环境,通过输入quit命令从FTP应用的子环境返回至DOS提示符。当FTP子环境运行时,可以使用各种FTP命令进行各种操作。下面对FTP的命令做简单介绍。

1. FTP启动命令

命令格式:

```
ftp [-v] [-d] [-i] [-n] [-g] [-s:filename] [-a] [-w:windowsize] [-A] [host]
```

参数说明:

- -v:禁止显示远程服务器的响应信息。
- -d:打开调试模式,以使在客户端和服务器之间传递的所有ftp命令都被显示出来。
- -i:在传输多个文件时,关闭交互式提示。
- -n:在初始与服务器连接时,关闭自动登录机制。
- -g:禁止在本地文件名和路径名中使用通配符(* 和 ?)。
- -s:filename:指定包含ftp命令的文本文件,当ftp启动后,这些命令将自动运行。
- -a:在绑定数据连接时,使用本地的任意端口。
- -w:windowsize:替代默认的大小为4096的传输缓冲区。
- -A:以匿名的身份登录。
- host:指定连接的远程主机的名称或IP地址。

2. FTP子环境的命令

在DOS提示符下启动FTP以后,将进入FTP应用的子环境,如图12.2所示。

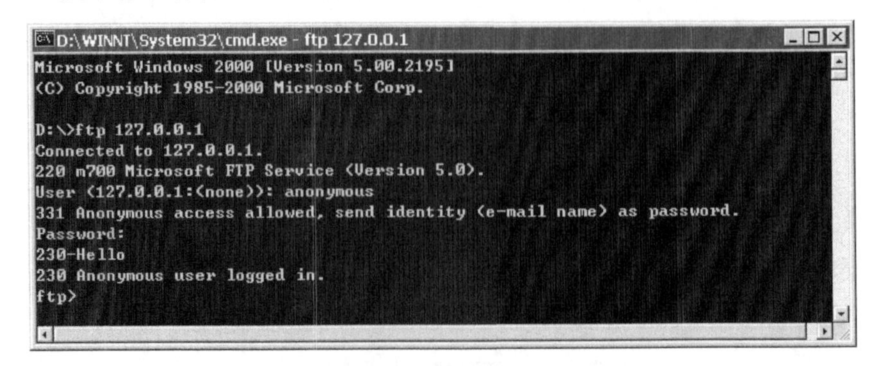

图12.2 在DOS提示符下启动FTP应用的子环境

FTP 子环境中包含许多重要的命令，下面做简单的介绍。

(1) help：显示 FTP 内部命令的帮助信息。

命令格式：help [cmd]

参数说明：

cmd 指定 FTP 的内部命令。如果没有指定，将输出 FTP 所有的内部命令名称。

需要说明的是，有时候也可以使用"?"，此命令与 help 具有相同的功能。

(2) open：与指定的 FTP 服务器建立连接。

命令格式：open host [port]

参数说明：

- host：指定建立连接的远程计算机名称或 IP 地址。
- port：指定 FTP 服务器使用的端口号。

(3) user：指定远程计算机的用户。

命令格式：user [username] [password] [account]

参数说明：

- username：指定登录远程计算机所使用的用户名。
- password：指定登录远程计算机所使用的密码。
- account：指定登录远程计算机所使用的账户。

(4) dir：显示远程计算机上的文件和子目录列表。

命令格式：dir [remotedirectory] [localfile]

参数说明：

- remotedirectory：指定要查看列表的目录。如果没有指定，将使用远程主机的当前工作目录。
- localfile：指定存储列表的本地文件。如果没有指定，将在屏幕上输出。

(5) cd：更改远程计算机上的工作目录。

命令格式：cd remotedirectory

参数说明：

remotedirectory：指定要进入的远程计算机的目录。

(6) lcd：更改本地计算机的工作目录。在默认情况下，工作目录就是启动 ftp 时的目录。

命令格式：lcd [directory]

参数说明：

directory：指定要进入的本地计算机的目录。如果没有指定，将显示本地计算机启动 ftp 时的目录。

(7) delete：删除远程计算机上的文件。

命令格式：delete remotefile

参数说明：

remotefile：指定需要删除的远程主机上的文件。

(8) get：使用当前文件转换类型将远程文件复制到本地计算机。

命令格式：get remotefile [localfile]

参数说明：

- remotefile：指定需要复制的远程文件。

- localfile：指定远程文件复制到本地计算机上使用的名称。如果没有指定，文件将命名为 remotefile。

(9) put：使用当前文件传送类型将本地文件复制到远程计算机上。

命令格式：put localfile [remotefile]

参数说明：

- localfile：指定需要复制的本地文件。
- remotefile：指定本地文件复制到远程计算机上使用的名称。如果没有指定，文件将命名为 localfile。

(10) rename：重命名远程文件。

命令格式：rename filename newfilename

参数说明：

- filename：指定需要重命名的远程文件。
- newfilename：指定新的文件名。

(11) pwd：显示远程计算机上的当前目录，这一命令不带参数。

(12) prompt：切换提示。

在多个文件传输的时候，FTP 将提示允许有选择地检索或存储文件。默认情况下，提示是打开的。

(13) binary：将文件传送类型设置为二进制。

FTP 支持两种文件传送类型：ASCII 和二进制。在传输可执行文件时，一般使用二进制类型。

(14) hash：打开 hash 标记设置。

对用 get 或 put 传输的每 2048 字节数据就显示一个"#"符号。默认情况下 hash 标记设置是关闭的。

(15) !：在本地机中执行交互 shell，使用 exit 命令返回到 ftp 环境。

(16) quit：结束与远程计算机的 FTP 会话并退出 ftp 命令行。

12.3.3 FTP 应用的屏幕显示说明

FTP 一般都是交互式地工作。下面例举了 FTP 应用中常见的用户机屏幕显示信息。

```
[01] ftp nic.ddn.mil
```

用户要用 FTP 和远地主机(名称为 nic.ddn.mil 的主机)建立连接。

```
[02] connected to nic.ddn.mil
```

用户机上显示连接成功信息。

```
[03] 220 CFTP server (Sunos 4.1)ready
```

从远地 FTP 服务器返回服务就绪的信息，220 表示"服务就绪"。

```
[04] Name: anonymous
```

提示用户输入名字。此例中用户不需要输入自己的真实姓名而只需输入 anonymous 即可。

```
[05] 331 Guest login ok, send ident as password.
```

数字 331 表示“用户名正确”，需要口令。

```
[06] Password: abc@xyz.math.naue.edu
```

提示用户输入口令。此例中用户输入的口令是 abc@xyz.math.naue.edu。

```
[07] 230 Guest login ok, access restrictions apply.
```

数字 230 表示用户已经注册完毕。

```
[08] ftp > cd rfc
```

ftp>是 FTP 命令子环境的提示信息。cd rfc 命令表示用户将当前目录改变为 RFC 的目录。

```
[09] 250 CWD command successful
```

字符 CWD 是 FTP 的标准命令，表示 Change Working Directory。此命令说明改变目录成功。

```
[10] ftp > get rfcl261.txt nicinfo
```

用户要求将名为 rfcl261.txt 的文件复制到本地主机上，并改名为 nicinfo。

```
[11] 200 PORT Command successful.
```

字符 PORT 是 FTP 的标准命令，表示要建立数据连接。200 表示“命令正确”。

```
[12] 150 ASCII data connection for rfC1261.txt
```

数字 150 表示“文件状态正确，即将建立数据连接”。

```
[13] 226 ASCII Transfer complete.
     Local: nicinfo remote: rfc1261.txt
     4488   bytes   received in 15 seconds   (0.3 Kbytes/s).
```

数字 226 是“释放数据连接”。大小为 4488 bytes 的一个新本地文件已产生。此显示还可以看出数据传输时的速率，本例中是 0.3 Kbytes/s。

```
[14] ftp > quit
```

用户输入退出 ftp 操作的命令。

```
[15] [15] 221 Goodbye.
```

表明 FTP 工作结束。

以上 FTP 应用中常见命令行的显示信息可供读者在理解 FTP 原理时参考。

12.3.4 文件传输工具 CuteFTP

CuteFTP 是一个基于 FTP 应用的图形化实用软件。它具有友好的界面（支持中文），即使读者对 FTP 的原理并不完全了解，也能够很方便地使用该软件进行文件的下载和上传。目前，CuteFTP 已经成为文件传输工具中最常用的软件之一。

CuteFTP 的主要功能介绍如下。

(1) 站点对站点的文件传输(FXP)。

(2) 定制操作日程。

(3) 远程文件修改。

(4) 自动拨号功能。

(5) 自动搜索文件。

(6) 连接向导。

(7) 连续传输,直到完成文件传输。

(8) shell 集成。

(9) 及时给出出错信息。

(10) 恢复传输队列。

(11) 附加防火墙支持。

(12) 可以删除回收箱中的文件。

12.4 方法与主要步骤

12.4.1 FTP 组件的安装与配置

(1) 安装 FTP 组件。

① 单击控制面板上的"添加/删除程序"→"Windows 组件向导"→"应用程序服务器"→"Internet 信息服务(IIS)",选中"文件传输协议(FTP)服务",如图 12.3 所示。

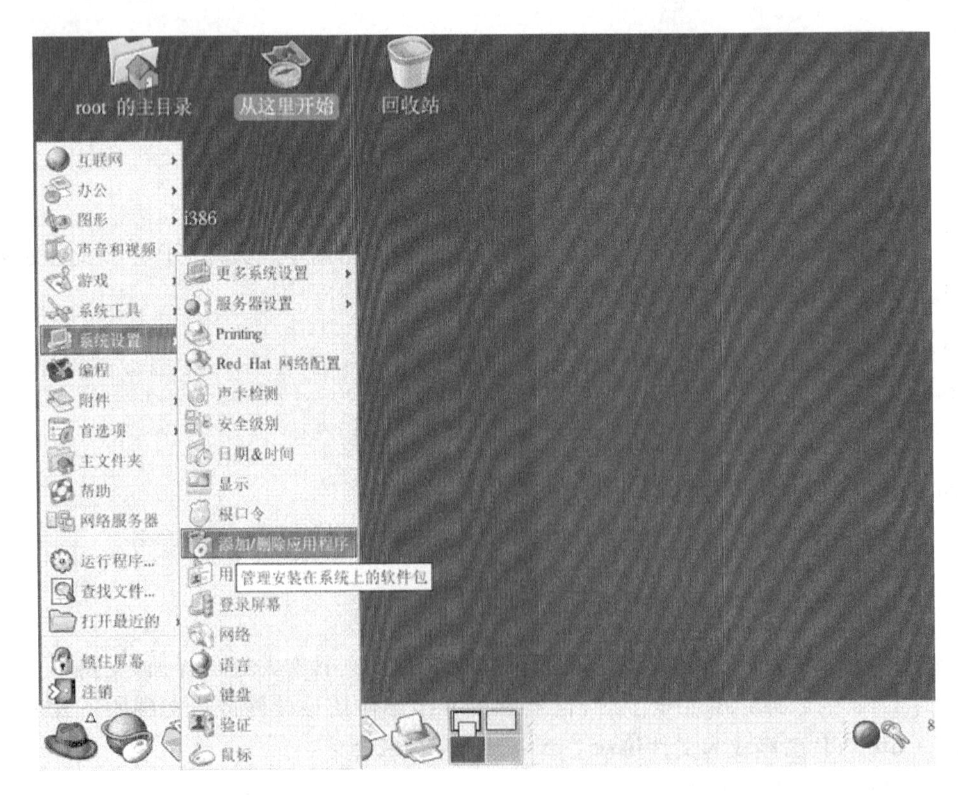

图 12.3 FTP 组件的安装

② 在选定需要安装的FTP组件后，安装向导会提示需要插入 Windows Server 2003 安装光盘，此时插入 Windows Server 2003 安装盘，按照提示进行安装即可。

(2) 建立一个供FTP客户端登录的账号。

① 单击“开始”→“管理工具”→“计算机管理”命令，弹出“计算机管理”窗口。

② 双击左边的“本地用户和组”节点，然后在右栏中右击鼠标，在弹出的快捷菜单中选择“新建”命令，就会弹出一个“新用户”对话框。在“用户名”文本框中输入 cnhack 的账号，“密码”文本框中输入密码，并取消对“用户下次登录时须更改密码”复选框的勾选，选中“用户不能更改密码”及“密码永不过期”复选框。

③ 单击“创建”按钮，就创建了一个用户名为 cnhack 的用户。此时，一个供FTP客户端登录的账号就建立成功。

建立一个供FTP客户端登录账号的过程，如图12.4所示。

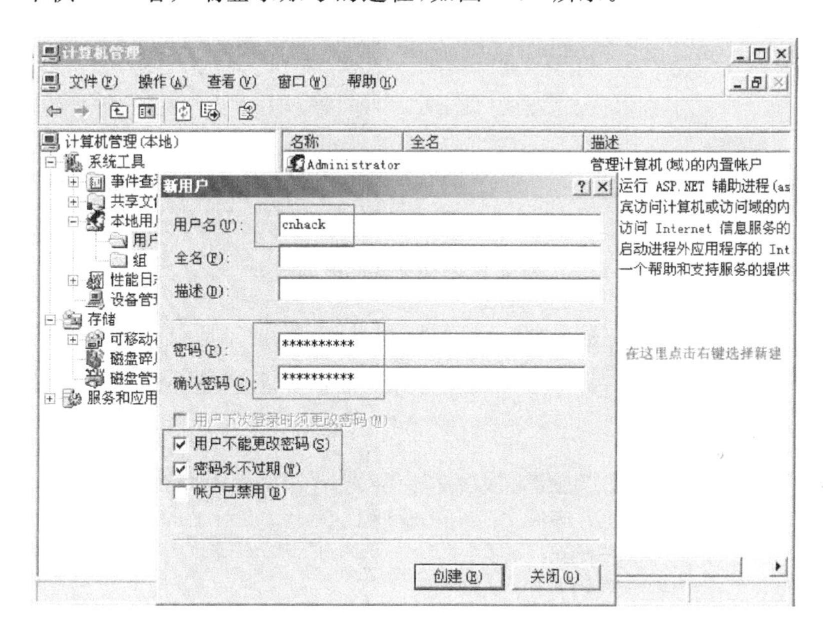

图12.4 建立一个供FTP客户端登录的账号

(3) 修改FTP站点的默认文件夹属性。

① 单击“开始”菜单→“管理工具”→“Internet 信息服务(IIS)管理器”命令，此时会弹出“Internet 信息服务(IIS)管理器”窗口。

② 在窗口左边单击“FTP站点”节点下的“默认FTP站点”，并右击“默认FTP站点”，从弹出的快捷菜单中选择“属性”命令，弹出“默认FTP站点属性”对话框。

③ 选择“主目录”选项卡，把原来默认的地址改为某个安全的文件夹，如新建的文件夹 D:\cnhack 的路径，此时下面会有三个复选框，分别是“读取”、“写入”和“记录访问”，可以根据实际需要勾选。

注意：从安全应用的角度出发，如果仅仅提供给别人下载的FTP空间，则不要也不能勾选“写入”复选框；如果需要提供给别人上传及更改FTP空间内容的，则需要勾选“写入”复选框，如图12.5所示。

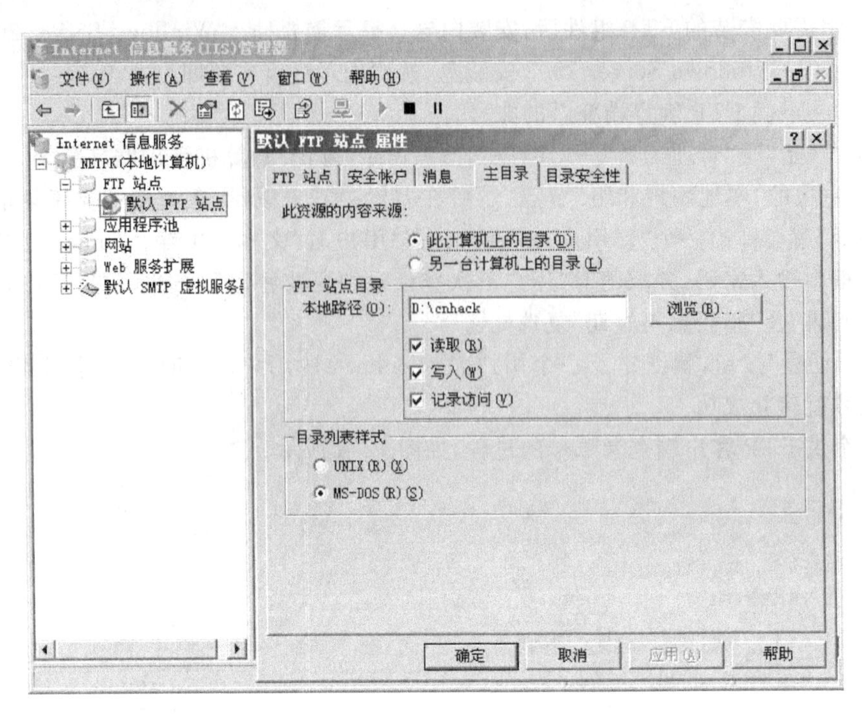

图 12.5　修改 FTP 的默认文件夹属性

(4) 限定只有合法的用户才能登录 FTP 站点。

① 选择“安全账户”选项卡,再单击“浏览”按钮,根据提示选择合法的 FTP 用户,如刚建立的 cnhack,如图 12.6 所示。

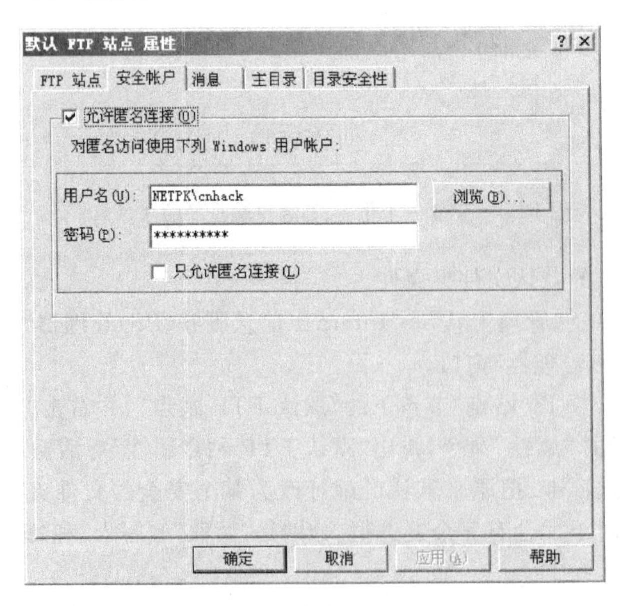

图 12.6　限定只有合法的用户才能登录 FTP

② 单击“确定”按钮，这样就完成了只有合法的用户才能登录 FTP 服务器的限定设置。

(5) 设置 FTP 站点的 IP 地址。

选择“FTP 站点”选项卡，然后在“IP 地址”下拉列表框中输入 FTP 站点计算机的 IP 地址。在“TCP 端口”文本框中修改当前 FTP 站点的 TCP 端口号。默认情况下 FTP 使用 21 端口。“FTP 站点连接”用于设置同时访问该服务器的最大数量。在“连接限制为”文本框中可以输入需要限制的具体数值，如图 12.7 所示。

注意：连接限制可限制用户对 FTP 站点同时访问连接的数量。理论上讲，如果用户对 FTP 站点连接的数量达到设定的最大值，其他用户的所有 FTP 站点连接尝试都会返回一个错误信息，然后连接被断开。

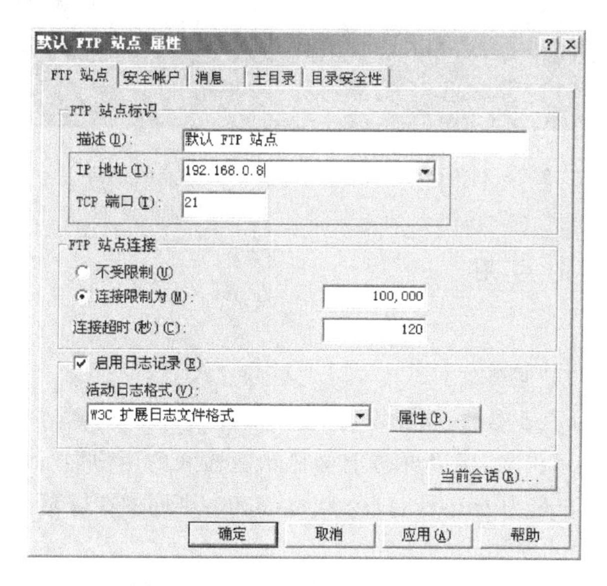

图 12.7　FTP 站点的 IP 地址设置

至此，一个安全的 FTP 站点就建立成功。

12.4.2　对 FTP 站点的测试

利用 FTP 应用命令行方式测试。

假设在 FTP 服务器上事先开设了一个用户名为 administrator，口令为 nau8302 的账号。

(1) 在 DOS 界面下输入 ftp -d 172.17.13.254，然后按 Enter 键。

(2) 在 user：处输入用户名 administrator，按 Enter 键。

(3) 在 password：处输入口令 nau8302，按 Enter 键。

(4) 屏幕出现 ftp>，此时表示客户端已经登录到 FTP 站点，客户端进入了 FTP 的子环境模式中，如图 12.8 所示。

如果用户名为 cnhack，口令为 nau8300，则用上述的方法同样可以实现在客户端对 FTP 站点的登录、测试。

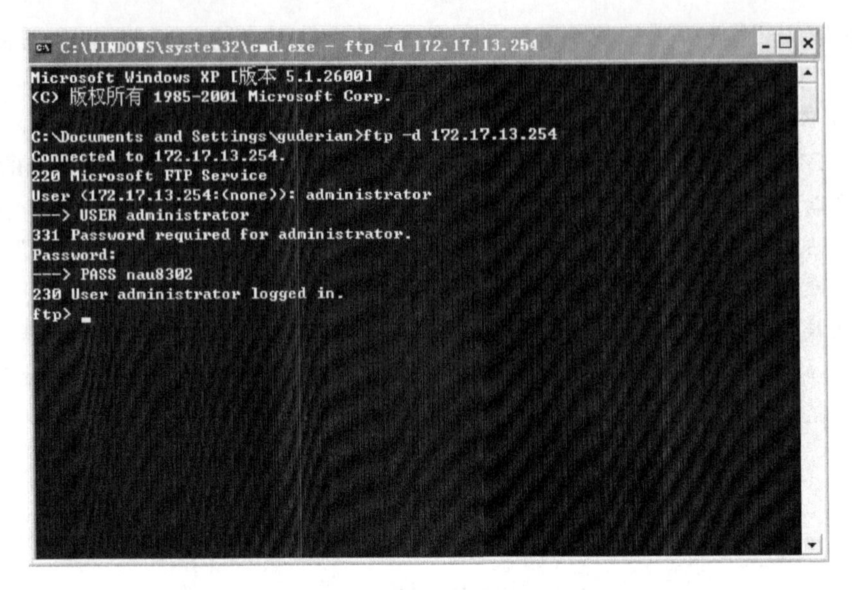

图 12.8　利用命令行方式测试与 FTP 站点的连接

12.4.3　FTP 命令的应用

(1) FTP 的启动。

参照图 12.8,启动 FTP 服务。

图 12.8 中,由于使用了-d 参数,因此 FTP 在调试模式下启动。客户端和服务器之间传递的所有 ftp 命令都会显示出来,所以屏幕上会显示所输入的用户名 administrator 和密码 nau8302。如果输入的用户名为 cnhack,口令为 nau8300,则同样在屏幕上会清楚地显示。

(2) FTP 子环境命令的使用。

① 在 ftp>符号处输入 dir 命令,然后按 Enter 键,此时屏幕就会显示远程 FTP 服务器上的文件和子目录列表,如图 12.9 所示。

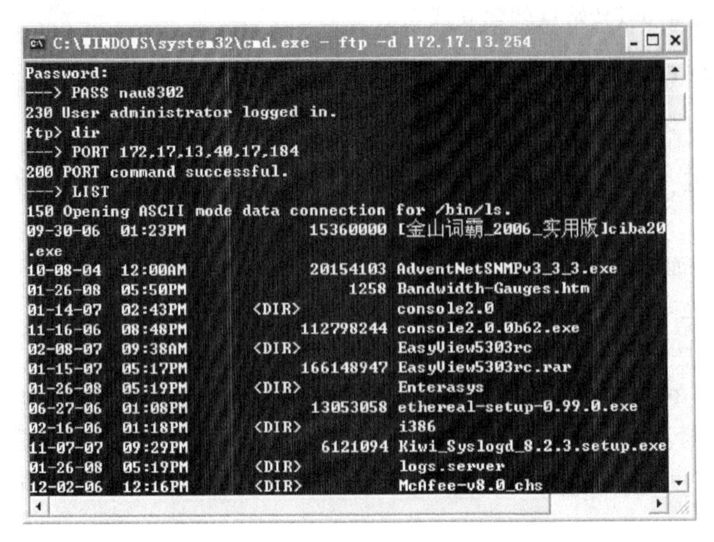

图 12.9　FTP 子环境命令

② 结合其他的 FTP 子环境命令进行操作。

12.4.4 CuteFTP 的应用

(1) 在相关网站免费下载 CuteFTP 软件,在客户端进行安装。

CuteFTP 软件的安装过程是向导式的,一般只需要单击 Next 按钮即可完成安装。

(2) CuteFTP 的设置。

① 在第一次运行时,系统会让用户填写一系列的设置,在第一步时便取消不填写。

② 安装成功后,单击工具栏中左边第三个 New 按钮,出现图 12.10 所示界面。

③ 在 Label 文本框中输入 FTP 服务器的名称,在 Host address 文本框中输入 FTP 的站点地址,在 Username 和 Password 文本框中分别输入登录 FTP 的用户名和密码。

如果选择 Anonymous 单选按钮,则表示匿名登录,不需要输入用户名和密码。

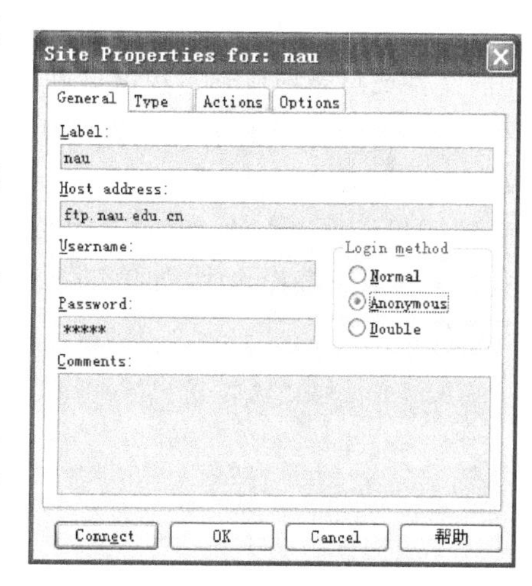

图 12.10 CuteFTP 的设置

(3) 连接 FTP 服务器。

单击图 12.10 中的 Connect 按钮,连接 FTP 服务器成功后,会出现图 12.11 所示界面。

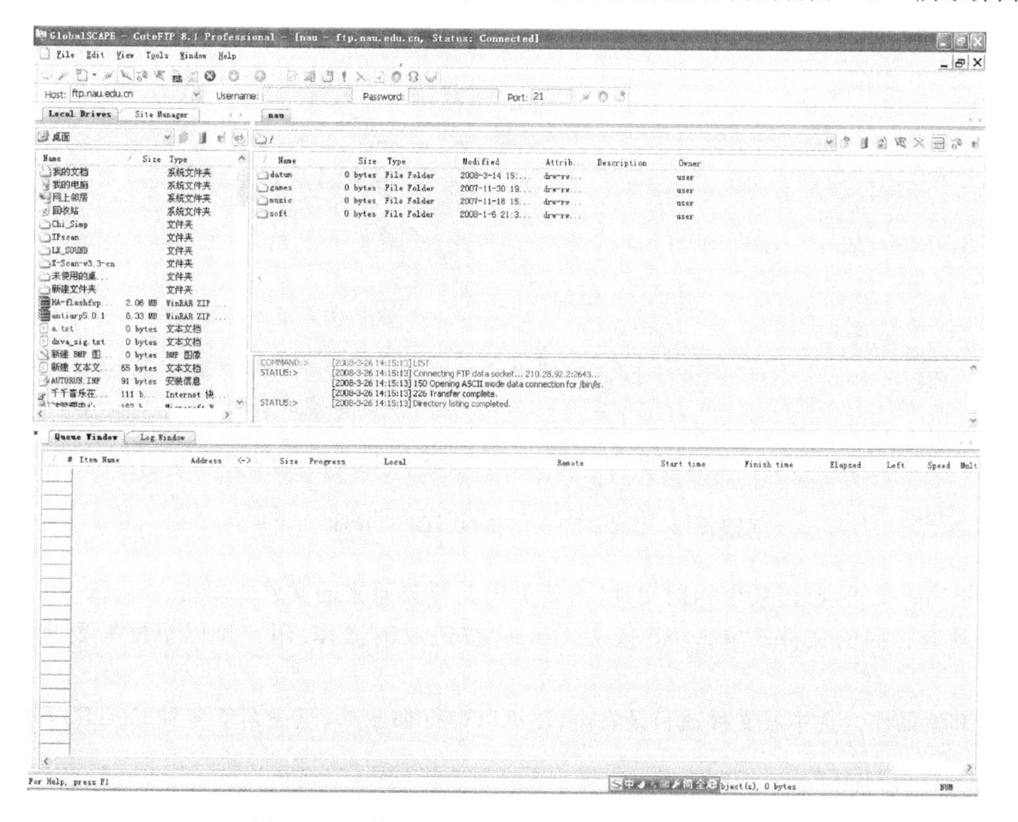

图 12.11 利用 CuteFTP 连接 FTP 服务器的界面

图12.11中,左边窗口是本地磁盘目录,右边窗口则是FTP服务器的目录,客户端正常登录FTP服务器以后自动进入系统指定的目录。

(4) CuteFTP的其他操作。

① 上传。先确认FTP服务器的目录(即图12.11中右边的窗口)是否是要上传文件的目标目录,之后选中本地磁盘目录(图12.11中左边的窗口)里要上传的文件或目录,用鼠标将选中的文件或目录拖放到右边窗口进行上传。

② 下载。和上传操作相同。先确认本地磁盘目录(图12.11中左边的窗口)是否是要下载文件的目标目录,之后选中FTP服务器的目录(图12.11中右边的窗口)里要下载的文件或目录,用鼠标将选中的文件或目录拖放到左边窗口进行下载。

③ 在上传和下载操作中,如果目标目录里有同名的文件或目录,会出现图12.12所示的提示界面。

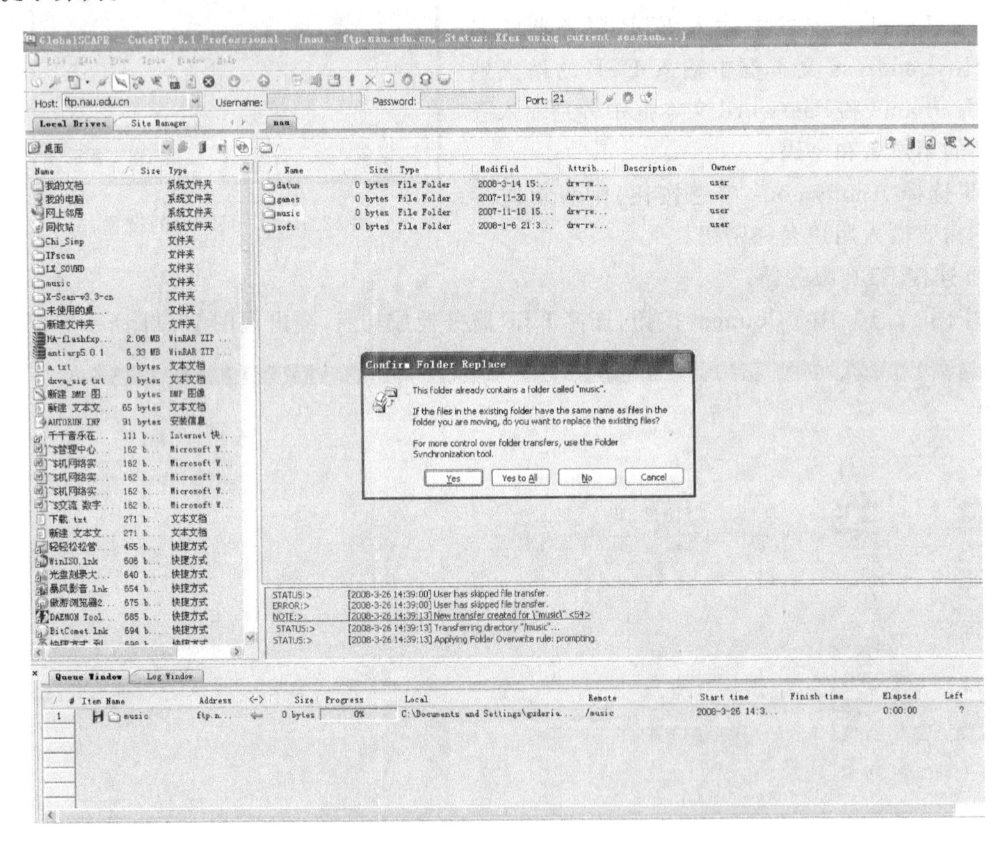

图12.12 CuteFTP的上传和下载应用界面

单击Yes按钮,覆盖某个相同文件,重新下载并覆盖原来的文件。单击Yes to All按钮,覆盖所有相同的文件。单击No或者Cancel按钮取消操作,用户可以根据需要进行处理。

④ 其他操作。选中某文件或目录右击,便可以进行如删除、重命名等各种CuteFTP的操作。

12.5 思　考　题

1. 详细记录 FTP 应用中的每个步骤内容及出现的现象。

2. FTP 的工作原理是什么?

3. FTP 服务器访问权限的设置对客户端上传和下载文件有什么影响?

4. FTP 服务器连接限制数的设置对客户端同时进行上传和下载文件有什么影响?

5. FTP 子环境的命令中,与文件的上传、下载操作相关的命令是什么?

6. 在 FTP 服务器的设置中,如果限定了只有用户名为 administrator、口令为 nau8302 的账号才能登录 FTP 站点,那么用户名为 cnhack、口令为 nau8300 的账号还能登录 FTP 站点吗? 请给予验证。

7. 以 CuteFTP 应用为例,结合图 11.10,对匿名和正常两种 FTP 应用进行比较。

8. 以文件的上传、下载操作为例,对 CuteFTP 与 FTP 命令两种方式的应用进行比较。

第 13 章　Windows Server 2003 DNS 服务器的安装与配置

13.1　应 用 目 的

(1) 了解域名系统的含义。

(2) 掌握 DNS 的工作原理。

(3) 掌握 DNS 服务器的安装及配置方法。

(4) 掌握对 DNS 的测试方法。

13.2　要求与环境

1. 要求

(1) 完成对 DNS 服务器的安装、配置。

(2) 在客户端上通过 DNS 服务器访问特定的站点。

(3) 更改 DNS 服务器上转发的 DNS 服务器地址，在客户端上再访问特定的站点。

(4) 利用 nslookup 命令对 DNS 服务器进行测试。

2. 环境

(1) 安装有 Windows Server 2003 操作系统的服务器一套，相互连通的计算机多台，并构成简单的局域网，且该局域网能连通因特网。

(2) 一个域名，同时具有一个合法的 Internet 地址和一个可供转发的 DNS 服务器地址。

13.3　域名系统概述

13.3.1　域名系统的概念

计算机在进行网络通信时，人们通常给计算机设置如 210.51.0.73 之类的数字地址，那为什么当打开浏览器并在地址栏中输入如 www.ccidnet.com 之类的名字时，就能浏览所需要的页面呢？这是因为当人们在地址栏中输入如 www.ccidnet.com 之类的名字后，有一个专门的计算机将人们在浏览器地址栏中输入的名字“翻译”成了相应的 IP 地址，最后得到人们所需要的结果。将诸如 www.ccidnet.com 之类的名字称为因特网“域名”，而将名字“翻译”成 IP 地址的“专门”计算机就称为域名服务器。

DNS(Domain Name System，域名系统)是一种具有层次结构的计算机和网络服务命名系统，相应地，诸如 www. sina. com 之类的名字称为因特网 DNS 域名，而域名服务器就被称为 DNS 服务器。DNS 的工作原理如图 13.1 所示。

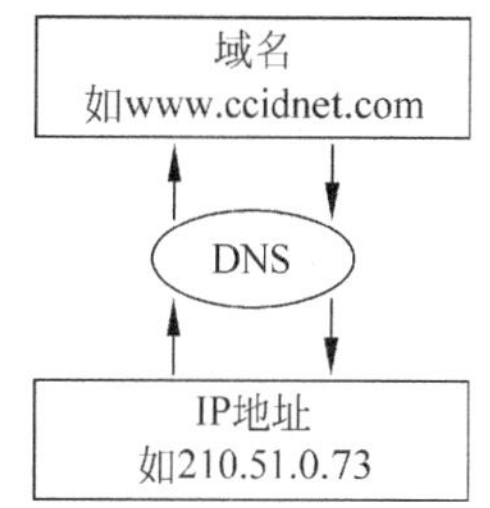

图 13.1　DNS 的工作原理

域名的解析过程如下：当客户端用域名访问一个网站时，它先向它指定的第一个 DNS 服务器发出解析请求，如果获得结果则解析完成，客户端就用解析得到的 IP 地址访问目标网站。如果解析失败，它就向第二个、第三个 DNS 服务器依次发出解析请求，这种解析方法称为迭代解析。迭代解析只有在指定了多个 DNS 服务器时才会发生。

对 DNS 服务器而言，它收到一个用户的解析请求后，先在自己的域名库中查找关联的对应表，如果没有匹配的信息，就按转发器指定的地址以客户端的身份向其他 DNS 服务器发出解析请求，这种解析方法称为递归解析。递归解析只有在配置了转发器时才能进行。

13.3.2　域名结构

早期的因特网采用了非层次化的名字空间，其优点是简单，但当因特网上的用户数急剧增加时，再用非层次化的名字空间来管理一个很大而且经常变化的名字集合将是非常困难也是不现实的，因此，后来(一直到现在)就采用了具有层次结构的命名方式。

采用层次结构的命名方式，任何一个连接在因特网上的主机都有一个唯一的层次结构的名字，即“域名”，而“域”则是名字空间中一个可被管理的划分。“域”还可以被划分成子域，如二级域、三级域等。

一个完整的域名由两个或两个以上分量组成，各分量之间用英文的句号“.”来分隔，各分量分别代表不同的域名。

例如域名 yahoo. com、yahoo. ca. us 和 yahoo. co. uk。其中第一个域名由两部分(分量)组成，第二个域名和第三个域名都由三部分(分量)组成。

域名结构如图 13.2 所示。

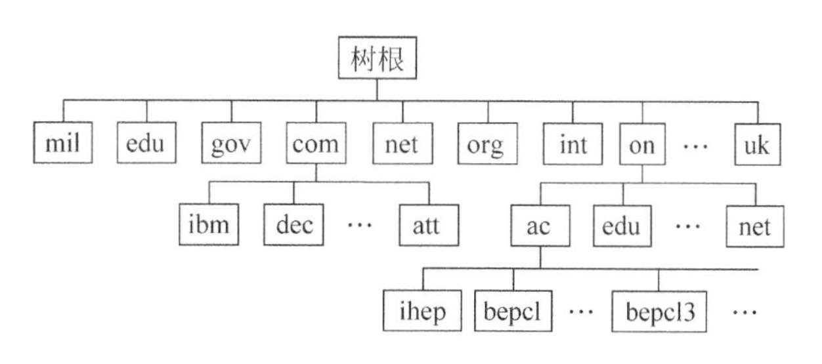

图 13.2　域名结构

在一个完整的域名中，最后一个“.”的右边部分称为顶级域名或一级域名(TLD)，在上面的域名例子中，com、us 和 uk 都是顶级域名。最后一个“.”的左边部分称为二级域名(SLD)，例如，域名 yahoo. com 中 yahoo 是二级域名，域名 yahoo. ca. us 中 ca 是二级域名，域名 yahoo. co. uk 中 co 是二级域名。二级域名的左边部分被称为三级域名，三级域名的左边部分称为四级域名，依此类推。每一级的域名控制它下面的域名分配。

顶级域名有以下三类：

(1) 通用顶级域名(General Top Level Domain,gTLD)。

下列三个通用顶级域名向所有用户开放:

- com:适用于商业公司。
- org:适用于非赢利机构。
- net:适用于大的网络中心。

上述三个通用顶级域名也称为全球域名,因为任何国家的用户都可申请注册它们下面的二级域名。由于历史原因,下列三个通用顶级域名只向美国专门机构开放:

- mil:适用于美国军事机构。
- gov:适用于美国联邦政府。
- edu:适用于美国大学或学院。

(2) 国际顶级域名(International Top Level Domain,iTLD)。

.int:适用于国际化机构。国际性的组织可在.int下注册。

(3) 国家代码顶级域名(Country Code Top Level Domain,ccTLD)。

目前有240多个国家代码顶级域名,它们用两个字母缩写来表示。例如,.uk代表英国,.cn代表中国,.sg代表新加坡。并非所有的国家顶级代码域名都已投入使用,有的国家还没有接入Internet(例如朝鲜)。

在已注册的域名中,使用最多的是.com下的二级域名,其次是.net下的二级域名,.jp(日本)是注册域名最多的国家代码顶级域名。

由于Internet的飞速发展,通用顶级域名下可注册的二级域名越来越少,非赢利组织ICANN(域名管理机构)在2000年年底又增加了部分通用顶级域名:.arts:艺术和文化单位、.firm:商业公司、.info:信息服务等。

需要强调的是,因特网上的名字空间是按照机构的组织来划分的,与物理的网络以及IP地址中的"子网"都没有关系。

13.4 方法与主要步骤

在Windows Server 2000或者Windows Server 2003中,只有标准的DNS服务器才需要配置,如果是Active Directory中的DNS服务器,通常系统会自动配置。而Active Directory中的DNS服务器,除了系统自动创建的一些记录外,其他的设置与"标准"DNS服务器都是一样的,因此本节将主要讲述标准DNS服务器的安装配置。

下面以一个提供Internet服务的DNS服务器的安装、配置为例,介绍Windows Server 2003操作系统中DNS服务器的安装、配置以及基本的操作方法。本例中,该DNS服务器的计算机名称为DNS1,IP地址为202.206.197.224,其申请的域名为heinfo.edu.cn。

1. DNS服务器安装的硬件要求

一般情况下,专门用作DNS服务器的负载不是很重,所以只要一台普通硬件配置的计算机即可,它也可以与其他Internet服务如Mail、DHCP等共用一台计算机。

2. DNS服务器的安装

在Windows Server 2003中安装DNS服务器的步骤如下:

(1) 以管理员账户登录Windows Server 2003,修改计算机的名称。

① 在本例中,由于原来计算机的名称不是DNS1,因此需要按照要求将用作DNS服务

器的计算机名称修改为 DNS1，如图 13.3 所示。

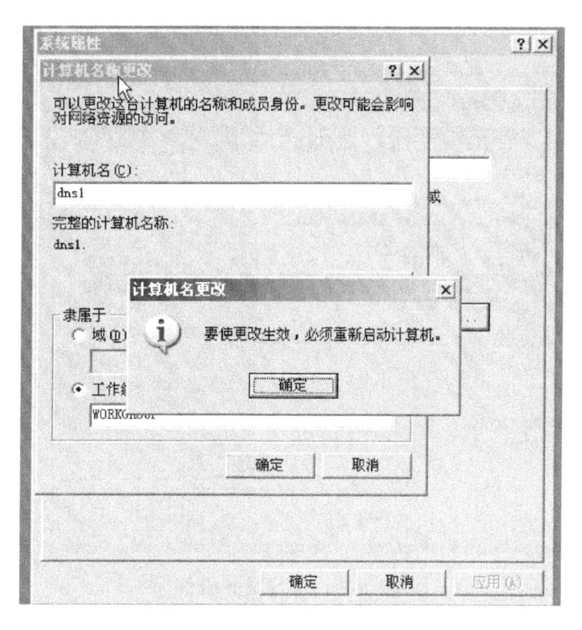

图 13.3　修改计算机的名称

② 修改计算机名称完成后，系统提示重新启动计算机，单击“确定”按钮。

(2) 修改 DNS 服务器的 IP 地址、网关地址和首选 DNS 服务器 IP 地址等参数。

修改 DNS 服务器的 IP 地址、网关地址和首选 DNS 服务器 IP 地址。在本例中，DNS 服务器的 IP 地址为 202.206.197.224，如图 13.4 所示。

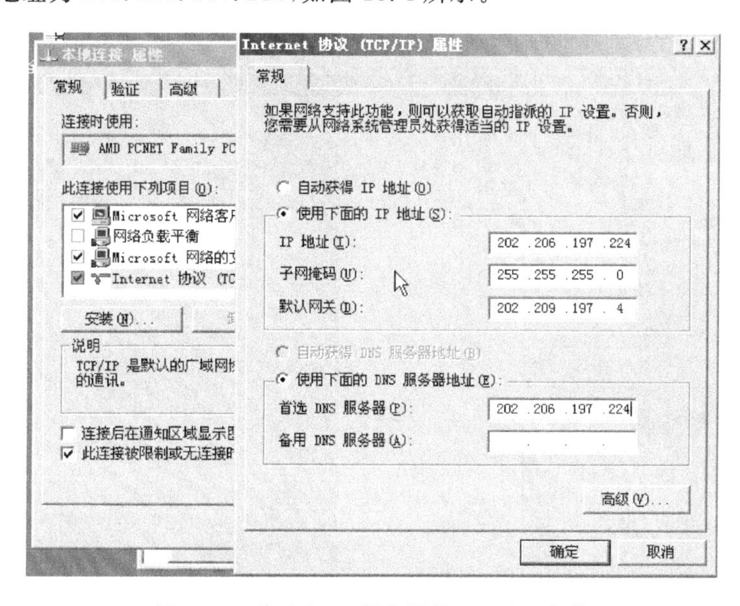

图 13.4　修改 DNS 服务器的 TCP/IP 参数

(3) 安装 DNS 服务组件。

① 选择“开始”→“添加/删除程序”→“添加/删除 Windows 组件”命令，在打开的“网络

服务"对话框中选中"域名系统(DNS)"组件，单击"确定"按钮，再单击"下一步"按钮进行安装，如图13.5所示。

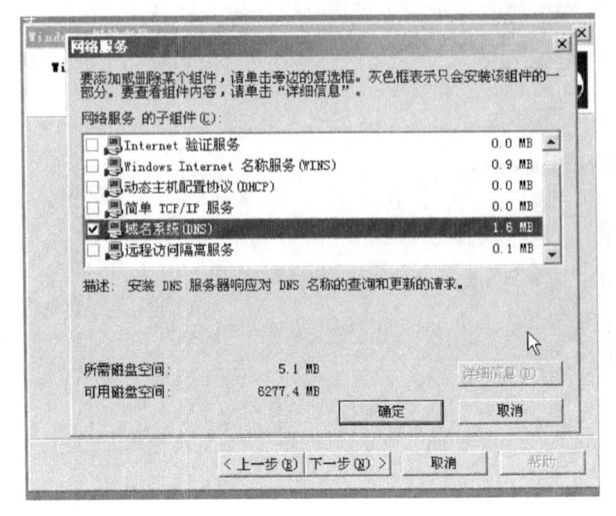

图13.5　添加DNS服务组件

② 安装完成后，不需要重新启动计算机。

3. DNS服务器的配置

(1) 配置DNS服务器。

① 选择"开始"→"管理工具"→DNS命令。

② 打开DNS服务器窗口，右击DNS服务器的名称图标(本例名称是dns1)，在弹出的快捷菜单中选择"配置DNS服务器"命令，如图13.6所示。

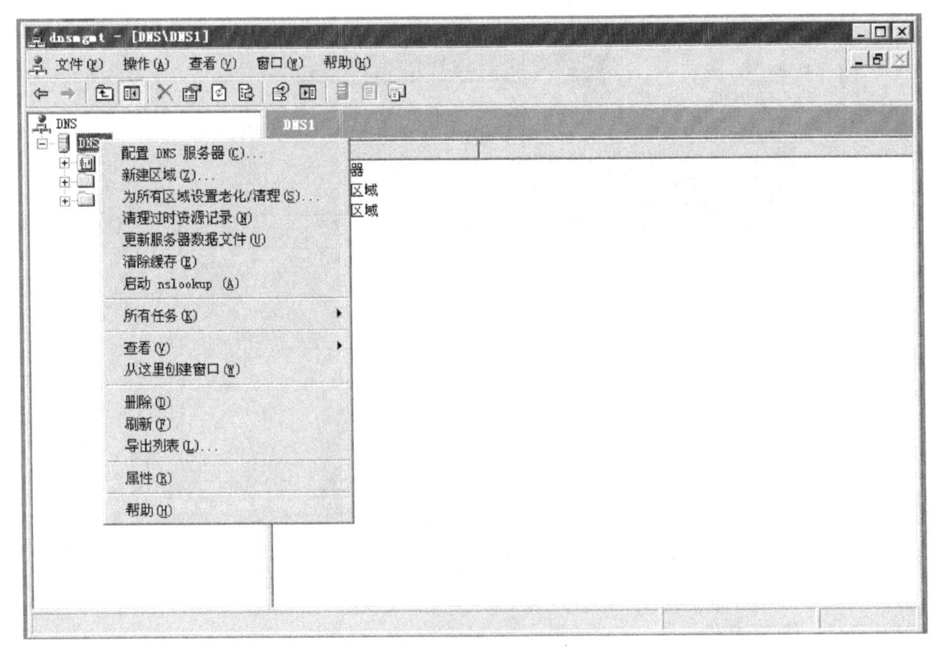

图13.6　选择配置DNS服务器

③ 在“配置 DNS 服务器向导”对话框中单击“下一步”按钮，如图 13.7 所示。

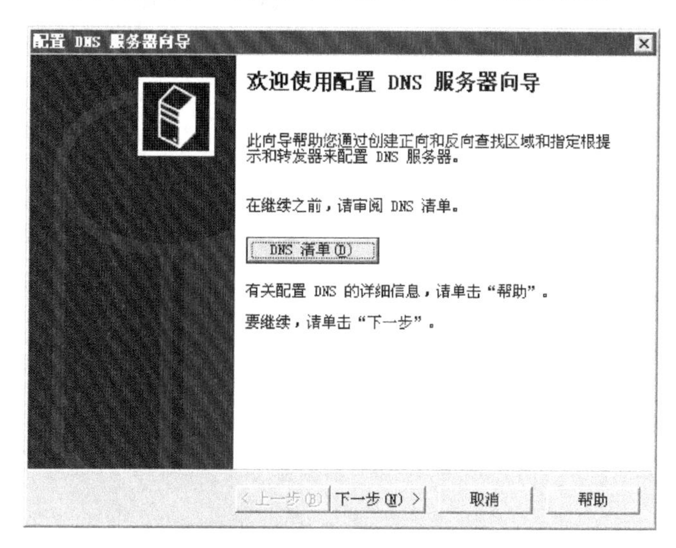

图 13.7　进入 DNS 服务器配置向导

④ 选中“创建正向查找区域(适合小型网络使用)”单选按钮，然后单击“下一步”按钮，如图 13.8 所示。

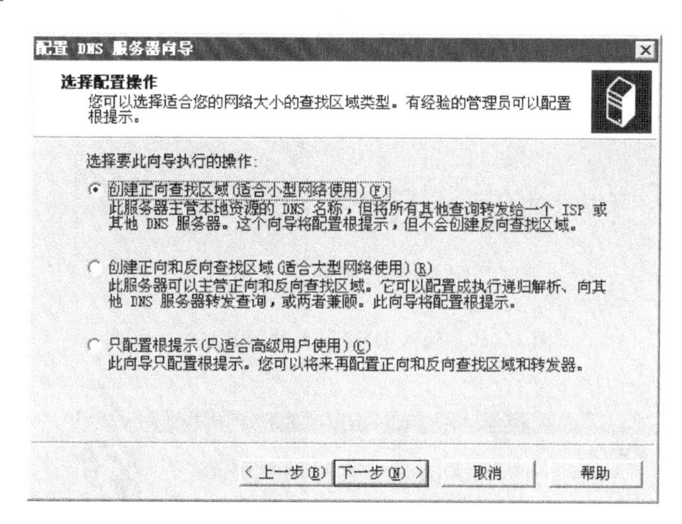

图 13.8　选择配置向导执行的操作界面

⑤ 选中“这台服务器维护该区域”单选按钮，然后单击“下一步”按钮，如图 13.9 所示。

⑥ 在“区域名称”文本框中输入 DNS 服务器的域名，本例中为 heinfo. edu. cn，然后单击“下一步”按钮，如图 13.10 所示。

⑦ 因为是第一次创建 DNS 区域，选择默认值“创建新文件，文件名为”单选按钮，并且保持默认的文件名，然后单击“下一步”按钮，如图 13.11 所示。

⑧ 选中“不允许动态更新”单选按钮，然后单击“下一步”按钮，如图 13.12 所示。

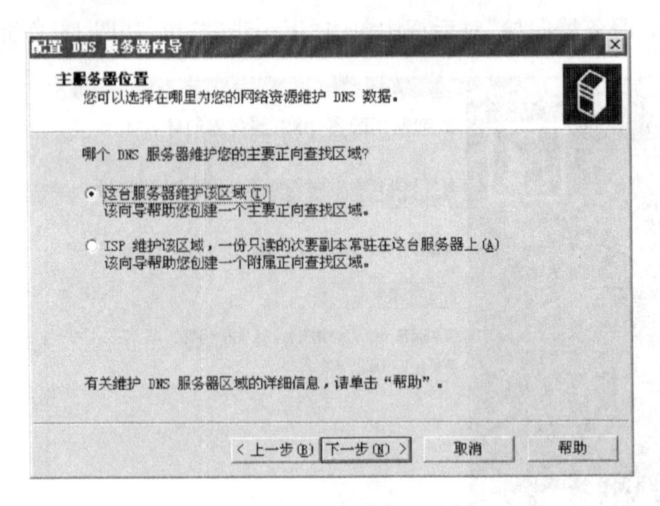

图 13.9 主服务器位置选择

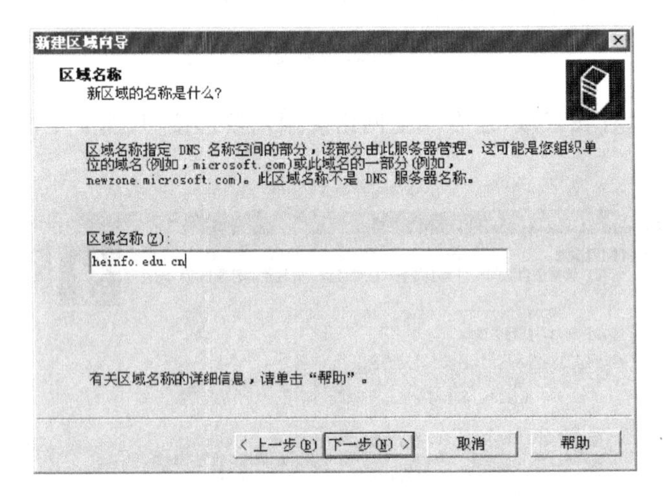

图 13.10 输入 DNS 服务器的域名

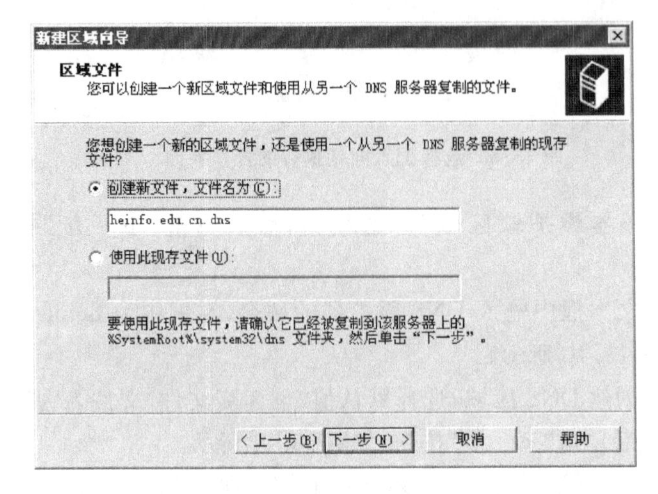

图 13.11 选择区域文件

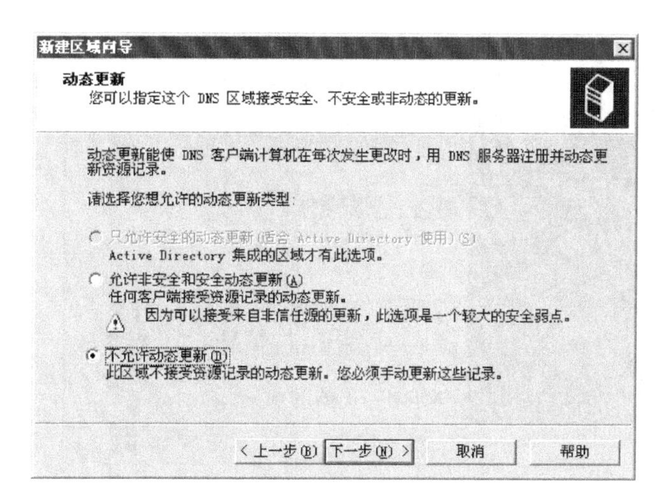

图 13.12　配置不允许动态更新

⑨ 在“转发器”界面中配置转发的 DNS 服务器地址。

在此可以输入上级 DNS 服务器的名称(即为提供因特网接入服务的 DNS 服务器名称)，或者配置一个与所在网络的 Internet 接入同属一个运营商的任意一台 DNS 服务器名称。例如，对教育网接入的，可以设置转发 DNS 服务器地址为 202.112.7.13(北大 DNS 服务器地址)；如果是电信接入的，转发 DNS 服务器地址为 219.150.32.132(河北电信 DNS 服务器地址)；如果是网通接入的，转发 DNS 服务器地址可以为 202.99.160.68(河北网通 DNS 服务器地址)。当然，也可以设置 Internet 上任意一台 DNS 服务器，设置完成后单击“下一步”按钮，如图 13.13 所示。

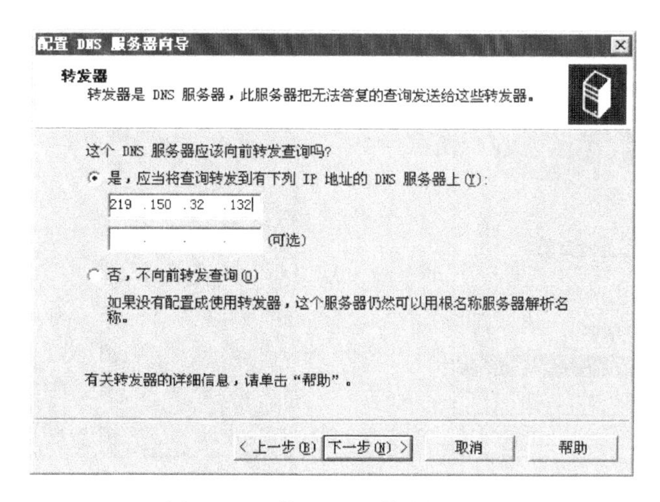

图 13.13　设置 DNS 转发器地址

⑩ 单击“完成”按钮，完成 DNS 服务器的配置，如图 13.14 所示。

(2) 修改域名属性。

① 选择“开始”→“管理工具”→DNS 命令。

② 在 DNS 服务器窗口左边栏中单击“正向查找区域”节点，然后右击节点下的

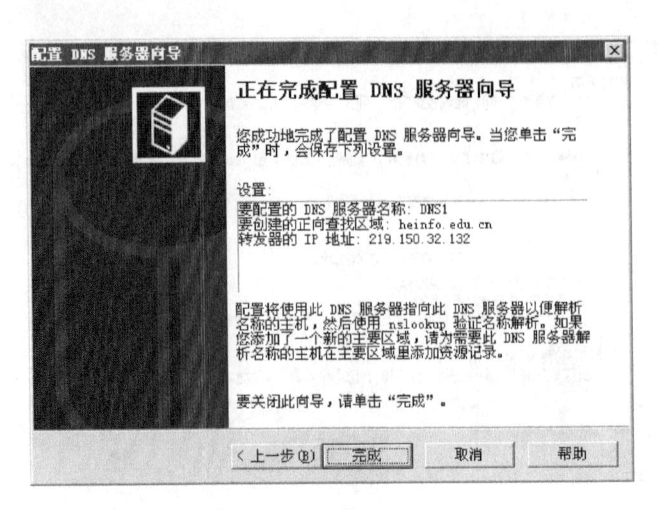

图 13.14　DNS 服务器配置完成

heinfo.edu.cn，从弹出的快捷菜单中选择“属性”命令，弹出“heinfo.edu.cn 属性”对话框，如图 13.15 和图 13.16 所示。

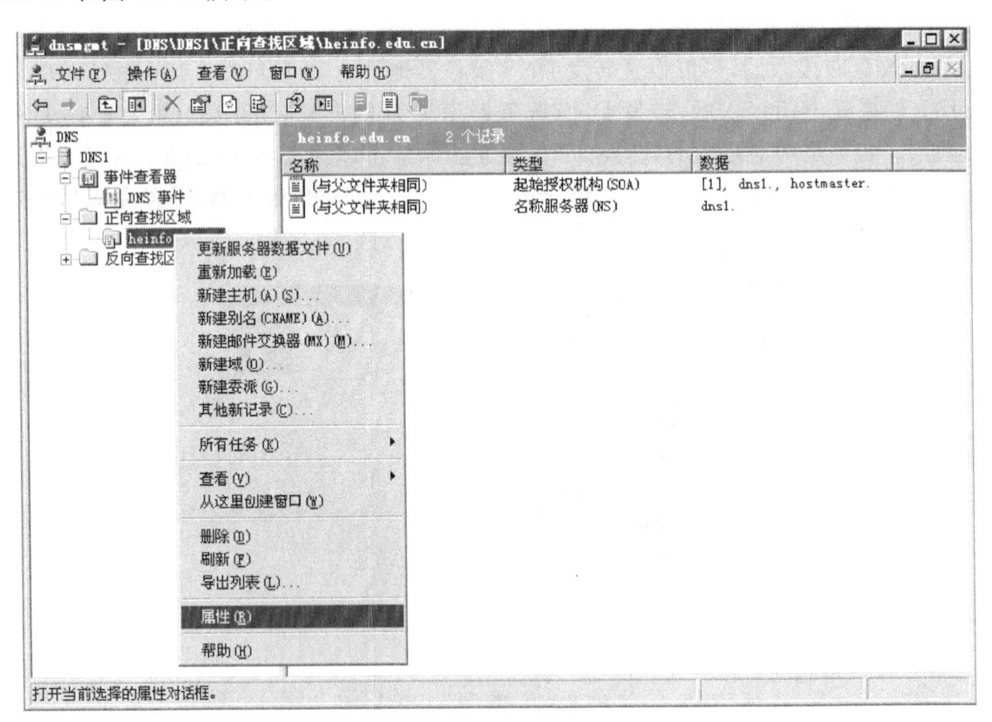

图 13.15　选择域名区域属性

③ 选择“起始授权机构(SOA)”选项卡，确认“主服务器”文本框中的名称为 dns1，这是在域名注册时提供的信息，如图 13.17 所示。

④ 选择“名称服务器”选项卡，然后单击“编辑”按钮，弹出“编辑记录”对话框，在“IP 地址”文本框中输入当前 DNS 服务器的地址 202.206.197.224，然后单击“添加”按钮，将其添加到列表中，最后依次单击“确定”按钮返回到 DNS 服务器的基本配置，如图 13.18 所示。

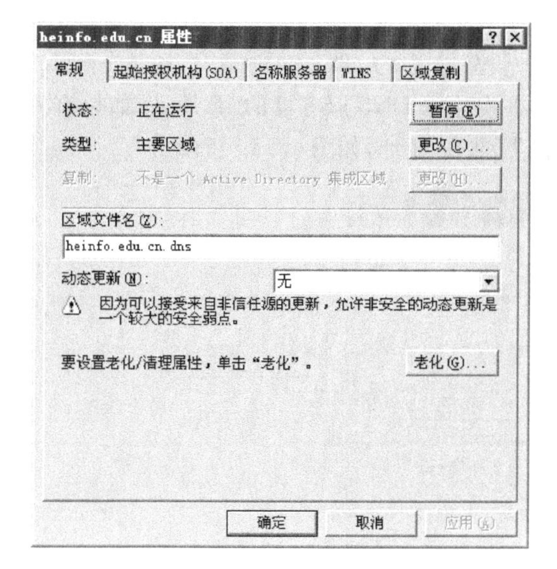

图 13.16　域名区域属性页

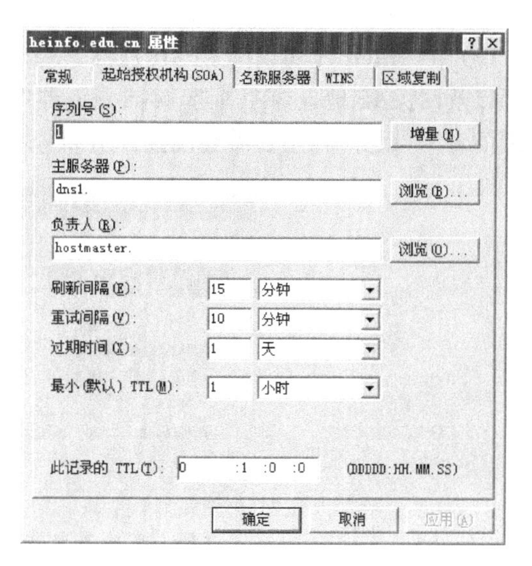

图 13.17　确认主服务器的域名名称

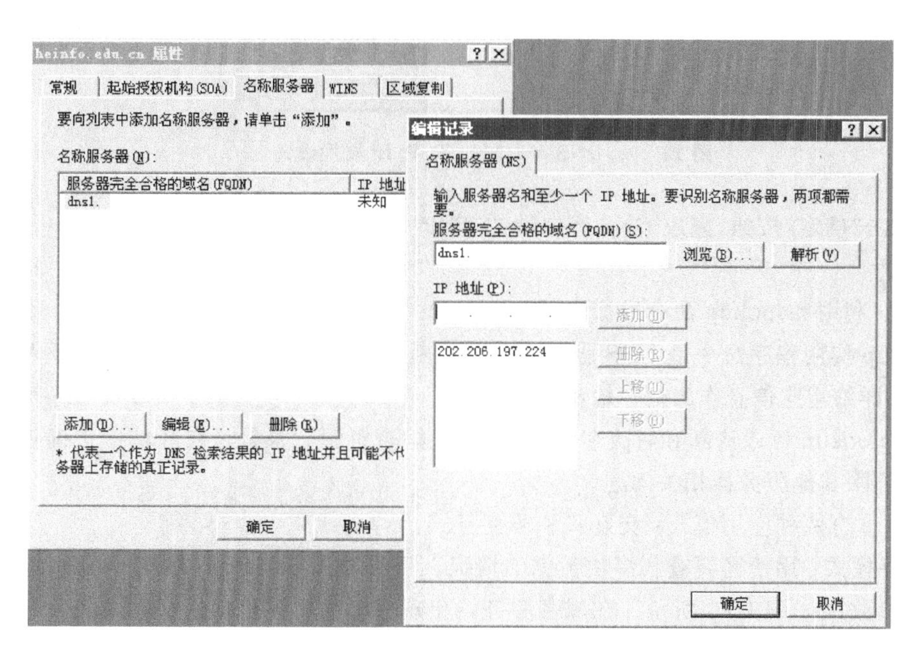

图 13.18　修改名称服务器

提示：这一步对教育网 DNS 的配置是必需的。

至此，DNS 服务器的属性修改完成。

4. 设置 DNS 客户端

(1) 首先确认客户端上已正确安装了 TCP/IP 协议。

(2) 通过设置 TCP/IP 属性来配置 DNS 客户端。方法如下：

对于 Windows 2003 客户端，右击“网上邻居”图标，从弹出的快捷菜单中选择“属性”命令，在“网络和拨号连接”窗口中右击“本地连接”图标，从弹出的快捷菜单中选择“属性”命令,双击“Internet 协议(TCP/IP)”。

(3) 在“Internet 协议(TCP/IP)属性”对话框中设置合适的 DNS 客户端 IP 地址、子网掩码以及网关 IP 地址,在“首选 DNS 服务器”文本框中输入 DNS 服务器的 IP 地址,如果有备用的 DNS 服务器,则还需要设置备用 DNS 服务器的 IP 地址,如图 13.19 所示。

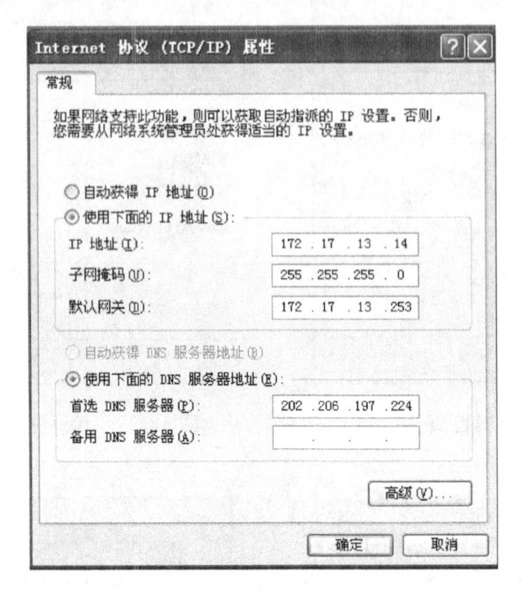

图 13.19　DNS 客户端的 TCP/IP 属性设置

(4) 单击“确定”按钮,完成 DNS 客户端的 TCP/IP 属性设置。

5. 测试

方法 1：利用 nslookup 命令进行测试。

nslookup 实用程序命令是 DNS 服务的主要诊断工具,它提供了执行 DNS 服务器查询测试并获取详细响应信息作为命令输出的能力。

使用 nslookup 可以诊断和解决名称解析问题、检查资源记录是否在区域中正确添加或更新,以及排除其他服务器相关问题。

nslookup 有两种应用模式：交互式和非交互式。

- 交互模式：用于需要查找多块数据的情况。只需输入 nslookup 并按 Enter 键,不输入参数,如图 13.20 所示。在域名服务器出现故障时更多地使用交互模式。
- 非交互模式：用于仅需要查找一块数据的情况。要求输入完整的命令格式(在 DOS 提示符“>”下输入 help 或“?”可获得命令的帮助信息)。

方法 2：利用 DNS 客户端的浏览器进行测试。

打开客户端浏览器,在地址栏输入新浪网的域名 www.sina.com.cn,如图 13.21 所示,表明 DNS 服务器可以解析新浪网的地址。

6. 更改 DNS 服务器的 DNS 服务转发地址

(1) 更改 DNS 服务器的转发器地址。

① 选择“开始”→“管理工具”→DNS 命令。

② 在 DNS 服务器窗口的左边栏单击 DNS1 图标,然后在右边栏双击“转发器”图标,弹

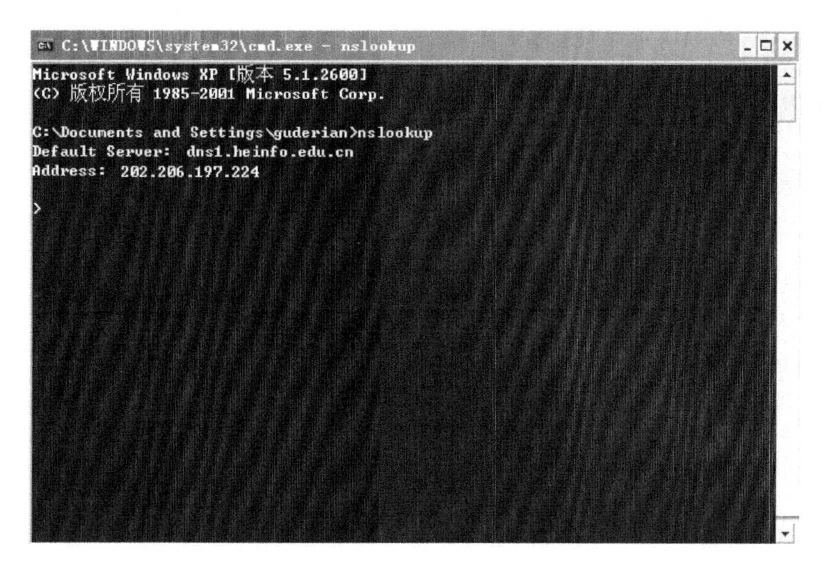

图 13.20　nslookup 交互模式的显示

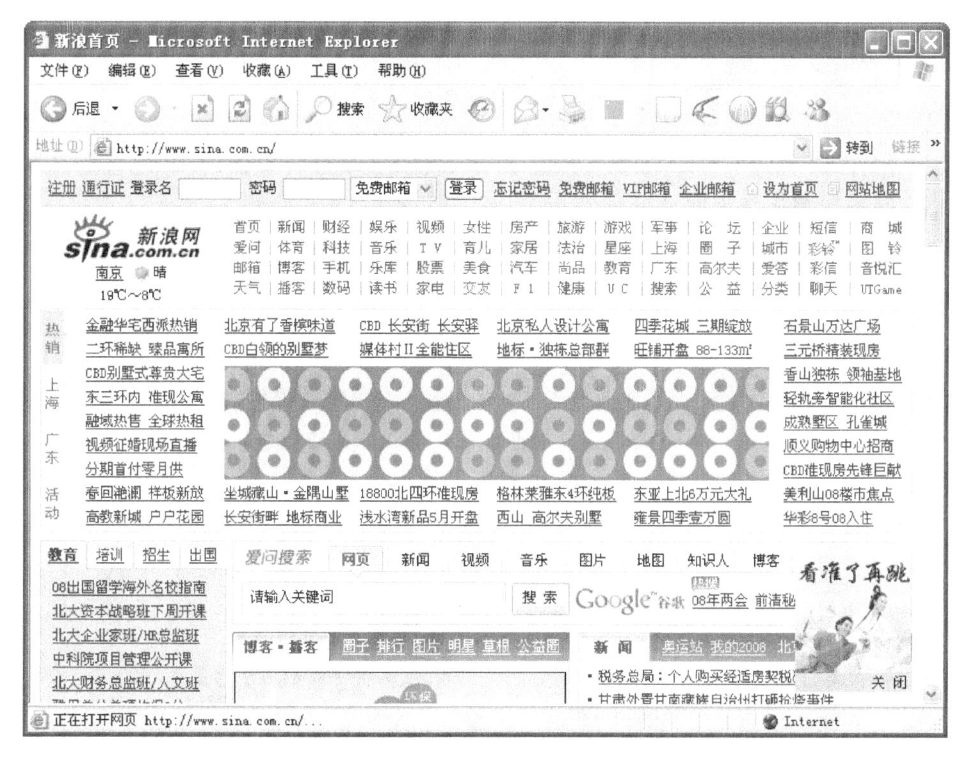

图 13.21　利用 DNS 客户端访问新浪网

出“DNS1 属性”对话框，在“转发器”选项卡中显示了初始设置的转发器的 IP 地址，单击“删除”按钮，然后单击“添加”按钮，在 IP 地址栏内输入 210.28.92.7(新的转发地址)，单击“添加”按钮，最后单击“确定”按钮完成设置，如图 13.22 所示。

(2) 在客户端上访问指定站点。

在更改过 DNS 转发器的 IP 地址后，在客户端上重新打开浏览器，并在地址栏输入雅虎

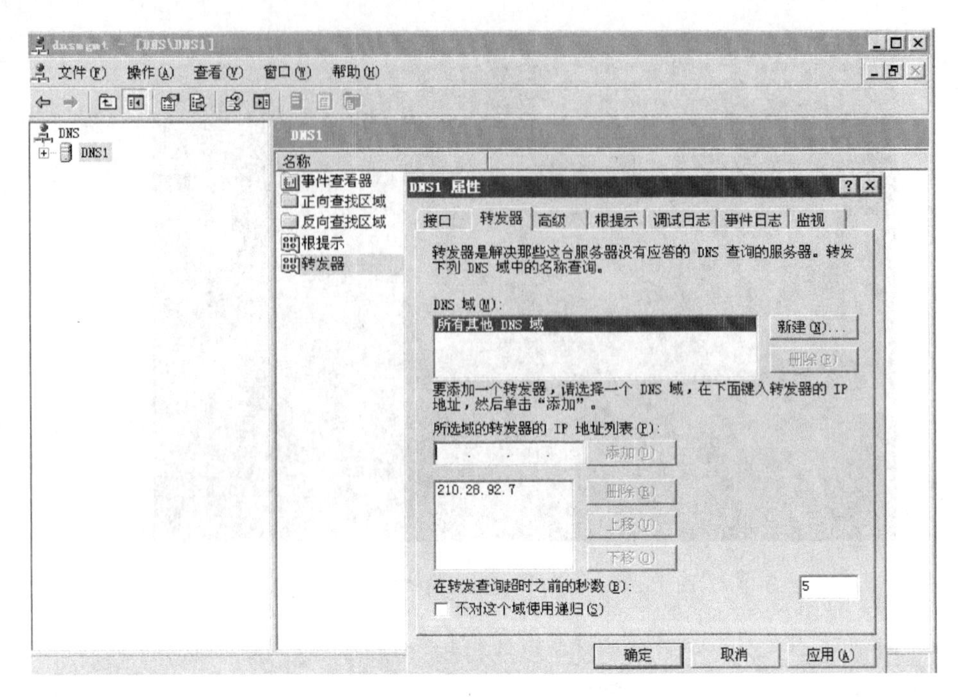

图 13.22　更改 DNS 服务器的转发地址

网的域名 http://cn.yahoo.com，如图 13.23 所示，表明更改过转发器的 IP 地址后依然可以通过 DNS 服务器解析新浪网地址。

图 13.23　利用 DNS 客户端访问雅虎网

13.5 思　考　题

1. DNS 是如何工作的?

2. 简述域名结构的特点。

3. 转发的 DNS 服务器地址在域名解析中的作用是什么? 更改 DNS 服务器的 DNS 服务转发地址对于域名的解析可能造成什么影响?

4. 讨论有关 DNS 应用的心得体会。

第14章 Windows Server 2003 DHCP 的配置

14.1 应用目的

(1) 了解 DHCP 的作用及原理。

(2) 掌握 DHCP 的安装及配置方法。

(3) 掌握对 DHCP 设置情况的验证方法。

14.2 要求与环境

1. 要求

(1) DHCP IP 地址的规划。

首先完成对 IP 地址的规划任务，DHCP IP 地址规划的内容包括以下几个方面：

① DHCP 服务器的 IP 地址、子网掩码。

② DHCP 能够提供的 IP 地址范围(IP 地址池)。

③ DHCP 提供的 IP 地址子网掩码。

④ DHCP 服务器为工作站 1 保留的 IP 地址、子网掩码(即该地址要被排除在 IP 地址池外)。

(2) 完成添加 DHCP 服务器的安装及相关设置(新添加 DHCP 服务器)。

(3) 完成 DHCP 客户端的配置。

(4) 利用 ipconfig、ping 命令等对 DHCP 的设置情况进行相关验证。

(5) 将 DHCP 的"租约期限"设置成 5 分钟，观察客户端连接网络超过 5 分钟后，其 IP 地址的变化情况。

2. 环境要求

安装有 Windows Server 2003 操作系统的服务器一套，相互连通的计算机多台，并构成简单的局域网。

14.3 DHCP 简介

14.3.1 DHCP 概述

DHCP(Dynamic Host Configuration Protocol，动态主机配置协议)提供了一种动态指定 IP 地址和配置参数的机制，是 TCP/IP 协议簇中重要的协议之一。

DHCP 使服务器能够动态地为网络中的其他主机提供 IP 地址以及相关参数。实际应用中，网络上至少有一台运行 DHCP 服务的主机，该主机被称为 DHCP 服务器，而网络中的其他主机作为 DHCP 的客户端使用。DHCP 服务器负责监听网络中来自 DHCP 客户端的 DHCP 请求,并与客户端磋商 TCP/IP 的设定环境。当 DHCP 客户端程序向 DHCP 服务器发出请求一个 IP 地址的信息时,DHCP 服务器会根据目前已经配置的 IP 地址情况,提供一个可供客户端使用的 IP 地址和子网掩码。

DHCP 提供三种 IP 地址的定位方式:

(1) Manual Allocation。

网络管理员为某些少数特定的 Host 绑定固定 IP 地址,且地址不会过期。

(2) Automatic Allocation。

自动分配,其情形是:一旦 DHCP 客户端第一次成功地从 DHCP 服务器端租用到 IP 地址之后,就永远使用这个地址。

(3) Dynamic Allocation。

动态分配,当 DHCP 第一次从 HDCP 服务器端租用到 IP 地址之后,并非永久地使用该地址,只要租约到期,客户端就得释放(Release)这个 IP 地址,以给其他工作站使用。当然,客户端可以比其他主机更优先地更新(Renew)租约,或是租用其他的 IP 地址。

使用 DHCP 具有如下优点:

(1) 安全而可靠的设置。

DHCP 避免了因手工设置 TCP/IP 参数可能产生的错误,同时也避免了将一个 IP 地址分配给多台工作站所造成的地址冲突。

(2) 减轻了管理 IP 地址的负担。

使用 DHCP 大大缩短了配置网络中客户端 TCP/IP 参数所花费的时间,而且通过对 DHCP 服务器的设置可灵活地设置 IP 地址的租期。此外,DHCP 地址租约的更新过程将有助于用户确定哪些客户的设置需要经常更新,且这些变更由客户端与 DHCP 服务器自动完成,无需网络管理员干涉。

14.3.2 DHCP 的工作原理

DHCP 基于 C/S 工作模式,其工作原理如下:

(1) 发现阶段,即 DHCP 客户端寻找 DHCP 服务器的阶段。

在此过程中,DHCP 客户端以广播方式发送 DHCP discover(发现)信息来寻找 DHCP 服务器。网络上每一台装有 TCP/IP 协议的主机都会接收到这种广播信息,但只有 DHCP 服务器才会做出响应,如图 14.1 所示。

(2) 提供阶段,即 DHCP 服务器提供 IP 地址的阶段。

在网络中接收到 DHCP discover 信息的 DHCP 服务器都会做出响应,它从尚未租出的 IP 地址中挑选一个地址分配给 DHCP 客户端,同时向 DHCP 客户端发送一个包含出租的 IP 地址和其他设置的 DHCP offer(提供)信息,如图 14.2 所示。

(3) 选择阶段,即 DHCP 客户端选择某台 DHCP 服务器提供的 IP 地址阶段。

如果网络上有多台 DHCP 服务器向 DHCP 客户端发来 DHCP offer 信息,则 DHCP 客户端只接收第一个收到的 DHCP offer 信息,然后它就以广播方式回答一个 DHCP request (请求)信息,该信息中包含向它所选定的 DHCP 服务器请求 IP 地址的内容。之所以要以广播方式回答,是为了通知所有的 DHCP 服务器,它将选择某台 DHCP 服务器所提供的 IP 地址,如图 14.3 所示。

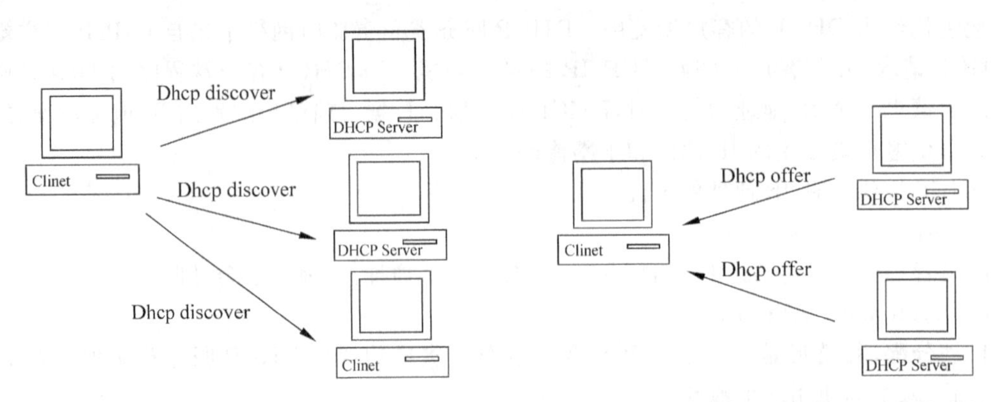

图 14.1　DHCP 客户端寻找 DHCP 服务器的过程　　图 14.2　DHCP 服务器提供 IP 地址的过程

(4) 确认阶段,即 DHCP 服务器确认所提供的 IP 地址阶段。

当 DHCP 服务器收到 DHCP 客户端回答的 DHCP request 信息之后,它便向 DHCP 客户端发送一个包含它所提供的 IP 地址和其他设置的 DHCP ack(确认)信息,告诉 DHCP 客户端可以使用它所提供的 IP 地址。然后 DHCP 客户端便将其 TCP/IP 协议与网卡绑定。另外,除 DHCP 客户端选中的服务器外,其他的 DHCP 服务器都将收回曾提供的 IP 地址,如图 14.4 所示。

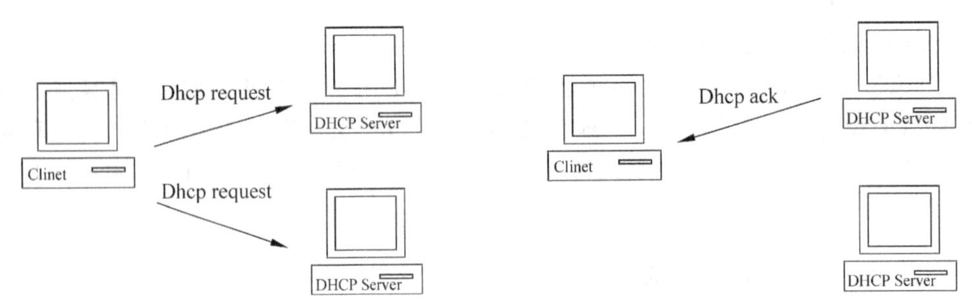

图 14.3　DHCP 客户端选择某台 DHCP 服务器提供的 IP 地址　　图 14.4　DHCP 服务器确认所提供的 IP 地址

(5) 重新登录。

以后 DHCP 客户端每次重新登录网络时,就不需要再发送 DHCP discover 信息,而是直接发送包含前一次所分配的 IP 地址的 DHCP request 信息。当 DHCP 服务器收到这一信息后,它会尝试让 DHCP 客户端继续使用原来的 IP 地址,并回答一个 DHCP ack 信息。如果此 IP 地址已无法再分配给原来的 DHCP 客户端使用时(比如此 IP 地址已分配给其他 DHCP 客户端使用),DHCP 服务器给 DHCP 客户端回答一个 DHCP nack(否认)信息。当原来的 DHCP 客户端收到此 DHCP nack 信息后,它就必须重新发送 DHCP discover 信息来请求新的 IP 地址。

(6) 更新租约。

DHCP 服务器向 DHCP 客户端出租的 IP 地址一般都有一个租借期限,期满后 DHCP 服务器便会收回出租的 IP 地址。如果 DHCP 客户端要延长其 IP 租约,必须更新其 IP 租约。DHCP 客户端启动时和 IP 租约期限过一半时,DHCP 客户端都会自动向 DHCP 服务器发送更新其 IP 租约的信息。

DHCP 除了能动态地设定 IP 地址之外，还可以将一些 IP 地址保留下来给一些具有特殊用途的主机使用。此外，DHCP 还可以帮客户端指定 router、netmask、DNS Server、WINS Server 等，几乎无需做任何的 IP 环境修改，因而具有极大的方便性。

14.4 方法与主要步骤

下面结合一个案例介绍有关 DHCP 配置及应用的方法。案例内容如下：

有一个局域网 nau1，为节省 IP 地址资源，规划 IP 地址时采用了 DHCP 自动分配方式，网段范围为 172.17.13.1～172.17.13.254，子网掩码为 255.255.255.0。

DHCP 服务器的配置可以有两种不同途径：一种是新添加 DHCP 服务器；另一种则是在现有 DHCP 服务器中添加新的作用域。下面分别介绍具体的配置方法。

14.4.1 添加新的 DHCP 服务器

如果原服务器在域控制器安装时没有安装 DHCP 服务，则可以在安装好域控制器后另外安装、配置 DHCP 服务器。下面的配置方法同样适用于 Windows Server 2000 系统的 DHCP 服务器配置。

(1) 打开 DHCP 服务器配置界面。

选择“开始”→“管理工具”→“管理您的服务器”命令，弹出图 14.5 所示窗口。

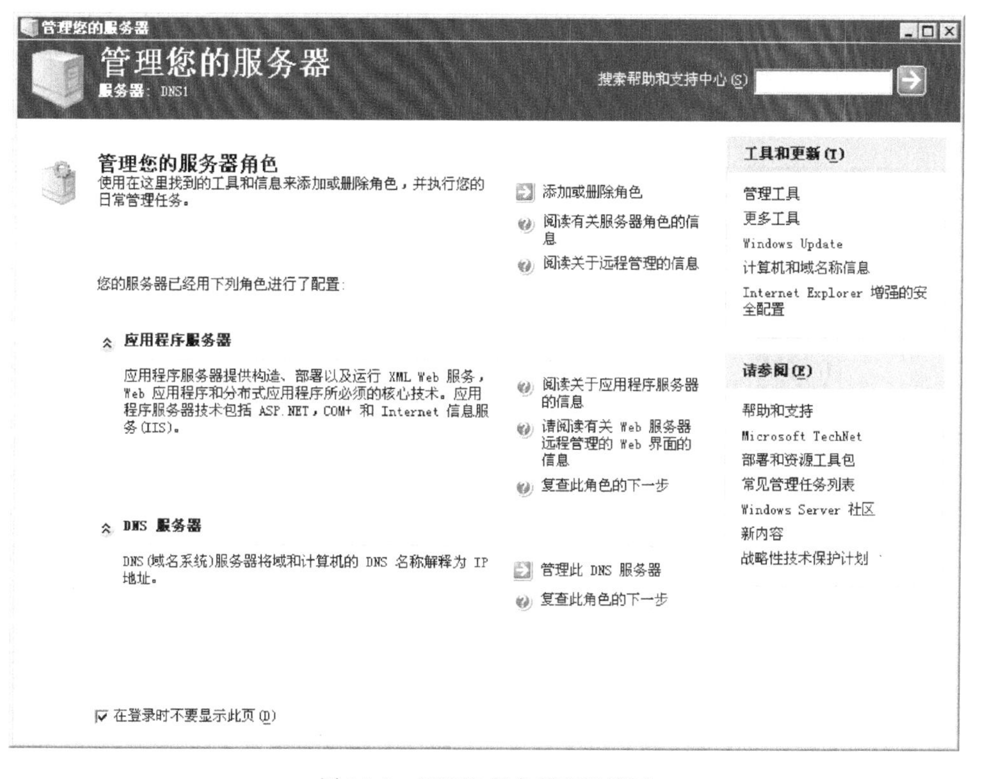

图 14.5 DHCP 服务器配置界面

(2) 查看 DHCP 服务器组件的安装情况。

① 单击“添加或删除角色”链接,打开图 14.6 所示向导对话框。在这个对话框中显示向导进行所必须做的准备步骤。

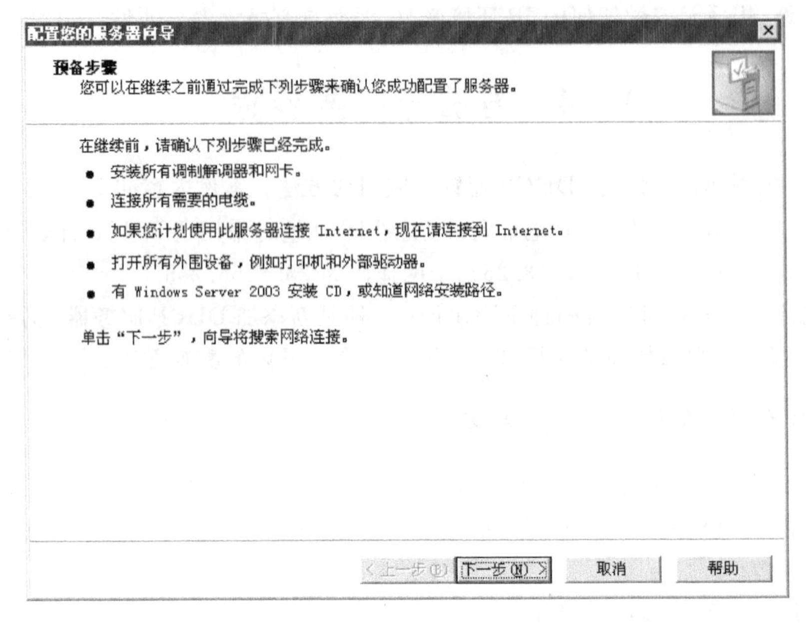

图 14.6 “预备步骤”对话框

② 单击“下一步”按钮,打开图 14.7 所示对话框。在这个对话框中的列表框中显示当前服务器中各角色的配置情况,找到“DHCP 服务器”选项。

由图 14.7 可见,当前没有安装 DHCP 服务器。

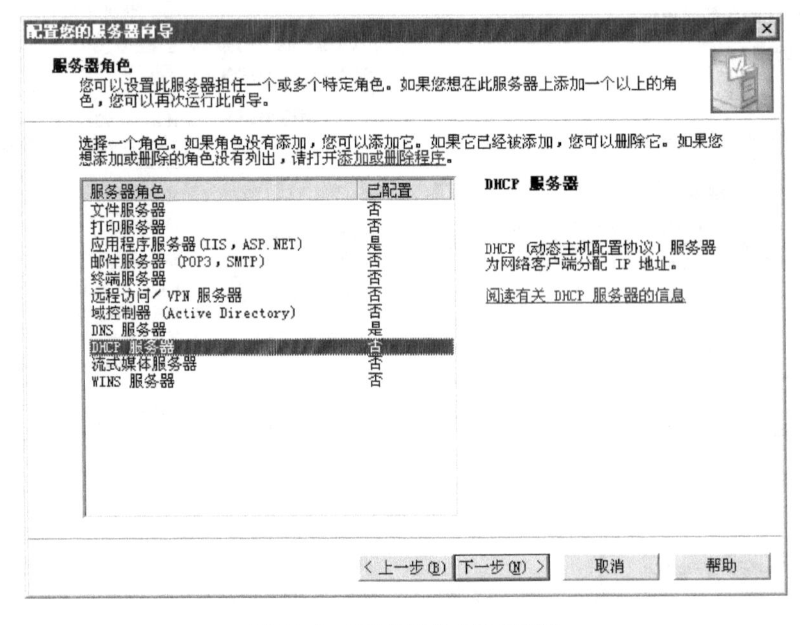

图 14.7 “服务器角色”对话框

③ 选择“DHCP 服务器”选项后，单击“下一步”按钮，打开图 14.8 所示对话框。在这个对话框中总结了用户所选择的服务器角色配置说明。

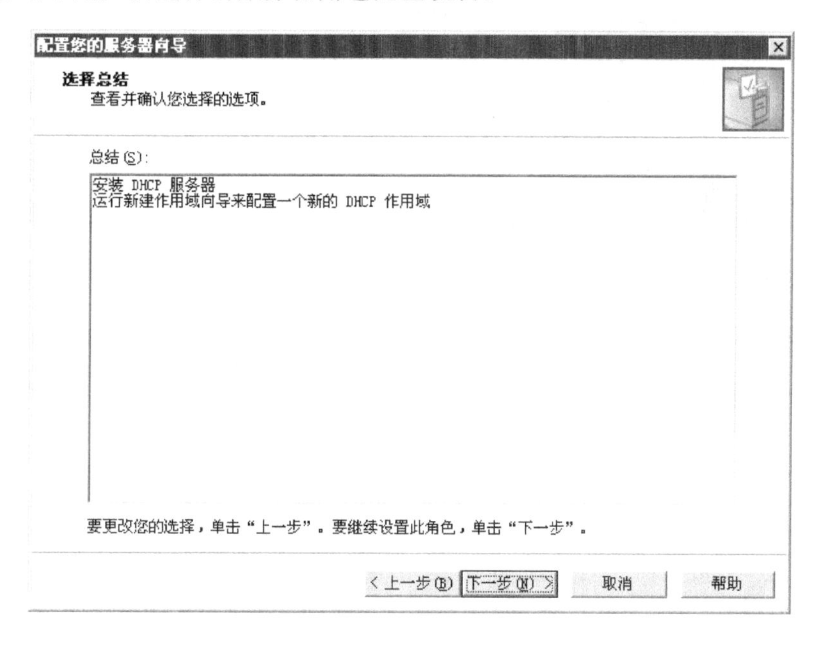

图 14.8 “选择总结”对话框

(3) DHCP 服务器的安装。

① 单击图 14.8 中的“下一步”按钮，出现 14.9 所示对话框。这是一个服务器安装组件的进程对话框，显示了安装 DHCP 服务器组件的安装进程。

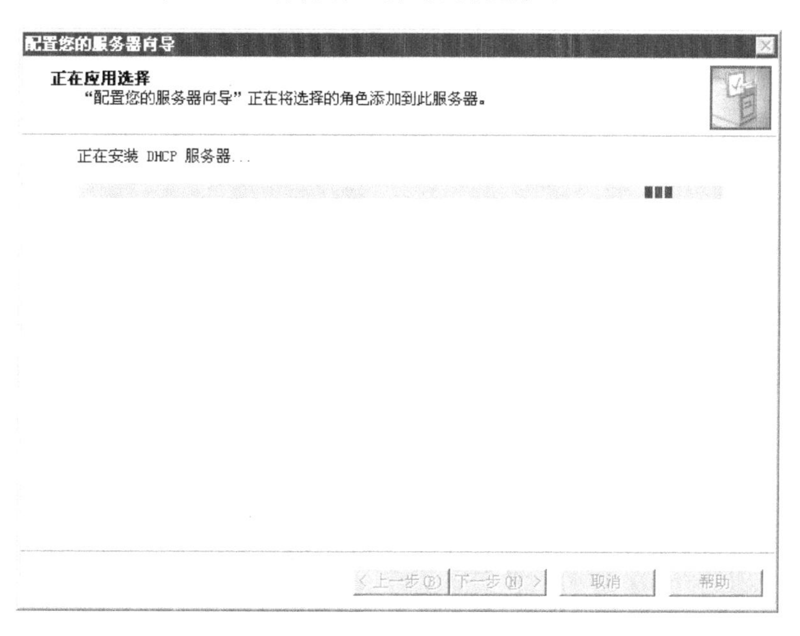

图 14.9 “正在应用选择”对话框

② DHCP组件安装完成后,系统自动打开"新建作用域向导"对话框,如图14.10所示。

新建作用域向导
欢迎使用新建作用域向导
此向导帮助您设置作用域，在网络上为计算机指派地址。
要继续，请单击"下一步"。
< 上一步(B)
下一步(N) >
取消

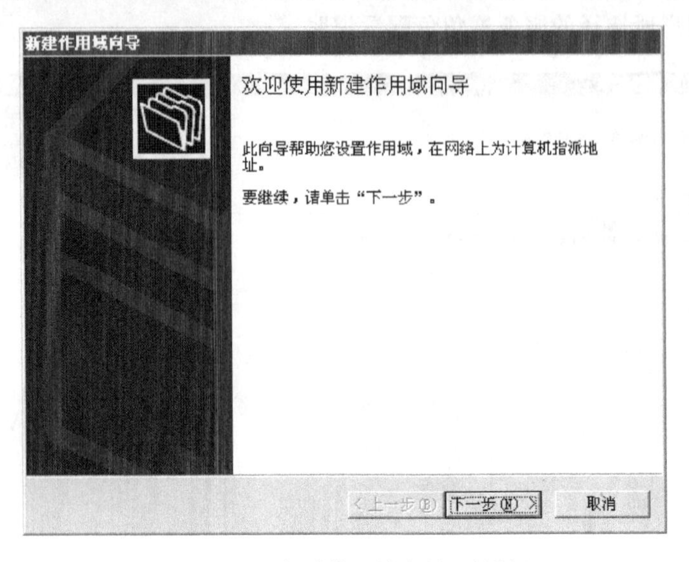

图14.10 "新建作用域向导"对话框

③ 单击图14.10中的"下一步"按钮,出现图14.11所示对话框。在"名称"文本框中要求输入一个新建作用域的名称。

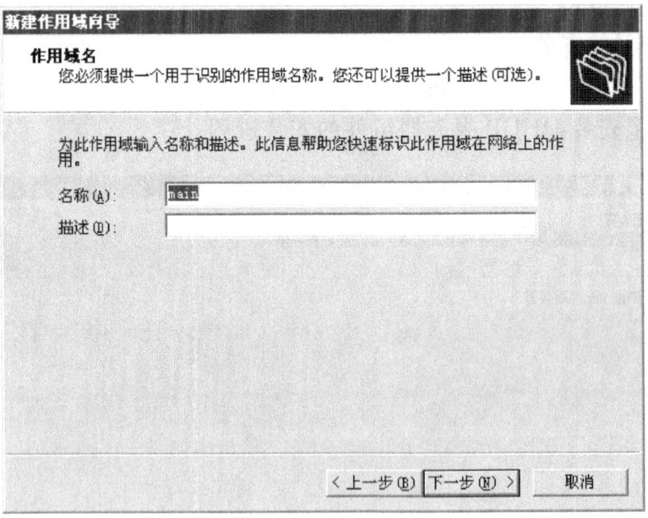

新建作用域向导
作用域名
您必须提供一个用于识别的作用域名称。您还可以提供一个描述(可选)。
为此作用域输入名称和描述。此信息帮助您快速标识此作用域在网络上的作用。
名称(A):
main
描述(D):
< 上一步(B)
下一步(N) >
取消

图14.11 "作用域名"对话框

(4) DHCP的设置。

① 单击图14.11中的"下一步"按钮,出现图14.12所示对话框。在"起始IP地址"和"结束IP地址"文本框中输入某网段的起始和结束IP地址(如本例中的172.17.13.1~172.17.13.254)。并在下面的"长度"微调框和"子网掩码"文本框中设置该子网IP地址中用于网络ID+子网ID的位数和子网掩码。由前面的案例介绍可知,本例中子网用了24位作为网络ID/子网ID,子网掩码为255.255.255.0。

注意：上述 IP 地址和子网掩码参数是有关联的，不能随意更改，如果配错了系统将会自动修正。这是 DHCP 设置比较关键的步骤。

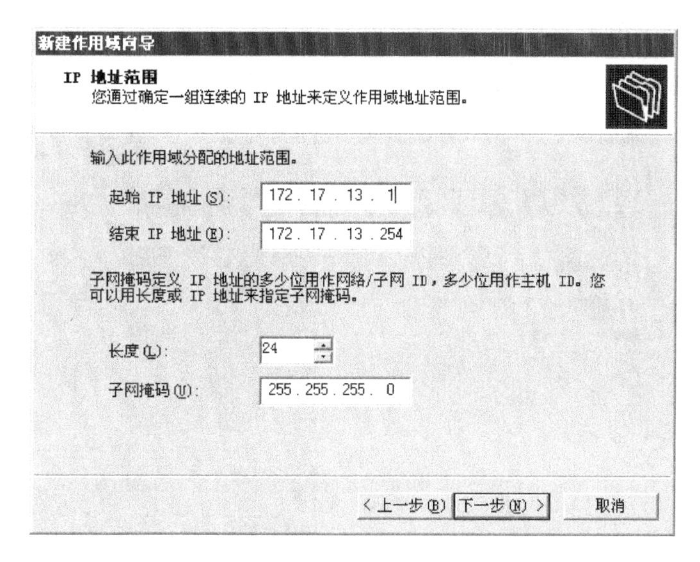

图 14.12 "IP 地址范围"对话框

② 单击图 14.12 中的"下一步"按钮，出现图 14.13 所示对话框。在"排除的地址范围"列表框中输入指定要排除的 IP 地址。

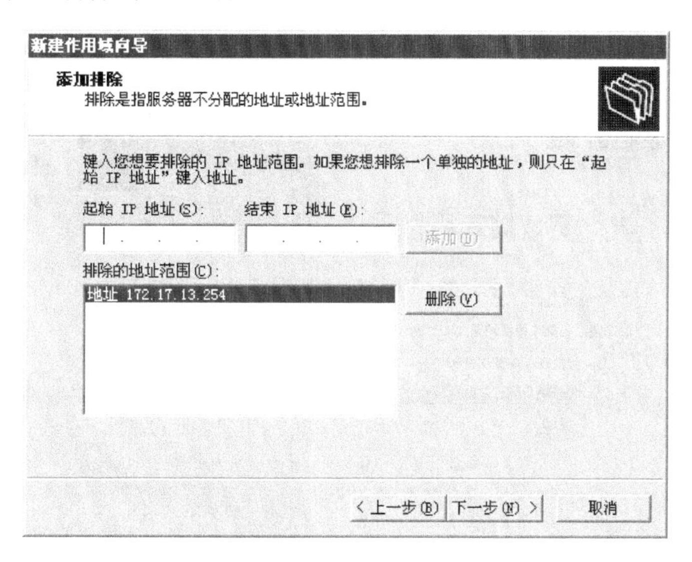

图 14.13 "添加排除"对话框

所谓要排除的 IP 地址就是不用于 IP 地址池中自动分配给其他主机使用的 IP 地址。在一个子网中，通常 DHCP 服务器的 IP 地址是要静态配置的，如果子网中还有其他服务器要采用静态 IP 地址，则也需排除在外，否则会引起 IP 地址冲突。本例中由于 DHCP 服务器的 IP 地址选择了 172.17.13.254，因此在"排除的地址范围"列表框中要排除该地址。

③ 单击图14.13中的“下一步”按钮,出现图14.14所示对话框。在这个对话框中要求指定这些IP地址一次使用的期限。通常不用配置,当然如果这台服务器是为那些临时用户而配置,则可在此对话框中限制他们的使用时间。

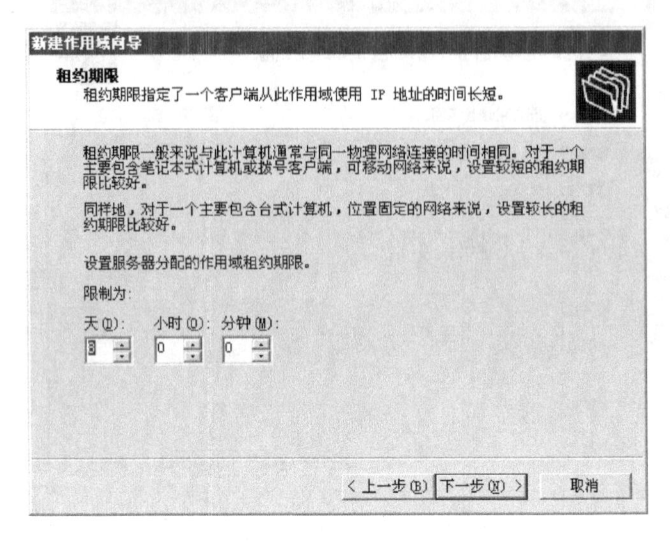

图14.14 “租约期限”对话框

④ 单击图14.14中的“下一步”按钮,出现图14.15所示对话框。在这个对话框中要求选择是否现在就为此作用域配置DHCP选项。在此选择“否,我想稍后配置这些选项”单选按钮。

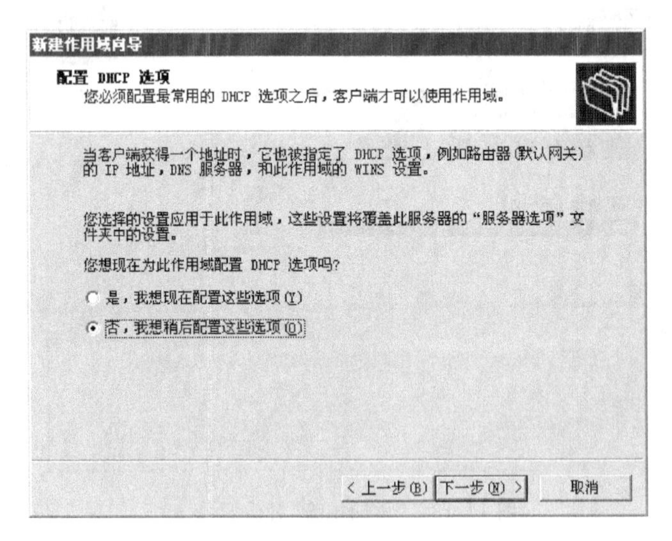

图14.15 “配置DHCP选项”对话框

⑤ 单击图14.15中的“下一步”按钮,出现图14.16所示对话框。

⑥ 单击图14.16中的“完成”按钮,返回到“管理您的服务器向导”对话框。随后系统即弹出图14.17所示向导完成对话框,单击“完成”按钮即完成DHCP服务器的角色配置。

⑦ 重新启动系统(此为推荐方法,实际上多数情况下不用重新启动系统)。

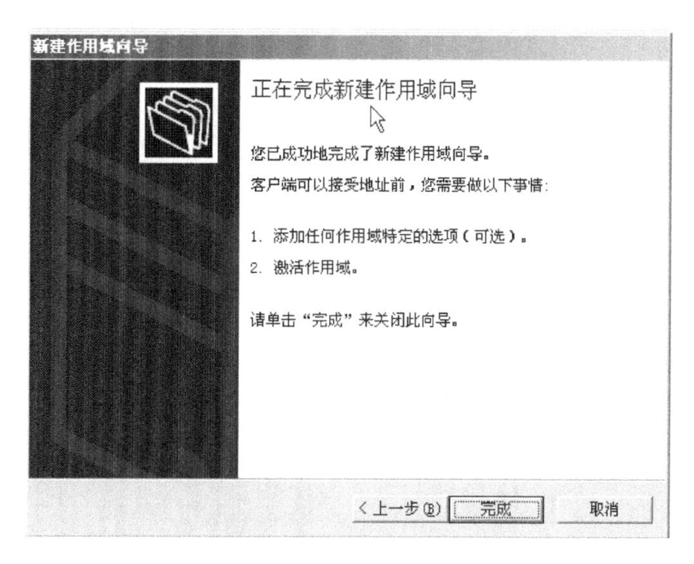

图 14.16 “正在完成新建作用域向导”对话框

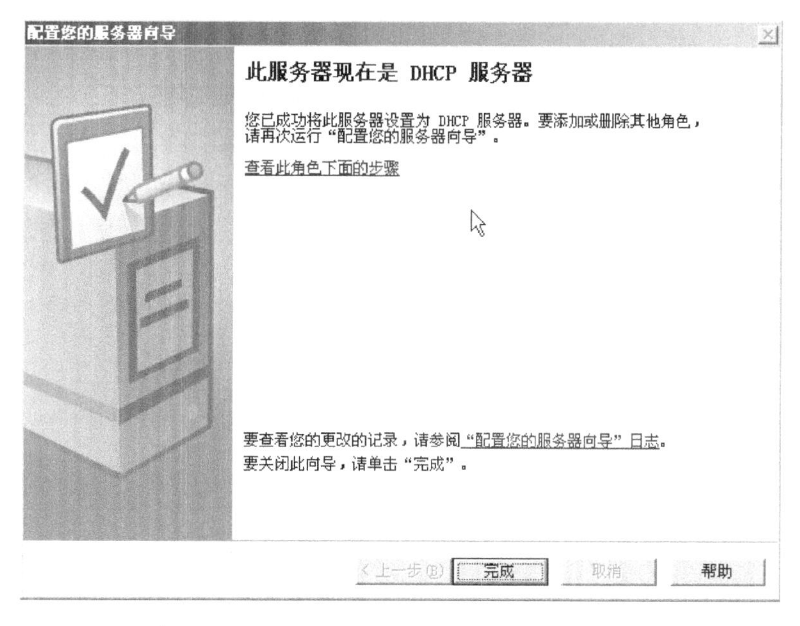

图 14.17 “此服务器现在是 DHCP 服务器”对话框

(5) 激活 DHCP。

① 选择“开始”→“管理工具”→DHCP 命令，打开 DHCP 窗口，如图 14.18 所示。此时可以看到，它并没有激活，显示“不活动”状态。

② 双击相应 DHCP 服务器图标(本例为 nau1)，展开控制台树。

③ 右击“作用域”，选择“激活”选项。此时 DHCP 服务器即显示“活动”状态，如图 14.19 所示。

至此，DHCP 服务器的安装与配置过程就全部完成了。

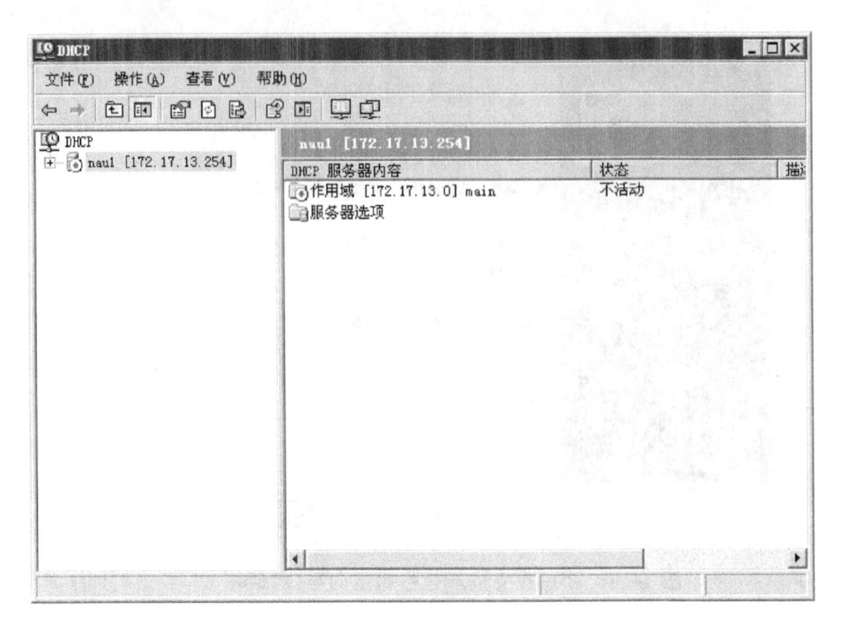

图 14.18 打开 DHCP 窗口

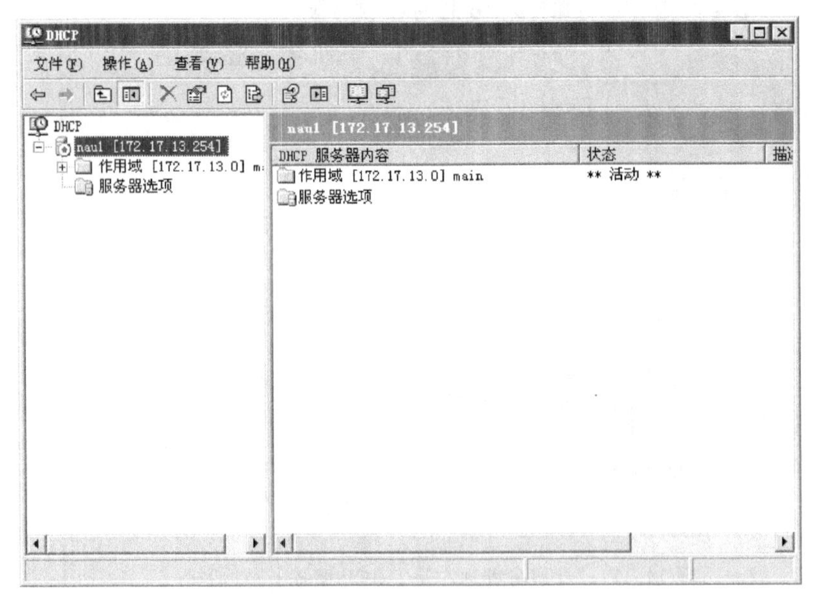

图 14.19 激活后的 DHCP 窗口

14.4.2 在现有 DHCP 服务器中添加新的作用域

因为 DHCP 服务器也可随域控制器的安装而安装，所以通常也无需另外安装，只需进行一些较简单的修改，添加新的作用域即可。

下面以某个应用(如 nic. nau1 域)为例，说明在子域控制器上重新配置 DHCP 服务器的详细方法。

(1) 查看 DHCP 默认的作用域。

① 选择“开始”→“管理工具”→DHCP 命令，出现图 14.20 所示 DHCP 窗口。

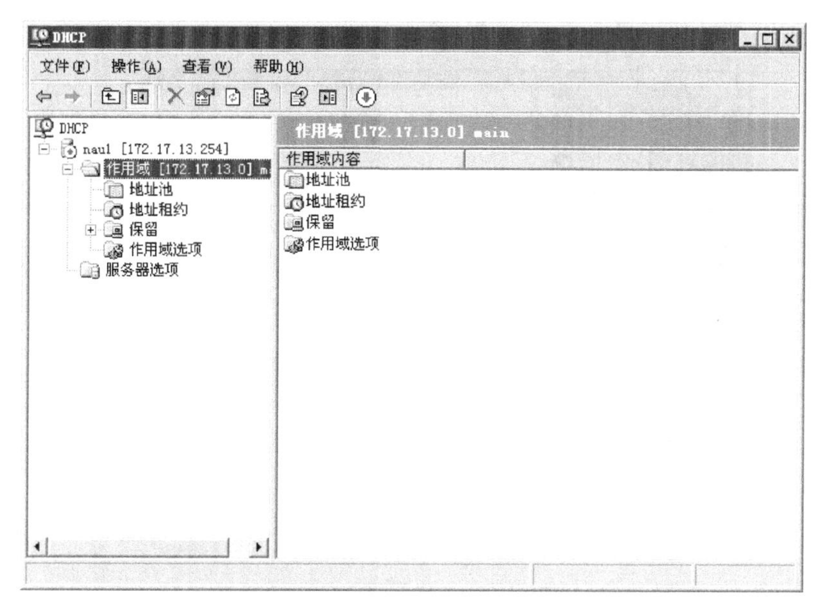

图 14.20 查看 DHCP 作用域

② 单击图 14.20 中“作用域”节点下的“地址池”选项，如图 14.21 所示。从图 14.21 中可以了解域控制器安装时默认的地址范围。很明显这个作用域地址范围不符合本节例子所规划的 IP 地址范围 172.17.13.1～172.17.13.254，必须先删除默认的作用域。

③ 右击“作用域”，从弹出的快捷菜单中选择“删除”命令即可。

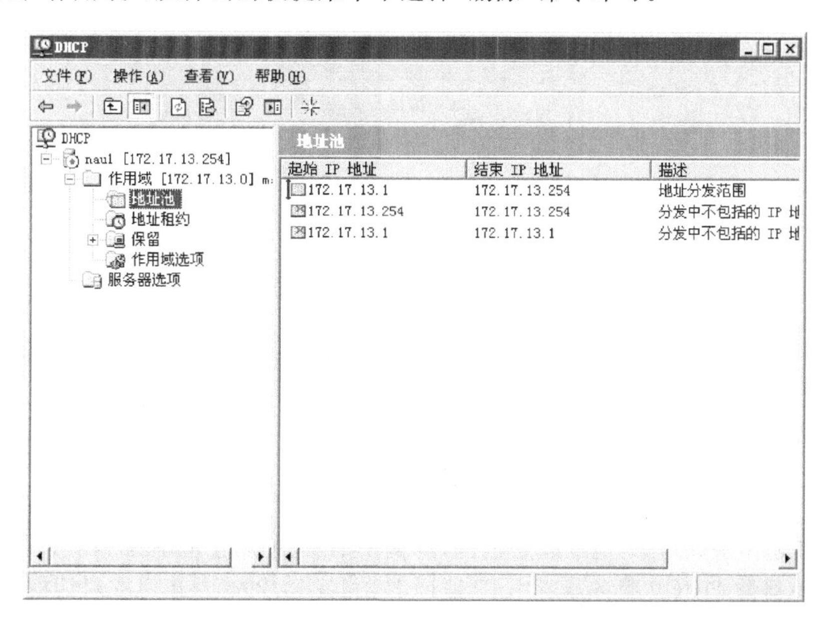

图 14.21 展开控制台树后的 DHCP 窗口

(2) 新建一个作用域。

① 右击DHCP服务器下的nau1图标,从弹出的快捷菜单中选择“新建作用域”选项,打开图14.22所示“新建作用域向导”对话框。

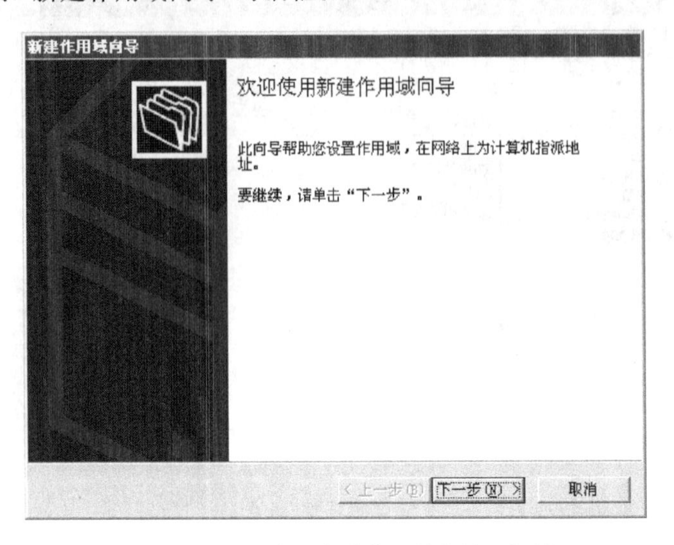

图14.22 “欢迎使用新建作用域向导”对话框

② 单击图14.22中的“下一步”按钮,出现图14.23所示对话框。在“名称”文本框中为这个新建的作用域取一个名称,如nic,并在“描述”文本框中进行一些简单描述。

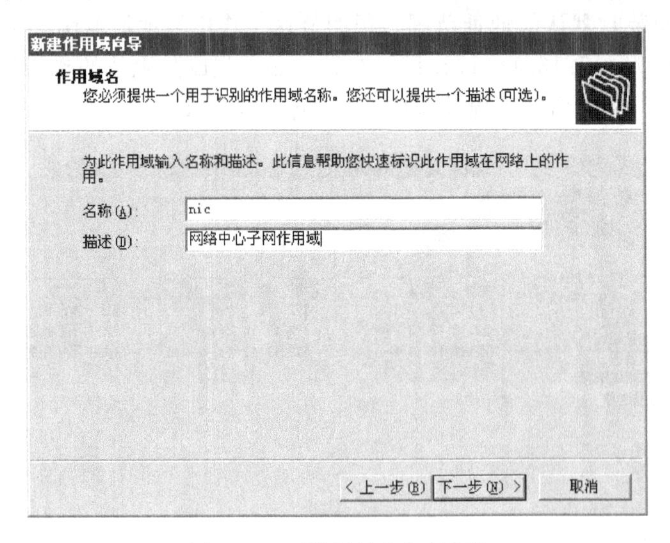

图14.23 “作用域名”对话框

③ 单击图14.23中的“下一步”按钮,出现图14.24所示对话框。在这个对话框中根据实际需要指定新建作用域的IP地址起止范围,本例中IP地址起止范围为172.17.13.240～172.17.13.253(排除DHCP服务器所用IP地址172.17.13.254)。还可在对话框中为这些IP地址指定子网掩码、网络ID/子网ID的长度,根据计算得知此处需在“长度”文本框中输入24,在“子网掩码”文本框中输入255.255.255.0。

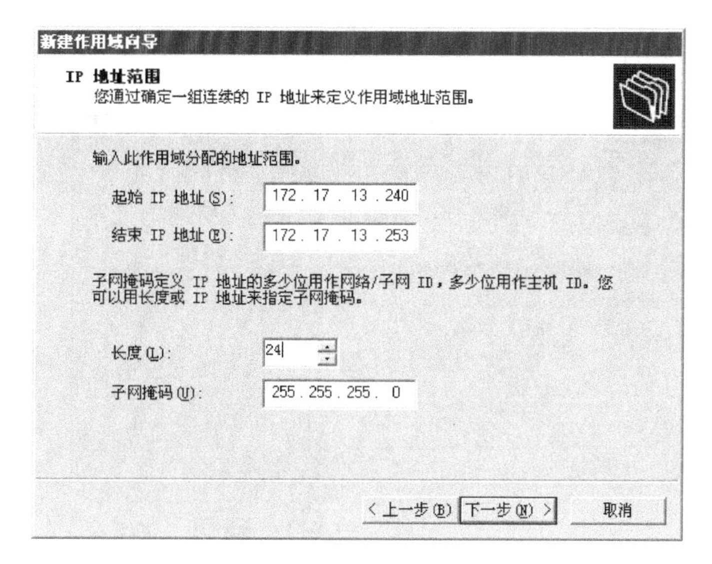

图 14.24 “IP 地址范围”对话框

④ 单击图 14.24 中的“下一步”按钮，打开图 14.25 所示对话框。在这个对话框中可以指定一些在上述地址范围要排除的 IP 地址。这些要排除的 IP 地址通常是用于一些特殊的服务器或工作站，它们可能需要采用静态 IP 地址方式。当然，也可没有要排除的 IP 地址。在本示例中，假如与因特网连接的宽带路由器 IP 地址为 172.17.13.241，则在此处仅需排除这个 IP 地址即可。

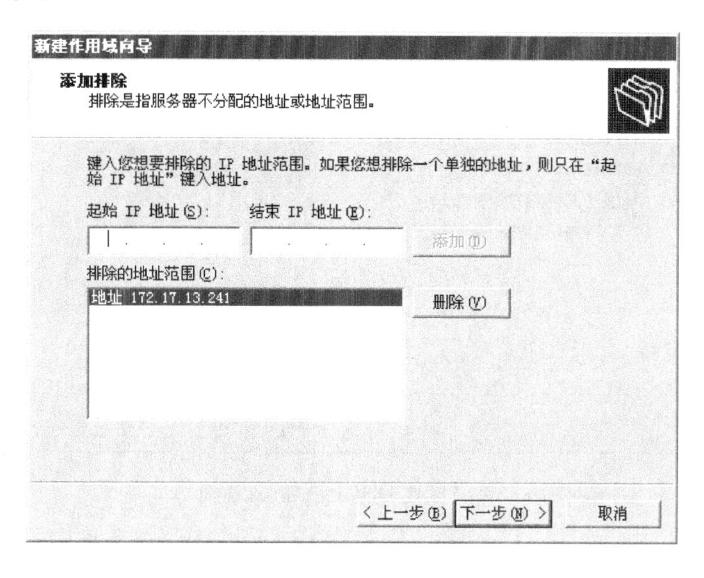

图 14.25 “添加排除”对话框

⑤ 单击“下一步”按钮，出现图 14.26 所示对话框。在这个对话框中可以设定客户端从 DHCP 服务器获取 IP 地址后可以租约的时间长短。通常不用设置，除非这些由 DHCP 服务器自动分配 IP 地址的用户都是临时用户。为了安全起见，最好把租约期改为较短时间，如 24 小时，毕竟一个用户连续工作 24 个小时的情况是很少见的。

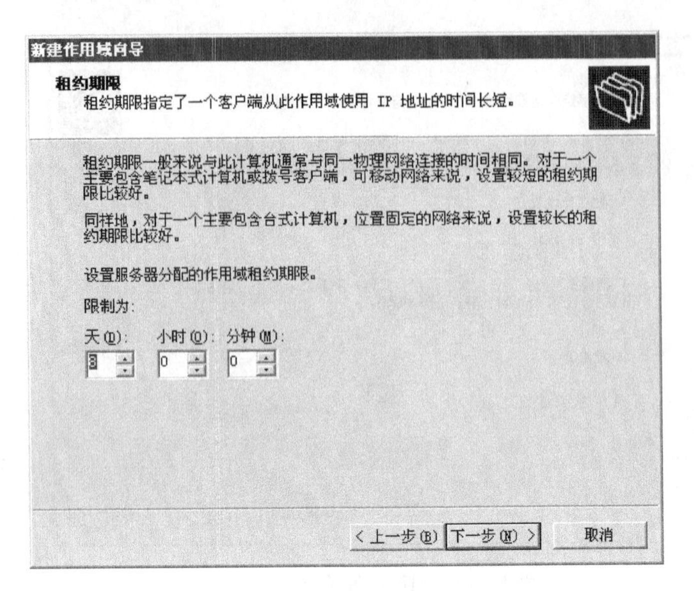

图 14.26 “租约期限”对话框

⑥ 单击“下一步”按钮，打开图 14.27 所示对话框。在这个对话框中要求选择是否现在就配置作用域的 DHCP 选项。选择“是，我想现在配置这些选项”单选按钮。

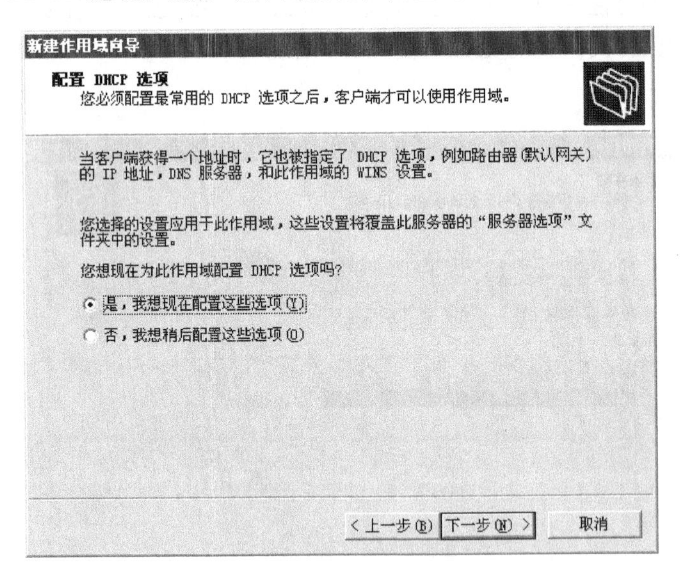

图 14.27 “配置 DHCP 选项”对话框

⑦ 单击“下一步”按钮，打开图 14.28 所示对话框。在这个对话框中可以为客户端配置默认的路由器(也可以是默认网关)IP 地址。如果子网的路由器 IP 地址为 172.17.13.241，则在此对话框添加这个 IP 地址即可。

⑧ 单击“下一步”按钮，打开图 14.29 所示对话框。在这个对话框中为新建作用域配置父域及 DNS 服务器名称和 IP 地址。当前 nic.nau1 的父域为 nau1，DNS 服务器为 nau1 域控制器 dns1，IP 地址为 172.17.13.33，输入上述信息即可。

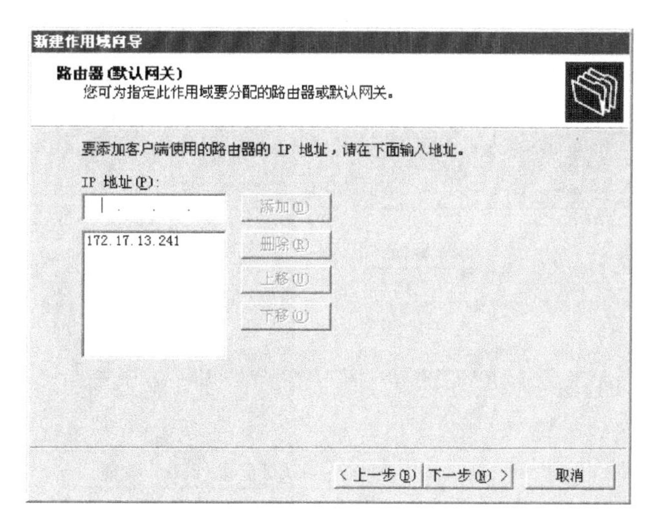

图 14.28 “路由器(默认网关)”对话框

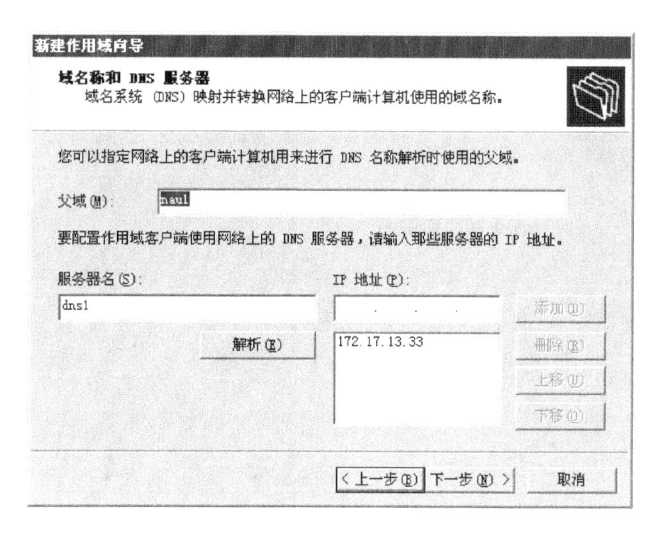

图 14.29 “域名称和 DNS 服务器”对话框

⑨ 单击“下一步”按钮，打开图 14.30 所示对话框。在这个对话框中可指定网络中的 WINS 服务器。因客户端使用的操作系统各种各样，有些是比较早期的 Windows 版本(如 Windows 98)，需要 WINS 服务来解析，所以在 naul 域控制器上也配置了 WINS 服务器。此时的 WINS 服务器名称也为 naul 域控制器 dns1，IP 地址同样为 172.17.13.33。

⑩ 单击“下一步”按钮，打开图 14.31 所示对话框。选择“否，我将稍后激活此作用域”单选按钮，单击“下一步”按钮，即到“向导完成”对话框。

(3) 激活新建的作用域。

按照步骤(5)的方法激活新建的作用域即可。

以上就是在现有 DHCP 服务器中修改，或者新的 DHCP 服务器作用域的方法配置 DHCP 服务器的全部过程。在 DHCP 服务器作用域的新建过程中会全面配置新作用域的各项属性，包括 IP 地址池、IP 地址租约期等。

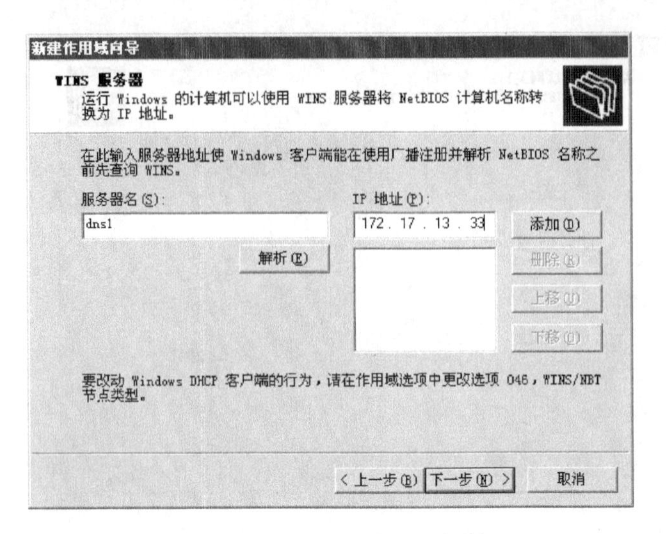

图 14.30 “WINS 服务器”对话框

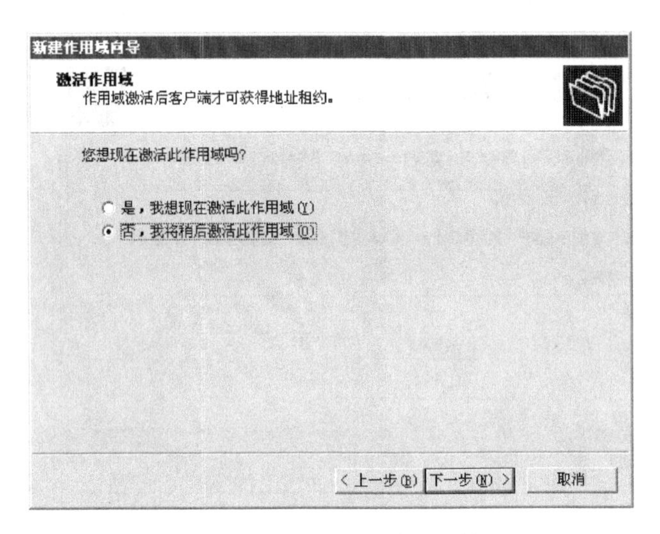

图 14.31 “激活作用域”对话框

14.4.3 客户端 DHCP 的配置

下面以客户端为 Windows XP Professional 系统进行 DHCP 自动 IP 地址获得为例，介绍配置方法。

① 打开图 14.32 所示“网络连接”窗口，在这个窗口中显示当前系统所有的网络连接项。

② 选择本机用于局域网连接的网络连接项，右击“本地连接”图标，从弹出的快捷菜单中选择“属性”命令，打开图 14.33 所示对话框。

③ 在“此连接使用下列项目”列表框中选择“Internet 协议(TCP/IP)”选项，单击“属性”按钮，打开图 14.34 所示对话框。因为这个网段采用动态 IP 地址分配法，所以在此对话框中要选择“自动获得 IP 地址”单选按钮，同时还可以选择“自动获得 DNS 服务器地址”复选框。

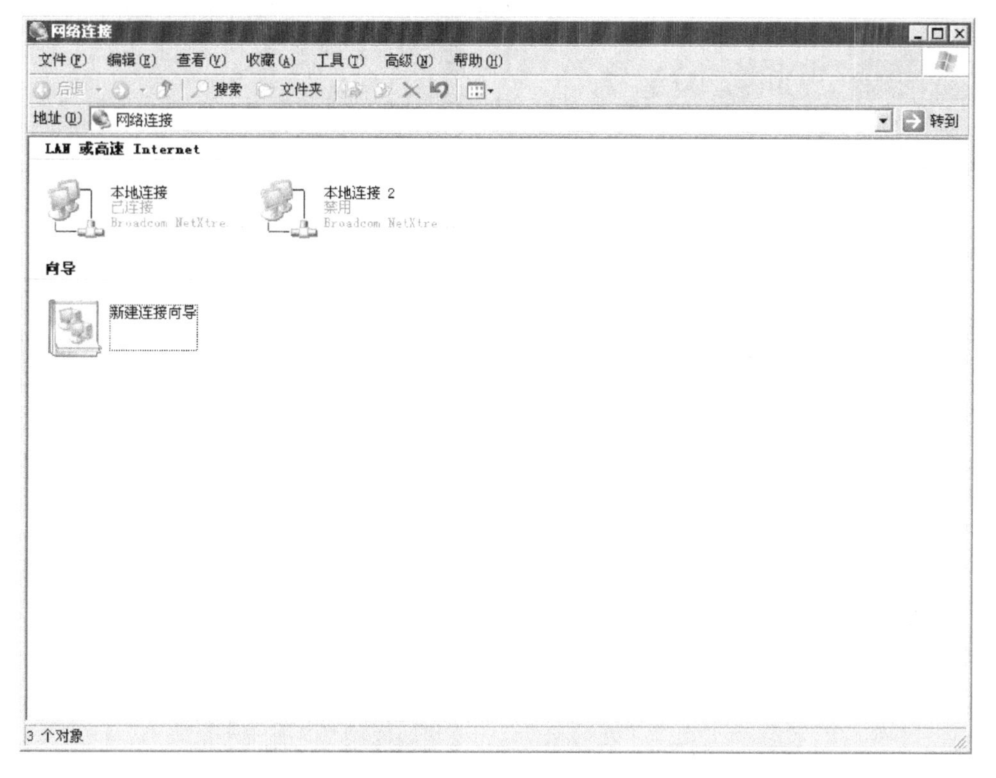

图 14.32 “网络连接”窗口

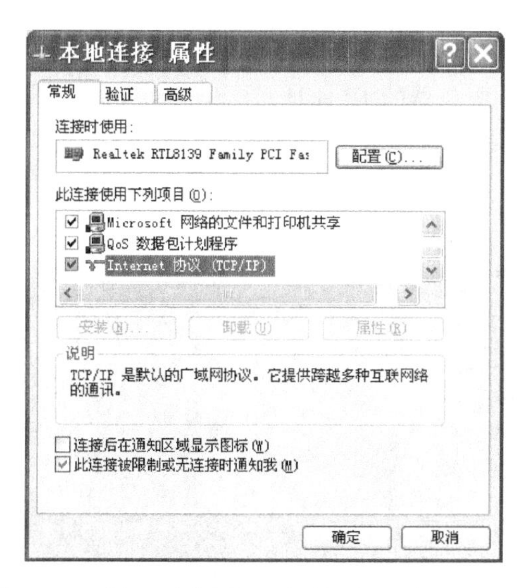

图 14.33 “本地连接属性”对话框中的“常规”选项卡

④ 单击“高级”按钮,在“高级 TCP/IP 设置”对话框中选择 WINS 选项卡,如图 14.35 所示。在这个对话框中根据需要选择“启用 LMHOSTS 查询”复选框,选择后可将远程计算机解析为 IP 地址。因为采用了动态 IP 地址,所以需在“NetBIOS 设置”选项区域中选择“默认”单选按钮。如果使用的是静态 IP 地址,则还可选择“启用 TCP/IP 上的 NetBIOS”单选按钮。

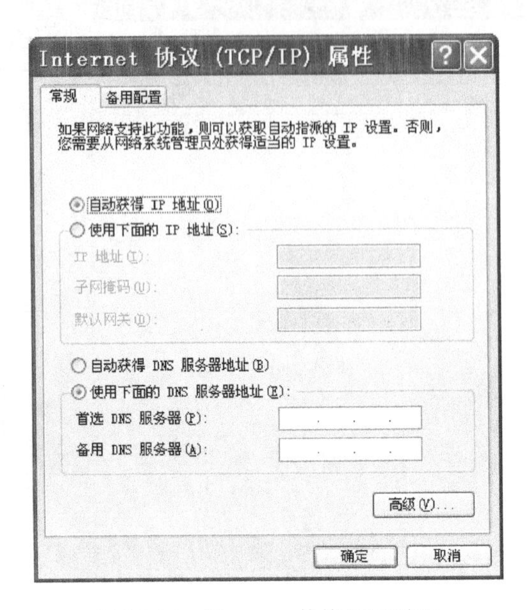

图 14.34 “Internet 协议(TCP/IP)属性”对话框

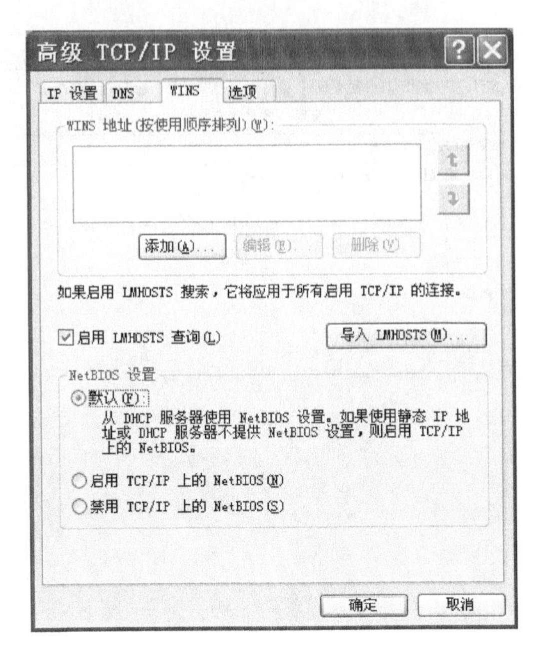

图 14.35 “高级 TCP/IP 设置”对话框中的 WINS 选项卡

⑤ 单击“确定”按钮即可完成 TCP/IP 协议的 DHCP 客户端配置。

至此，客户端 DHCP 的设置完毕。

14.4.4 客户端动态获取 IP 地址的验证

(1) 查看 DHCP 客户端、服务器的 IP 地址。

① 客户端运行成功后，在 DOS 提示符下利用 ipconfig 命令查看本机的 IP 地址等参数配置情况，如图 14.36 所示。

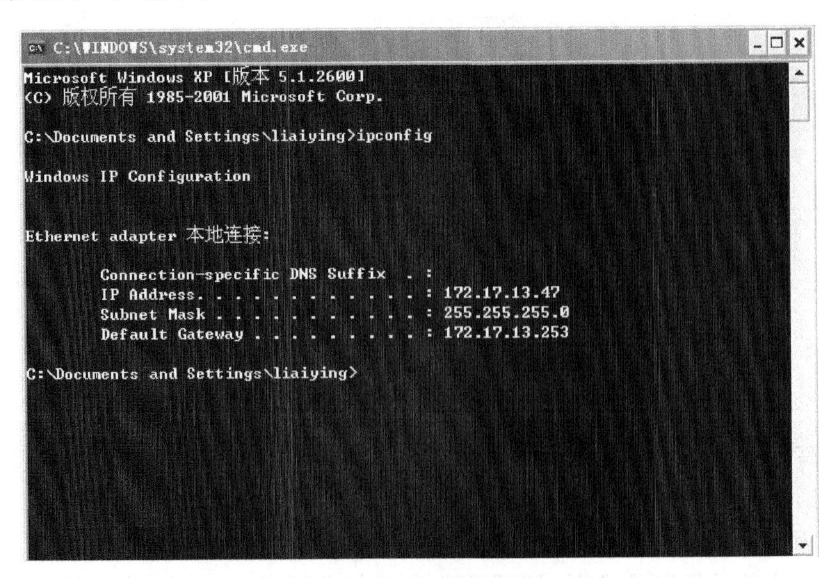

图 14.36 利用 ipconfig 命令查看本机的 TCP/IP 参数

② 同样的方法，在 DHCP 服务器端用 ipconfig 命令可查看 DHCP 服务器的 IP 地址等参数。

③ 客户端重新运行后，再利用 ipconfig 命令查看本机的 IP 地址等参数配置情况，如图 14.37 所示。

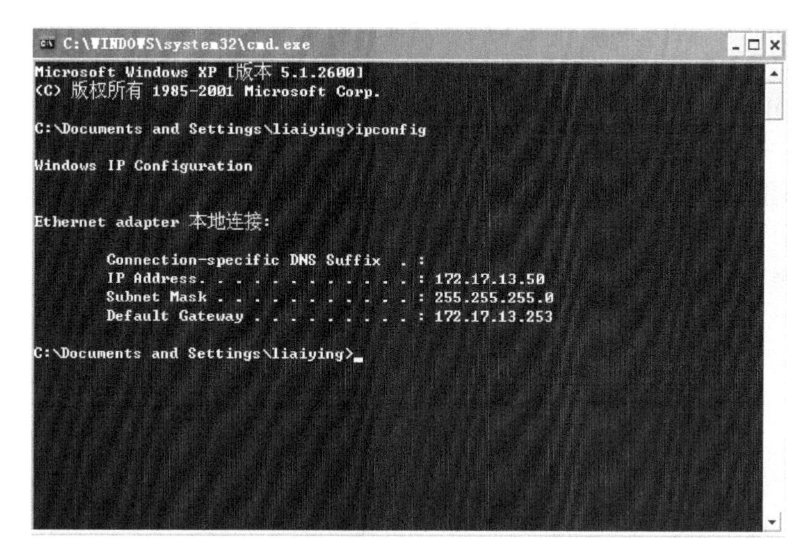

图 14.37　客户端重新运行后 ipconfig 命令的显示

从图 14.37 可见，客户端的 IP 地址发生了变化。当然，客户端在重新租用 DHCP 服务器的 IP 地址时，也可能与前一次一样。

(2) DHCP 网络连通性验证。

① 按照步骤(1)，记录 DHCP 服务器以及客户端的 IP 地址。

② 在客户端 DOS 符号下，利用 ping 命令测试，并观察运行的结果，如图 14.38 所示。

图 14.38 的结果说明，DHCP 客户端与服务器之间的网络是连通的。

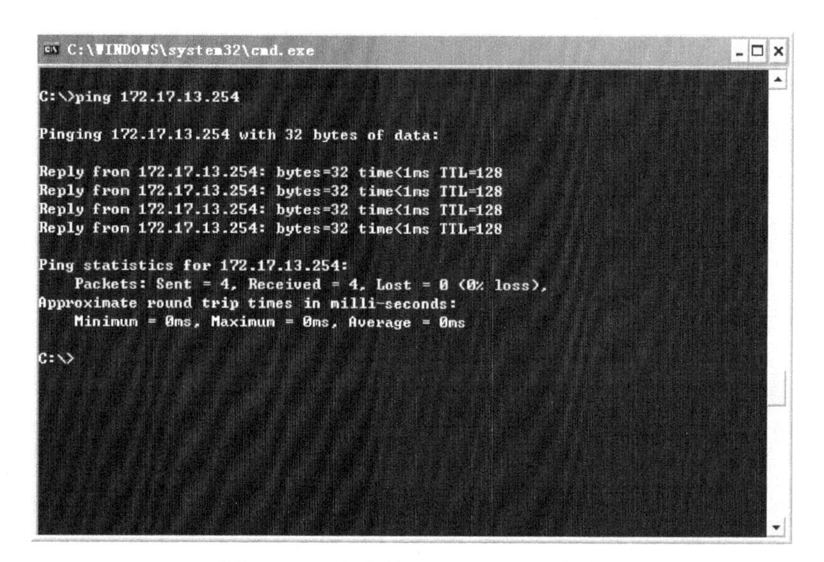

图 14.38　客户端 ping DHCP 服务器

14.5 思 考 题

1. 详细记录 Windows Server 2003 DHCP 配置过程中的每个步骤及出现的现象。

2. 什么叫 DHCP? DHCP 提供哪几种 IP 地址的定位方式?

3. DHCP 的工作原理是什么?

4. 在设置 DHCP 服务器的 IP 地址范围时,能否将 DHCP 服务器自身的 IP 地址也包含在内? 为什么?

5. 在设置 DHCP 服务器过程中,假如需要为某工作站保留一个 IP 地址,那么 DHCP 的其他客户端还可能获得此 IP 地址吗? 为什么?

6. DHCP 服务器的"租约期限"对于 DHCP 客户端 IP 地址的分配有什么意义?

第15章 远程控制应用

15.1 应用目的

(1) 了解远程控制的含义及其在网络管理与维护中的作用。

(2) 掌握利用 Windows 系统自带的远程桌面在主控端主机和被控端主机之间建立连接的方法。

(3) 掌握通过远程桌面连接在主控端主机和被控端主机之间进行文件传输的方法。

(4) 掌握利用远程桌面连接使用被控端的打印机进行文档打印、编辑的方法。

(5) 掌握通过远程桌面连接在被控端主机上安装程序的方法。

15.2 要求与环境

1. 要求

(1) 将本机设置成主控端,另外一个与之联网的主机设置成被控端。

(2) 在被控端创建账号,使得主控端主机可以用此账号进行远程桌面连接。

(3) 使用主控端主机,根据给定的被控端主机 IP 地址和账号进行远程桌面连接,实现远程控制。

(4) 将主控端的文档通过远程桌面连接复制到被控端主机上,并在被控端主机上进行编辑、保存以及打印等操作。

(5) 将被控端主机的文档通过远程桌面连接方式复制到本地的主控端主机上。

(6) 将某一程序安装文件由主控端主机远程复制到被控端主机上,并在被控端主机进行安装运行等操作。

(7) 对被控端主机进行关机、注销、重新启动等操作。

(8) 在被控端主机上执行电子邮件的收发以及上网等操作。

2. 环境要求

安装 Windows XP 或 Windows Server 2003 操作系统的主机若干台,并构成简单的局域网。

15.3 远程控制应用简介

所谓"远程控制"是在计算机网络中由一台计算机(主控端)远距离去控制联网的另一台计算机(被控端)的方法。

一旦主控端计算机与被控端计算机远距离连接成功,操作者使用主控端主机对被控端主机进行控制,就如同操作者坐在被控端主机的屏幕前对被控端主机进行操作一样。此时,操作者可以启动被控端主机的应用程序,可以使用被控端主机的文件资料,甚至可以利用被控端主机的外部打印设备(打印机)和通信设备(调制解调器或者专线等)来进行网络打印或访问因特网。

远程控制的工作原理如图15.1所示。

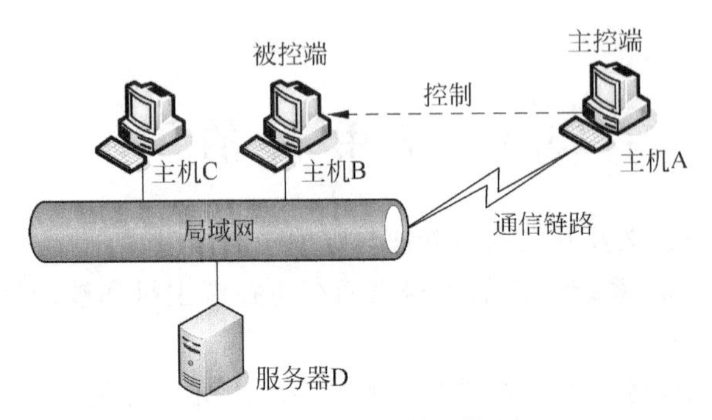

图15.1 远程控制的工作原理

远程控制由两个部分组成:一部分是所谓的客户端程序Client,另一部分是服务器端程序Server。在进行远程控制前,需要事先将客户端程序安装到主控端计算机上,服务器端程序安装到被控端计算机上。对Windows XP或Windows Server 2003操作系统的主机而言,也可以利用随机自带的程序实现远程控制。

远程控制的过程是先在主控端计算机上执行客户端程序,像一个普通的客户一样向被控端计算机中的服务器端程序发出信号,建立一个特殊的远程服务,然后通过这个远程服务,使用远程控制功能发送远程控制命令,控制被控端计算机中的各种应用程序的运行。

远程控制的实现方式通常有两种:点对点方式和点对多点方式。

Windows XP或Windows Server 2003操作系统的主机通常采用点对点工作方式,如图15.2所示。安装专业的软件的主机,如远程控制软件pcAnywhere,则可以借助局域网使用一台计算机控制多台计算机,实现对远程主机的多点控制,如图15.3所示。

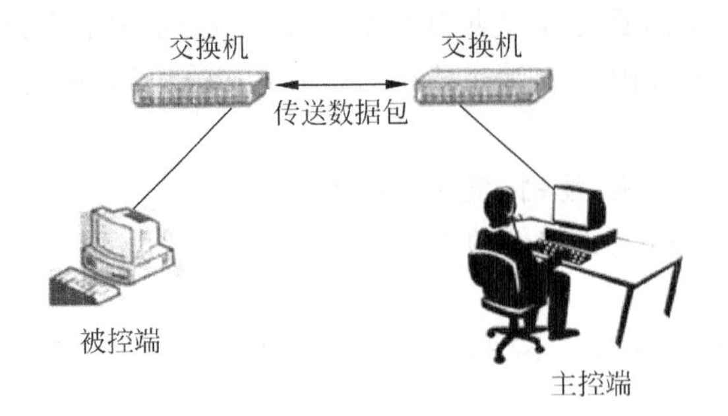

图15.2 远程控制的点对点方式

远程控制在计算机网络管理与维护中应用相当普遍,网络管理员可以通过接入局域网中的任意一台计算机,随时通过远程控制方式对网内的服务器等设备进行管理和维护,实现如在服务器上进行软件的安装、系统的升级、数据的备份以及日志的查看等。

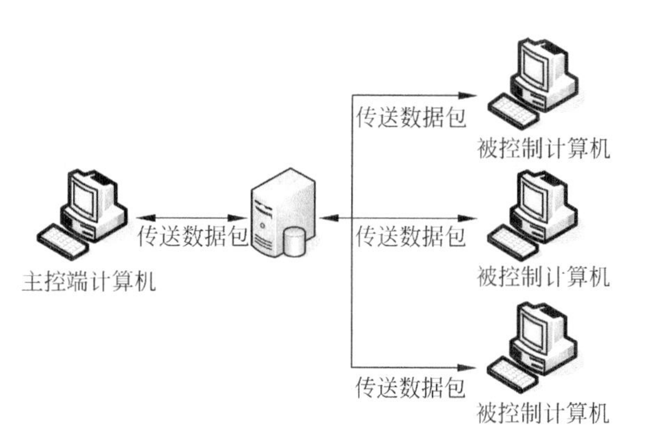

图 15.3　远程控制的点对多点方式

15.4　方法和主要步骤

实现远程控制的方法有很多，即可以利用系统自带的远程控制工具如 Windows 系统的远程桌面，也可以利用第三方远程控制软件如 pcanywhere 等。本章主要介绍利用 Windows 系统自带的远程桌面工具实现远程控制的方法与步骤。

15.4.1　远程控制的设置

对于安装 Windows XP 系统或者 Windows Server 2003 系统的被控端主机，进行远程桌面的设置方法类似。下面以安装 Windows XP 系统的主控端为例，介绍具体的实现方法。

(1) 被控端主机设置前的准备。

① 在桌面上右击“我的电脑”图标，从弹出的快捷菜单中选择“属性”命令，如图 15.4 所示。

图 15.4　进入被控端主机的设置界面

② 在“系统属性”对话框中选择“远程”选项卡,在“远程桌面”选项区域中选中“允许用户远程连接到此计算机”复选框,如图15.5所示。

(2) 对被控端主机的设置。

① 单击图15.5中的“选择远程用户”按钮,如图15.6所示。图15.6中将列出允许通过远程桌面连接到该计算机的用户,隶属于管理员组的所有用户都可以连接到该主机上。

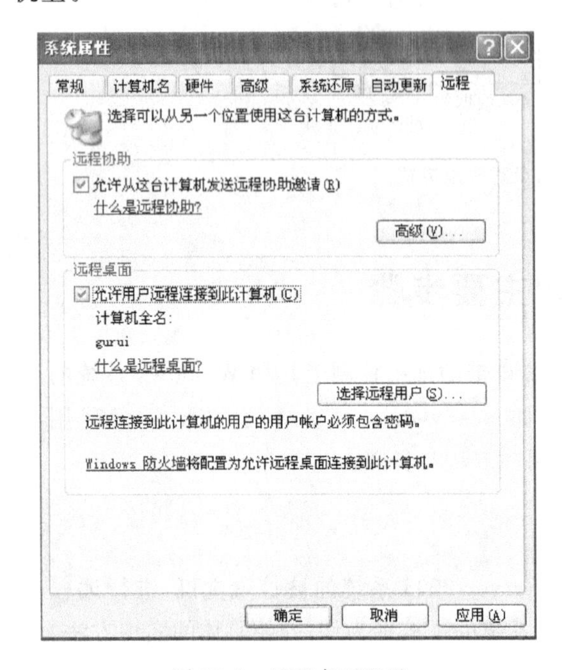

图15.5 远程桌面配置

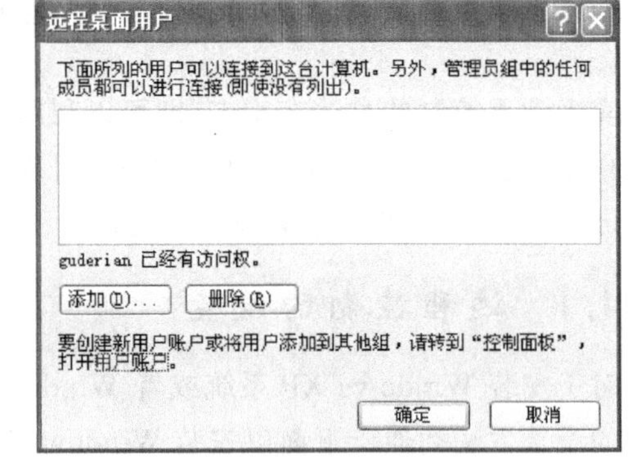

图15.6 远程桌面用户列表

② 选择允许远程连接的其他用户,单击“添加”按钮,如图15.7所示。

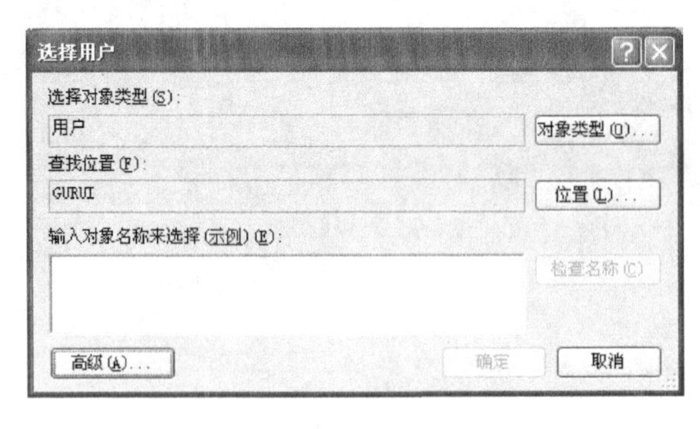

图15.7 选择用户

③ 单击图15.7中的“高级”按钮,在对话框中单击“立即查找”按钮,如图15.8所示。

④ 图15.8中将列出目前该计算机的所有用户。本例中以用户gr为例,则需要选中gr用户,单击“确定”按钮。此时,在远程桌面用户列表中会出现名称为gr的用户,如图15.9所示。

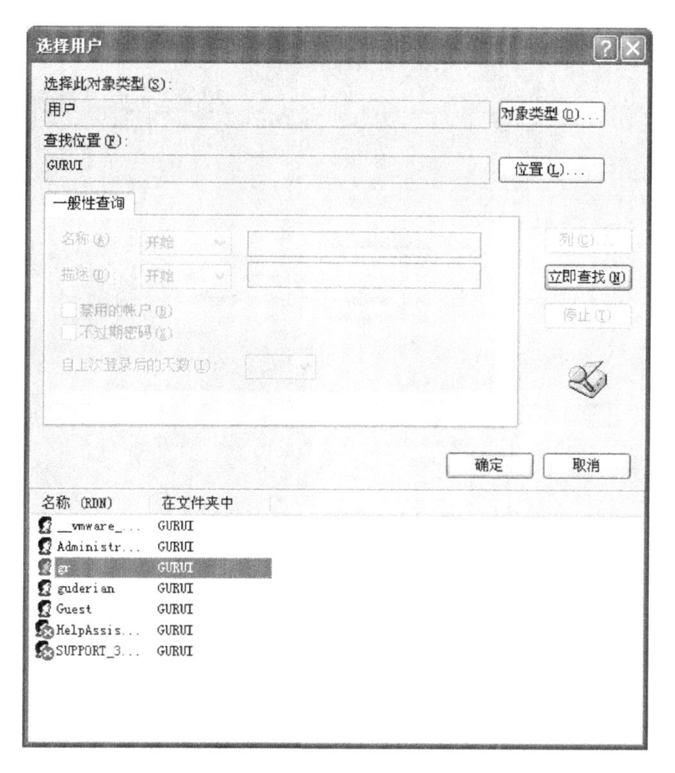

图 15.8　选择指定用户

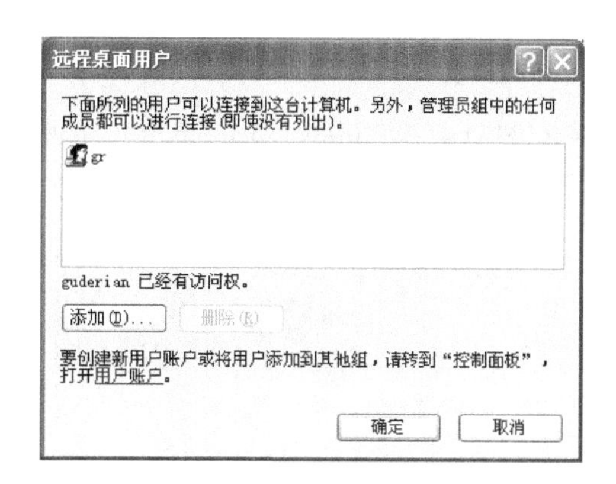

图 15.9　远程桌面用户列表

⑤ 单击“确定”按钮，就完成了远程控制指定用户的添加。

注意：也可以事先在被控端主机设置一个新的用户账号，然后再通过上述的步骤实现对指定用户的添加。

(3) 主控端主机的设置。

① 在主控端主机上选择“开始”→“程序”→“附件”→“通讯”→“远程桌面连接”命令，如图 15.10 所示。

② 启动后得到图 15.11 所示的界面。

③ 单击“选项”按钮，在“常规”选项卡中的“计算机”下拉列表框中输入被控端主机的 IP

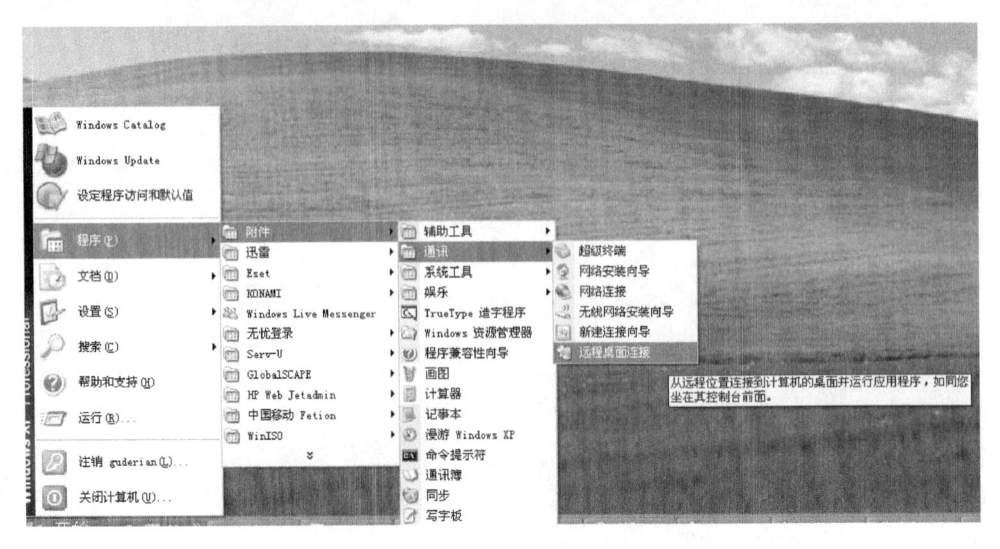

图 15.10 启动主控端远程桌面连接

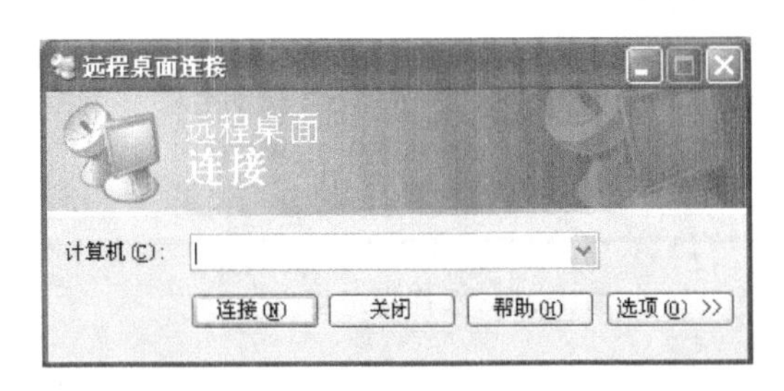

图 15.11 远程桌面连接的界面

地址，如 172.17.13.42，“用户名”默认是 Administrator，也可以更改成其他的用户名，如名称为 gr 的用户，接着输入密码，如图 15.12 所示。

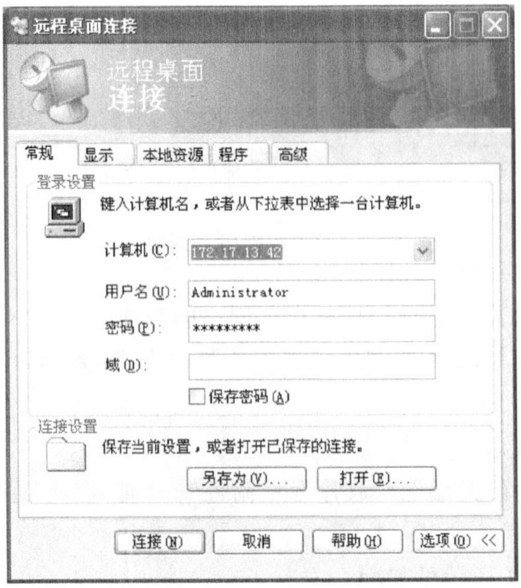

图 15.12 主控端远程桌面的“常规”选项卡设置

④ 选择“显示”选项卡，可以设置连接上被控端主机后窗口的尺寸，光标移到最右边就是全屏，如图 15.13 所示。该步骤不是必须的步骤。

⑤ 选择“本地资源”选项卡，出现图 15.14 所示界面。在“本地设备”选项区域中选中“磁盘驱动器”和“打印机”复选框，这样连接上被控端主机后就可以进行文件的传输，程序的安装以及打印机的使用。

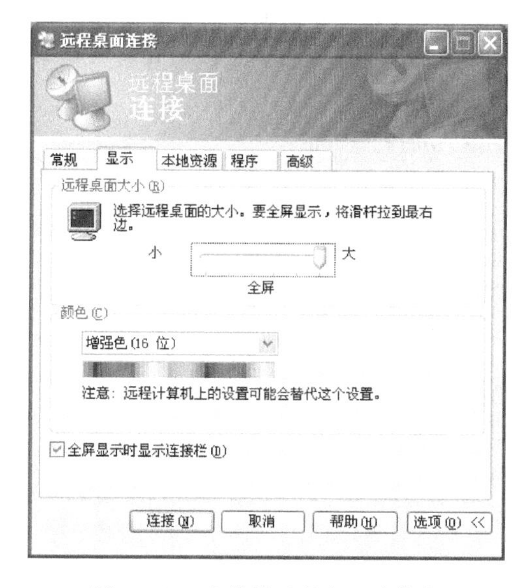

图 15.13　主控端远程桌面连接的“显示”选项卡设置

图 15.14　主控端远程桌面连接的“本地资源”选项卡设置

(4) 远程连接的建立。

单击“连接”按钮，如果网络正常，则连接到了被控端主机的桌面，如图 15.15 所示。

图 15.15　成功连接被控端主机的界面

这样通过远程桌面,主控端主机就可以控制被控端主机了。

15.4.2 远程控制的操作

1. 文件传输

主控端到被控端主机的文件传输方法如下。

假如主控端主机内有一文档 a,现要将其传送到被控端主机,步骤如下:

① 在主控端主机内选中该文档,从弹出的快捷菜单中选择“复制”命令,如图 15.16 所示。

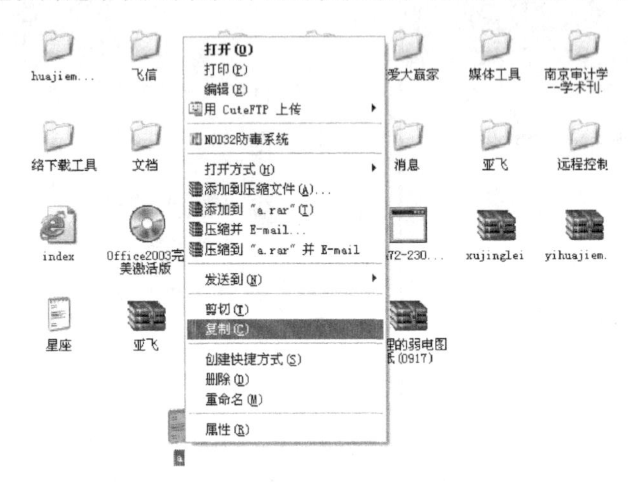

图 15.16 主控端主机内文档的复制

② 右击被控端主机桌面的“粘贴”选项,其复制过程如图 15.17 所示。

图 15.17 传送文件至被控端主机的过程

被控端到主控端主机的文件传输方法与此相似，在此不再赘述。

2. 文件打印与编辑

(1) 远程控制被控端文件的打印。

如果被控端主机连接打印机或者被控端主机与网络中的某共享打印机连接，则用户可以通过远程控制的方法实现在被控端主机上打印文档。

仍以上例中的文档 a 为例，通过远程控制实现被控端主机上打印文档的过程，如图 15.18 所示。

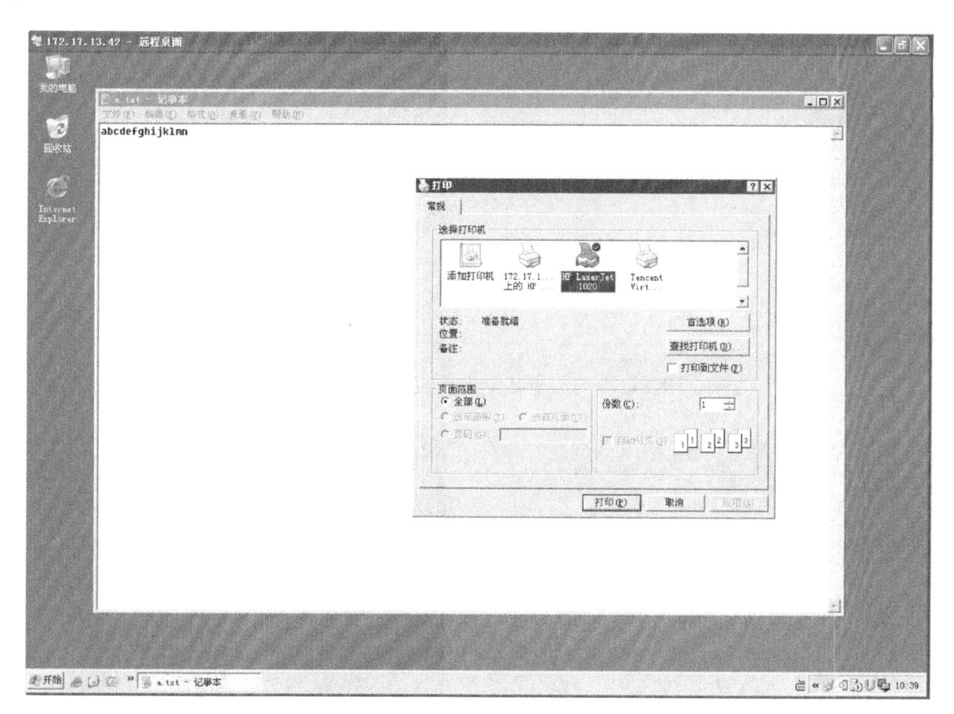

图 15.18　远程控制被控端主机打印文档 a

(2) 文件的编辑。

通过远程控制可在被控端主机实现对文档的编辑，编辑的方法与本地操作一样。如图 15.19 所示。

3. 文件的远程安装

远程安装文件的操作步骤如下：

(1) 通过远程控制方式实现与被控端主机的连接。

(2) 在被控端主机选中某个需要安装的文件，如图 15.20 所示。本例中选择的是被控端主机桌面上的 wgsetup(1).exe 文件。

(3) 像在本地计算机上操作一样进行文件的安装。

(4) 有时文件安装成功后会出现重新启动的提示，如图 15.21 所示。此时，根据需要单击“立即重新启动”或“稍后重新启动”按钮。

(5) 如果安装文件是在主控端主机上，则需要先将此文件按照文件传输的方法传输到被控端主机上，然后再执行安装即可。

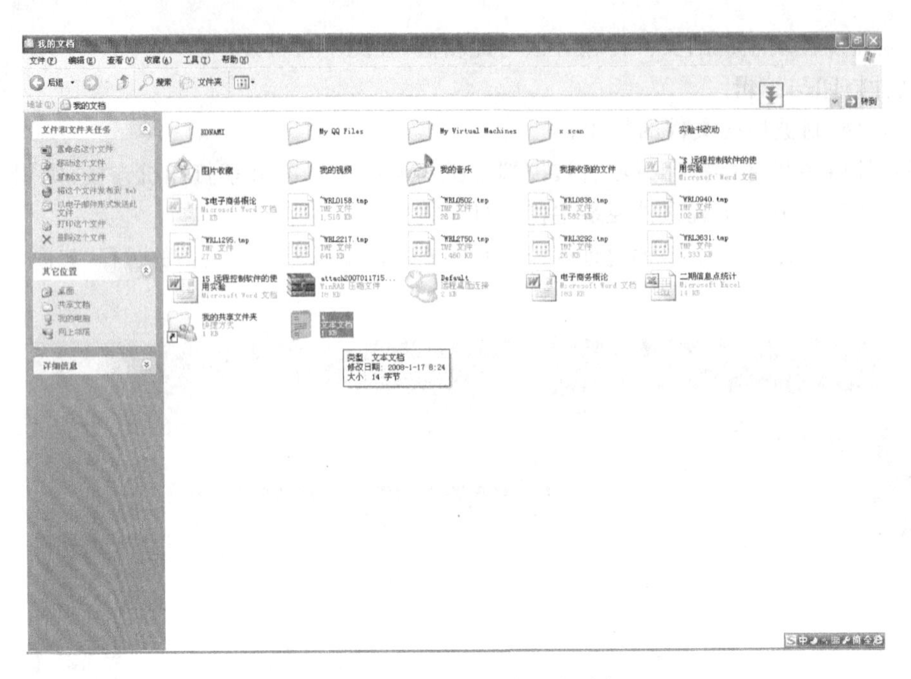

图 15.19　选中某个文件进行编辑

图 15.20　选中某个需要安装的文件进行安装

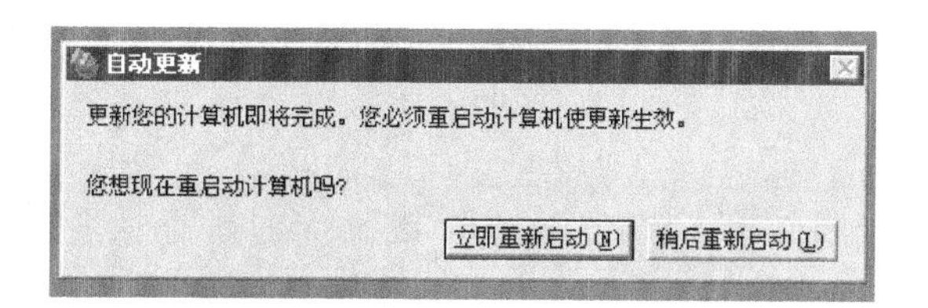

图 15.21　被控端主机文件安装成功后的画面提示

4. 远程关机、重新启动主机等操作

由于许多软件在安装后需要重新启动才能生效，因此通过远程连接实现对被控端主机的关机、重新启动等操作相当有用。

由于 Windows Server 2003 与 Windows XP 系统在具体实现远程关机、重新启动等操作时有点差异，下面分别进行说明。

(1) Windows Server 2003 系统被控端主机的重新启动、关机。

① 通过远程控制方式实现与被控端主机的连接。

② 选择“开始”→“关机”命令，弹出图 15.22 所示界面。

图 15.22　进入关机操作界面

③ 在图 15.22 所示“关闭 Windows”对话框中的“希望计算机做什么?”下拉列表中选择“重新启动”选项，并在“注释”文本框中写明重新启动的原因，然后单击“确定”按钮，弹出如图 15.23 所示的对话框。此时表示被控端主机已经重启，与被控端主机之间的连接会中断。

④ 如果在“关闭 Windows”对话框中选择“关机”选项，单击“确定”按钮，则远程关闭了被控端主机系统。

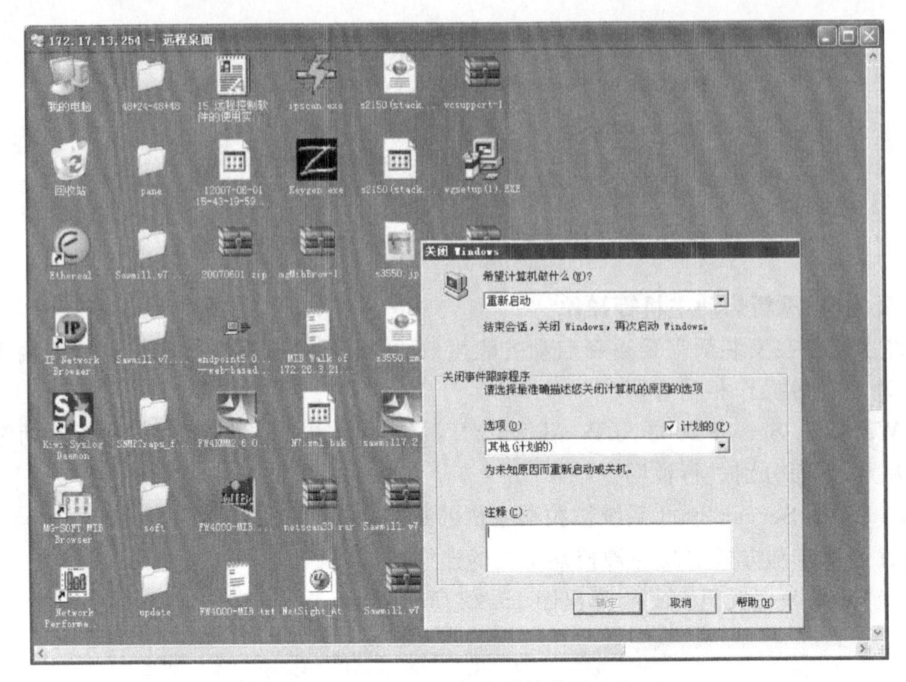

图 15.23　远程重新启动被控端主机

(2) Windows XP 系统被控端主机的重新启动。

① 通过远程控制方式实现与被控端主机的连接。

② 右击被控端主机任务栏，从弹出的快捷菜单中选择“任务管理器”命令，如图 15.24 所示。

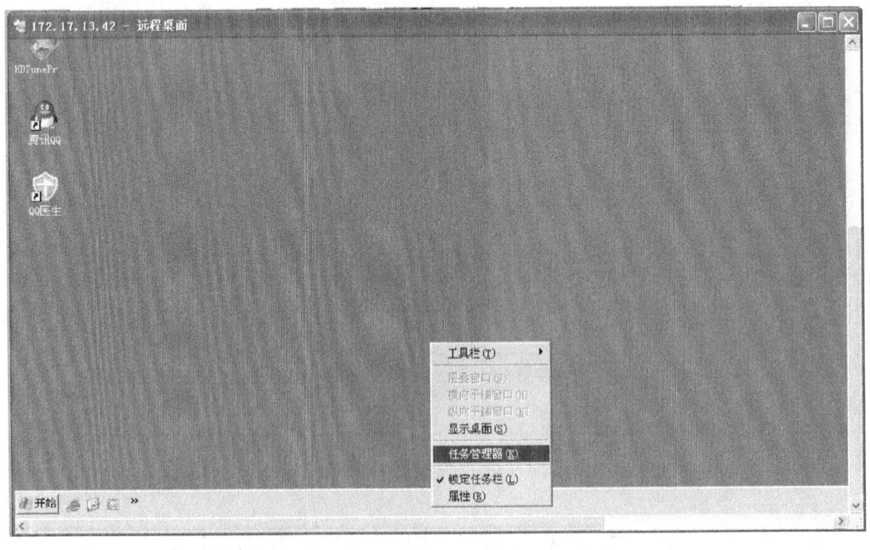

图 15.24　启动被控端主机的任务管理器

③ 弹出“Windows 任务管理器”窗口后，选择菜单栏中的“关机”→“重新启动”命令，如图 15.25 所示，则远程重启了被控端主机。

④ 如果选择“关机”→“关机”命令，则远程关闭了被控端主机系统。

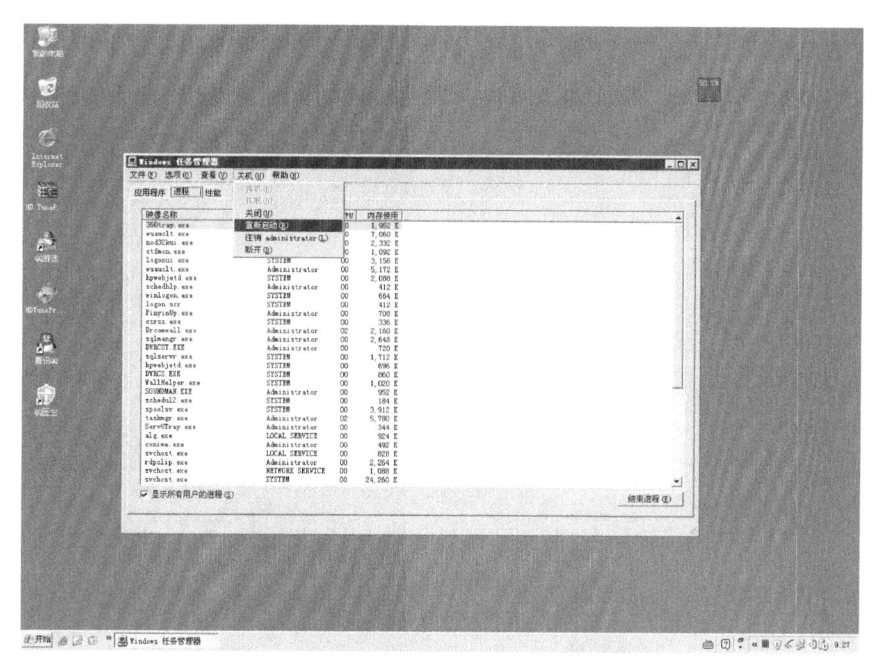

图 15.25　远程重新启动被控端主机

5. 执行上网等操作

(1) 通过远程控制方式实现与被控端主机的连接。

(2) 在被控端主机上打开 IE 浏览器,在 IE 浏览器地址栏输入 www.microsoft.com,按 Enter 键后,出现图 15.26 所示界面。

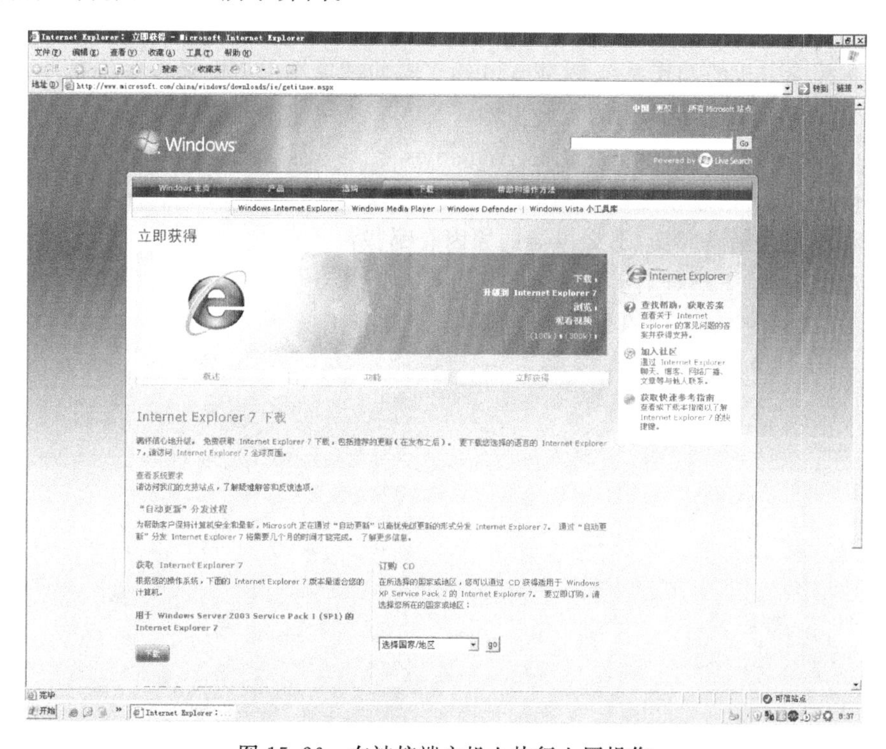

图 15.26　在被控端主机上执行上网操作

(3) 在被控端主机上也能进行电子邮件的收发,如图 15.27 所示。

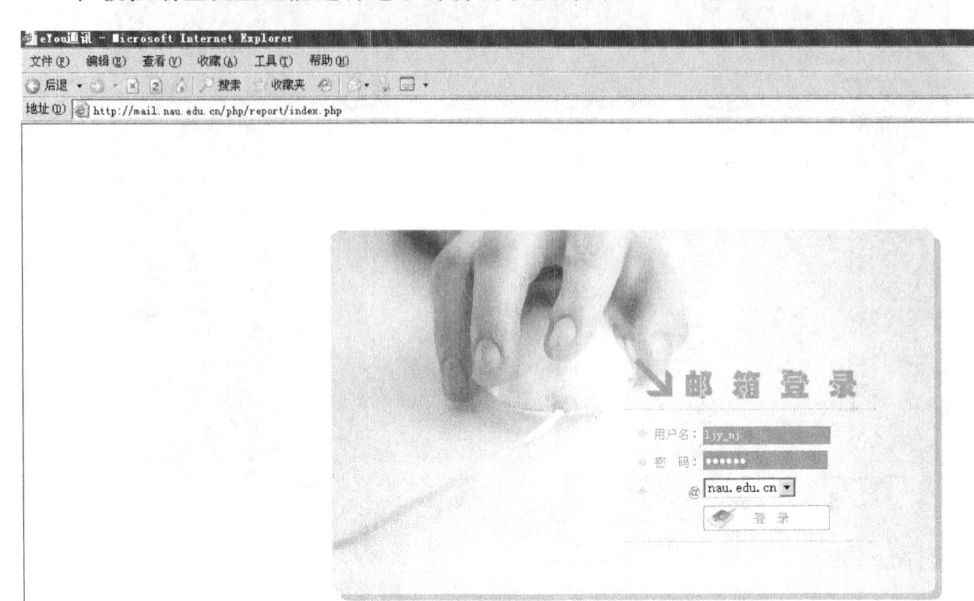

图 15.27 在被控端主机上执行邮件的收发操作

15.5 思 考 题

1. 简述远程控制的工作原理。

2. 如果主控端主机的操作系统是 Windows XP,而被控端主机的操作系统是 Windows Server 2003,请总结远程控制应用的主要步骤。

3. 如果主控端主机的操作系统是 Windows 2000,而被控端主机的操作系统是 Windows Server 2003,请总结远程控制应用的主要步骤。

4. 若远程控制连接不成功,那么可能的原因有哪些?

5. 查找有关资料,了解点对多点远程控制软件(如 pcAnywhere 等)的用法。

6. 写出关于远程控制应用的心得体会。

第 16 章　安全扫描工具应用

16.1　应 用 目 的

(1) 了解安全扫描的作用与意义。

(2) 掌握一款安全扫描工具软件的使用方法。

(3) 结合安全扫描报告学会对主机系统的安全漏洞进行分析。

16.2　要求与环境

1. 应用要求

(1) 安全扫描工具软件 X-Scan 的安装。

(2) 将某主机的登录密码长度设置为 2 位字符，然后设置共享文件夹，并开放远程控制的端口。

(3) 对主机进行扫描，查看主机存在哪些漏洞，并按照扫描报告提供的解决方案采取安全措施，如增加密码的长度，关闭共享文件夹，关闭远程控制端口等。

(4) 在内容(3)的基础上再次扫描主机，查看并研究当前扫描报告，并对比前次的扫描报告，发现其中的异同，了解哪些因素会给主机带来安全漏洞。

(5) 对指定的服务器进行扫描，查看并研究扫描报告，了解该服务器提供了哪些服务，开放了哪些端口，可能存在哪些漏洞。

(6) 暂停服务器的某些服务，并关闭某些端口后，重新对该服务器进行扫描，查看并研究扫描报告，观察有什么变化。

(7) 在"全局设置"里对"扫描模块"部分选择扫描选项和全选所有的扫描选项，然后对局域网络中某主机执行扫描，对比两次扫描报告，查看有什么变化。

2. 环境要求

计算机若干台，交换机(集线器)若干，网线若干，并构成简单的局域网，且该局域网能连通因特网。

16.3　安全扫描技术简介

16.3.1　漏洞的概念及常见的黑客攻击手段

1. 漏洞

所谓漏洞是计算机网络系统在硬件、软件、协议等的具体实现或系统安全策略上存在的缺陷,从而使攻击者能够在未授权的情况下访问或破坏系统。

网络系统的漏洞会影响到整个网络的软硬件设备,包括操作系统本身及支撑软件、路由器、防火墙等。在不同的软、硬件设备中,不同系统或同种系统在不同的设置条件下,都可能会存在各自不同的安全漏洞问题。

漏洞是长期存在的,并具有动态性和持久性的特点。一个系统从发布的那一天起,随着用户的使用,系统中存在的漏洞会被不断暴露,同时也会不断被相应补丁软件修补或在随后发布的新版系统中加以纠正。而当系统中旧的漏洞被纠正的同时,也会引入一些新的漏洞或错误。因此,对漏洞问题的研究必须跟踪当前最新的计算机系统,关注计算机网络安全问题的最新发展动态。

2. 常见的黑客攻击手段

(1) 电子欺骗攻击。

电子欺骗是指利用网络协议中的缺陷,通过伪造数据包等手段来欺骗某一系统,从而造成错误认证的攻击技术。如许多用户都会通过修改自己的IP地址以骗过基于IP地址进行访问控制的过滤型防火墙和网络计费系统,这种简单的行为实际上就是一种电子欺骗攻击方式。电子欺骗攻击是利用了目前系统认证方式上的问题,或是在某些网络协议设计时存在的安全缺陷来实现的。

(2) 拒绝服务攻击。

拒绝服务攻击的目的非常简单和直接,即使受害系统失去一部分或全部的服务功能,包括暂时失去响应网络服务请求的能力,甚至于彻底破坏整个系统。比如著名的LAND攻击,它通过发送一些将元地址和目的地址相同的请求包,可以使包括Windows NT和UNIX在内的多种不同操作系统的网络失效。不同的拒绝服务攻击利用了不同的系统安全漏洞。比如,对邮件系统的攻击往往是利用了当前邮件系统缺少必要的安全机制,容易被滥用的特点。

(3) 缓冲区溢出攻击。

内存缓冲区溢出指的是通过向程序的缓冲区中写入超过其正常长度的内容,造成缓冲区的溢出,破坏程序正常的堆栈,使程序转而执行其他命令,以达到对系统进行攻击的目的。造成缓冲区溢出的原因一般是程序员在编程时没有仔细考虑用户输入参数时可能出现的非正常情况。

一般情况下,随便向缓冲区中填入数据使之溢出只会使程序出现segmentation fault错误,不能达到攻击的目的。最常见的手段是通过向溢出的缓冲区中写入想要执行的程序的十六进制机器码,并使用溢出手段覆盖掉程序正常的返回地址内容,迫使程序的返回地址指向溢出的缓冲区,这样就可以达到执行其他命令的目的了。

16.3.2 安全扫描技术原理

安全扫描技术是一类重要的网络安全技术,它与防火墙、入侵检测系统互相配合,能够有效地提高计算机网络的安全性。通过对计算机网络的扫描,网络管理员可以了解网络的安全配置和运行的应用服务,及时发现安全漏洞,客观评估网络风险等级。此外,网络管理员还可以根据扫描的结果更正网络的安全漏洞以及系统中的错误配置,在黑客攻击前进行防范。

安全扫描技术主要分为两类：主机安全扫描技术和网络安全扫描技术。网络安全扫描技术主要针对系统中不合适的脆弱口令设置，以及针对其他同安全规则抵触的对象进行有效检查等。而主机安全扫描技术则是通过执行一些脚本文件模拟对系统进行攻击的行为并记录系统的反应，从而发现其中的漏洞。

网络安全扫描技术是一种基于 Internet 远程检测目标网络或本地主机安全性脆弱点的技术。通过网络安全扫描，系统管理员能够发现所维护的 Web 服务器的各种 TCP/IP 端口的分配、开放的服务、Web 服务软件版本和这些服务及软件呈现在 Internet 上的安全漏洞。网络安全扫描技术也是采用积极的、非破坏性的办法来检验系统是否有可能被攻击崩溃。它利用了一系列的脚本模拟对系统进行攻击的行为，并对结果进行分析。这种技术通常被用来进行模拟攻击实验和安全审计。网络安全扫描技术与防火墙、安全监控系统互相配合就能够为网络提供很高的安全性。

16.3.3 安全扫描的实现步骤

一次完整的网络安全扫描可分为三个阶段：

第 1 阶段：发现目标主机或网络。

第 2 阶段：发现目标后进一步搜集目标信息，包括操作系统类型、运行的服务以及服务软件的版本等。如果目标是一个网络，还可以进一步发现该网络的拓扑结构、路由设备以及各主机的信息。

第 3 阶段：根据搜集到的信息判断或者进一步测试系统是否存在安全漏洞。

网络安全扫描常用的技术包括 Ping 扫射(Ping Sweep)、操作系统探测(Operating System Identification)、探测访问控制规则(Firewalking)、端口扫描(Port Scan)以及漏洞扫描(Vulnerability Scan)等。这些技术贯穿在网络安全扫描技术应用的三个阶段。

端口扫描技术和漏洞扫描技术是网络安全扫描技术中的两种核心技术，并且广泛运用于当前较成熟的网络扫描器中。鉴于这两种技术在网络安全扫描技术中起着举足轻重的作用，下面将对这两种技术及相关内容做详细的阐述。

16.3.4 端口扫描技术与漏洞扫描技术

1. 端口扫描技术

端口是主机与外界通信交流的数据出入口。端口分为硬件端口和软件端口。所谓硬件端口又称为接口、包括端口、串行端口和并行端口等。软件端口一般指网络中面向连接服务和无连接服务的通信协议的端口。

一个端口就是一个潜在的通信通道，也可能是一个被入侵的通道。对目标计算机进行端口扫描，能得到许多有用的信息，从而发现系统的安全漏洞。它使系统用户了解系统目前向外界提供了哪些服务，从而为系统用户管理网络提供了一种手段。

1）端口扫描技术的原理

端口扫描向目标主机的 TCP/IP 服务端口发送探测数据包，并记录目标主机的响应。通过分析响应来判断服务端口是打开还是关闭，就可以得知端口提供的服务或信息。端口扫描也可以通过捕获本地主机或服务器的流入流出 IP 数据包来监视本地主机的运行情况，它仅能对接收到的数据进行分析,帮助管理员发现目标主机的某些内在弱点,而不提供进入一个系统的详细步骤。

2) 各类端口扫描技术

端口扫描主要有经典的扫描器(全连接)以及所谓的SYN(半连接)扫描器。此外,还有间接扫描和秘密扫描等。

(1) 全连接扫描。

全连接扫描是TCP端口扫描的基础,现有的全连接扫描有TCP connect扫描和TCP反向ident扫描等。其中,TCP connect扫描的实现原理如下:

扫描主机通过TCP/IP协议的三次握手与目标主机的指定端口建立一次完整的连接。连接由系统调用connect开始。如果端口开放,则连接将建立成功;否则,若返回−1则表示端口关闭。建立连接成功:响应扫描主机的SYN/ACK连接请求,这一响应表明目标端口处于监听(打开)的状态。如果目标端口处于关闭状态,则目标主机向扫描主机发送RST的响应。

(2) 半连接(SYN)扫描。

若端口扫描没有完成一个完整的TCP连接,在扫描主机和目标主机的指定端口建立连接时只完成了前两次握手,在第三步时,扫描主机中断了本次连接,使连接没有完全建立起来,这样的端口扫描称为半连接扫描,也称为间接扫描。现有的半连接扫描有TCPSYN扫描和IP ID头dumb扫描等。

SYN扫描的优点在于即使日志中对扫描有所记录,但是尝试进行连接的记录也要比全扫描少得多。缺点是在大部分操作系统下,发送主机需要构造适用于这种扫描的IP包,通常情况下,构造SYN数据包需要超级用户或者授权用户访问专门的系统调用。

2. 漏洞扫描技术

1) 漏洞扫描技术的原理

漏洞扫描主要通过以下两种方法来检查目标主机是否存在漏洞:在端口扫描后得知目标主机开启的端口以及端口上的网络服务,将这些相关信息与网络漏洞扫描系统提供的漏洞库进行匹配,查看是否有满足匹配条件的漏洞存在;通过模拟黑客的攻击手法,对目标主机系统进行攻击性的安全漏洞扫描,如测试弱口令等。若模拟攻击成功,则表明目标主机系统存在安全漏洞。

2) 漏洞扫描技术的分类和实现方法

基于网络系统漏洞库,漏洞扫描大体包括CGI漏洞扫描、POP3漏洞扫描、FTP漏洞扫描、SSH漏洞扫描和HTTP漏洞扫描等。这些漏洞扫描是基于漏洞库,将扫描结果与漏洞库相关数据匹配比较得到漏洞信息。漏洞扫描还包括没有相应漏洞库的各种扫描,比如Unicode遍历目录漏洞探测、FTP弱密码探测、OPENRelay邮件转发漏洞探测等,这些扫描通过使用插件(功能模块技术)进行模拟攻击,测试出目标主机的漏洞信息。

16.3.5 X-Scan安全扫描工具软件简介

X-Scan是由安全焦点开发的一个功能强大的安全扫描工具软件。该软件采用多线程方式对指定 IP 地址段(或单机)进行安全漏洞检测,并支持插件功能,提供了图形界面和命令行两种操作方式,扫描内容包括远程操作系统类型及版本,标准端口状态及端口 BANNER 信息,CGI 漏洞,IIS 漏洞,RPC 漏洞,Sql-Server、FTP-Server、SMTP-Server、POP3-Server、NT-Server 弱口令,NT 服务器 NETBIOS 信息等二十几个大类。扫描的结果以 index_ * . htm 为索引文件,很方便进行查看和浏览。

X-Scan 软件是免费的绿色软件,可以在网上下载。

16.4 X-Scan 扫描软件的使用

X-Scan 软件的安装如下:

(1) 从相关网站下载 X-Scan v3.3 版软件。

(2) 运行主程序 xscan_gui. exe,安装成功后出现图 16.1 所示界面。

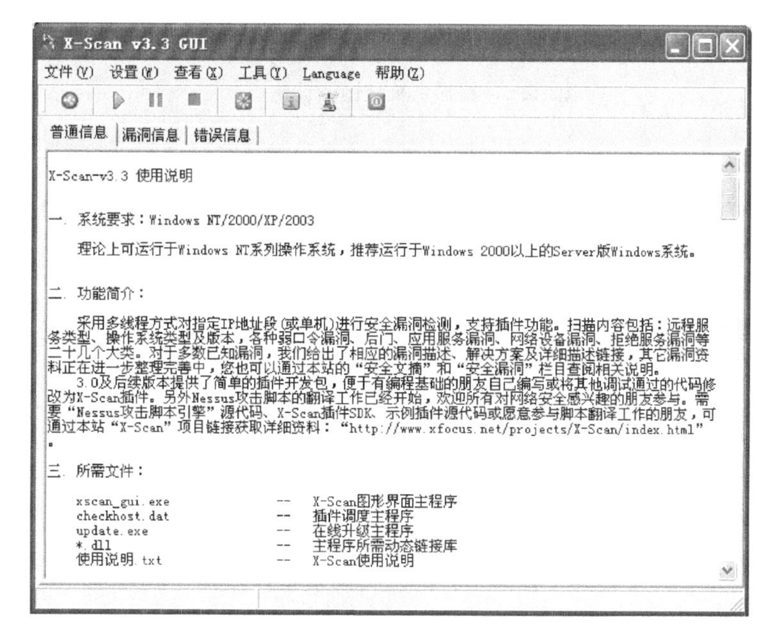

图 16.1 X-Scan 软件安装成功后的界面

图 16.1 中,在运行的主程序上方从左向右依次有 8 个功能按钮图标,分别为"扫描参数"、"开始扫描"、"暂停扫描"、"终止扫描"、"检测报告"、"使用说明"、"在线升级"、"退出"。

1. 对局域网中 PC 进行扫描和漏洞检测

(1) 扫描参数的设置。

① 单击图 16.1 中的"设置"→"扫描参数"命令,弹出"扫描参数"窗口,单击"检测范围"选项,在"指定 IP 范围"文本框中输入要检测的目标主机的域名或 IP,也可以对多个 IP 进行检测。如输入 172.17.13.30-172.17.13.45,这样可对整个网段的主机进行扫描检测,如图 16.2 所示。

② 单击"全局设置"节点下的"扫描模块",可检测对方主机的一些服务和端口等情况,

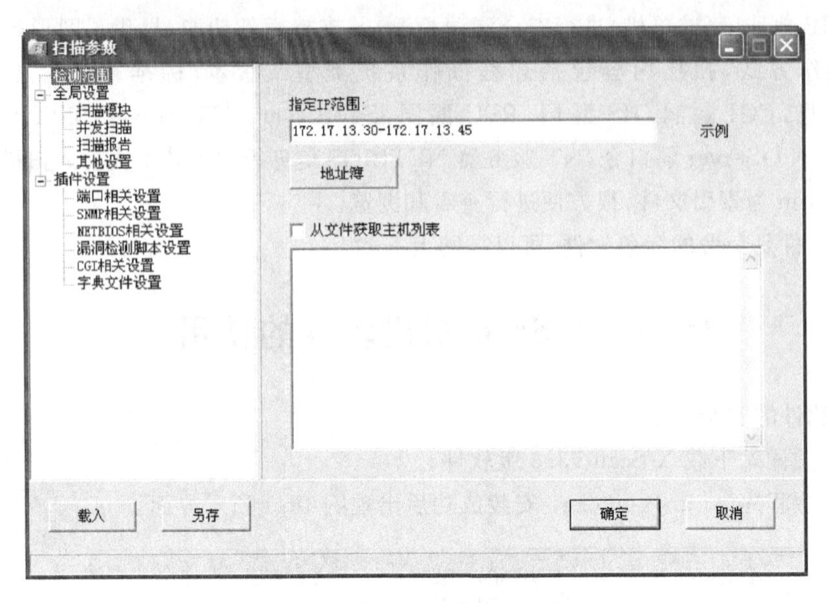

图 16.2　扫描主机范围的设定

如图 16.3 所示。此处可根据需要全部选择或只检测部分服务。

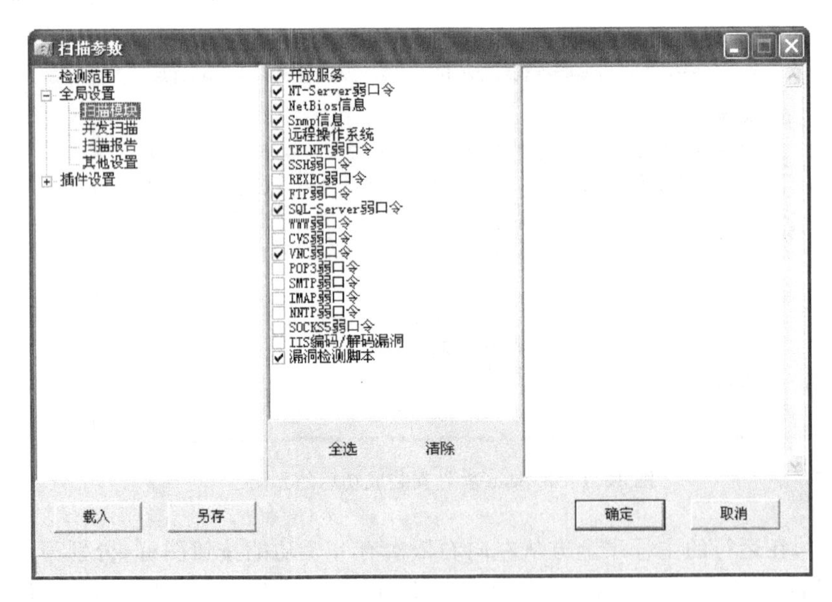

图 16.3　扫描模块的设置

③ 单击“插件设置”节点下的“端口相关设置”,在“待检测端口”文本框中用户可以自定义一些需要检测的端口。在“检测方式”下拉列表中可选择 TCP(全连接扫描)和 SYN(半连接扫描)两种,如图 16.4 所示。

④ 设置完成后,单击“确定”按钮回到主界面。

(2) 扫描操作。

① 在 X-Scan 运行主界面下单击“开始扫描”按钮,则进行扫描,如图 16.5 所示。

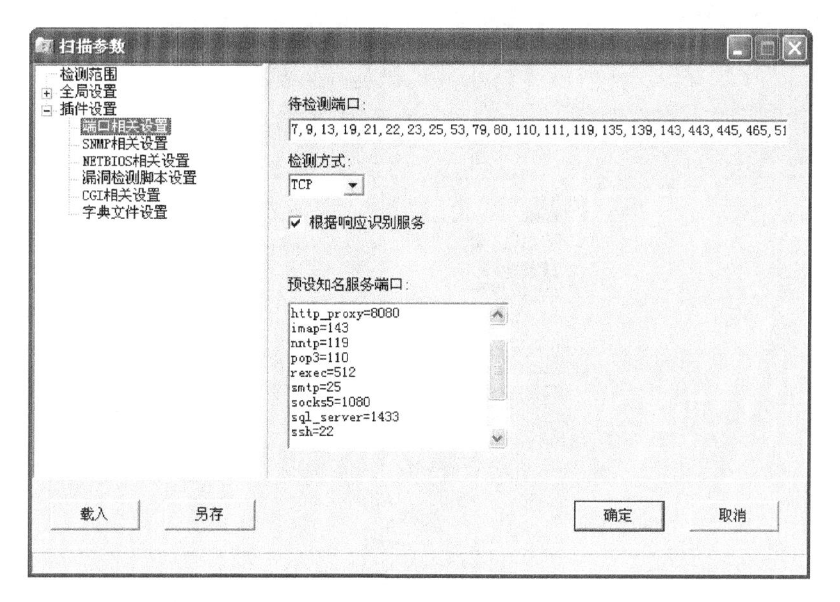

图 16.4　扫描端口的设置

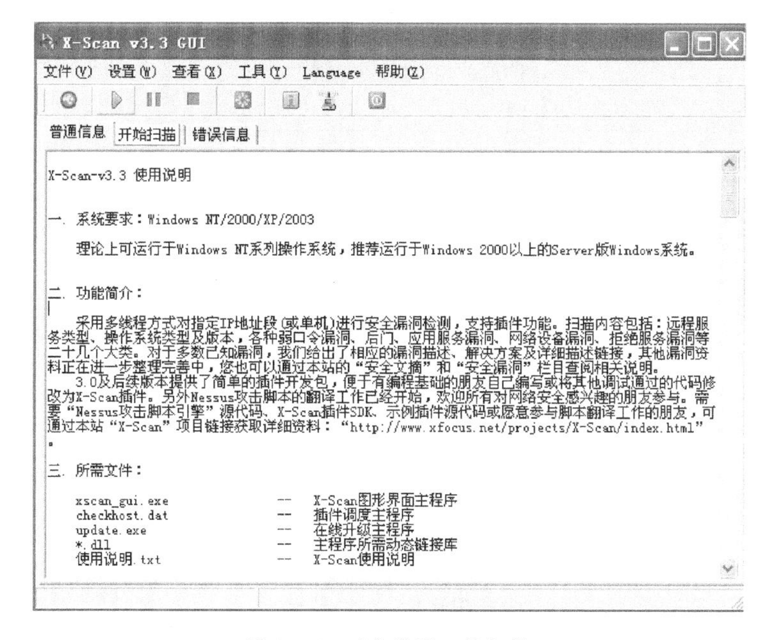

图 16.5　对主机端口的扫描

② 扫描后得到图 16.6 所示的报表。

(3) 对扫描结果的分析。

扫描完毕后，X-Scan 会自动生成针对扫描结果报表的报告，如图 16.7 所示。

检测报告中包括"扫描时间"、"检测结果"、"主机列表"、"主机分析"和"安全漏洞及解决方案"的信息，便于用户了解目标主机的安全漏洞情况，并采取措施进行补救。

图 16.7 的报告中，主机 172.17.13.42 由于开了共享打印机的端口，因此服务漏洞中显示 microsoft-ds (445/tcp)服务发现了安全漏洞，这样，用户可以关闭该端口，以便修复此漏洞。

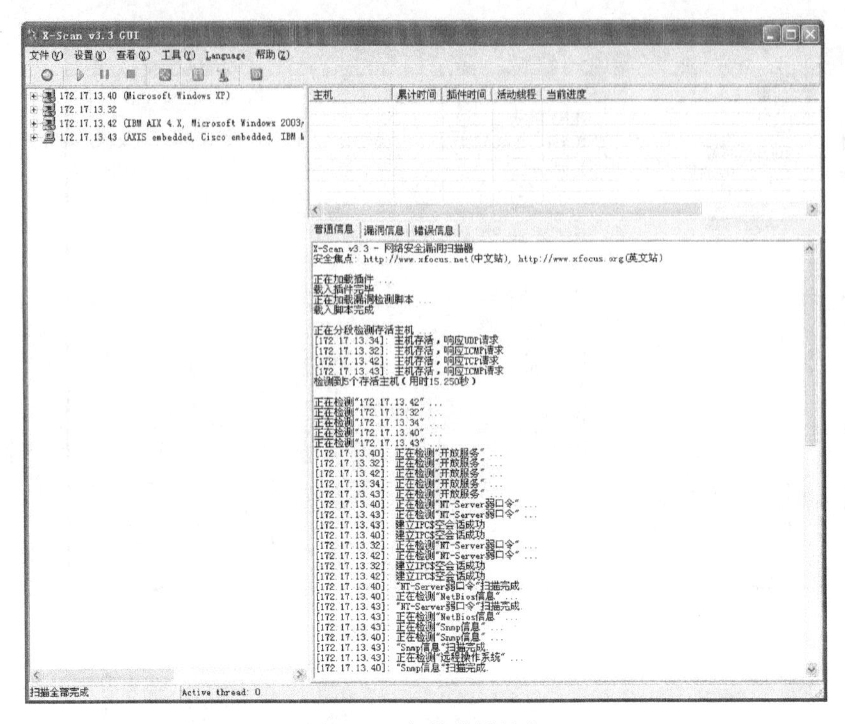

图 16.6　扫描结果报表

X-Scan 检测报告

本报表列出了被检测主机的详细漏洞信息，请根据提示信息或链接内容进行相应修补. 欢迎参加X-Scan脚本翻译项目

扫描时间
2007-12-28 14:45:47 - 2007-12-28 14:53:16

检测结果	
存活主机	5
漏洞数量	2
警告数量	5
提示数量	80

主机列表	
主机	检测结果
172.17.13.42	发现安全漏洞
172.17.13.40	发现安全漏洞
172.17.13.43	发现安全提示
主机摘要 - OS: AXIS embedded, Cisco embedded, IBM MVS, Microsoft Windows 2003/.NET|NT/2K/XP|95/98/ME; PORT/TCP: 21, 135, 139, 445	
172.17.13.32	发现安全提示
172.17.13.34	发现安全提示

[返回顶部]

主机分析: 172.17.13.42		
主机地址	端口/服务	服务漏洞
172.17.13.42	netbios-ssn (139/tcp)	发现安全提示
172.17.13.42	microsoft-ds (445/tcp)	发现安全漏洞
172.17.13.42	http (80/tcp)	发现安全提示
172.17.13.42	Windows Terminal Services (3389/tcp)	发现安全提示
172.17.13.42	ftp (21/tcp)	发现安全提示
172.17.13.42	unknown (8000/tcp)	发现安全提示
172.17.13.42	netbios-ns (137/udp)	发现安全提示
172.17.13.42	msrdp (3389/tcp)	发现安全警告
172.17.13.42	tcp	发现安全提示

安全漏洞及解决方案: 172.17.13.42		
类型	端口/服务	安全漏洞及解决方案
提示	netbios-ssn (139/tcp)	**开放服务**

我的电脑

图 16.7　扫描分析报告

2. 对服务器的扫描和漏洞检测

对于局域网中的服务器，利用 X-Scan 同样可以对其进行安全扫描和漏洞检测。

(1) 设置扫描参数。

在 X-Scan 运行主界面下选择“设置”→“扫描参数”命令，在打开的“扫描参数”对话框中选择“检测范围”选项，在“指定 IP 范围”文本框中输入局域网中服务器的 IP 地址。本例中局域网中服务器的 IP 地址为 172.17.13.254，如图 16.8 所示。

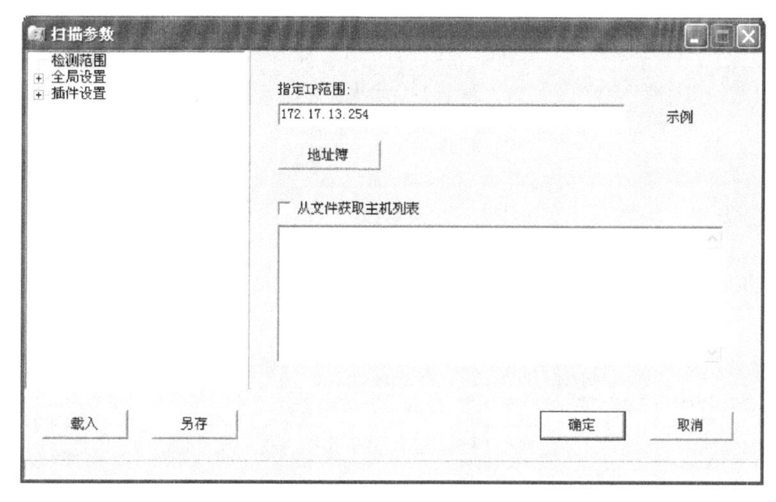

图 16.8　设置扫描参数

(2) 执行扫描。

① 在 X-Scan 运行主界面下单击“开始扫描”按钮，则进行扫描。

② 扫描结果如图 16.9 所示。从图中可以了解到 IP 地址为 172.17.13.254 的服务器所开放的服务种类、端口类型以及可能存在的漏洞等信息。

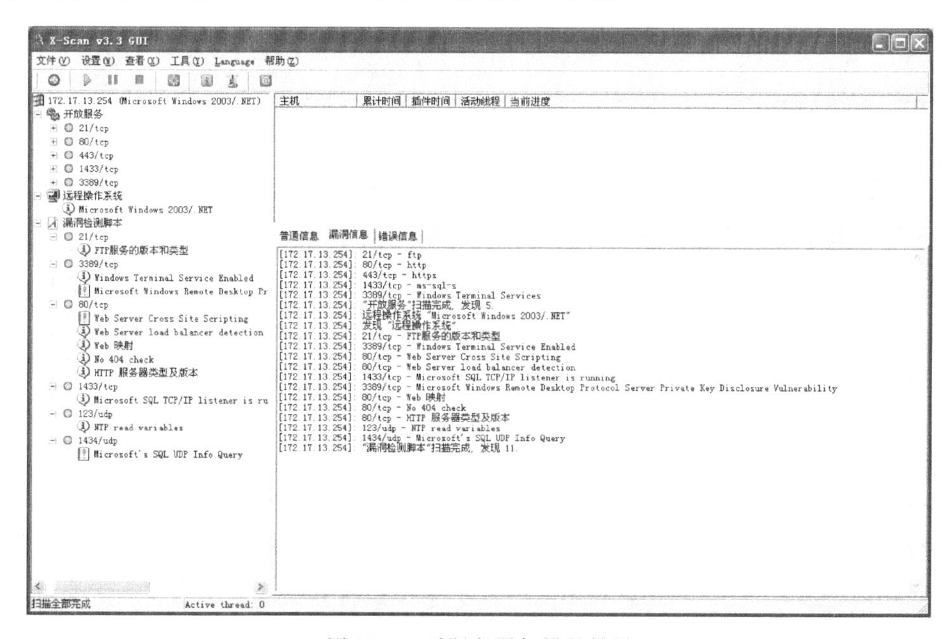

图 16.9　对服务器扫描的结果

(3) 对扫描报告的分析。

扫描完毕后,该软件会自动生成检测报告,如图16.10所示。报告列举了该服务器的系统信息,端口服务信息,分析了服务器的安全漏洞并给出了相应的安全方案。

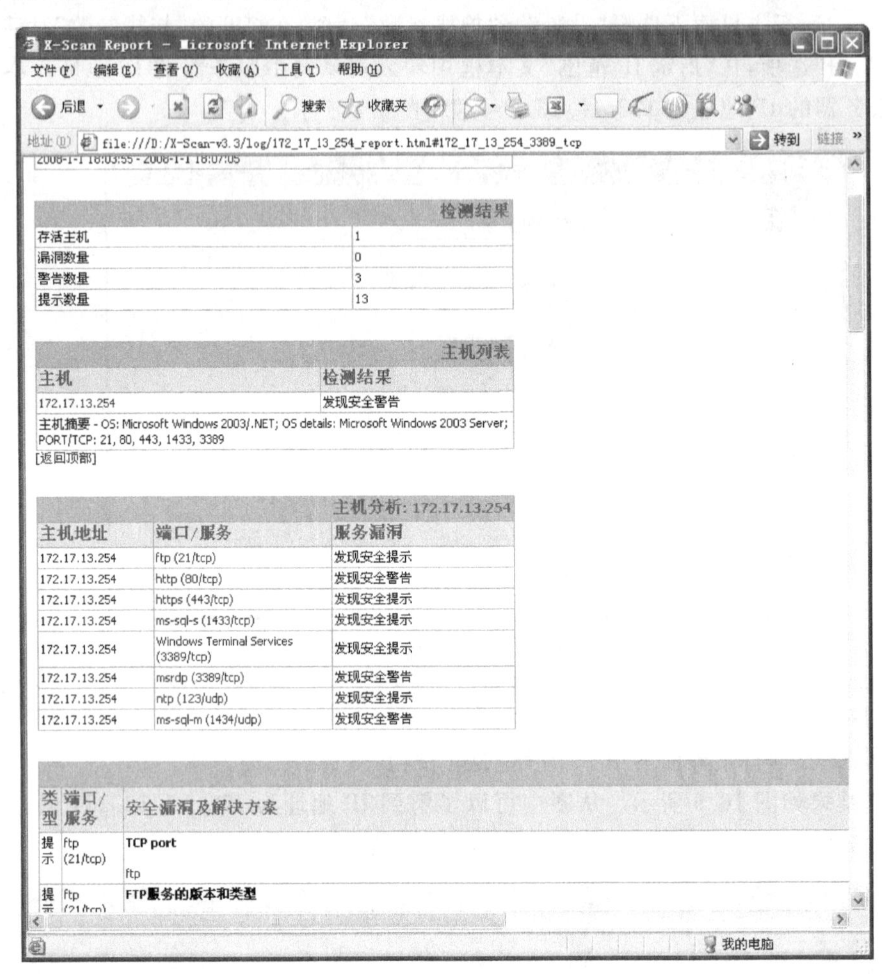

图16.10 服务器漏洞分析报告

3. 弱口令检测

所谓弱口令是指很容易被猜测和破解的用户口令。如使用5位或5位以下字符,或使用具有特殊意义的数字作为口令等。

口令认证是目前防止非法者进入和使用计算机网络系统最有效也是最常用的做法之一,而通过技术手段获取合法用户的口令已经成为黑客攻击计算机网络系统的重要手段之一。

黑客对合法用户口令的破解常利用"穷举法"和"字典法"。"穷举法"对用户设置的纯数字口令有很好的破解效果,它的原理是逐一尝试数字的所有排列组合直到破解出密码或尝试完所有组合为止。而"字典法"则是由于某些用户喜欢使用英文单词姓名拼音生日,数字或这些字符的简单组合作为密码,黑客就可以先建立包含大量此类单词的密码字典,然后使用程序逐一尝试字典中的每个单词直到破解出密码或字典被遍历为止。

弱口令给黑客对口令的破解提供了便利。使用弱口令的主机一旦接入网络将存在严重的安全风险。黑客利用扫描器可以探测到入网主机所开放的端口,并尝试对弱口令进行破解,一旦破解成功,黑客可以远程控制主机相应的服务,或将木马种植到主机上,严重的将导致网络系统的瘫痪。因此,对主机系统的弱口令检测相当重要。

Xscan 的弱口令检测原理是通过 139 端口对局域网中 PC 或服务器的弱口令进行检测。Xscan 软件在扫描时会用随机产生的一组口令去检测该主机,如果被扫描的主机口令刚好属于该组弱口令时,Xscan 生成的检测报告就会显示该主机存在漏洞,并列举该弱口令。若 Xscan 软件随机产生的弱口令经过多次扫描都检测不到 PC 或服务器弱口令的存在,则说明局域网中 PC 或服务器的口令设置是健壮的。

利用 Xscan 软件对弱口令的扫描操作如下。

(1) 设置主机扫描参数。

① 选择"设置"→"扫描参数"命令,打开"扫描参数"对话框。单击左边栏的"检测范围",在"指定 IP 范围"文本框中输入被扫描主机的 IP 地址或 IP 地址范围。本例扫描的主机 IP 地址为 172.17.13.42,如图 16.11 所示。

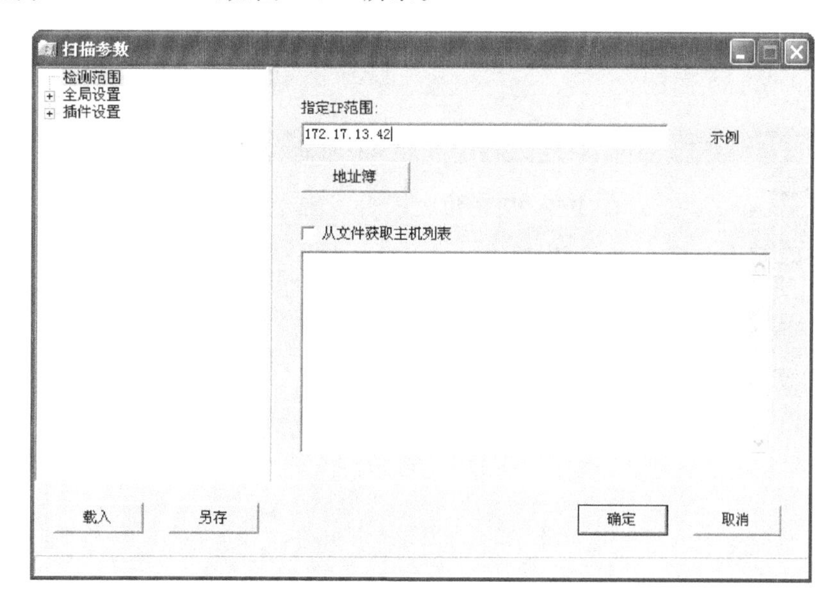

图 16.11　设置目标主机 IP 地址

② 单击"全局设置"节点下的"扫描模块",选中"NT-Server 弱口令"复选框,如图 16.12 所示。

③ 单击"插件设置"节点下的"NETBIOS 相关设置",如图 16.13 所示。

④ 单击"全选"按钮,设置完成后单击"确定"按钮。

(2) 扫描主机。

在 X-Scan 运行主界面下单击"开始扫描"按钮,则进行扫描。扫描结果如图 16.14 所示。

(3) 对扫描报告的分析。

扫描结束后,生成 Xscan 检测报告,如图 16.15 所示。

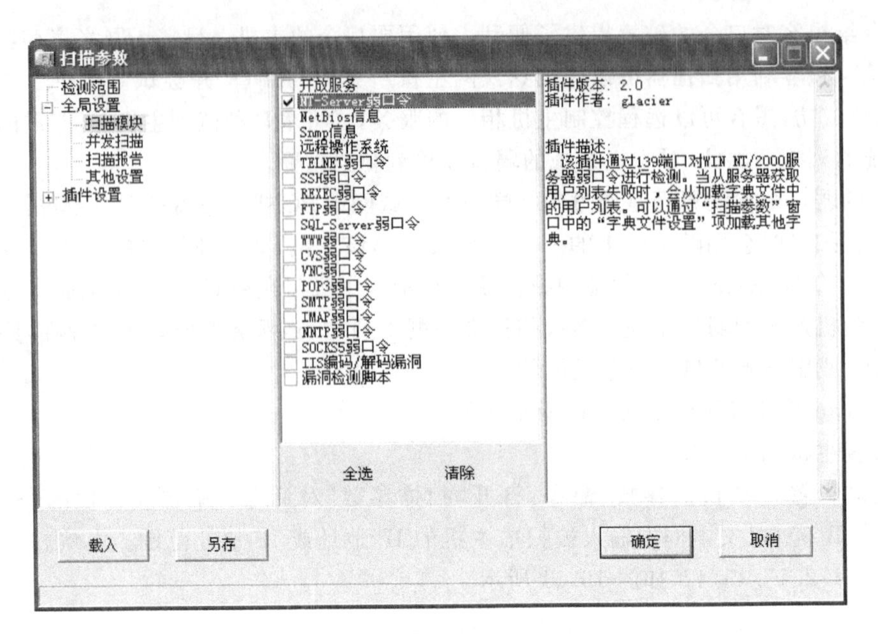

图 16.12　设置目标主机的弱口令检测选项

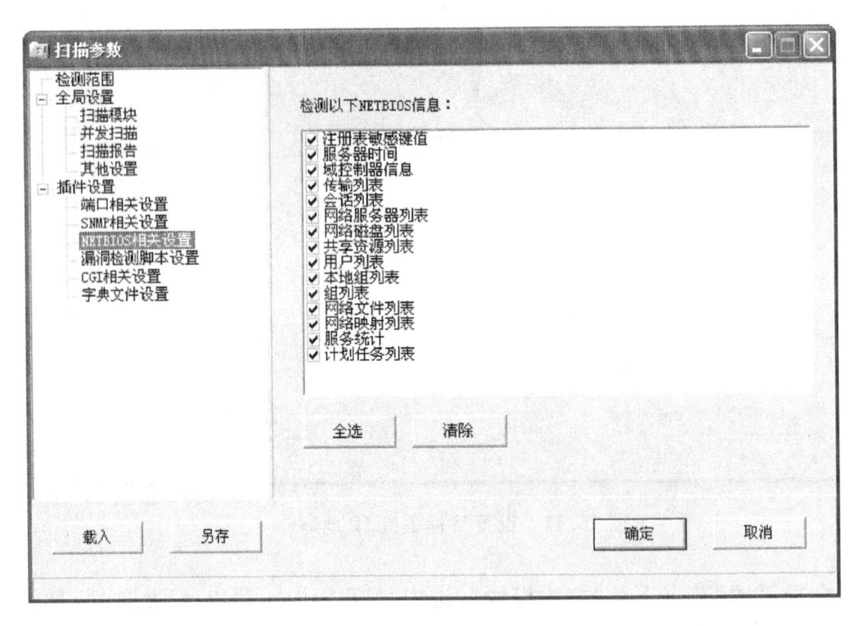

图 16.13　设置目标主机的“NETBIOS 相关设置”选项

从图 16.15 所示检测报告中的“主机列表”栏内可以发现该主机存在弱口令。图 16.15 中显示了弱口令是 administrator/111，表示该主机的用户名 administrator 的密码是 111。

图 16.14 中，在 Xscan 扫描过程中可以发现有一行“正在检测‘NT-Server 弱口令：administrator/111’”，表示 Xscan 扫描软件随机产生的弱口令中恰好包含了被检测主机的口令，所以检测报告中将显示弱口令漏洞的存在。

如果一次扫描无法扫出主机的漏洞，则需要多次扫描。

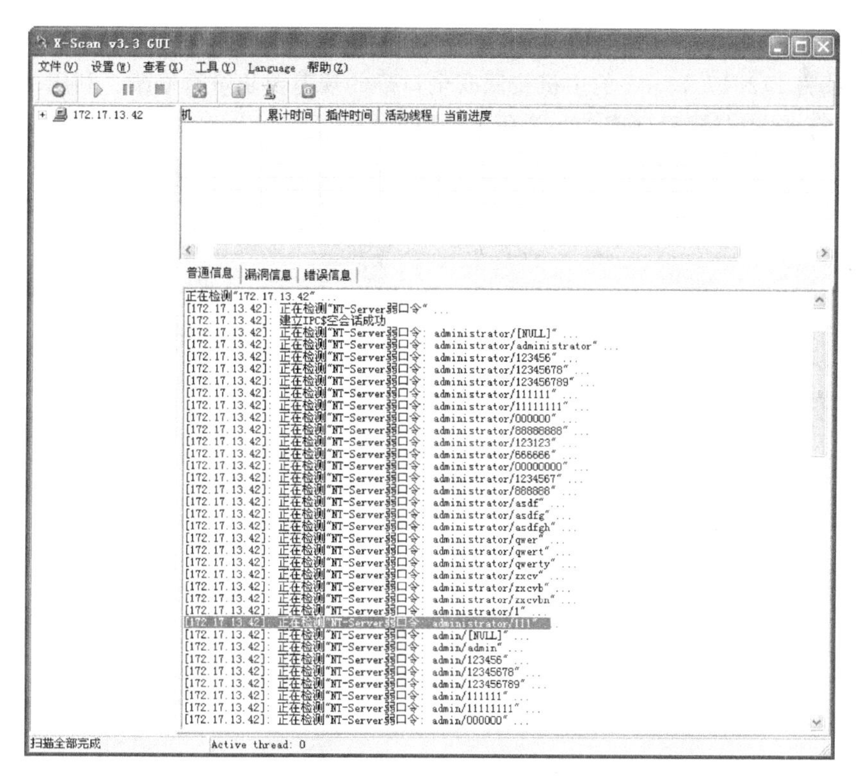

图 16.14 对弱口令的检测

X-Scan Report - Microsoft Internet Explorer

文件(F) 编辑(E) 查看(V) 收藏(A) 工具(T) 帮助(H)

地址(D) C:\Documents and Settings\guderian\桌面\X-Scan-v3.3-cn\X-Scan-v3.3\log\172_17_13_42_report.html 转到 链接

X-Scan 检测报告

本报表列出了被检测主机的详细漏洞信息，请根据提示信息或链接内容进行相应修补. 欢迎参加X-Scan脚本翻译项目

扫描时间

2008-2-28 8:56:04 - 2008-2-28 8:56:18

检测结果

检测结果	
存活主机	1
漏洞数量	1
警告数量	0
提示数量	0

主机列表

主机	检测结果
172.17.13.42	发现安全漏洞

主机摘要 - OS: Unknown OS; PORT/TCP:

[返回顶部]

主机分析: 172.17.13.42

主机地址	端口/服务	服务漏洞
172.17.13.42	netbios-ssn (139/tcp)	发现安全漏洞

安全漏洞及解决方案: 172.17.13.42

类型	端口/服务	安全漏洞及解决方案
漏洞	netbios-ssn (139/tcp)	**NT-Server弱口令** NT-Server弱口令: "administrator/111"

我的电脑

图 16.15 对主机弱口令检测的分析报告

(4) 修改主机的弱口令。

将IP地址为172.17.13.42的主机按照安全口令的规范要求进行修改。利用Xscan扫描软件对其进行多次扫描,得到图16.16所示的检测报告。

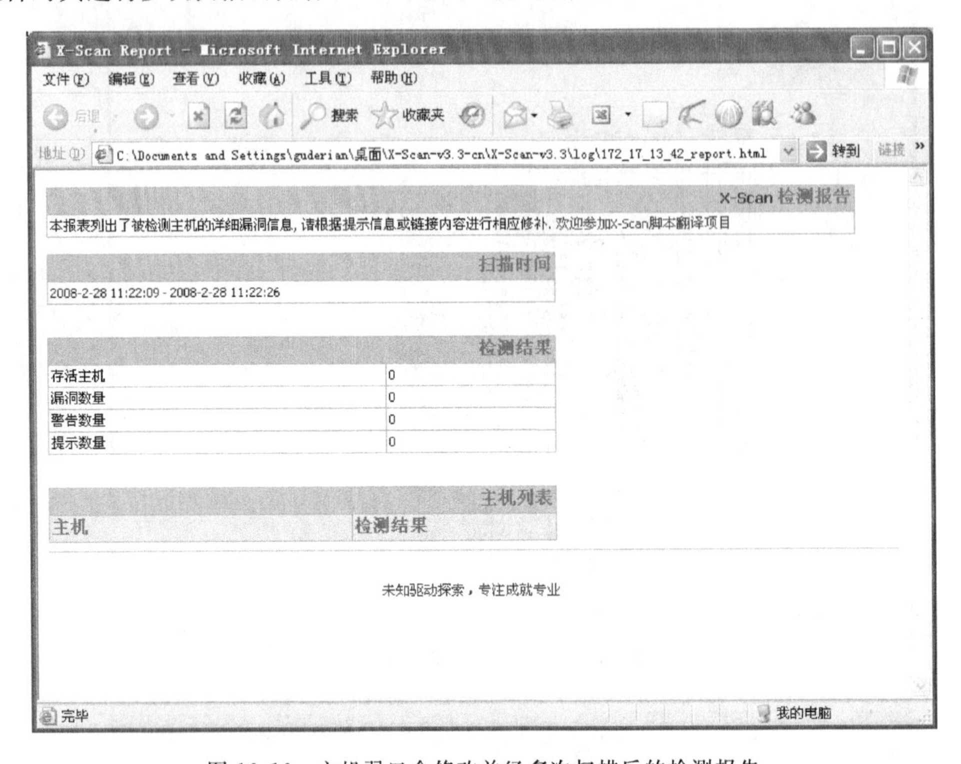

图16.16 主机弱口令修改并经多次扫描后的检测报告

从图16.16可知,IP地址为172.17.13.42的主机在口令修改后未检测到弱口令漏洞的存在。

16.5 思考题

1. 详细记录安全扫描工具软件的使用过程中每个步骤的内容及出现的现象。
2. 漏洞的概念是什么?计算机网络系统为什么会存在漏洞?
3. 常见的针对网络系统漏洞的黑客攻击手段有哪些?
4. 什么是端口?
5. 安全扫描技术的原理是什么?
6. 比较端口扫描技术与漏洞扫描技术的差异性。
7. 什么是弱口令?主机系统中常用的弱口令表现形式有哪些?
8. 利用X-Scan扫描软件如果未检测到弱口令的存在,是否说明该口令是安全的?
9. 查询有关文献,列举局域网中主机系统存在安全漏洞可能导致的危害。
10. 查询有关资料,了解其他安全扫描工具软件的功能及应用。
11. 如何防范主机系统的安全漏洞。

第 17 章　计算机网络管理

17.1　应 用 目 的

(1) 掌握计算机网络管理的功能及意义。

(2) 掌握简单网络管理协议(SNMP)的工作原理。

(3) 熟悉网络管理软件对网络设备进行管理的方法。

17.2　要求与环境

1. 要求

(1) 对 Windows Server 2003 服务器进行 SNMP 设置。

(2) 对交换机进行 SNMP 设置。

(3) 从因特网上下载 Orion Network Performance Monitor 网络管理软件并进行安装。

(4) 利用 Orion Network Performance Monitor 网络管理软件查看服务器的 CPU 占用率、内存占用以及网络流量等性能指标。

(5) 利用 Orion Network Performance Monitor 网络管理软件查看交换机的状态、拓扑图、网络延时以及丢包率等性能指标。

(6) 观察并比较网络设备,如交换机,在正常状态和非正常状态时,网络管理软件显示的区别。

2. 环境要求

服务器一套、交换机若干、计算机若干、Orion Network Performance Monitor 网络管理软件一套等。

17.3　Orion Network Performance Monitor 网络管理软件

1. 概述

Orion Network Performance Monitor(以下简称 Orion 软件)是 SolarWinds 公司开发的一款全面的带宽性能监控和故障管理软件。该软件能监控并收集来自路由器、交换机、服务器和其他 SNMP 设备中的数据,并可直接从 Web 浏览器上观察网络信息的实时统计表。此外,Orion 软件还能监控诸如服务器的 CPU 负载、内存利用率和可用硬盘空间,是一个实用的网络管理软件。

Orion 软件新版本包含了更多的特色和改进,其中最为显著的是 Orion 软件网络工具箱的集成功能,意味着可直接右击 Web 网页便可以启动 Engineer's Edition 工具箱。另外,Orion 软件还提供了新的安装向导,一小时之内就可以完成安装操作。

Orion Network Performance Monitor 可在 http://www.solarswinds.com/downloads 中免费下载试用 30 天的软件。

2. Orion 软件特性简介

(1) 故障管理和实用工具。

在一个单独的 Web 页面上浏览上千个节点和接口的状态;选择向上/向下操作、带宽利用率、接口流量、错误和终止、信噪比(宽带网络),每一个元素都允许直接查看警告,并探寻路由器、转换器或服务器的问题。

(2) CPU、内存和硬盘空间监控。

对网络设备的 CPU 负载、内存利用率进行监控和设置警告,包括 Cisco 路由器、Windows 2000 服务器、Windows XP 工作站和其他支持主机源 MIB 的设备。监控硬盘空间利用情况,包括 Windows 2000、Windows XP、Sun、Novell 和其他支持主机源 MIB 的设备。屏幕中将显示网络中最高的 10 个 CPU 负载和内存利用率。

(3) Syslog Server。

Orion SysLog Server 允许 Network Performance Monitor 接收并处理来自任何类型的设备的 SysLog 消息。SysLog 消息是由网络设备产生的实时消息,用以通知设备内的特定事件。如今,通过单个的控制台甚至是远程网络接口,用户就可以接收、过滤、浏览、警告和管理所有的 SysLog 消息。

(4) 网络图。

从已有的网表、拓扑图甚至是世界或城市地图中导图。图形制作器(Map Maker)允许用户导入图形,并拖动节点到图形上使其变"热"。保存图形时,通过所添加节点的当前状态对图形即时更新。图形制作器可以将用户的网络按照区域、范围、子网或特定位置进行分组。

(5) 事件和警告管理工具。

Orion 允许用户设置警告门限、带宽占用百分比、内存、CPU 和硬盘利用率等。有上百个可能的警告和报告的配置和参数,Orion 将发送邮件给所有兼容设备,包括手机。

(6) 自定义浏览/菜单/工具条。

利用独特的过滤浏览和工具条来定制用户浏览。可以选择预定义的网络浏览,也可以创建新的网络浏览。根据个人风格定制页面。

(7) 用户定制账号。

为每个部门定义一个全体登录账号,也可以为个体客户创建专门账号。一个账号可以浏览所有的服务器、其他全部路由器,然而客户账号只可以访问单个接口。每个账号都有自己的页面布局、内容和自定义工具条。对于含有多个客户的咨询商、ISP 和服务提供商而言,Orion 是一个理想选择。

(8) 报告复写器。

报告创建工具简单易用,通过它既可以应用已有报告,也可以创建一个定制报告。报告复写器对于报告 SLA(服务等级协议)和响应时间非常有用。Orion 报告不仅可以从 Web 浏览,还可以单击以查询当前的网络状态。

(9) 自定义特性编辑器。

自定义特性编辑器允许用户从预定义的列表中选择或者创建用户自己的独特域。定制特性同节点或接口有关，可以包括从资产标签号到载波电路号在内的一切。

账号限制程序能够创建和定义用户限制，这样用户只能根据用户的授权来浏览节点、接口或卷。账号限制是基于可定制特性的，如客户账号或区域。

(10) 自定义 HTML 资源。

Orion 软件可以提取一个被监控的浏览项(如当前带宽)，链接到已有的 HTML Web 页面。可以添加自定义框架。例如，用户可以向任何 Orion 页面添加用户的当前支持条目表格或客户支付历史。

3. Orion 软件的许可证策略

按照所管理的网络规模，Orion 软件提供了 Network Performance Monitor SL100、SL250、SL500、SL2000 和 SLX 等系列产品，其中 SLX 基于 CPU 规模，其监控元素数目将不受限制。

Orion Network Performance Monitor 基于以下三个参数的最大值制定许可证策略：

(1) 管理网络接口的总数目(包括交换机端口、物理接口、虚拟接口、子接口和 VLAN 等)；

(2) 管理网络节点的总数目(包括路由器、交换机、服务器、网络桥接器和 Modem 等)；

(3) 管理卷的总数目(逻辑硬盘)。

Orion 软件的许可证策略如表 17.1 所示。

表 17.1 许可证策略表

接口	节点	卷	Orion 版本
98	13	4	SL100
237	218	96	SL250
98	77	168	SL250
385	425	410	SL500
739	419	38	SL2000
0	1750	1500	SL2000
6580	213	23	SLX
58 000	21 000	1813	SLX *

4. 与 Orion 软件应用相关的概念

(1) 接口：某个节点的端口或逻辑链接。

(2) 节点：带有 IP 地址的任何设备或者是已登记的网络设备都可以称为一个节点。一个节点可以包含多个元素。例如一个路由器或网络服务器都可称为一个节点。

(3) 卷：硬盘驱动器上的一个分区或分区组。

17.4 方法与主要步骤

17.4.1 Orion 软件的安装与设置

(1) 在相关的网站下载免费的 Orion 试用软件。

(2) Orion 软件的安装。

① 选择一台主机用来安装 Orion 软件,此时该主机成为网络管理服务器(Network Manager),简称网管服务器。

② 选择一台主机,双击安装文件,弹出图 17.1 所示安装界面。图 17.1 显示的结果表示安装该网管软件需要先安装微软的 Framework 3.0 组件,单击 Install 按钮,进行安装即可。

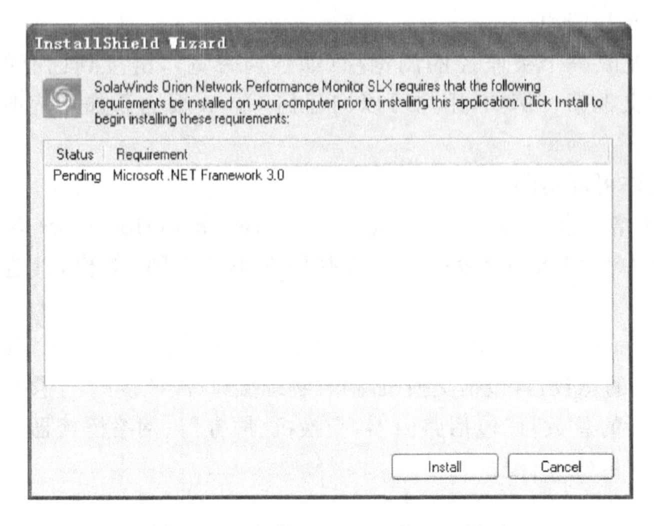

图 17.1 安装 Framework 3.0 界面

③ Framework 3.0 组件安装完毕后会弹出图 17.2 所示界面,表示开始安装 Orion 软件,按照提示单击 Next 按钮,一步步进行安装。

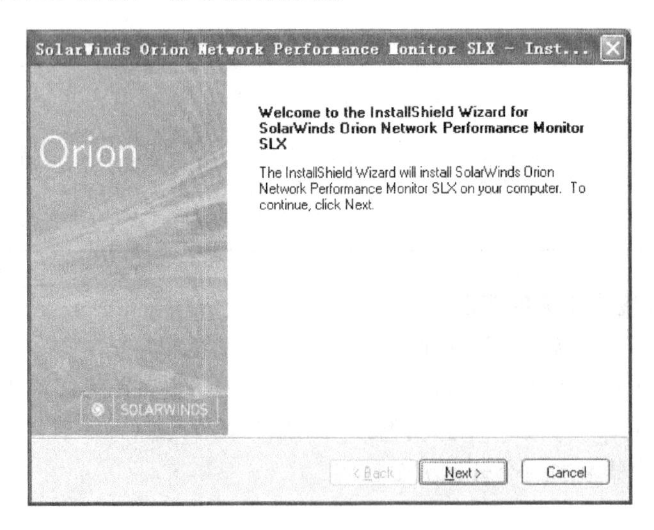

图 17.2 Orion 软件的安装界面

(3) 设置 Orion 软件的管理账户。

Orion 软件安装完成后,可用 Web 方式对网管服务器进行登录与管理。

① 在网管工作站上打开 IE 浏览器,在 IE 浏览器地址栏中输入网管服务器的 IP 地址,出现图 17.3 所示登录界面。

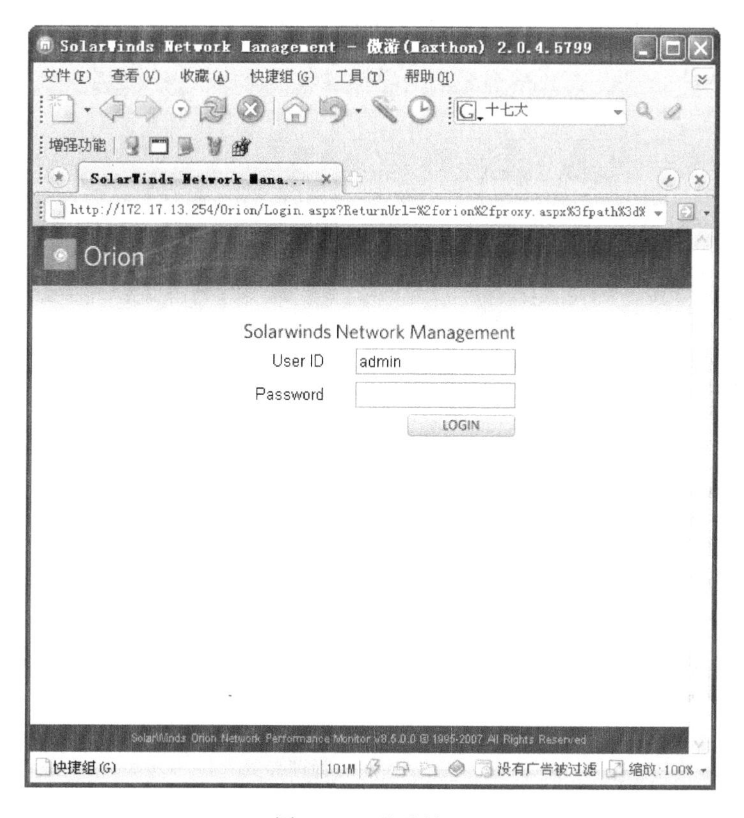

图 17.3 登录界面

② 默认的用户名是 admin,没有密码。在 UserID 文本框中输入 admin,然后单击 LOGIN 按钮,则登录到网管服务器上,如图 17.4 所示。

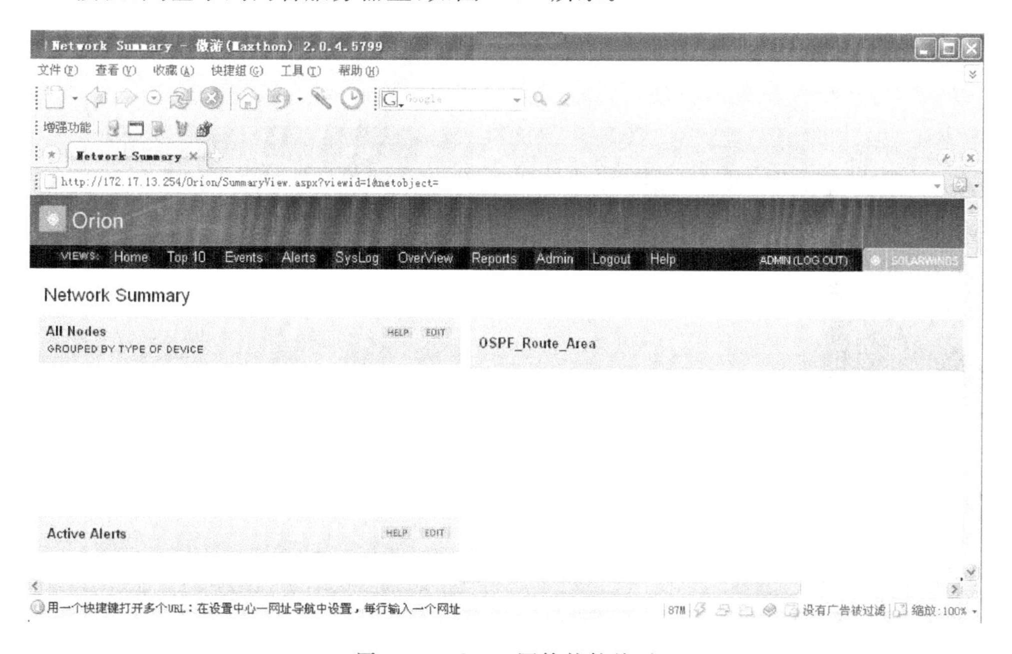

图 17.4 Orion 网管软件首页

③ 在图 17.4 所示界面首页选项行单击 Admin 选项，出现图 17.5 所示页面。

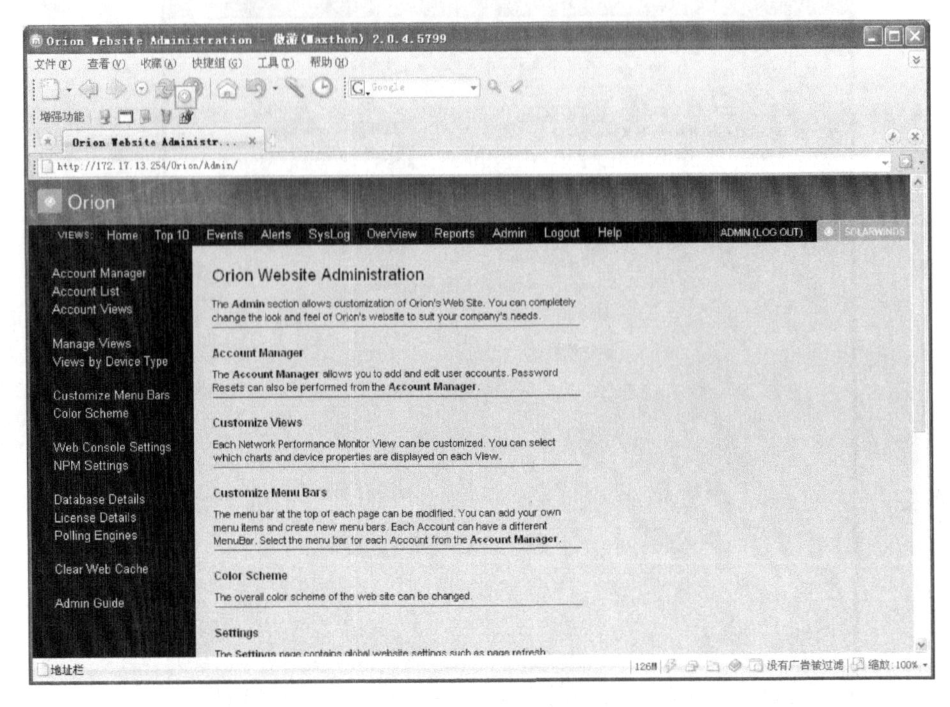

图 17.5　Orion 软件的管理界面

④ 修改管理员用户密码。单击左边列表栏的 Acount Manager，打开图 17.6 所示页面，在页面中显示了目前已有的账户是 Admin 和 Guest。

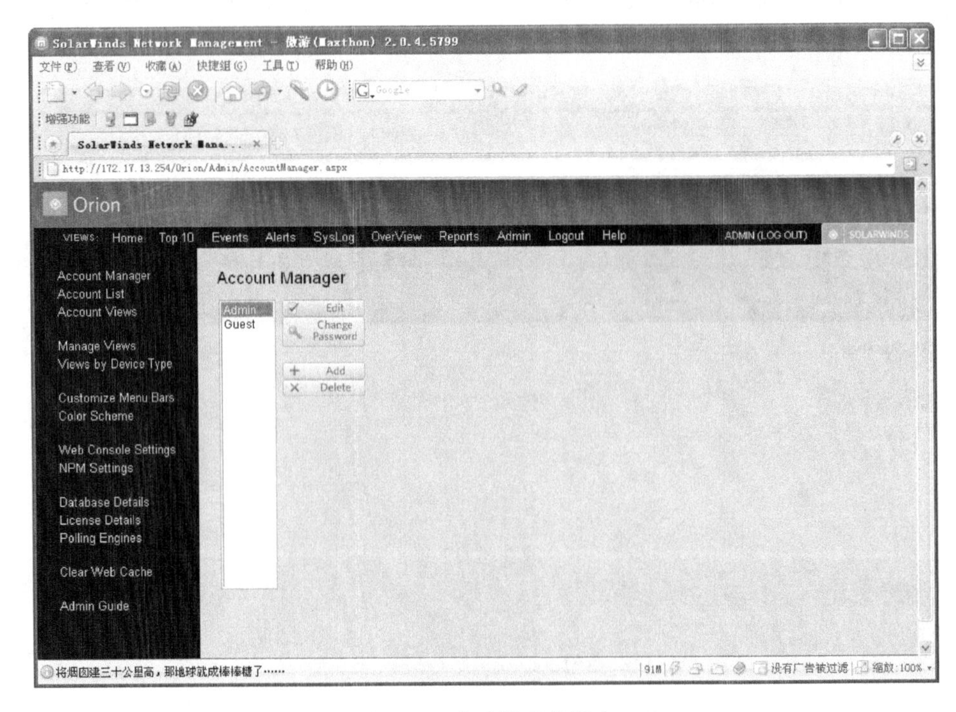

图 17.6　查看管理员账户

⑤ 选中 Admin，单击 Change Password 按钮，如图 17.7 所示，在 New Password 文本框中输入新密码，再在 Confirm Password 文本框中输入确认密码。

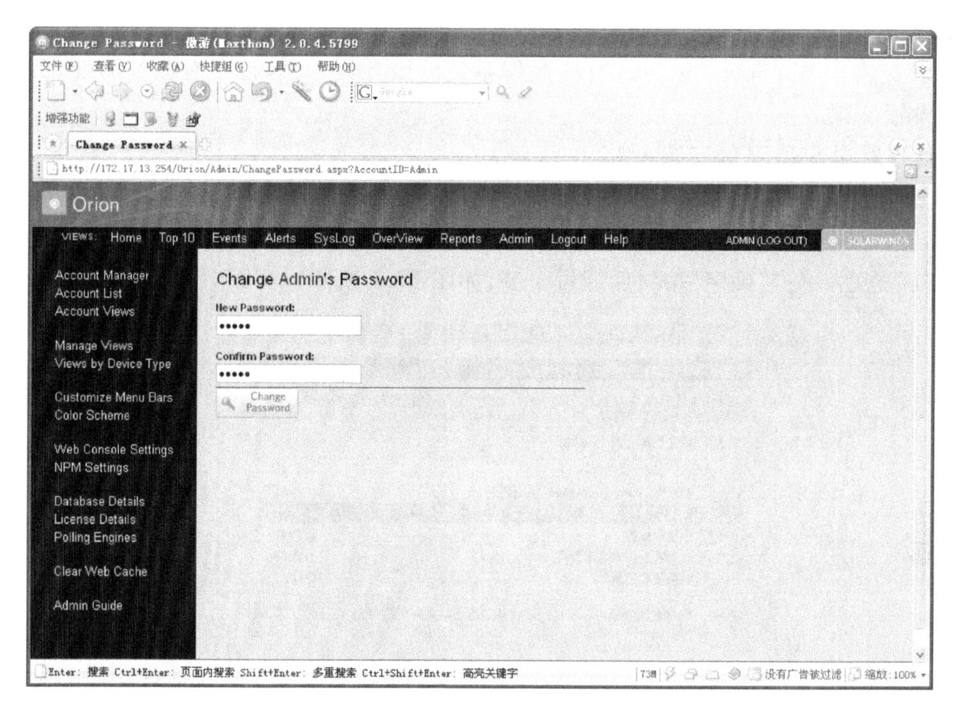

图 17.7 修改管理员用户密码

⑥ 单击 Change Password 按钮，当出现图 17.8 所示界面时，表示管理员用户密码修改成功。

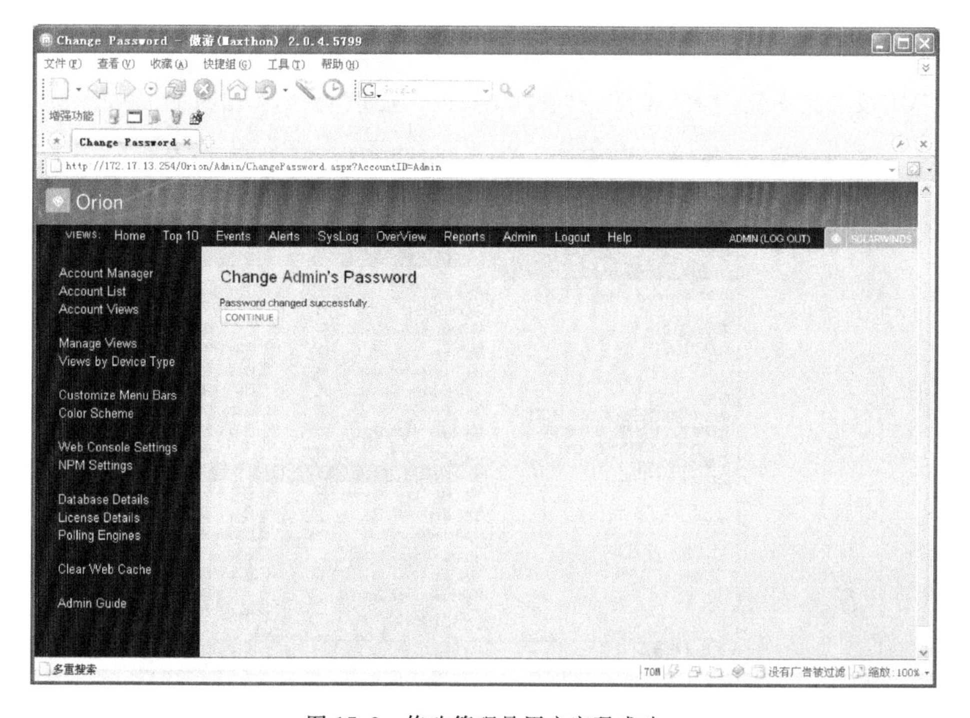

图 17.8 修改管理员用户密码成功

17.4.2 对网络设备的设置

1. 服务器SNMP的安装与设置

下面以安装有 Windows Server 2003 操作系统的服务器为例，说明对服务器端 SNMP 的安装与设置步骤。

(1) 服务器端 SNMP 的安装。

① 选择“开始”→“控制面板”→“添加删除程序”→“添加 Windows 组件”命令，在打开的“管理和监视工具”对话框中选中“管理和监视工具的子组件”列表框中的“简单网络管理协议 SNMP”选项，单击“确定”按钮后即可安装，如图 17.9 所示。

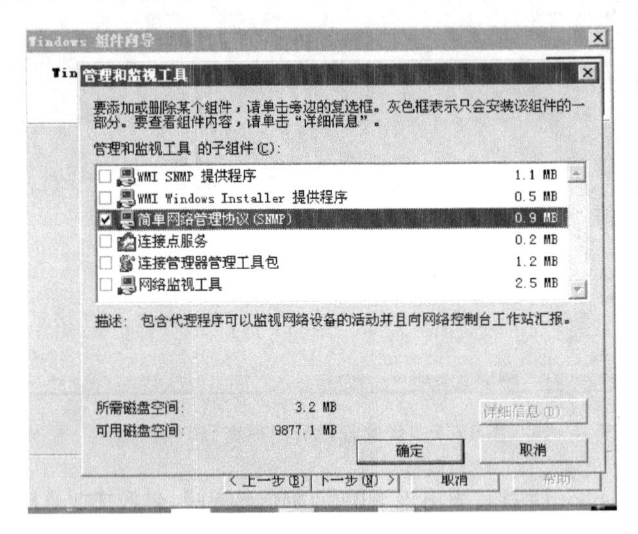

图 17.9　服务器 SNMP 协议的安装

② SNMP 安装完毕后，选择“开始”→“管理工具”→“服务”命令，弹出图 17.10 所示界面。

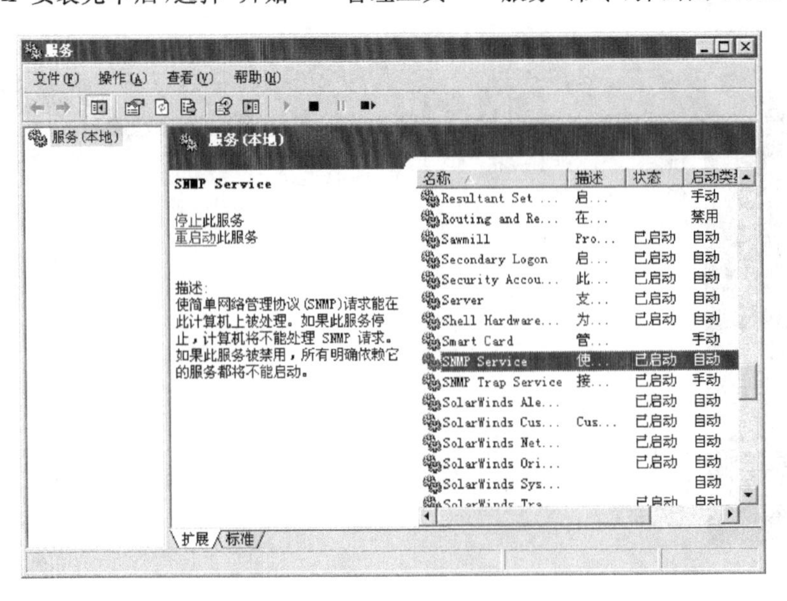

图 17.10　查看 SNMP 服务

(2) 服务器端 SNMP 的设置。

双击 SNMP Service，出现图 17.11 所示界面。其他均可默认设置，安全设置如下即可，这样可保证 SNMP 协议的安全。

图 17.11 所示界面中，“团体名称”即为 SNMP 的共同体名称，本例中假设 SNMP 的共同体名为 SNMP，“团体权限”即对服务器进行操作的权限。“接受来自这些主机的 SNMP 数据包”设置为网管服务器 IP 地址，以免未经授权用户访问 SNMP 信息。

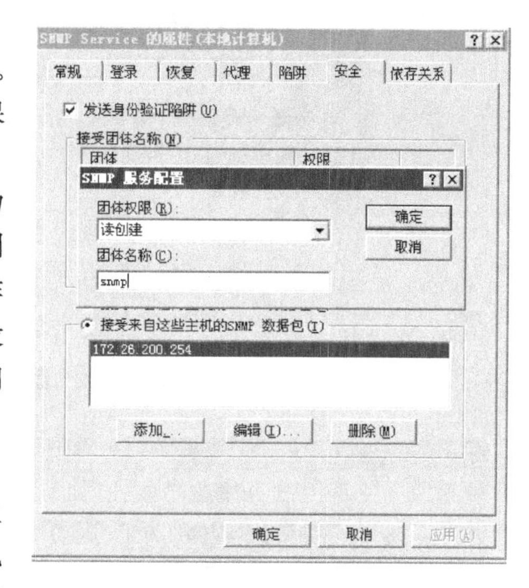

图 17.11　服务器端 SNMP 属性的设置

2. 对交换机端 SNMP 的设置

对于交换机的 SNMP 配置，只需在交换机上设置好 SNMP 共同体名即可。不同厂家的交换机有不同的配置命令，需要结合产品的说明书进行配置。下面以锐捷公司的交换机产品为例，讨论对交换机的 SNMP 配置。

交换机 SNMP 的简单配置如下。

在 Enable 状态下输入：

```
configure terminal                     //进入交换机特权配置模式
snmp-server community rw SNMP          //给交换机设置共同体名，本例中共同体名为 SNMP，
                                       //操作权限为“可读写”，也可根据实际情况设定其他权限
snmp-server host 172.26.200.254 rw     //指定可以读取交换机 SNMP 信息的站点 IP 地址，
                                       //权限为可读写
```

对路由器、工作站和无线设备等的 SNMP 设置方法与上面类似，在此不再赘述。

17.4.3　对网络设备的管理

在被管理的设备，如服务器、交换机等以及网络管理软件系统已经安装、配置到位的情况下，可以通过 Orion Network Performance Monitor 软件对这些设备进行集中管理。

(1) 自动发现拓扑功能。

在网管服务器中选择“开始”→“程序”→SolarsWindsorion→Network Discovery 命令，此时 Orion 软件能自动发现网络的拓扑结构。

也可以通过添加设备的方式，用 Orion 软件对其进行管理。

(2) 添加被管理的设备。

① 在网管服务器中选择“开始”→“程序”→SolarsWindsorion→System Manager 命令。

② 单击 Add 按钮，弹出图 17.12 所示对话框。可在此处添加一个被管理的网络设备。

(3) 对交换机设备的管理。

① 在图 17.12 所示的基础上输入被管理的 IP 地址，以及 SNMP Community 名称，本例之前配置好的共同体名为 SNMP，即可实现对该设备状态的查看，如图 17.13 所示。

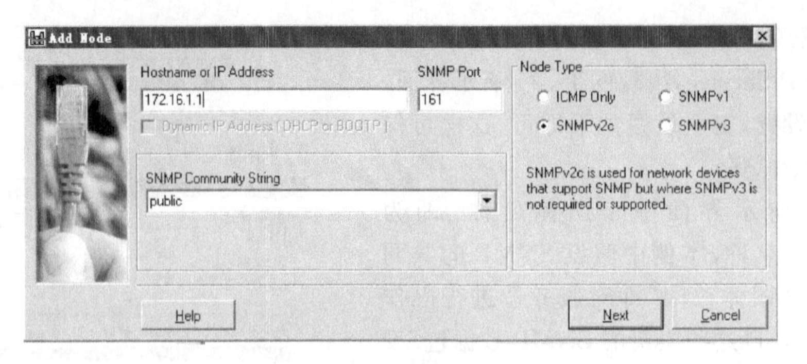

图 17.12　添加被管理的网络设备

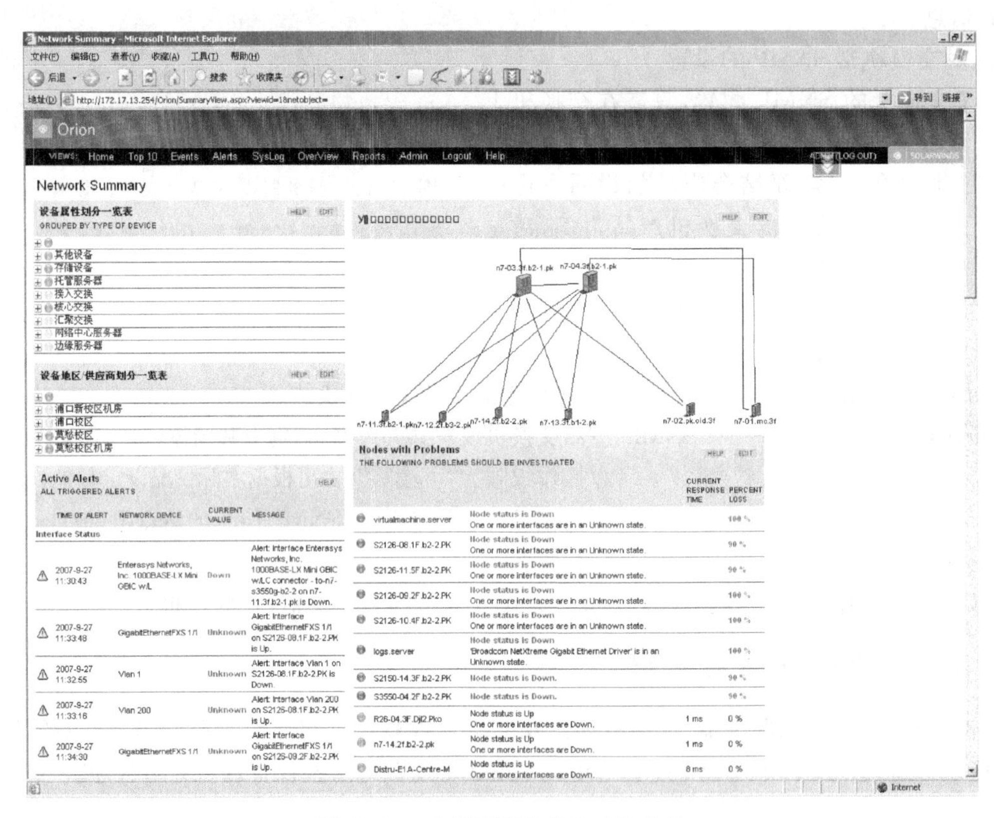

图 17.13　查看网络设备的工作状态

通过软件显示的颜色图标等(一般情况下红色表示设备出现故障,绿色表示设备状态正常),可以很方便地看出网络设备的工作状态。

② 选中某个待查看状态设备的图标,出现图 17.14 所示的显示结果。

图 17.14 中仪表盘形式显示的是网络延时以及丢包率。其他基本信息如是什么设备、IP 地址、端口的工作状态、当前的带宽占用、该设备所处的物理位置等。

(4) 对服务器的管理。

与上述方法类似,可以对服务器设备等进行有效的管理。比如一台 Windows Server 2003 服务器,用户可以看到其中每个磁盘的剩余空间,可以看到近期 CPU 占用率的变化、内存占用和网络流量等,如图 17.15 所示。

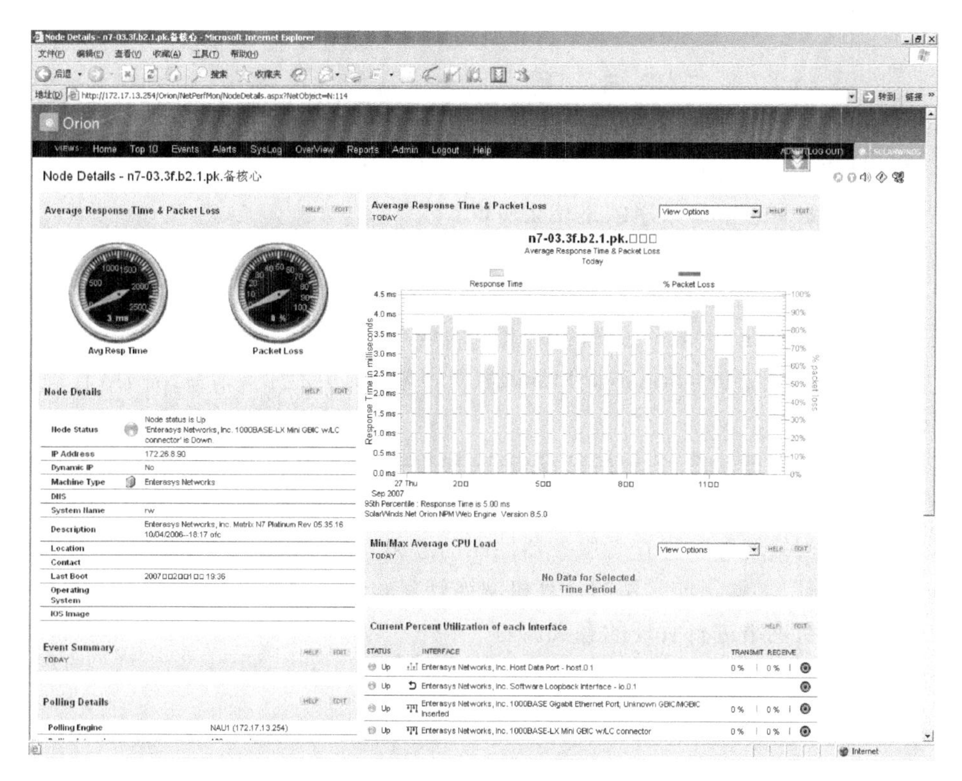

图 17.14　查看交换机设备的性能

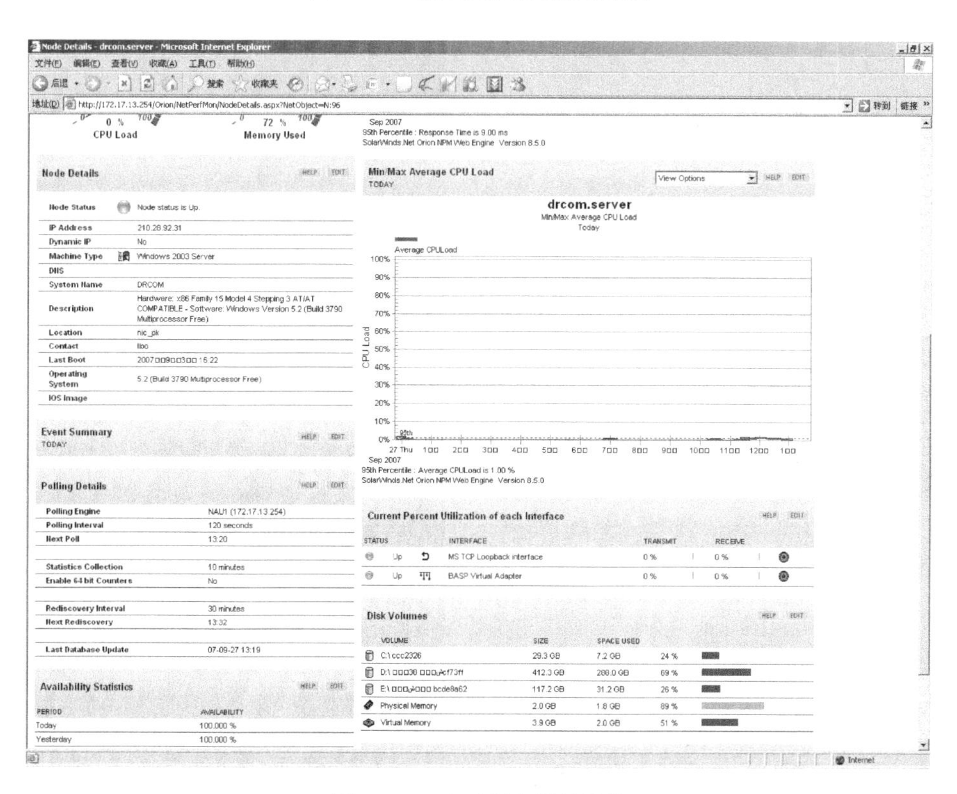

图 17.15　查看服务器的性能

17.5 思考题

1. 在OSI网络管理标准中定义了网络管理的5大功能是什么?

2. 在计算机网络管理中最常用的是什么协议?

3. 你认为SNMP协议中的"共同体名"在计算机网络管理中起什么作用?

4. 如果对网络设备,如服务器、交换机等不进行SNMP参数的设置,是否还能够通过Orion Network Performance Monitor软件对其进行管理?

5. 以Orion Network Performance Monitor网管软件应用为例,请总结网络管理实现的一般步骤。

6. 通过观察网络管理软件,比较网络设备(交换机等)工作在正常与非正常状态时其显示有什么区别?

7. 试讨论利用网络管理软件查看服务器性能的意义。

8. 查询有关文献,了解当前常用的计算机网络管理软件并对其进行比较。

9. 讨论对计算机网络进行管理的意义。

第18章 计算机网络故障排查

18.1 应用目的

(1) 了解常见的计算机网络故障分类。

(2) 掌握计算机网络故障排查的流程与一般方法。

(3) 掌握典型的局域网故障排查方法。

(4) 熟悉计算机网络故障排查的工具使用。

18.2 要求与环境

1. 要求

(1) 三台计算机组建成对等网,由于IP地址配置不在同一子网内而引起的相互之间不能通信,要求将此故障排除。

(2) 三台计算机组建成对等网,由于Hub或交换机的电源没有开启,致使三台计算机相互之间不能通信,要求将此故障排除。

(3) 三台以上计算机通过Hub或交换机的级联组建成对等网,由于某个计算机所连接的Hub或交换机的级联网线发生故障,要求定位好故障点并将此故障排除。

(4) 将原先能够连接因特网的某计算机中的"默认网关"参数删除,尝试利用此计算机访问因特网资源。要求定位好故障点并将此故障排除。

(5) 三台计算机组建成对等网,计算机之间可以Ping通对方的IP地址,但Ping不通对方的计算机名,要求在执行Ping命令时,既可以Ping通对方的IP地址也可以Ping通对方的计算机名。请将此故障排除。

(6) 一个组建好的对等网,计算机之间可以Ping通对方的IP地址,但不能通过网上邻居查看到对方的有关信息。请查找故障原因并将此故障排除。

2. 环境要求

计算机若干台,交换机(集线器)若干,网线若干,并构成简单的局域网,且该局域网能连通因特网。

18.3 计算机网络故障的排查

18.3.1 常见故障的分类

判断网络的故障需要将故障进行适当的分类,以便于对故障做进一步的归纳与整理,因此,了解故障的分类可以帮助人们更有针对性地做好网络维护和管理。

网络故障的分类没有统一标准。通常情况下,可将网络故障进行分层归类,也可将网络故障按照所涉及的软件与硬件问题进行归类。

1. 网络故障的分层法

对网络故障进行分层归类,即将计算机网络出现的故障点按照发生区域的不同,以OSI/RM结构为参照而进行的一种分类方法。

按照分层归类的方法,计算机网络中出现的故障可分为物理层故障、数据链路层故障、网络层故障以及高层应用的故障4种,如图18.1～图18.4所示。每层的作用以及在排查故障时需要关注的主要问题如下。

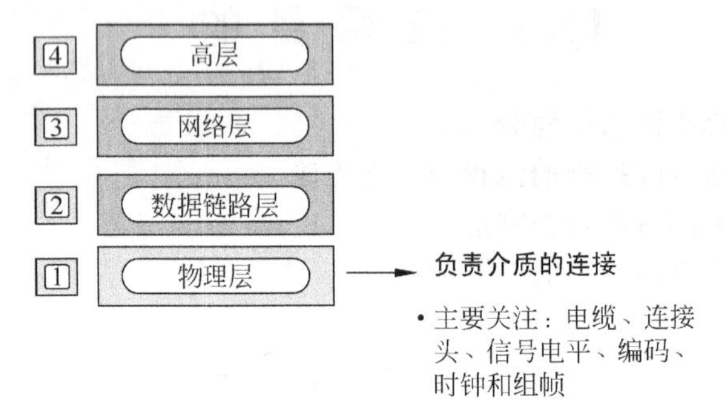

图18.1　物理层的故障

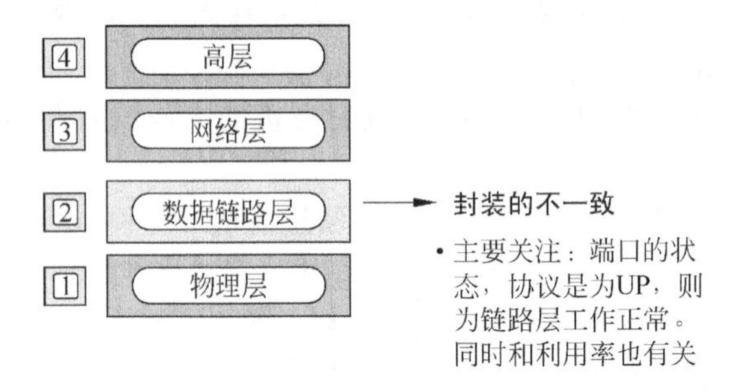

图18.2　数据链路层的故障

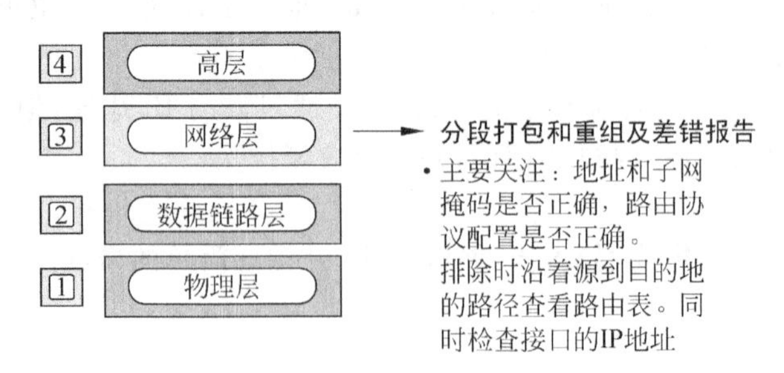

图18.3　网络层的故障

(1) 物理层故障。

物理层是OSI/RM分层结构体系中最基础的一层,它建立在通信媒体的基础上,为数据链路实体之间进行透明传输,为建立、保持和拆除计算机和网络之间的物理连接提供服务。

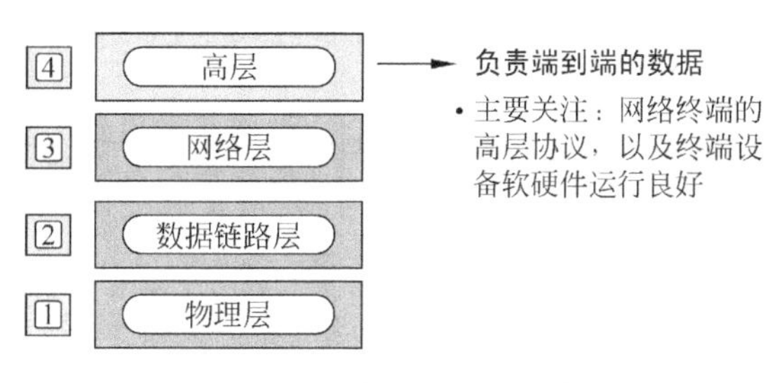

图 18.4　高层应用的故障

物理层的故障主要表现在设备的物理连接方式是否恰当，连接电缆是否松动，Modem、CSU/DSU 等设备的配置及操作是否正确。

(2) 数据链路层故障。

数据链路层的任务主要是使网络层无须了解物理层的特征而获得可靠的传输。数据链路层为通过链路层的数据进行打包和解包、差错检测和控制。

排查出数据链路层的故障，需要重点查看网络设备的配置，检查数据链路层的封装情况等，保证每对接口和与其通信的其他设备之间具有系统的协议或遵从系统的规范。

(3) 网络层故障。

网络层提供包括路由选择、路由表建立与维护等功能。

排查网络层故障的基本方法是：沿着从源到目标的路径查看路由器路由表，同时检查路由器接口的 IP 地址。如果路由没有在路由表中出现，应该检查是否已经输入适当的静态路由、默认路由或者动态路由。此外，还需要关注一些动态路由选择过程的故障，包括 RIP 或者 IGRP 路由协议出现的故障。

(4) 应用层故障。

应用层主要为用户提供各类应用服务。目前，基于计算机网络的应用服务种类越来越多样，因此高层应用出现故障的可能也越来越大，并具有很难防范等特点。

通常情况下，可以通过利用各种网络监测与管理工具，如任务管理器(Task Manager)、性能监视器(Perfermance Monitor)及各种软、硬件检测工具等，实现对一些重要的高层网络应用，如域名解析服务器(DNS)、DHCP 服务器、邮件服务器和 Web 服务器等使用情况的检测与检查。

对某些高层应用，如办公软件、财务软件和数据库软件等，其中最常见的故障来自病毒、非法访问以及使用不当等。正是由于高层应用的多样化，导致对高层应用故障排查的复杂性，其中涉及到许多层面的内容，而不仅仅是一个纯粹的技术问题。

网络故障的分层法比较抽象，对初学者而言比较难理解。

2. 按照网络故障所涉及的软、硬件进行分类

按照网络故障所涉及的软件与硬件问题，可将网络故障分为物理类故障和逻辑类故障两大类。这种分类方法比较直观，也容易理解，介绍如下。

(1) 物理类故障。

物理类故障一般是对计算机网络通信中，通信线路或网络设备出现物理故障等的统称。

① 线路故障。

在日常的计算机网络维护中，通信线路故障的发生率比较高，在广域网和无线网络应用中尤为明显。线路故障通常包括线路物理损坏及通信线路受到严重干扰。

② 网络设备的端口故障。

网络设备的端口故障通常包括设备的连接插头松动、设备端口(包括电源等)的物理故障、网络模块的物理损坏等。

此类故障通常会影响到与其直接相连的其他网络设备的工作。如果交换机的某个通信端口发生故障,一般该端口对应的状态指示灯会出现异常。如果交换机的电源损坏,则整个交换机将无法工作,交换机上所有的状态指示灯将没有显示。因为信号灯比较直观,所以一般通过观察网络设备信号灯的状态大致判断出故障的发生范围和可能原因。

③ 网络设备整机的故障。

网络设备,如集线器、交换机或路由器等的物理损坏导致网络不通。

通常最简易的方法是所谓的"替换法",即用正常的网线和设备来替换可能存在故障的集线器(或交换机、路由器等),替换后如网络能正常工作,说明集线器(或交换机、路由器等)的确存在故障。在条件许可的情况下,对替换下来的集线器(或交换机、路由器等)设备的故障进行逐一排查,以确定故障的原因。

④ 资源设备的物理故障。

资源设备(如工作站、服务器等)中,网卡以及资源设备自身的非正常工作也会导致网络的故障。网卡是安装在资源设备内,用于实现联网计算机和网络电缆之间的物理连接,为计算机之间相互通信提供一条物理通道,并通过这条通道进行高速数据传输的设备。而工作站、服务器等作为网络中提供资源服务的设备,它的物理损坏将直接导致网络中其他主机与之无法正常通信。

(2) 逻辑类故障。

逻辑类故障一般是对计算机网络通信中,由于配置错误、病毒,以及应用软件的脆弱性等引起的网络故障的统称。

① 网络设备的逻辑故障。

网络设备的逻辑故障表现形式比较多,下面以三层交换机的应用为例,简单说明网络设备逻辑故障的常见表现。

三层交换机的逻辑故障通常包括端口参数设定有误、路由配置错误、交换机 CPU 利用率过高和交换机的内存太小等。三层交换机的端口参数设置错误将导致无法正常转发数据包。路由配置错误会使路由发生循环或找不到远端目的地址。交换机 CPU 利用率过高或交换机的内存太小,导致网络服务的质量变差,严重的将使网络瘫痪。

② 关闭一些重要进程或端口。

一些重要的有关网络管理和通信的进程或端口由于害怕受病毒、黑客等的影响而意外关闭。如路由器、交换机等的 SNMP 进程意外关闭,此时网络管理系统将无法从这些设备中采集到数据,从而导致网络管理系统失去对这些设备的远程控制。

③ 主机逻辑故障。

在日常的计算机网络维护中,主机逻辑故障的发生率通常较高,这些逻辑故障,包括网卡的驱动程序安装不当、网卡的中断设置冲突、主机的 TCP/IP 参数设置不当、主机网络协议或服务安装不当和主机安全性故障等。

- 网卡的驱动程序安装不当。网卡的驱动程序安装不当，包括网卡驱动未安装或安装了错误的驱动出现不兼容，都会导致网卡无法正常工作。
- 网卡的中断设置冲突。网卡的中断设置与其他设备有冲突，会导致网卡无法工作。
- 主机的TCP/IP参数设置不当。这是常见的逻辑故障。如配置的IP地址与其他主机有冲突，或通信双方主机的IP地址根本就不在同一个子网范围内，IP地址与子网掩码的不匹配，网关和DNS参数配置有误等，所有这一切都可能导致主机之间不能正常进行网络通信。
- 网络协议或有关服务安装不当。网络协议或有关服务安装不当也会出现网络无法连通。主机安装的协议必须与网络上的其他主机相一致，否则就会出现协议不匹配，无法进行正常通信。一些服务，如"文件和打印机共享服务"，如果不安装，会使共享资源无法提供给其他网络用户使用。如果不安装"网络客户端服务"，将使自身无法访问网络其他用户提供的共享资源等。其他，比如E-mail服务器的服务设置不当，将导致用户不能正常收发E-mail；域名服务器的服务设置不当，将导致不能正常解析域名等。
- 主机安全性故障。主机安全性故障通常包括主机资源被盗、主机被黑客控制、主机系统不稳定等。主机被黑客控制，通常是由于该主机被非法安置了后门程序；主机系统不稳定，往往是由于黑客的恶意攻击，或者被病毒感染。

④ 由病毒引起的故障。

现在许多计算机病毒如尼姆达、求职信病毒及其变种、ARP欺骗病毒等会造成网速变慢、通信时断时好以及不能正常浏览相关资源等。如果有一台计算机感染了这些病毒，它们就会通过局域网或因特网向别的计算机传播。如果整个网络中充斥着病毒就会堵塞网路，增加了服务器或客户端计算机的负荷，这些因素都会造成网速的降低，甚至整个网络瘫痪。

18.3.2 常用的故障排查方法

1. 排查流程

无论系统的设计和运转工作多么细致周到，从硬件故障到用户的操作失误等导致的网络故障仍不可避免。为了使计算机网络能高效、正常地运转，对网络的维护以及故障的排查就显得尤其重要。

由于网络应用环境的复杂性，在日常维护中，许多网络故障解决起来绝非像解决单点故障那么简单。针对网络故障的定位和排查，既需要长期的知识和经验积累，也需要一系列的软、硬件工具。本节将从最基本的故障排查流程入手，介绍网络故障排查的基本方法，读者可在此基础上触类旁通，进行知识和经验积累。

通常情况下，计算机网络故障的排查应遵循图18.5所示流程。

从图18.5所示的流程图可见，一个完整的网络故障排查工作包含以下几个方面：

(1) 故障现象的观察。

当原本正常的计算机或其他网络组件发生故障时，便有理由推测它们发生了某些改变，对故障现象的观察是顺利解决故障的一个重要环节。在开始排查故障前，最好先准备一支笔和一个记事本，然后将故障现象认真仔细地记录下来。在观察和记录故障现象时一定要注意每个细节，对一个最小细节问题的忽视将使整个排查工作变得复杂化而低效。

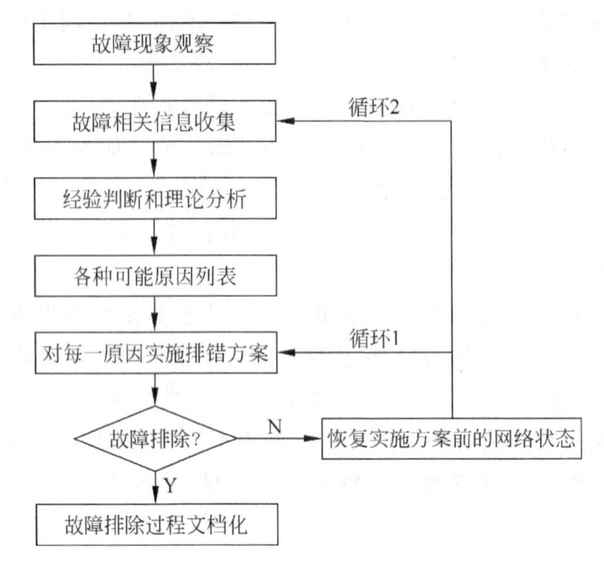

图 18.5　计算机网络故障的排查流程

在识别故障现象时,通常还需要注意以下几个问题:

① 当被记录的故障现象发生时,正在运行什么进程(即操作者正在对计算机进行什么操作)。

② 这个进程以前运行过吗?以前这个进程的运行是否成功?最后一次成功运行这个进程是什么时候等。

(2) 收集与故障相关的信息,如识别网络故障受影响的环节等。

许多类型的网络故障具有间歇性或只在短时间内发作的特点。在这些情况下,故障在重新发作前处于开放状态,因此识别网络故障受影响的环节往往有助于更好地解决网络故障。

举例来说,如果用户无法在字处理应用程序中打开文件,便可推测故障可能在应用程序本身、用户计算机、文件服务器或处于三者之间的任何网络组件。在此类故障中,与网络相关的诱因非常有限。

(3) 根据自己掌握的知识,确定导致网络故障最有可能的原因。

在网络故障排查过程中,应从最明显、最直接的迹象入手,发掘和确定可能导致故障的原因。举例来说,如果某工作站无法同文件服务器之间进行通信,就不要从检查两个系统之间的路由器或交换机入手,应首先检查与该工作站相邻的站点能否同文件服务器之间进行正常的通信,如果能,则说明是该工作站端存在故障。

(4) 实施网络故障的解决方案。

将故障排查范围缩小到某一特定范围或设备后,应继续判定导致故障的"罪魁"是硬件还是软件问题。如果属于硬件故障,则应采用"替换法"替换存在缺陷的设备或尝试采用备用设备。例如,为排除通信故障,可能需要替换现有的网线,直到发现断点的位置所在。如果故障存在于服务器端,应先替换相关部件(如硬盘驱动器),直到发现问题所在。如果故障由软件导致,则可尝试运行相关应用并将数据保存到另一台计算机,或者在发生故障的系统上重新安装相关软件等。

(5) 测试网络故障的修复效果。

在故障问题得到解决后,应返回整个流程的起始处,再次执行当初引发事故的任务。倘若故障不再发生,则说明问题得到初步解决。

在此过程中,应注意观察和测试与所做调整相关的其他功能,以确保不会因为在修复一起故障的同时埋下另一个故障的隐患。

(6) 编制故障的解决文档。

组织严密的网络支持机构应建立健全的故障管理体系,将每次故障的现象以及和解决问题步骤相关的完整记录等登记在册,为后来的计算机网络故障排查提供重要的参考。

18.3.3 常用的故障排查工具

网络的故障排查,通常可借助一些常用的软件或通过专门的工具,下面分别进行介绍。

1. 故障排查软件工具

(1) ping 命令。

ping 命令是网络故障排查中最频繁实用的小工具,它主要用于确定网络的连通性问题,可以帮助人们很方便地判断网络的通断情况。

ping 命令的格式以及用途在本书前面章节已做了介绍,在此不再赘述。

使用 ping 命令时,在屏幕上反馈的信息通常有 4 种。

① Unknown host。

Unknown host(不知名主机),意味着该远程主机的名字不能被命名服务器转换成 IP 地址。故障原因可能是命名服务器存在故障或关机,或者其名字不正确,也有可能是网络的通信线路发生故障等。

② Network unreachable。

Network unreachable(网络不能到达),意味着本地计算机或系统没有设置到达远程目标系统的路由。故障原因可能是路由器或本地机的配置有误。

③ No answer。

No answer(无响应),远程系统没有响应。故障原因可能是对方主机关机;本地或对方主机的 TCP/IP 参数配置不正确;本地或中心的路由器配置有误或出现故障;通信线路存在故障等。

④ Time out。

Time out(超时),这可能是最常见到的故障现象,此现象说明工作站与对方主机之间的通信连接超时,数据包全部丢失。故障可能的原因是对方主机关机或死机,或通信线路发送故障等。

(2) ipconfig 命令。

ipconfig 命令可以检查网络接口配置。如果用户系统不能到达远程主机,而同一系统的其他主机可以到达,那么用该命令对这种故障的判断很有必要。当主机系统能到达远程主机但不能到达本地子网中的其他主机时,则表示子网掩码设置有问题,进行修改后故障便不会再出现。

ipconfig 命令的格式及用法在本书前面章节已做了介绍,在此不再赘述。

配置不正确的 IP 地址或子网掩码是网络中常见的故障。其中配置不正确的 IP 地址有

两种情况:

① 网络号部分不正确。此时执行每一条 ipconfig 命令都会显示 no answer,这样执行该命令后错误的 IP 地址就能被发现,修改即可。

② 主机号部分不正确。如与另一主机配置的地址相同而引起冲突。这种故障是当两台主机同时工作时才会出现的间歇性的通信问题。建议更换 IP 地址中的主机号部分,该问题即能排查。

(3) tracert 命令。

tracert 可以帮助查看所获取的网络数据、所经过的路径并显示路径消耗的时间。该诊断实用程序将包含不同生存时间(TTL)值的 Internet 控制消息协议(ICMP) ,回显数据包发送到目标,以决定到达目标采用的路由。

tracert 命令的格式及用法在本书前面章节已做了介绍,在此不再赘述。

tracert 实用程序对于解决网络规模较大情况下故障点的定位与排查(如本地网络与远程网络之间的通信)非常有用。

2. 故障排查硬件工具

当进行网络故障诊断时,最好是先查找物理层是否存在问题。这一层包含实际的网络硬件、传输介质和各种连接器,如果这一层发生了故障,那么它与上层之间的通信一定会中断。物理层诊断可以利用下面的硬件工具:

(1) 万用表。

万用表只能用于测定一组电参数,如电缆连通性、电流、电阻和电容等。它是对接口和连接器进行检查时最先使用的和非常便于使用的一种工具,可以迅速而方便地确定电缆的连通状态,如检查电缆上的对应引线,能够确定对应引线之间是否连通,从而可以排除一些基本的电缆故障。

(2) 电缆测试仪。

电缆测试仪比万用表高级,但是它们使用相同的电气原理来检查电缆的连通性。基本的网络电缆测试仪配置,通常配有 RJ-45 和 RJ-11 连接器。电缆测试仪可用于检查双绞线的每根线的完整性,并且能够直观地显示自动循环的信息源;有些电缆测试仪还配有一个远程节点,这样可以对电缆进行端到端的检查。例如在较大规模的办公环境中,可以将电缆测试仪接用户桌面的网线一端,将远程节点连接到配线架网线的另一端来测试结构化电缆连接中的故障。

最简单的一种电缆测试仪,其外观如图 18.6 所示。

图 18.6　电缆测试仪的外观

(3) 时间域反射计/光学时间域反射计。

时间域反射计用于查找和识别所有类型的故障,包括电缆的开路、短路、开裂、接地故障等。时间域反射计的工作方式是通过电缆发送一个信号,然后监听反射回来的信号。常见的电缆故障如开路或短路都会产生一个反射信号或回声,时间域反射计能够大致估算出电缆上的故障位置。当信号到达电缆的终点时,它就以低振幅反射回来,时间域反射计能够检查电缆的长度。光学时间域反射计是用于光纤电缆的时间域反射计,它的功能与标准时间域反射计类似，不同之处在于它反射的是光脉冲而不是电脉冲。光学时间域反射计能够用于测定光纤电缆的长度，并且能够查找光缆中的断裂和其他故障。

(4) 误码率测试仪。

误码率测试仪用于检查和直观地报告从计算机或者外围接口那里接收到的数字信号，可以用于对同步或者异步设备进行测试，而不管设备的波特率或数据格式是什么。误码率测试仪通常用于串行线路的测试，在25根引线的串行连接上使用的误码率测试仪通常配有一组LED指示灯，每根引线连接一个指示灯。当数据通过线路时，LED指示灯闪亮，这样就可以直观地了解各个线路的工作情况。

(5) 网络专业测试仪。

网络专业测试仪也叫网络测试仪，是一种能将网络管理、故障诊断和网络安装调试等众多功能集中在一起的仪器。它可通过网桥、路由器容易地观察到整个网络的健康状况，甚至可诊断出远端网络的问题。网络测试仪可帮助网络维护人员在较短时间内对网络的运行情况以及故障点做出判断。

网络测试仪的功能如下：

① 快速定位网络层、数据链路层和物理层的故障。仪表应满足线缆认证测试和光纤测试以及网络性能分析和故障分析的要求。

② 具有对网络上的服务器和网络设备性能的分析功能，能检测网络上分布的各种服务器(如Web、DNS、DHCP、WINS、FTP、POP3、SMTP、文件服务器、主域控制器等)和路由器，能提供如DNS主机解析时延、MAIL服务器响应时延、Web服务器的访问速率等关键指标。

③ 能主动检测到网上在线的IP设备、地址和名称，快速定位地址冲突、网络设置错误等问题。

④ 能快速准确地确定10M/100M/1000M以太网利用率、广播、碰撞和差错等，能根据利用率的大小迅速排序并定位。可自动检查网络中本地站点、服务器、交换机、路由器、SNMP等节点的信息形成列表并存储于网络数据库中，形成网络设备管理文档。

⑤ 能提供网络连通性的测试，例如提供ping、tracert等简单实用工具，以及SNMP查询、端口闪烁查找和交换机端口定位。可以确定错接/短路/开路/接反和线对分离等的接线图。

⑥ 能进行光纤的故障测试，能主动双向发光对单模(1310/1550波段)、多模(850/1300波段)两种光纤进行双向测试，迅速判断其在损耗、发光/收光光功率、光纤故障点等方面的故障。

⑦ 读取、采集网络测试数据，并进行统计分析。

18.3.4 无线网络的故障排查方法

无线网络是计算机网络与无线通信技术相结合的产物，具有传统有线网络所无法比拟的优点。由于无线网络的传输介质、网络设备与协议等与传统有线网络不完全一样，因而决定了无线网络在出现故障时，除了需要排查与有线网络故障相同的内容外，还需要注意以下几个方面的内容。

(1) 判断故障是否属于硬件问题。

当无线网络出现问题时，如果只是个别终端无法连接，那很有可能是众多接入点中的某个点出现了故障。一般来说，通过查看有网络问题的客户端的物理位置，就可大致判断出问题所在。

而当所有终端无法连接时,问题可能来自多方面。比如网络中只有一个接入点,那这个接入点可能就有硬件问题或配置有错误。另外,也有可能是外界对信号的干扰过大,或是无线接入点与有线网络间的连接出现了问题等。

(2) 接入点的可连接性如何。

要确定无法连接网络问题的原因,还可以检测一下各终端设备能否正常连接无线接入点。简单的检测方法就是 ping 无线接入点的 IP 地址,如果无线接入点没有响应,有可能是计算机与无线接入点间的无线连接出了问题,或者是无线接入点本身出现了故障。要确定到底是什么问题,可以尝试从无线客户端 ping 无线接入点的 IP 地址,如果成功,则说明刚才那台计算机的网络连接部分可能出现了问题,比如网线损坏等。

(3) 无线设备的配置是否错误。

无线网络设备本身的质量一般还是可靠的,常见的故障根源一般来自设备的配置上,而不是硬件本身。比如可以通过网线直接 ping 到无线接入点,而不能通过无线方式 ping 到它,那么基本可以认定无线接入点的故障只是暂时的信号不够、频道偏离等。

(4) 无线信号强度。

虽然目前还没有一个统一的标准用于测量无线信号强度,但大多数无线产品的厂商都会对其产品的某种测量信号强度机制做出解释。经过测试,如果发现无线信号的强度还是很弱,而最近又没有做过设备的搬移,此时可尝试着改变无线接入点的频道并通过一台无线终端检验无线信号是否有所加强。

(5) 多个接入点是否不在客户列表内。

一般无线接入点都带有客户列表,只有列表中的终端客户才可以访问它,因此这也可能是导致无线网络故障的根源。因为这个列表记录了所有可以访问接入点的无线终端的 MAC 地址,而通常情况下这个功能又是没被激活的。当将其激活后,如果此列表中没有保存任何 MAC 地址,就会出现无法连接的情况。

综上所述,无线网络最常见的故障就是无线建立连接,而造成这类故障的原因是多方面的,大多数情况下与软件的配置有关。因此,针对无线网络的故障排查过程,应本着“先软后硬”的原则,耐心仔细的进行。

18.4 典型的局域网故障排查案例

计算机网络的故障究其原因可能多种多样,但并非无规律可循。随着理论知识和经验的不断积累,网络故障的排查也将变得越来越得心应手。

案例1 计算机无法接入局域网。

下面以“计算机无法接入局域网”为案例,结合本章上述介绍的相关知识,向大家介绍几种常见的局域网故障诊断及排查过程。

1. 连通性故障

(1) 故障现象。

计算机网卡的指示灯不正常。

(2) 故障可能原因。

① 网线、信息插座故障。

② Hub 电源未打开，Hub 硬件故障，或 Hub 端口硬件故障。

(3) 排查方法。

① 将不能接入局域网的计算机网线轻轻拔下，接入另一台能正常上网的计算机中，如发现原来能正常上网的计算机仍然能正常上网，则表明网线本身没有问题。

② 将网线接回无法上网的计算机，请本楼网管员查看该信息点所对应的 HUB 端口指示灯是否正常(以 100M 网卡为例，一般情况下 Hub 端口的指示灯应为绿色)。网管员可将该信息点所对应的跳线接到其他正常的 Hub 端口，如端口指示灯仍不正常，则与网络管理员联系(说明该信息点已坏)。

2. 协议方面的故障

(1) 故障现象。

① 计算机无法接入局域网。

② 计算机在网上邻居中既看不到自己，也无法在网络中访问其他计算机。

③ 计算机在网上邻居中能看到自己和其他成员，但无法访问其他计算机。

(2) 故障可能的原因。

① 网卡安装错误。

② 协议未安装。实现局域网通信，需安装 NetBEUI 协议。

③ 协议配置不正确。TCP/IP 协议涉及到的基本参数有 4 个，包括 IP 地址、子网掩码、DNS、网关，任何一个设置错误都会导致故障发生。

(3) 排查方法。

当计算机出现以上协议故障现象时，应当按照以下步骤进行故障的定位：

① 使用 ping 命令在 XP 的 MS-DOS 方式下 ping 本地的 IP 地址，检查网卡和 IP 网络协议是否安装完好，假设该主机的 IP 地址为 172. 17. 13. 40，选择“开始”→“运行”命令，在“打开”文本框中输入 cmd，按 Enter 键，然后在 dos 光标后输入 ping 172. 17. 13. 40，若出现图 18.7 所示的结果，则说明 IP 地址配置正确，网卡工作正常；若出现 Request timed out 的语句，则表示无法 ping 通，说明 TCP/IP 协议安装有问题。

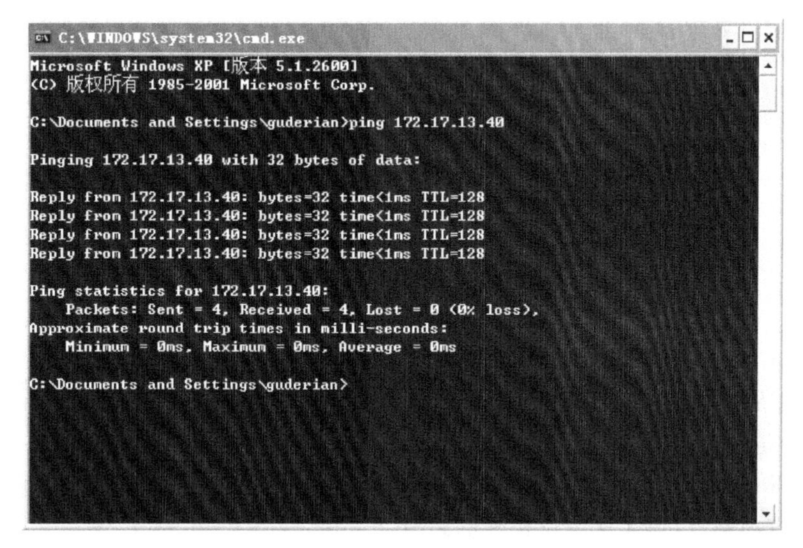

图 18.7　ping 本机 IP 地址

② 右击“我的电脑”图标,在弹出的快捷菜单中选择“属性”命令,在“硬件”选项卡中单击“设备管理器”按钮,查看网卡是否安装或是否有错误提示信息。如果在系统中的硬件列表中没有发现网络适配器,或网络适配器前方有一个黄色的“!”,说明网卡未正确安装。需将未知设备或带有黄色“!”的网络适配器删除,刷新后,重新安装网卡。并为该网卡正确安装和配置网络协议,然后进行应用测试。如果网卡无法正确安装,说明网卡可能损坏,需换一块网卡重试。如果网卡安装正确,则说明网络协议未安装或未安装正确,可在控制面板的网络连接中右击“本地连接”图标,在弹出的快捷菜单中选择“属性”命令,将网卡的 TCP/IP 协议重新安装并配置。

③ 检查计算机是否安装 TCP/IP 和 NetBEUI 协议,如果没有,建议安装这两个协议,并把 TCP/IP 参数配置好,然后重新启动计算机,并再次测试。

④ 双击“网上邻居”图标,将显示网络中的其他计算机和共享资源。如果仍看不到其他计算机,可以在本机上选择“开始”→“搜索”命令,出现图 18.8 所示界面。

⑤ 单击图 18.8 中的“计算机或人”链接,将出现一个文本框。在出现的文本框中输入要查找的计算机名称,按 Enter 键即可。

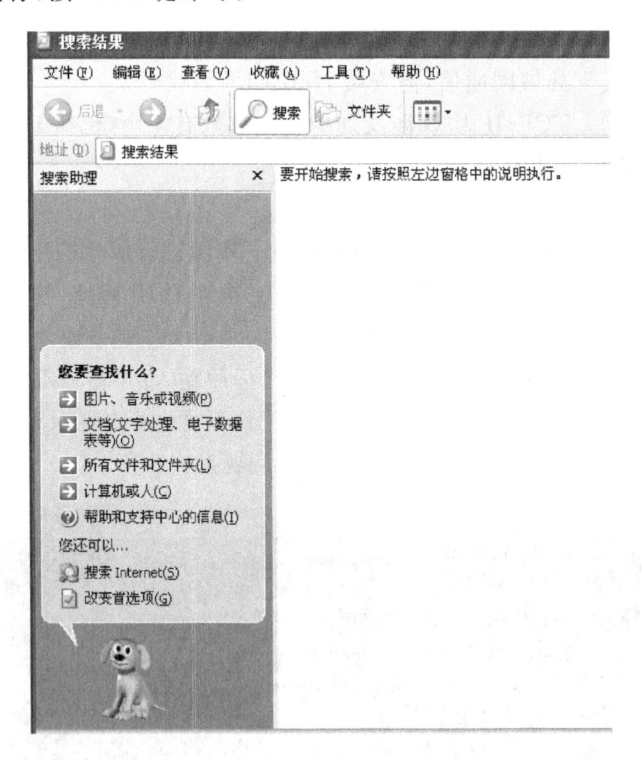

图 18.8　通过网络搜索计算机

3. 网络配置方面的故障

(1) 故障现象。

① 只能 Ping 通本机。

② Ping 通本楼层或本实验室的计算机,但 Ping 不通其他楼层或其实验室的计算机。

③ 能浏览校内站点,但无法浏览校外的站点。

④ 用 Ping 命令都正常，但无法进行上网浏览。

(2) 故障可能的原因。

网络参数设置错误。

(3) 排查方法。

① 右击“网上邻居”图标，在弹出的快捷菜单中选择“属性”命令，在“本地连接”里的“属性”中查看 TCP/IP 的属性，指定 IP 地址必须配在以太网网卡的 TCP/IP 协议上，拨号网络适配器的 IP 地址应是自动获取，如图 18.9 所示。

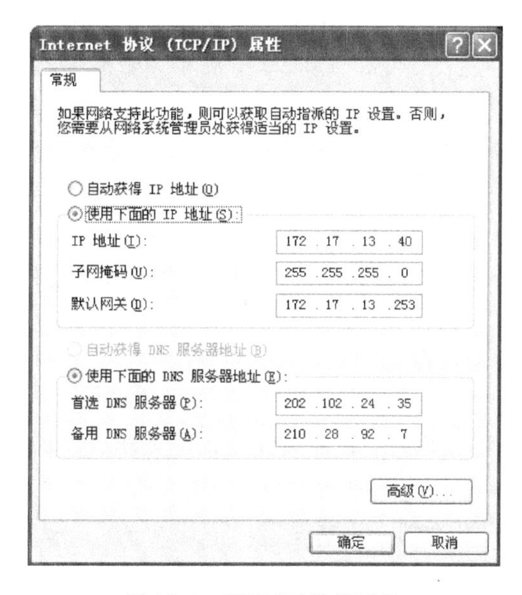

图 18.9　TCP/IP 协议属性

② 在图 18.9 中查看网关和子网掩码设置是否正确。

③ 在图 18.9 中查看 DNS 首选项和备选项设置是否正确等。

一般通过上述步骤可以检查出网络配置在哪个环节出错。

案例 2　Ping 不通计算机名。

(1) 故障现象。

一个局域网内的计算机可以 Ping 通 IP 地址，但 Ping 不通计算机名。

(2) 排查方法。

检查如下的设置：TCP/IP 协议中的“DNS 设置”设置是否正确，请检查其中的配置。在对等网中，“主机”应该填写自己机器本身的名字，“域”不需填写，DNS 服务器应填写本机的 IP 地址。而对于 C/S 架构的网络，“主机”应该填服务器的名字，“域”填写局域网服务器所设置的域，DNS 服务器应该填写服务器的 IP 地址。

案例 3　无线局域网故障排查案例。

(1) 故障现象。

① 无线 AP 发射信号充足，但用户端个别 IBM x31 笔记本式计算机(内置迅驰芯片)无线网络连接时断时续。

② 使用的测试计算机连接正常。

(2) 排查方法。

①到用户端 IBM x31 计算机位置查看无线网卡的连接情况：无线信号强度 20%，连接速率不稳定。

②对比检查随身携带的测试计算机的无线网卡连接情况：速率为 11M，无线信号强度为 80%，并且连接 AP 访问正常。

③ 检查用户端 IBM x31 笔记本式计算机的无线网卡，单击“无线网络连接”图标，查看无线网卡类型为 Inter(R)PRO/Wireless LAN 2100 3B Mini PCI Adpater；

④ 单击“无线网卡”栏目右侧的“配置”按钮，查看网卡的驱动程序的信息：

驱动程序时间：2003-xx-xx；

驱动程序版本：1.2.xx.xxx。

⑤ 连接 IBM 网站，选择并下载 X31 笔记本式计算机对应的最新无线网卡驱动程序：http://www-900.ibm.com/cn/support/download/driver/ThinkDetail? DocId=JWAG-5MY8FX。

⑥ 安装无线网卡驱动程序，安装完毕后，重新确认无线网卡驱动是否已被更新。

⑦ 无线网卡更新完毕后将自动被启动并连接到无线 AP，无线信号立即变为强，80%，速率为 11M。故障问题解决。

案例 4 局域网 ARP 中毒排查案例。

(1) 故障现象。

① 用户端计算机 QQ、MSN 等通信软件频频掉线。重新启动计算机会好些，但很快又掉线。

② 打开网页很慢，有时打开不到一半就停住。

③ 网卡的 LED 灯闪烁频繁，系统运行速度突然变得很慢。

(2) 排查方法。

① 首先选择“开始”→“运行”命令，在“打开”文本框中输入 cmd，按 Enter 键进入 dos 界面，然后 ping 网关地址，如图 18.10 所示。从图 18.10 可见，该计算机的网关地址为 192.168.1.1，有丢包现象，初步确定该计算机很可能是中了 ARP 病毒。

```
Reply from 192.168.1.1: bytes=32 time<1ms TTL=64
Reply from 192.168.1.1: bytes=32 time<1ms TTL=64
Request timed out.
Request timed out.
Request timed out.
Request timed out.
Reply from 192.168.1.1: bytes=32 time<1ms TTL=64
Reply from 192.168.1.1: bytes=32 time<1ms TTL=64
```

图 18.10 ARP 中毒的初步检测

② 为进一步确认是否是 ARP 病毒，在用户计算机的 MS-DOS 方式下输入 arp -a 命令，查看主机的 ARP 缓存表，显示图 18.11 所示结果。

```
Interface: 192.168.1.72 --- 0x2
  Internet Address      Physical Address      Type
  192.168.1.1           00-0f-3d-83-74-28     dynamic
  192.168.1.43          00-13-d3-ef-b2-0c     dynamic
  192.168.1.252         00-0f-3d-83-74-28     dynamic

C:\WINDOWS\System32>arp -a
```

图 18.11 查看计算机的 ARP 缓存表

从图 18.11 中可以看出，网关 192.168.1.1 的 MAC 地址和局域网内的 IP 地址为 192.168.1.252 的 MAC 地址相同，这表明 192.168.1.252 的主机中了 ARP 病毒，并不断向网内的其他主机发送病毒包，“告诉”局域网内的其他主机网关 192.168.1.1 的 MAC 地址已经更改为 192.168.1.252 的 MAC 地址，这样，所有局域网内的其他主机发送出去的数据包都会被主机 192.168.1.252 所截获。

③ 使用 Anti ARP Sniffer 软件可以防止利用 ARP 技术进行数据包截取以及防止利用 ARP 技术发送地址冲突数据包。

运行该软件，如图 18.12 所示。

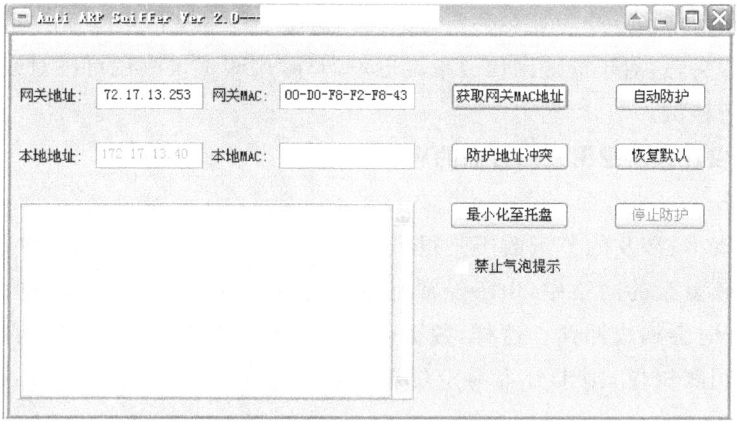

图 18.12　Anti ARP Sniffer 软件应用界面

在图 18.12 中的“网关地址”文本框中输入网关 IP 地址，单击“获取网关 MAC 地址”按钮将会显示出网关的 MAC 地址。单击“自动防护”按钮即可保护当前网卡与该网关的通信不会被第三方监听。注意：如出现 ARP 欺骗提示，这说明攻击者发送了 ARP 欺骗数据包来获取网卡的数据包，如果用户想追踪攻击来源，请记住攻击者的 MAC 地址，利用 MAC 地址扫描器可以找出 IP 对应的 MAC 地址。

案例 5　网络测试仪的应用。

网络测试仪在定位、分析及判断网络故障方面的应用非常广泛，限于篇幅，下面仅列举网络测试仪在网络故障排查方面的应用。

1. 网络测试在判断通信线缆故障方面的应用

(1) 双绞线的长度超长检测。

TIA 569A 标准中规定网络传输的链路要小于 100m，但在某些实际布线施工中，经常会出现接近 100m 或超过 100m 的情况，这时为了判断数据信号的衰减和防止链路丢包情况的发生，可以用测试仪对其进行测试。

(2) 双绞线的断点位置检测。

双绞线特别是六类线的施工工艺要求极为严格，对特性阻抗、近端串扰、等效远端串扰、衰减串绕比等参数的要求提高了很多，在打线和安装时稍有不慎就会使整条链路认证测试不合格。其实，诊断具体的故障位置方法很简单，使用电缆测试仪的高精度时域串扰分析技术 HDTDX 和高精度时域反射分析技术 HDTDR 两项故障诊断功能就可非常方便地显示出双绞线的断点位置所在。

(3) 线缆的制作规范性检测。

测试仪支持电缆测试,包括电缆长度、短路、开路、交叉、错对和串绕,即使电缆连接着网络设备,也可以进行电缆测试。打线的常见错误有开路、短路和反接(一对线中的两根交叉了,如1对应2,2对应1)。另外一个常见错误是跨接,如1、2对应3、6。即电缆的一端使用了T568A标准,而电缆的另一端使用了T568B标准。用测试仪可很方便地对此进行检测。

(4) 线缆的信号衰减检测。

判断布线系统性能的一个重要参数是衰减。任何电子信号从信号源发出后在传输过程中都会有能量的损失,这对于局域网信号来说也不例外,用测试仪测试可以对线路在100M速度下的性能进行检测。

2. 网络测试仪在判断逻辑故障方面的应用

(1) 环路故障。

当网络规模较小、涉及的节点数不是很多、结构不是很复杂时,回路这种现象很少发生。但在一些比较复杂的网络中,由于经常有多余的备用线路或经不熟悉网络环境的维护人员的调整,有时会构成回路。这样,数据包会不断发送和校验数据,从而影响整体网速。此时若能使用测试仪,则十分容易定位流量不正常的端口,找出发生环路的交换机端口。

(2) 由于病毒而导致的故障。

利用网络测试仪可以分析目前因特网中存在的大多数异常流量,特别是对于近年来在因特网中造成较大影响的多数蠕虫病毒(如红色代码、冲击波等),其分析效果非常明显。以蠕虫病毒的分析为例,当某台计算机感染蠕虫病毒后,将迅速在网络中蔓延,导致网络传输速率大幅下降,甚至使网络瘫痪。因此,许多网络管理员利用网络测试仪将测试到的已感染病毒计算机所连接的交换机端口封掉,使其无法再与内部网络进行通信,从而断绝蠕虫对内部网络的侵害。再督促感染病毒的计算机重新安装系统,打好补丁,确认安全后再让开通该计算机的连接端口。

(3) 性能测试。

如何才能知道最近安装的网络或网络设备是否可向用户提供所预期的性能?是否有足够的带宽可以支持数据传输、E-mail、网上研讨会、VoIP或其他网络应用?用户抱怨网络速度慢是否属实?在网络的一个网段中增加额外的用户将会如何影响网络性能?利用网络测试仪就可以帮助人们完成上述问题的确认。

18.5 思考题

1. 常见的计算机网络故障有哪些?
2. 排查网络故障时,需遵循的步骤有哪些?
3. 有线网络的故障方法是否完全适用于无线网络的故障排查?为什么?

4. 使用Ping命令时，屏幕显示的结果（信息）有哪些？这些结果（信息）对排查网络故障有什么启示？

5. ARP中毒时有哪些故障现象？排查的关键步骤是什么？

6. 网络测试仪在网络故障排查时有哪些应用？

7. 能否用最简单的电缆测试仪测试通信线路的误码率？

8. 讨论计算机网络故障排查方面的心得体会。

第19章　简单局域网的设计与组建

19.1　应用目的

(1) 了解简单局域网设计与规划的一般规则。

(2) 了解局域网设计与组建的典型案例。

(3) 掌握简单局域网设计的一般步骤。

(4) 设计并组建一个包含无线和有线混合应用的简单局域网。

(5) 掌握相关参数配置的用法。

19.2　要求与环境

1. 要求

设计并组建一个无线和有线混合应用的简单局域网，要求如下：

(1) 对该局域网进行IP地址规划。

(2) 安装无线网卡。

(3) 要求安装无线网卡的计算机通过无线AP与有线网络中的计算机相连。

(4) 无论是有线还是无线网络中的任意一台计算机都能够访问网络中的某个Server。

(5) 对无线AP进行配置。

(6) 简单局域网应体现一定的可扩展性。

2. 环境与条件

无线AP、无线网卡、双绞线若干，二层交换机若干，服务器、工作站若干等。

供参考的网络拓扑结构如图19.1所示。

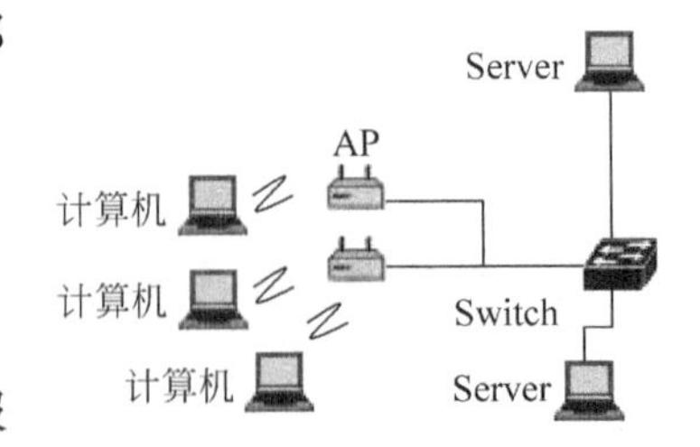

图19.1　供参考的简单局域网结构示意图

19.3　网络规划与设计

19.3.1　网络规划与设计原则

网络规划与设计对网络建设和使用至关重要，这已成为计算机网络界的共识。网络规划的任务就是为即将建立的计算机网络系统提出一套完整的设想和方案，对建立一个什么形式、多大规模、具备哪些功能的网络系统做出全面科学的论证，并对建立网络系统所需的人力、财力和物力投入等做出一个总体的计划。而网络设计的任务则是按照一定的标准，以实现网络规划的功能要求为目标而进行的一系列技术活动。

网络规划与设计时，应着重考虑以下几个基本原则。

(1) 采用先进、成熟的技术。

在规划网络、选择网络技术和网络设备时，应重点考虑当今主流的网络技术和网络设备。只有这样才能保证建成的网络有良好的性能，从而有效地保护建网投资，保证网络设备之间、网络设备和计算机之间的互联，以及网络的尽快使用、可靠运行。

(2) 遵循国际标准，坚持开放性原则。

网络的建设应遵循国际标准，采用大多数厂家支持的标准协议及接口标准，从而为异种机、异种操作系统的网络互连提供极大的便利和可能。

(3) 网络的可管理性。

具有良好可管理性的网络，网管人员可借助先进的网管软件，方便地完成设备配置、状态监视、信息统计、流量分析、故障报警、诊断和排除等任务。

(4) 系统的安全性。

一般的计算机网络包括内部的业务网和外部网。对于内部网用户，可分别授予不同的访问权限，同时对不同的部门(或工作组)进行不同的访问权限设置。对于单位的外部网络，要考虑防范网络“黑客”和其他不法分子对内部业务网的破坏，防止病毒的传播。

(5) 灵活性和可扩充性。

网络的灵活性体现在连接方便，设置和管理简单、灵活，使用和维护方便。网络的可扩充性表现为随着用户对网络要求的改变而改变，如网络节点数量的增加、性能的提高以及增加网络新的功能等，能够在现有网络基础上很方便地升级。因此，对网络的主干设备应采用功能强、扩充性好的设备，因为这类设备具有如模块化结构、软件可升级、信息传输速度高、吞吐量大等功能。此外，可选择快速以太网、千兆以太网、FDDI、ATM 网络模块进行配置，很容易地体现灵活性和可扩充性原则。

(6) 稳定性和可靠性。

网络规划与设计时，最重要的一点就是需考虑网络系统运行的稳定性和可靠性，因网络系统的稳定性和可靠性是关系网络运行质量的重要因素之一。因此，在网络规划与设计时，对关键网络设备和重要服务器的选择应考虑是否具有良好的电源备份系统、链路备份系统，是否具有中心处理模块的备份，系统是否具有快速、良好的自愈能力等，而不应片面追求那些功能大而全但是不实用的产品。

(7) 经济性。

网络的规划不但要考虑既定功能的实现，还要考虑减少失误、杜绝浪费。不切实际地追求网络系统的先进性而忽视经济性是造成“路宽车少”、网络效用得不到充分发挥的主要原因之一。

总之，网络规划是一项非常复杂的技术性活动，要完成一个高水平的网络规划，必须由专门的技术人员从事这项工作。一个好的网络规划对于计算机网络系统的顺利实施是十分重要的。

19.3.2 网络设计与组建

良好的网络设计是组建计算机网络系统的前提,如何减少失误、保护投资,最大限度地发挥网络的效用是计算机网络设计与组建过程中需要重点考虑的问题。

一般情况下,网络设计与组建过程包括从立项、设计、采购、建设、调试到投入运行等几个方面,是一项复杂的技术性活动。

1. 需求分析

需求分析是要了解用户现在想要实现什么功能、未来需要什么功能,为网络的设计提供必要条件。

确定用户需求,首先应该调查清楚下列基本问题。以局域网建设为例,在确定用户需求时需考虑如局域网建设机构的工作性质、业务范围和服务对象。局域网建设机构目前的用户数量,目前准备入网的节点计算机数量,预计将来的发展会达到的规模。规划建设局域网的最终分布范围。局域网建设机构是否有建立专门部门(如网络中心、信息中心或数据中心)进行信息业务处理的需求。局域网是否有多媒体业务的需求。局域网是否考虑将机构的电信业务(电话、传真)与数据业务集成到计算机网络中统一处理。局域网建设机构对网络安全有哪些需求?对网络与信息的保密有哪些需求?要求的程度是什么?

确定用户对网络的需求越细致,对网络的设计越有利。需求分析阶段的成果是提出网络用户需求分析报告。

2. 系统可行性分析

系统可行性分析的目的是说明组建网络在技术、经济以及其他方面(如单位的技术力量)的可行性,以及评述为了合理地达到目标而可能选择的各种方案,并说明和论证最终选择的方案。

系统可行性分析阶段的成果是提出可行性分析报告,供领导进行决策。

3. 网络总体设计

网络总体设计就是根据网络规划中提出的各种技术规范和系统性能要求,结合对网络需求的分析要求,制订出一个总体计划和方案。

网络总体设计主要包括以下内容:

(1) 网络流量分析、估算和分配。

(2) 网络拓扑结构设计。

(3) 网络功能结构设计。

网络总体设计阶段的成果是确定一个具体的网络系统实施总体方案,包括网络的物理结构和逻辑关系结构等。

4. 网络详细设计

网络系统的详细设计实质上是对一个完整的计算机网络系统中的各子系统进行设计。一个网络系统通常由很多部分组成,每个部分被称为计算机网络系统的一个系统(或子系统),对各子系统进行分别设计能确保网络系统设计的精度。对于一个局域网而言,网络的详细设计包括以下内容:

(1) 网络主干设计。

(2) 子网设计。

（3）网络的传输介质和布线设计。

（4）网络安全和可靠性设计。

（5）接入因特网设计。

（6）网络管理设计，包括网络管理的范围、管理的层次、管理的要求，以及网络控制的能力。

（7）网络设备的硬件和网络操作系统的选择等。

5. 设备配置、安装和调试

根据网络系统实施的方案，选择性能价格比高的设备，通过公开招标等方式和供应商签订供货合同，确定安装计划。

网络系统的安装和调试主要包括系统的结构化布线、系统安装、单机测试和互联调试等。在设备安装调试的同时开展用户培训工作。用户培训和系统维护是保证系统正常运行的重要因素。使用户尽可能地掌握系统的原理和使用技术，以及出现故障时的一般处理方法。

6. 网络系统维护

网络系统组建完成后，还存在着大量的网络维护工作，包括对系统功能的扩充和完善，各种应用软件的安装、维护和升级等。另外，在维护阶段，网络的日常管理也十分重要，如配置和变动管理、性能管理、日志管理和计费管理等。

19.4 典型的局域网设计与规划案例

19.4.1 某网吧 ADSL 组网案例

1. 功能要求

网吧的应用要集先进性、多业务性、可扩展性和稳定性于一体，不仅满足顾客在宽带网络上同时传输语音、视频和数据的需要，而且还支持多种新业务数据处理能力，上网高速畅通，大数据流量下不掉线、不停顿。

下面简要介绍一个比较灵活、易扩展的网吧组建方案。

2. 需求分析

网吧是网络应用中一个比较特殊的环境。网吧中的节点经常同时不间断地在进行浏览、聊天、下载、视频点播和网络游戏，数据流量大，对出口带宽要求较高，来网吧消费的网民，上网的需求各异，应用十分繁杂。

网吧的网络应用类型非常的多样化，对网络带宽、传输质量和网络性能有更高的要求。网络应用要集先进性、多业务性、可扩展性和稳定性于一体，不仅满足顾客在宽带网络上同时传输语音、视频和数据的需要，而且还支持多种新业务数据处理能力，上网高速畅通，大数据流量下不掉线、不停顿。因此，网吧的组网特点要具有高度的稳定性和可靠性，能长时间不间断稳定工作，而且配置简单、易管理、易安装，用户界面友好易懂，并且要具有很好的性价比。

3. Internet 接入方案比较

在众多的 Internet 接入方式中，可供选择的线路有 DDN 专线和 ADSL 等，考虑到经济性,网吧的经营者通常会选择ADSL,因为DDN专线的价格比ADSL高许多,并且二者数据传输的速率相差不大,因而ADSL具有更好的性价比。此外,ADSL通过多WAN口的捆绑技术很容易实现低成本、高带宽,如果是规模较大的网吧,对速度要求较高,采用支持4WAN口的多路捆绑,并且选择不同的ISP,很容易就能实现各种网站的高速浏览。因此,网吧在进行Internet接入时,选择ADSL比较普遍。

4. 解决方案

网络拓扑结构如图19.2所示。设备选择上也十分灵活,有多种设备可供选择。规模可根据实际任意调节,相关技术十分成熟。

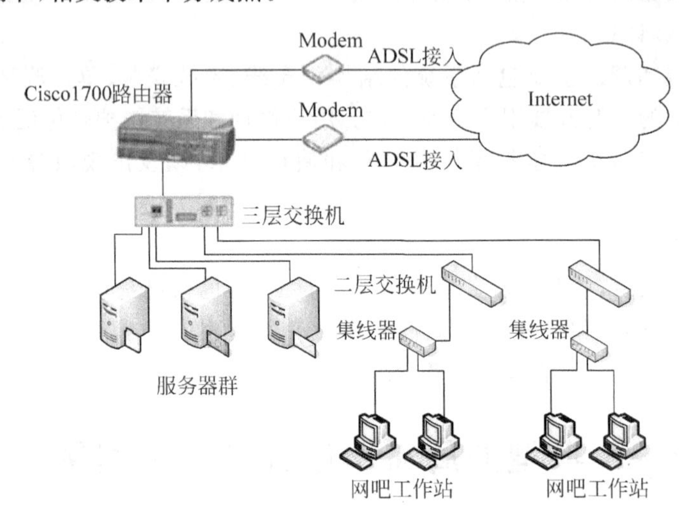

图19.2 网吧ADSL接入的网络拓扑图

方案的细节描述如下。

网络设备路由器选择思科Cisco 1700系列,性能稳定,可靠性高。延迟小、速度快、成本低,符合网吧对上网速度的需求,如采用Cisco 1700可配置打印机而不必另外配置打印服务器。网吧工作站采用高性价比的10M/100M自适应网卡,提升网络速度,可以满足网络游戏玩家的要求。

服务器部分采用千兆以太网交换机,满足游戏数据流量的需求。普通交换机的选型除图19.1中所列型号外,可根据实际情况灵活选择国内比较知名的品牌,如锐捷、华为24口或48口的智能型交换机等。

局域网通过ADSL上网,性能高,价格便宜。对于大型网吧,由于网络中节点数较多,数据流量较大,此时可通过申请多条ADSL线路提升上网速度(如图19.1中为两条),同时还可以提高整个网络稳定可靠性,起一定的备份作用。锐捷、华为公司的网络设备品种较多,性能稳定,用户可以从实际需要出发,根据具体的网络实际需求,灵活选用。

5. 方案特点

(1) 可根据实际需要,灵活控制局域网内不同用户对Internet的访问权限。

(2) 内建防火墙,无需专门的防火墙产品即可过滤掉所有来自外部的异常信息包,以保护内部局域网的信息安全。

(3) 集成DHCP服务器,网络中所有计算机可以自动获得TCP/IP设置,免除手工配置

IP 地址的烦恼。

(4) 灵活的可扩展性，根据实际连入的计算机数，利用交换机或集线器进行相应的扩展。

(5) 经济适用，使用简单，可通过网络用户的 Web 浏览器(Maxthon 或 Internet Explorer)进行路由器的远程配置。

19.4.2 学生宿舍局域网组建案例

1. 功能要求

目前，大学学生宿舍里的计算机已不在少数，一般都有两台以上。就单个计算机而言，似乎还没有发挥计算机的全部功能，要是让相邻几个宿舍的计算机都互连，组成一个局域网，就能和周围宿舍的同学一起共享资源，一起联机打游戏等。下面介绍一下有关的设计与组网过程。

2. 需求分析

(1) 使相邻几个宿舍之间的多台计算机能连成局域网，可以联网游戏，实现资源共享。

(2) 多台计算机能共享一个 Modem，实现共"猫"上网，使学生能够进行自主学习和享受 Internet 的魅力。

(3) 由于学生的经济条件还不宽裕，这就要求整个网络投资的成本较小。

(4) 网络具有较好的稳定性，数据传输误码率低。

3. 解决方案

1) 设备选型

根据对联网需求分析的结果，决定采用以太网星型结构。考虑到成本因素，决定选择 TP-Link TL-R410 多功能宽带路由器作为学生宿舍联网的设备，理由如下：

TP-Link TL-R410 是一款物美价廉的 TP-LINK 低档路由器，是专为满足中小型企业办公和家庭上网需要而设计的。此款路由器操作非常贴近普通用户，只需要在开机连网状态下，在计算机的 IE 浏览器中输入路由器的默认 IP 地址就可以进入它的用户界面，全中文的设计和帮助，很快就能入手。

TL-R410 多功能宽带路由器价格相当低廉，只要 200 元不到，由于低廉的价格使它更适合家庭、小型公司的需求。TL-R410 采用的是 ARM9E 构架的 MARVELL 88E6218 处理器。同时，这款宽带路由器还采用了 8MB 缓存。TL-R410 的功能相当丰富，支持虚拟服务器、DDNS、DMZ 主机、特殊应用程序等所有的基本功能，在高级功能中支持静态路由、防火墙功能，但不支持 VPN 与 DDNS。在网络控制、管理方面，TL-R410 仅提供了域名过滤和 MAC 地址过滤功能。值得一提的是，TL-R410 具有独特的流量统计功能，并可以按 IP 地址、总流量或者是当前流量进行排序。

TP-Link TL-R410 多功能宽带路由器外观如图 19.3 所示。

TP-Link TL-R410 宽带路由器提供了一个 10M/100M 以太网(WAN)接口，可接 XDSL 或以太网。4 个 10M/100M 以太网(LAN)接口与内部局域网连接。全双工采用 IEEE 802.3x 标准，半双工采用 Backpressure 标准。端口支持自动协商功能，自动调整传输方式和传输速度。端口支持 Auto-MDI/MDIX 自动翻转。可实现多台计算机共享上网，提供架设服务器功能，可指定内部局域网络的特定主机为 Web、Mail、FTP 等类型的服务器。

支持远程和 Web 管理,全中文配置界面,配备简易安装向导。

在每个宿舍里采用集线器(HUB)连接成星型的拓扑结构。集线器是对网络进行集中管理的重要工具,像树的主干一样,它是各分枝的汇集点。在集线器产品的选择上,选择 D-Link DES-1005D 交换机。DES-1005D 交换机的外观结构如图 19.4 所示。

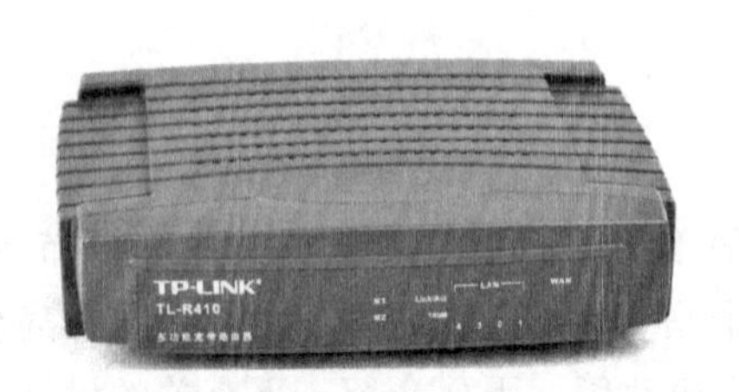

图 19.3 TL-R410 多功能宽带路由器

图 19.4 D-Link DES-1005D 交换机

该交换机有 5 个 10/100M 自适应端口,而且价格低廉,比较适用于只有几台计算机的小型网络的组建。

2) 网络拓扑

学生宿舍组建的局域网拓扑结构如图 19.5 所示。

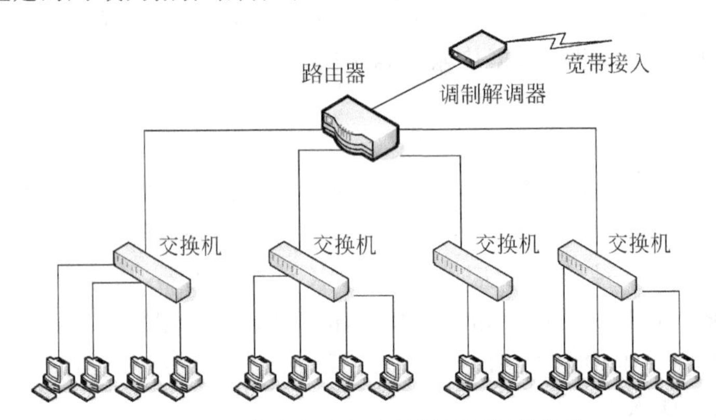

图 19.5 学生宿舍组建的局域网拓扑结构

3) 方案实施

(1) 将所有的网络设备都用网线连接起来。接下来需要设置联网计算机的相关参数,关键的设置步骤如下:

① 右击"网上邻居"图标,从弹出的快捷菜单中选择"属性"命令,右击"本地连接"图标,从弹出的快捷菜单中选择"属性"命令,选择"常规"选项卡,双击"Internet 协议(TCP/IP)",如图 19.6 所示。

② 在"IP 地址"文本框中输入 192.168.0.X(X 的范围是 1～254),在"子网掩码"文本框中输入 255.255.255.0,如图 19.7 所示,单击"确定"按钮即可。

③ 单击"高级"按钮,在 WINS 选项卡中选中"启用 TCP/IP 上的 NetBIOS"复选框,然后单击"保存"按钮退出。

(2) 右击"我的电脑"图标,从弹出的快捷菜单中选择"属性"命令,在弹出的"系统属性"对话框中选择"计算机名"选项卡,如图 19.8 所示。

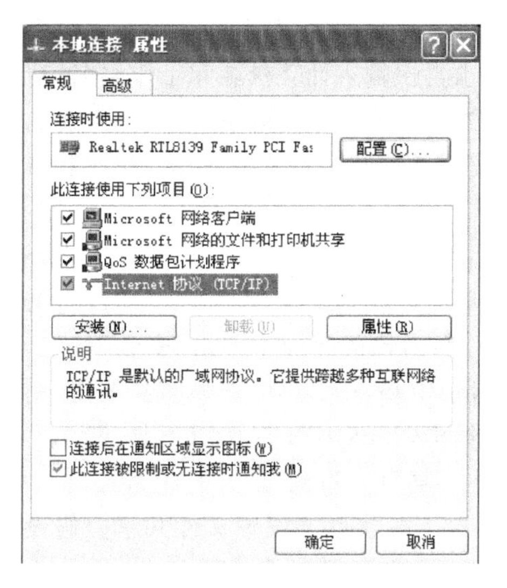

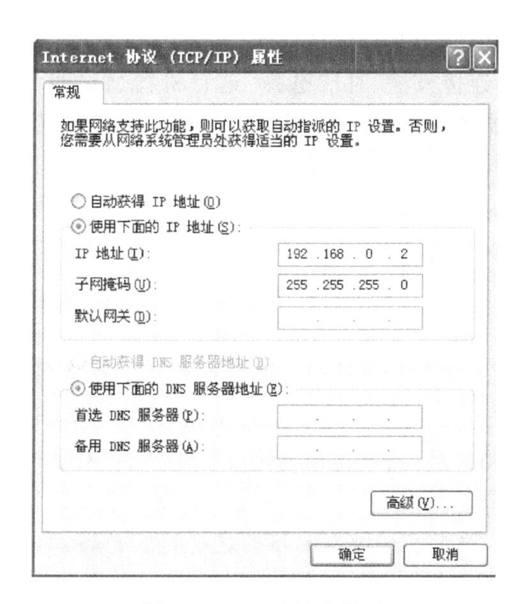

图 19.6　Internet 协议的设置

图 19.7　IP 地址的设置

(3) 单击“更改”按钮，如图 19.9 所示。在弹出的对话框中填入适当的计算机名和工作组名。注意：务必要确保整个局域网内计算机的工作组名相同。

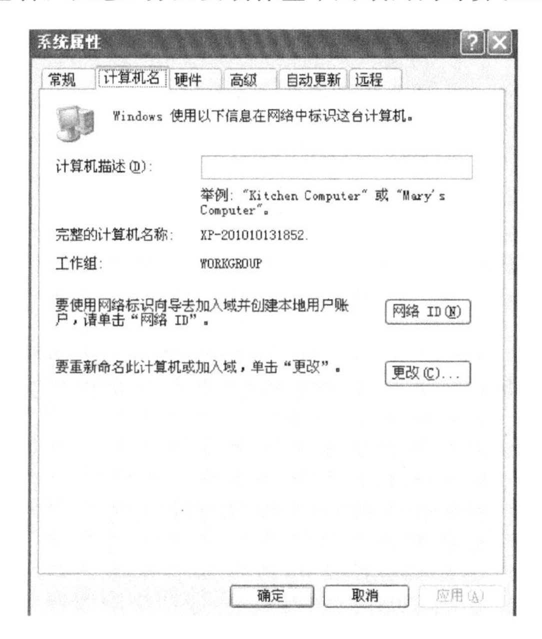

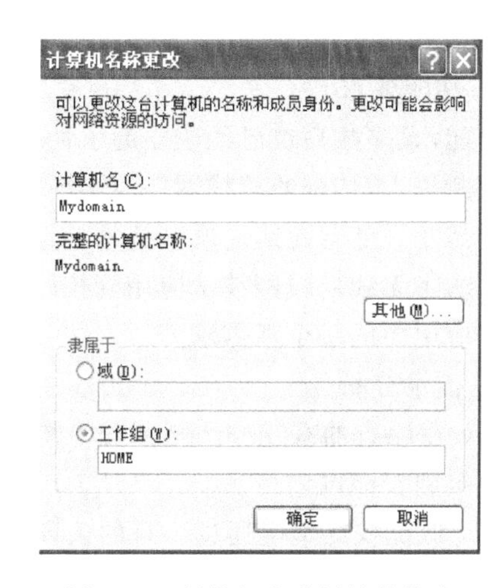

图 19.8　计算机网络属性的修改

图 19.9　计算机名称属性的修改

(4) 单击“确定”按钮后，系统会要求重新启动计算机。重新启动计算机后，在“系统属性”对话框中的“计算机名”选项卡中单击“网络 ID”按钮，则出现“网络标识向导”界面，单击“下一步”按钮后选择“本机用于家庭用途，不是商业网络的一部分”，单击“下一步”按钮，然后单击“完成”按钮，系统再次提示重启。

(5) 右击“网上邻居”图标，从弹出的快捷菜单中选择“属性”命令，在弹出窗口的“网络任务”中单击“设置家庭和小型办公网络”,在弹出的“网络安装向导”对话框中一直单击到“选择连接方法”时应选择“这台机器通过我的网络上的另一台计算机或住宅网关连接到Internet”复选框。重复两次单击“下一步”按钮,系统要求再次输入计算机名和工作组名,请确保与前面的设置保持一致。接着计算机就开始把用户的计算机加入网络中,这将需要几分钟时间。最后系统会问“你要做什么”,选最后一项“完成该向导...”,单击“完成”按钮后再次要求重启。

(6) 为了实现局域网的资源共享,还需要在各联网计算机安装 NWLink IPX/NetBIOS 协议,安装步骤如下:右击“网上邻居”图标,从弹出的快捷菜单中选择“属性”命令,再右击“本地连接”图标,从弹出的快捷菜单中选择“属性”命令,在出现的界面中单击“安装”按钮,选择“协议”项后单击“添加”按钮,选定 NWLink IPX/NetBIOS……,再单击“确定”按钮,稍等片刻就可以在“本地连接”的“属性”里看到已经添加的 NWLink IPX/NetBIOS 协议。

局域网内的计算机经过以上设定后,就可以在“网上邻居”中“看到”别人的计算机。

(7) 组建局域网的目的之一是实行资源的共享,所以下一步就要设置文件共享。假设用户希望共享本地计算机 E 盘里的“电影欣赏”这个文件夹,需要设置的步骤有:右击该文件夹,从弹出的快捷菜单中选择“共享和安全”命令,在弹出窗口的“网络共享安全”栏中选中“在网络上共享该文件夹”复选框,然后先单击“应用”按钮,再单击“确定”按钮。这时该文件夹的图标多了一只手标记,表明文件共享已经生效。至此,一个简单的局域网就组建完毕。

4. 方案特点

(1) 经济适用,设置简单,管理方便。

(2) 灵活的可扩展性。可根据实际需求,通过级联方式进行相应的扩展。

19.4.3 校园无线局域网组网案例

1. 功能要求

目前,大多数高校已经建立起了性能先进、应用广泛的有线校园网络,但是随着网络应用的不断深入,传统的有线网络也逐渐暴露出种种问题,如难以满足移动办公、教学、学生上网等的需要。随着无线局域网技术的发展,无线局域网的应用和普及已发展到了一个新阶段,因此,将无线局域网技术应用到校园中,以满足移动办公、教学、学生上网等的需要成为校园网应用中的一个新需求。

2. 需求分析

(1) 在原有的有线校园网基础上构建无线校园网络,使得教室内的用户可以通过无线网络连接到校园网内。

(2) 保证校内学生通过已有的认证系统以 Web 登录到校园网内,可以访问校园网内的资源,同时也可以访问 Internet。

(3) 保证当连接到无线网络的用户数增多超过单个 AP 负载时,可以自动切换到其他的 AP,避免网络拥堵,保证网络的通畅。

3. 解决方案

1) 方案设计概述

从便于管理以及性价比出发,经过调研,学校准备采用基于网络控制器架构的无线网络解决方案。本方案基于高校无线网应用下多用户群共存、接入安全性要求高、网络稳定性要求好、用户使用简单方便等特点，采用基于 Trapeze Smart Mobile 架构无线交换机解决方案。AP 选用同时支持 IEEE802.11b 和 g 标准的 MP71，采用无线交换机（无线网络控制器）MX-200R-CN 作为 AP 集中控制设备，再通过无线网络管理系统 RingMaster 对 MX-200R-CN 和 MP71 进行统一管理和配置，同时 RingMaster 可以提供网络使用状况分析报表，通过报表提供的数据可以进一步优化无线网络。

下面对方案所涉及的几个关键设备做简单介绍。

(1) 网络控制器。

网络控制器 MX-200R 是 Trapeze 公司移动交换平台系列中一款高性价比的无线产品，如图 19.10 所示。该产品提供两个 SPF 千兆接口，支持单电源和双电源模式，能够最大程度的满足应用需求。移动平台解决方案可以在任何现有的二层或三层 LAN 拓扑结构上部署，而无需重新配置主干路由器和交换机，这使得该产品的应用具有相当大的便利性。移动交换平台可以位于网络中的任何位置(可通过二层/三层设备隔开)，并可作为集成的基础设施执行操作，从而易于按照业务需求的指示进行调整或更改。

(2) PoE 供电交换机。

POE (Power Over Ethernet)指的是在现有以太网布线基础架构不作任何改动的情况下，为一些基于 IP 的终端，如 IP 电话、无线局域网接入点 AP、网络摄像机等传输数据信号的同时，还能为此类设备提供直流供电的技术。POE 技术能在确保现有结构化布线安全的同时保证现有网络的正常运作，以达到最大限度降低成本的目的。

POE 也被称为基于局域网的供电系统(Power over LAN，POL)或有源以太网(Active Ethernet)，有时也被简称为以太网供电，这是利用现存标准以太网传输电缆的同时传送数据和电功率的最新标准规范，并保持了与现存以太网系统和用户的兼容性。

经过调研、比较，选择华为 3COM 公司的 PoE 供电交换机。该交换机具备丰富的业务特性，能提供 IPv6 转发功能以及多个万兆扩展接口，通过华为 3COM 特有的集群管理功能，用户能够简化对网络的管理。

PoE 供电交换机的外观如图 19.11 所示。

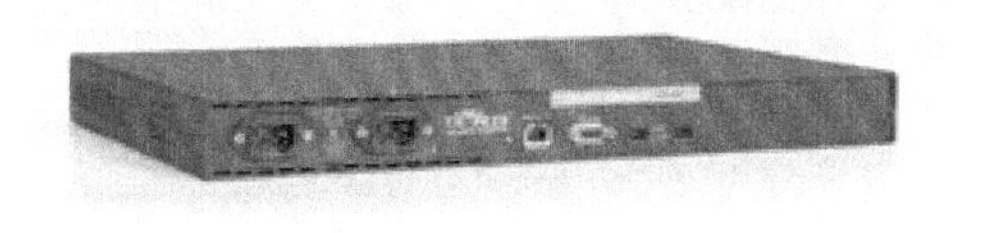

图 19.10　MX-200R 网络控制器外观图

图 19.11　PoE 供电交换机

(3) 无线接入点。

考虑到网络管理的整体性，选择了 Trapeze 公司的 MP71 智能管理型无线接入点 AP 产品，该产品是 Trapeze 公司推出的智能无线交换网络解决方案的重要组成部分，并充分考虑了无线网络安全、射频控制、移动访问、服务质量保证(QoS)、无缝漫游等重要因素，可配合 MX 系列无线局域网交换机产品完成无线用户数据转发、安全和访问控制，并受到 MX 系列智能无线交换机的管理与控制。

(4) 无线网络管理系统。

Ring Master 是 Trapeze Network 公司推出的无线网络管理系统，主要提供增强的管理、无缝的安全性,并且易于规划各种规模的无线网络,提供对无线交换机控制平台及移动接入点全面管理、控制,以优化网络并增强安全性。

Ring Master 网管软件的管理界面如图 19.12 所示。

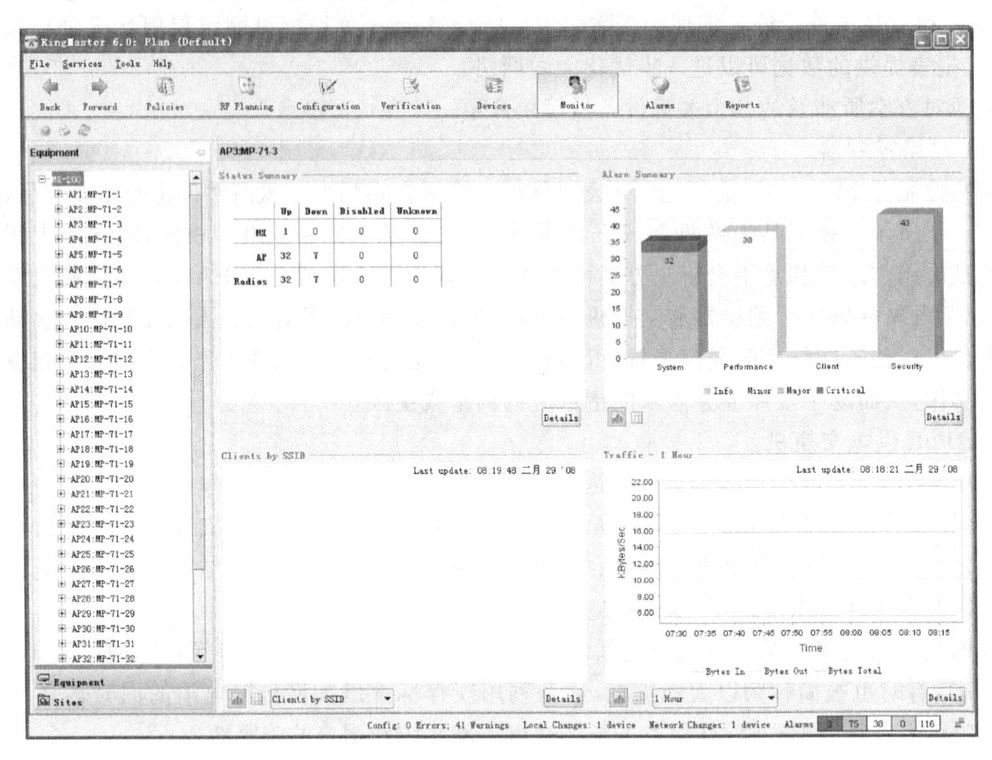

图 19.12 Ring Master 网管软件的管理界面

2) 无线网络拓扑示意图

无线网络拓扑示意图如图 19.13 所示。

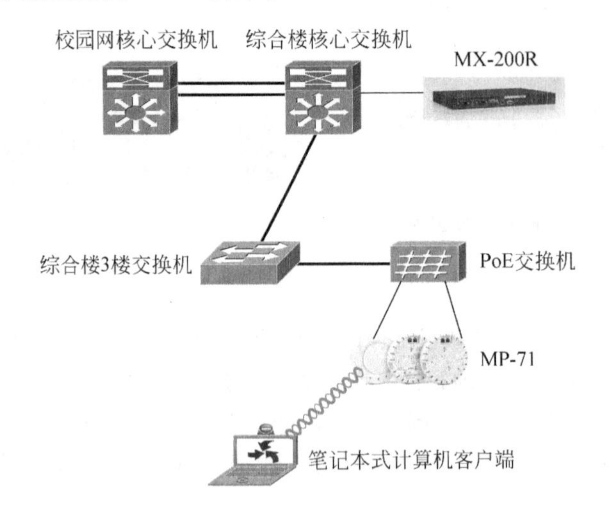

图 19.13 无线网络拓扑示意图

3）关于方案的几点说明

（1）笔记本式计算机客户端通过 IEEE 802.11b/g 协议，无线连接到型号为 MP-71 的 AP 上，MP-71 可以由 PoE 交换机——H3C 的 S5500-28C-PWR-EI 供电，它支持的 IEEE 802.3af 协议提供电力，并汇聚到该 PoE 交换机上，H3C 的 S5500-28C-PWR-EI 交换机再通过光纤连接到汇聚交换机。H3C 的 S5500-28C-PWR-EI 交换机可以提供 24 个 10/100/1000M 以太网 PoE 端口。另外，无线网络交换机 MX-200R 则直接连接到综合楼的核心交换机上，提供对于 MP-71AP 的集中管理。

（2）由于校园网络是采用 VLAN 技术进行子网划分，通过三层交换技术对各子网进行路由交换。由于有线网的固定性，一般根据楼层或楼宇方式进行子网划分，而无线网络必须承载于有线网络之上，因此造成所接 AP 也分别划到各个子网之中，造成了原本应该统一管理的无线网络被有线网络分割成了独立的无线“网络孤岛”。本方案通过采用 Trapeze Smart Mobile 架构无线交换机代替传统 AP 的方法来解决这一问题。MP-71 型 AP 本身不带任何软件及配置，当 AP 在加电后，AP 通过广播、DHCP 或 DNS 方式来获得位于网络骨干上的无线交换机 MX-200R 的 IP 地址信息，AP 在得到无线交换机地址之后，便采用 CAPWAP 协议与无线交换机 MX-200R 取得通信，随后由无线交换机 MX-200R 将 AP 运行所需的软件以及 AP 的相关配置发送给 AP，AP 收到这些信息后，随即进行系统启动并根据无线交换机提供的配置进行自身参数的配置。在 AP 启动完毕后，AP 与无线交换机 MX-200R 之间采用 TUNNEL 方式进行互连，用户的数据包在进入 AP 后，被 AP 重新封包进入该 TUNNEL 传送到无线交换机 MX-200R。由于数据全部被封入 TUNNEL，用户的数据并不因 AP 与无线交换机之间跨了路由而改变路由路径。从用户角度来看，用户的数据直接跨越了层层路由，直接进入了无线交换机，无需改变现有网络拓扑结构，也无需考虑协议兼容性，从而实现了拓扑无关的组网。

（3）在部署无线 AP 时，先要确定 AP 的数量和安装位置，本方案根据实际环境（如教室的面积等）、教学环境对网络带宽、速度的要求、覆盖频率、信道使用和吞吐量需求等来确定 AP 的数量和安装位置，采用无线微蜂窝覆盖技术，将多个 AP 形成的无线信号覆盖区域进行交叉覆盖，确保各覆盖区域之间无缝连接，每个教室配置一个无线接入点，安装于教室后墙上方，如图 19.14 所示。

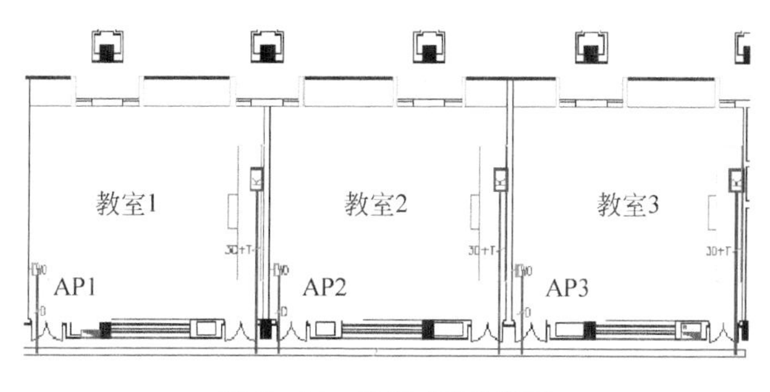

图 19.14　无线 AP 的部署

（4）方案需要考虑使用原有的认证系统。将无线交换机 MX-200R-CN 只作为客户端，由无线交换机 MX-200R-CN 将用户认证请求转发给与原校园网用户认证服务器，以保证用户账号的同步和集中管理。认证界面如图 19.15 所示。

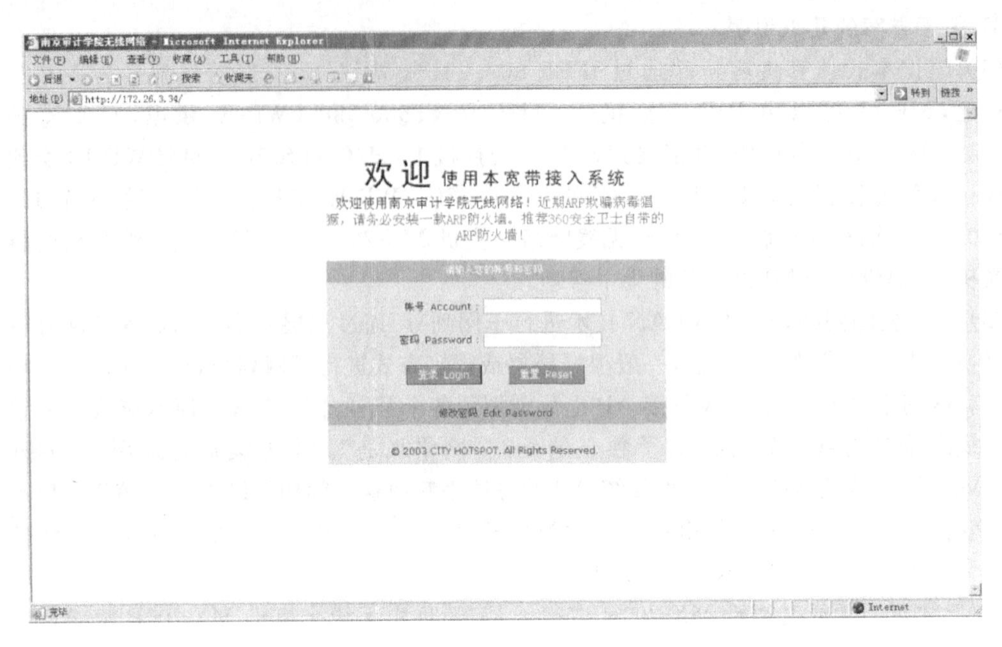

图 19.15　无线用户的认证界面

4. 方案特点

(1) 用户漫游及 QoS 保障。

Trapeze Smart Mobile 方案以无线交换机为核心，对所有 AP 上接入的用户采用统一会话管理，所有已认证终端均在中心无线交换机中保存相应会话，AP 仅仅只负载传输用户数据，因此无论终端移动到哪个 AP 下，用户信息和授权都在无线交换机所管辖的移动域内快速的交互，可以有效保持会话完整性及可靠移动性的前提下实现无缝漫游。

(2) 用户动态负载均衡。

本方案可以根据周围无线信号覆盖情况以及用户的流量需求，动态地将用户强制连接到其他可用 AP 上，从而将用户流量分配到其他可用 AP，保证了整个无线网络的高效能和高可用度。

(3) 可维护性和经济性原则。

方案的实施无需改变现有的网络拓扑结构，也无需考虑协议兼容性，从而实现了与拓扑无关的组网，确保了网络系统的可维护性。此外，方案考虑使用了原有的认证系统，保证了对校园用户账号的同步和集中管理，最大限度地保护了用户的投资。

19.5　简单局域网设计与组建的参考步骤

(1) 对有线局域网的 IP 地址进行规划(适当考虑扩展性)，保证有线局域网的每个计算机都能够访问 Server。

(2) 对所有与无线 AP 相连的计算机安装无线网卡。

(3)无线 AP1 局域网设计与组建。

① 对无线 AP1 的 IP 地址进行规划(适当考虑扩展性)。

② 无线 AP1 以及客户端参数的设置，保证与无线 AP1 相连的每台计算机都能够访问 Server。

(4) 无线 AP2 局域网设计与组建。

① 对无线 AP2 的 IP 地址进行规划(适当考虑扩展性)。

② 无线 AP2 以及客户端参数的设置，保证与无线 AP2 相连的每台计算机都能够访问 Server。

(5) 需求与功能一致性的验证。

① 有线局域网内任一计算机之间的互通性。

② 无线局域网内任一计算机之间的互通性。

③ 验证无线 AP1 相连的每个计算机与有线局域网内任一计算机的互通性(包括某个指定的 Server)。

④ 验证无线 AP2 相连的每个计算机与有线局域网内任一计算机的互通性(包括某个指定的 Server)。

⑤ 扩展性验证。无论是有线局域网还是无线局域网，如果再有两台客户端，是否能很方便地接入到该网络，而不需要改变所设计的网络结构？

19.6 思考题

1. 局域网设计与规划的一般规则是什么？

2. 根据所设计的简单局域网，完成下列内容：

(1) 画出网络拓扑结构图；

(2) 写出 IP 地址规划的内容；

(3) 对简单局域网进行相关功能的描述；

(4) 对简单局域网的实施写出详细步骤；

(5) 进行需求与功能一致性的验证。

3. 在设计与组建简单局域网时，如果有线局域网与无线局域网的 IP 地址不是规划在同一个子网内，而选择的交换机又不具有三层交换的功能，此时组建好的简单局域网，有线局域网内的任一计算机与无线局域网内的计算机能够正常通信吗？为什么？

4. 如果将图 19.1 改动为图 19.16，即在原有基础上，某个 Server 能够访问 Internet，其他结构不变。现要求在原来所设计的简单局域网基础上，无论是有线局域网还是无线局域网内的任一计算机都能够通过 Server 访问 Internet，怎么实现？

5. 就简单局域网的设计与组建应用写出心得体会。

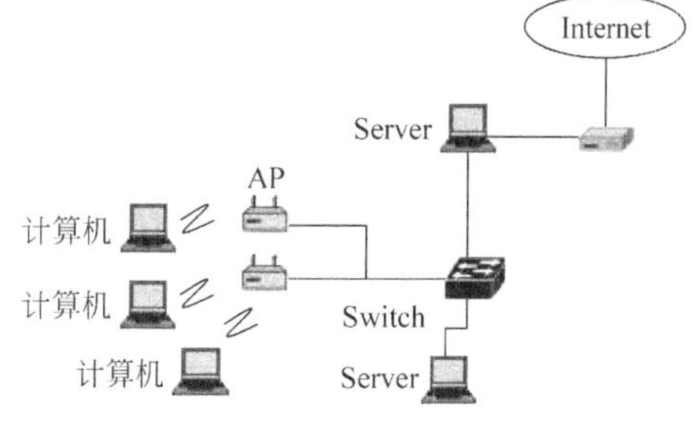

图 19.16 网络的新拓扑结构

参 考 文 献

[1] 陈兴,史东甲.实验教学在计算机学科教育中的作用与地位[J].内江科技.2007年5期 PP 127-128.

[2] 陈鸣.计算机网络实验教程从原理到实践[M].北京：机械工业出版社,2007.

[3] 施晓秋.计算机网络实训[M].北京：高等教育出版社,2004.

[4] 王宣政.计算机网络实验教程[M].西安：西安电子科技大学出版社,2005.

[5] 钱德沛.计算机网络实验教程[M].北京：高等教育出版社,2005.

[6] 刘兵.计算机网络实验教程[M].北京：中国水利水电出版,2005.

[7] 陈明.网络实验教程[M].北京：清华大学出版社,2005.

[8] 李成忠,张新有,贾真.计算机网络应用与实验教程[M].北京：电子工业出版社,2007.

[9] 王东明.医院器材科局域网设计[J].医院数字化.18卷6期 2003.6 PP22-23.

[10] 方芸.透析 Windows 两种共享上网方式—ICS 和 NAT[J].微型电脑应用,第19卷第12期 2003.19 60-62.

[11] 谢希仁.计算机网络[M].第5版.大连：大连理工大学出版社,2008.